어려운 수학 공부

개념원리 X RPM 으로
더 효율적으로 공부해요!

개념과 유형의 **연결성 있는 학습** 가능

수학의 시작
개념서 개념원리

개념을 적용하는
유형 문제를
학습하고 싶을 때

유형에 대한 개념과
공식을 자세히
학습하고 싶을 때

유형의 완성
유형서 RPM

더 다양한 문제는 RPM 중1-1 22쪽

01 최대공약수의 활용 (가능한 한 많은 학생들에

사과 48개, 귤 72개, 바나나 180개를 가능한 한 많은

중외 개념원리 중학수학 1-1 45쪽

유형 09 최대공약수의 활용 — 일정한 양을 가능한
많은 사람에게 나누어 주기

A개, B개를 똑같이 나누어 줄 수 있는 최대 사람 수

수학의 시작

수학
필독서

5000만 부
돌파

개념원리

이홍섭 지음

중학 수학

3-1

개념원리 인강
www.imath.tv

개념원리 수학연구소

개념원리

중학 수학 3-1

Love yourself 무엇이든 할 수 있는 나이다

공부 시작한 날 _____ 년 _____ 월 _____ 일

공부 다짐 _____

_____

발행일	2024년 7월 15일 2판 3쇄
지은이	이홍섭
기획 및 개발	개념원리 수학연구소

사업 책임	정현호
마케팅 책임	권가민, 정성훈
제작/유통 책임	이미혜, 이건호
콘텐츠 개발 총괄	한소영
콘텐츠 개발 책임	김경숙, 오지애, 모규리, 김현진
디자인	스튜디오 에딩크, 손수영

펴낸이	고사무열
펴낸곳	(주)개념원리
등록번호	제 22-2381호
주소	서울시 강남구 테헤란로 8길 37, 7층(역삼동, 한동빌딩) 06239
고객센터	1644-1248

개념원리

중학 수학

3-1

많은 학생들은 왜
개념원리로 공부할까요?
정확한 개념과 원리의 이해,
수학의 비결
개념원리에 있습니다.

생각하는 방법을 알려 주는 개념원리수학

"어떻게 하면 골치 아픈 수학을 잘 할 수 있을까?" 이것은 오랫동안 끊임없이 제기되고 있는 학생들의 질문이며 가장 큰 바람입니다. 그런데 안타깝게도 대부분의 학생들이 공부는 열심히 하지만 성적이 오르지 않아 흥미를 잃어버리고 중도에 포기하는 경우가 많습니다.

수학 공부를 열심히 하지 않아서 그럴까요? 머리가 나빠서 그럴까요?

그렇지 않습니다. 공부하는 방법이 잘못되었기 때문입니다.

개념원리수학은 단순한 암기식 학습이 아니라 현 교육과정에서 요구하는 사고력, 응용력, 창의력을 배양 – 수학의 기본적인 지식과 기능을 습득하고, 수학적으로 사고하는 능력을 길러 실생활의 여러 가지 문제를 합리적으로 해결할 수 있는 능력과 태도를 기름 – 하도록 기획되어 생각하는 방법을 깨칠 수 있도록 하였습니다.

개념원리 중학수학의 특징

❶ 하나를 알면 10개, 20개를 풀 수 있고 어려운 수학에 흥미를 갖게 하여 쉽게 수학을 정복할 수 있습니다.

❷ 나선식 교육법을 채택하여 쉬운 것부터 어려운 것까지 단계적으로 혼자서도 충분히 공부할 수 있도록 하였습니다.

❸ 페이지마다 문제를 푸는 방법과 틀리기 쉬운 부분을 체크하여 개념과 원리를 충실히 익히도록 하였습니다.

따라서 이 책의 구성에 따라 인내심을 가지고 꾸준히 학습한다면 수학에 대하여 흥미와 자신감을 갖게 될 것입니다.

구성과 특징

개념원리 이해

개념과 원리를 완벽하게 이해할 수 있도록 꼼꼼하고 상세하게 정리하였습니다.

개념원리 확인하기

학습한 내용을 확인하기 쉬운 문제로 개념과 원리를 정확하게 이해할 수 있도록 하였습니다.

핵심문제 익히기

개념별로 꼭 풀어야 하는 핵심문제와 더불어 확인문제를 실어서 개념원리의 적용 및 응용을 충분히 익힐 수 있도록 하였습니다.

소단원 핵심문제

소단원별로 핵심문제의 변형 또는 발전 문제를 통하여 배운 내용에 대한 확인을 할 수 있도록 하였습니다.

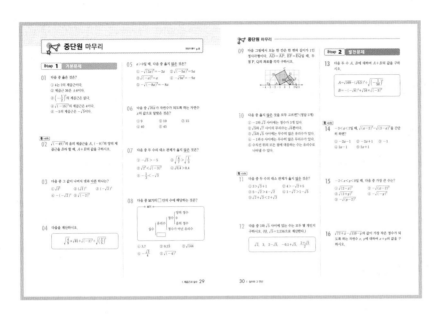

중단원 마무리

중단원에서 출제율이 높은 문제를 기본, 발전으로 나누어 수준별로 구성하여 수학 실력을 향상시킬 수 있도록 하였습니다.

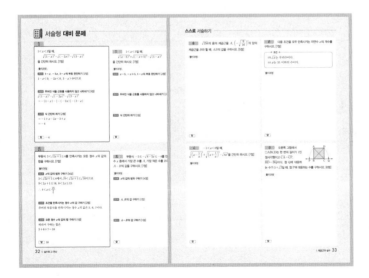

서술형 대비 문제

예제와 쌍둥이 유제를 통하여 서술의 기본기를 다진 후 출제율이 높은 서술형 문제를 통하여 서술력을 강화할 수 있도록 하였습니다.

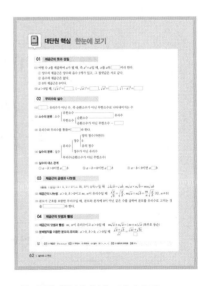

대단원 핵심 한눈에 보기

대단원에서 학습한 전체 내용을 체계적으로 익힐 수 있도록 하였습니다.

 차례

I

실수와 그 연산

01 | 제곱근의 뜻과 표현

개념원리 이해

1 제곱근이란 무엇인가? 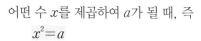 핵심문제 1

어떤 수 x를 제곱하여 a가 될 때, 즉

$$x^2 = a$$

일 때, x를 a의 **제곱근**이라 한다.

⑴ 양수의 제곱근은 양수와 음수 2개가 있고, 그 절댓값은 서로 같다.

⑵ 음수의 제곱근은 없다.

⑶ 0의 제곱근은 0이다.

설명 ⑴ $3^2 = 9$, $(-3)^2 = 9$이므로 9의 제곱근은 3, -3이고, 그 절댓값은 서로 같다.

⑵ 제곱하여 음수가 되는 수는 없으므로 음수의 제곱근은 없다.

⑶ 제곱하여 0이 되는 수는 0뿐이므로 0의 제곱근은 0 하나뿐이다.

2 제곱근은 어떻게 표현하는가? 핵심문제 2~4

⑴ 제곱근을 나타내기 위하여 기호 $\sqrt{}$를 사용하는데, 이것을 **근호**라 하며 '제곱근' 또는 '루트'라 읽는다.

$\sqrt{a}$ ⇨ 제곱근 a, 루트 a

⑵ 양수 a의 제곱근 중 양수인 것을 양의 제곱근, 음수인 것을 음의 제곱근이라 하고,

   양의 제곱근 ⇨ $\sqrt{a}$,   음의 제곱근 ⇨ $-\sqrt{a}$

로 나타낸다. ← $\sqrt{a}$와 $-\sqrt{a}$를 한꺼번에 $\pm\sqrt{a}$로 나타내기도 한다.

예 3의 제곱근은 $\sqrt{3}$, $-\sqrt{3}$이고, 이 중 양의 제곱근은 $\sqrt{3}$, 음의 제곱근은 $-\sqrt{3}$이다.

▶ ⑴ 근호는 제곱근의 기호를 줄인 말로 영어로는 radical sign이라 한다. radical은 뿌리(root, 근)를 뜻하는 라틴어 radix에서 온 것이며, 기호 $\sqrt{}$ 도 첫 글자 r를 변형하여 만든 것이다.

⑵ 제곱근을 나타낼 때, 근호 안의 수가 어떤 수의 제곱이면 근호를 사용하지 않고 나타낼 수 있다.
4의 제곱근 ⇨ $\pm\sqrt{4}$ ⇨ ± 2

참고 a의 제곱근과 제곱근 a의 비교 (단, $a > 0$)

	a의 제곱근	제곱근 a
뜻	제곱하여 a가 되는 수	a의 양의 제곱근
표현	$\sqrt{a}$, $-\sqrt{a}$	$\sqrt{a}$
개수	2개	1개

예 ⑴ 2의 제곱근 ⇨ 제곱하여 2가 되는 수 ⇨ $\pm\sqrt{2}$

⑵ 제곱근 2 ⇨ 2의 양의 제곱근 ⇨ $\sqrt{2}$

01 다음 □ 안에 알맞은 것을 써넣으시오.

(1) -10을 제곱하면 [ ]이므로 -10은 [ ]의 제곱근이다.

(2) 제곱하여 144가 되는 수는 [ ], [ ]이므로 144의 제곱근은 [ ], [ ]이다.

(3) 0의 제곱근은 [ ]이다.

(4) -9의 제곱근은 [ ].

○ 양수 a의 제곱근
⇨ 제곱하여 [ ]가 되는 수
⇨ $x^2=a$를 만족시키는 [ ]의 값

02 다음 수의 제곱근을 구하시오.

(1) 1　　　　　　　　(2) 36

(3) $\dfrac{4}{9}$　　　　　　　(4) 0.01

03 다음 수의 제곱근을 근호를 사용하여 나타내시오.

(1) 5　　　　　　　　(2) 21

(3) 0.3　　　　　　　(4) $\dfrac{3}{2}$

○ 양수 a의 제곱근을 근호를 사용하여 나타내면 [ ]이다.

04 다음을 근호를 사용하여 나타내시오.

(1) 6의 제곱근　　　　(2) 8의 양의 제곱근

(3) $\dfrac{5}{7}$의 음의 제곱근　　(4) 제곱근 0.2

○ $a>0$일 때
a의 제곱근 ⇨ [ ]
a의 양의 제곱근 ⇨ [ ]
a의 음의 제곱근 ⇨ [ ]
제곱근 a ⇨ [ ]

05 다음을 근호를 사용하지 않고 나타내시오.

(1) $\sqrt{16}=$(16의 양의 제곱근)$=$ _____

(2) $-\sqrt{0.25}=$(0.25의 음의 제곱근)$=$ _____

(3) $\sqrt{\dfrac{121}{49}}=($ 　　　　　　$)=$ _____

(4) $-\sqrt{900}=($ 　　　　　　$)=$ _____

핵심문제 🔑 익히기

정답과 풀이 **p.2**

01 제곱근의 뜻

● 더 다양한 문제는 RPM 중3-1 12쪽

다음 수의 제곱근을 구하시오.

(1) $\dfrac{4}{81}$　　　　(2) 0.36　　　　(3) 7^2　　　　(4) $(-4)^2$

Key Point

· a의 제곱근
⇨ 어떤 수 x를 제곱하여 a가
될 때, 즉 $x^2 = a$일 때, x를
a의 제곱근이라 한다.
· 양수의 제곱근은 양수와 음수
2개가 있다.

풀이　(1) $\left(\dfrac{2}{9}\right)^2 = \dfrac{4}{81}$, $\left(-\dfrac{2}{9}\right)^2 = \dfrac{4}{81}$이므로 $\dfrac{4}{81}$의 제곱근은 $\dfrac{2}{9}$, $-\dfrac{2}{9}$이다.

(2) $0.6^2 = 0.36$, $(-0.6)^2 = 0.36$이므로 0.36의 제곱근은 **0.6**, **−0.6**이다.

(3) $7^2 = 49$이고 $7^2 = 49$, $(-7)^2 = 49$이므로 7^2의 제곱근은 **7**, **−7**이다.

(4) $(-4)^2 = 16$이고 $4^2 = 16$, $(-4)^2 = 16$이므로 $(-4)^2$의 제곱근은 **4**, **−4**이다.

확인 1　다음 수의 제곱근을 구하시오.

(1) $\dfrac{16}{25}$　　　　(2) 0.09　　　　(3) 8^2　　　　(4) $(-0.5)^2$

02 제곱근의 표현

● 더 다양한 문제는 RPM 중3-1 12쪽

다음을 근호를 사용하여 나타내시오.
(1) 11의 양의 제곱근　　　　(2) 3의 음의 제곱근
(3) 0.1의 제곱근　　　　(4) 제곱근 $\dfrac{2}{5}$

Key Point

· 양수 a의 제곱근
⇨ 제곱하여 a가 되는 수
⇨ $\pm\sqrt{a}$
⇨ ┌ 양의 제곱근: $\sqrt{a}$
　└ 음의 제곱근: $-\sqrt{a}$
· 제곱근 a : $\sqrt{a}$

답　(1) $\sqrt{11}$　(2) $-\sqrt{3}$　(3) $\pm\sqrt{0.1}$　(4) $\sqrt{\dfrac{2}{5}}$

확인 2　다음을 근호를 사용하여 나타내시오.

(1) 7의 제곱근　　　　(2) 제곱근 13

(3) 0.6이 양의 제곱근　　　　(4) $\dfrac{7}{3}$의 음의 제곱근

확인 3　다음 직각삼각형에서 빗변의 길이를 근호를 사용하여 나타내시오.

(1)
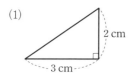

(2)
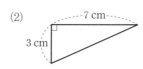

03 근호를 사용하지 않고 나타내기

◉ 더 다양한 문제는 RPM 중3-1 13쪽

Key Point

$a>0$일 때 a^2의 제곱근은 $\pm a$ 이므로

$\Rightarrow \pm\sqrt{a^2}=\pm a$

다음을 근호를 사용하지 않고 나타내시오.

(1) $\sqrt{225}$ (2) $\sqrt{\dfrac{4}{9}}$ (3) $\pm\sqrt{\dfrac{49}{36}}$ (4) $-\sqrt{0.09}$

풀이 (1) $\sqrt{225}$는 225의 양의 제곱근이므로 $\sqrt{225}=\mathbf{15}$

(2) $\sqrt{\dfrac{4}{9}}$는 $\dfrac{4}{9}$의 양의 제곱근이므로 $\sqrt{\dfrac{4}{9}}=\dfrac{\mathbf{2}}{\mathbf{3}}$

(3) $\pm\sqrt{\dfrac{49}{36}}$는 $\dfrac{49}{36}$의 제곱근이므로 $\pm\sqrt{\dfrac{49}{36}}=\pm\dfrac{\mathbf{7}}{\mathbf{6}}$

(4) $-\sqrt{0.09}$는 0.09의 음의 제곱근이므로 $-\sqrt{0.09}=\mathbf{-0.3}$

확인4 다음 수의 제곱근을 근호를 사용하지 않고 나타내시오.

(1) 64   (2) $\dfrac{1}{16}$ (3) $\dfrac{25}{9}$ (4) 0.49

확인5 다음 중 근호를 사용하지 않고 나타낼 수 있는 것은 모두 몇 개인지 구하시오.

$$\sqrt{12}, \quad \pm\sqrt{400}, \quad \sqrt{\dfrac{1}{6}}, \quad \sqrt{0.01}, \quad -\sqrt{\dfrac{169}{4}}$$

04 제곱근 구하기

◉ 더 다양한 문제는 RPM 중3-1 12쪽

Key Point

• 거듭제곱으로 나타내어진 수
 $\Rightarrow$ 거듭제곱을 계산한 다음 제 곱근을 구한다.
• 근호를 사용하여 나타내어진 수
 $\Rightarrow$ 근호를 사용하지 않고 나타 낸 다음 제곱근을 구한다.

$(-7)^2$의 양의 제곱근을 A, $\sqrt{81}$의 음의 제곱근을 B라 할 때, $A-B$의 값을 구하시오.

풀이 $(-7)^2=49$의 양의 제곱근은 7이므로 $A=7$

$\sqrt{81}=9$의 음의 제곱근은 -3이므로 $B=-3$

$\therefore A-B=7-(-3)=\mathbf{10}$

확인6 제곱근 $\dfrac{49}{25}$를 A, $\sqrt{16}$의 음의 제곱근을 B라 할 때, $5A+B$의 값을 구하시오.

소단원 📰 핵심문제

01 다음 중 x가 a의 제곱근임을 바르게 나타낸 것은? (단, $a>0$)

① $x^2=a$ ② $a=\pm\sqrt{x}$ ③ $a=\sqrt{x}$

④ $a^2=x$ ⑤ $x^2=\sqrt{a}$

02 다음 중 옳은 것은?

① 1의 제곱근은 1개이다.   ② 7의 음의 제곱근은 $\sqrt{-7}$이다.

③ 0의 제곱근은 없다.   ④ $(-3)^2$의 제곱근은 ±3이다.

⑤ -4의 제곱근은 -2이다.

03 $0.\dot{4}$의 음의 제곱근은?

① -0.4 ② $-\dfrac{5}{12}$ ③ $-\dfrac{4}{9}$

④ -0.49 ⑤ $-\dfrac{2}{3}$

04 다음 중 그 값이 나머지 넷과 다른 하나는?

① $x^2=16$을 만족시키는 x의 값   ② 16의 제곱근

③ 제곱근 16   ④ $\sqrt{256}$의 제곱근

⑤ $(-4)^2$의 제곱근

05 $\dfrac{25}{4}$의 양의 제곱근을 A, $(-0.3)^2$의 음의 제곱근을 B라 할 때, $A+5B$의 값을 구하시오.

⭐ 생각해 봅시다

$a>0$일 때
┌ a의 양의 제곱근: $\sqrt{a}$
└ a의 음의 제곱근: $-\sqrt{a}$
⇨ a의 제곱근: $\pm\sqrt{a}$

먼저 순환소수를 분수로 나타낸다.

$a>0$일 때
┌ a의 제곱근: $\pm\sqrt{a}$
└ 제곱근 a: $\sqrt{a}$

개념원리
이해

1 제곱근에는 어떤 성질이 있는가? ⊙ 핵심문제 1, 2

(1) 양수 a의 제곱근 $\sqrt{a}$와 $-\sqrt{a}$는 제곱하면 a가 된다.
$\Rightarrow a>0$일 때, $(\sqrt{a})^2=a$, $(-\sqrt{a})^2=a$

(2) 근호 안의 수가 어떤 수의 제곱이면 근호를 사용하지 않고 나타낼 수 있다.
$\Rightarrow a>0$일 때, $\sqrt{a^2}=a$, $\sqrt{(-a)^2}=a$

설명 (1) $\sqrt{2}$와 $-\sqrt{2}$는 2의 제곱근이므로 $(\sqrt{2})^2=2$, $(-\sqrt{2})^2=2$이다.

일반적으로 $\sqrt{a}$와 $-\sqrt{a}$는 양수 a의 제곱근이므로 $(\sqrt{a})^2=a$, $(-\sqrt{a})^2=a$가 성립한다.

(2) $3^2=9$, $(-3)^2=9$이고 9의 양의 제곱근은 3이므로
$\sqrt{3^2}=\sqrt{9}=3$, $\sqrt{(-3)^2}=\sqrt{9}=3$이다.

일반적으로 a가 양수일 때, a^2의 양의 제곱근은 a이고 $(-a)^2=a^2$이므로
$\sqrt{a^2}=a$, $\sqrt{(-a)^2}=a$가 성립한다.

2 $\sqrt{a^2}$에는 어떤 성질이 있는가? ⊙ 핵심문제 3, 4

모든 수 a에 대하여

$$\sqrt{a^2}=|a|=\begin{cases} a\geq 0 일\ 때,\ \sqrt{a^2}=a & \leftarrow 부호\ 그대로 \\ a<0 일\ 때,\ \sqrt{a^2}=-a & \leftarrow 부호\ 반대로 \end{cases}$$

설명 $\sqrt{a^2}$은 a^2의 양의 제곱근이므로 항상 음이 아닌 값을 갖는다. 따라서 $a\geq 0$일 때는 그대로 a가 되고, $a<0$일 때는 부호를 바꾸어 $-a$가 된다.

예 $\underset{\text{부호 그대로}}{\sqrt{5^2}=5}$, $\underset{\text{부호 반대로}}{\sqrt{(-5)^2}=-(-5)=5}$

예 다음 식을 간단히 하시오.

(1) $a>0$일 때, $\sqrt{(2a)^2}$　　　　　　　(2) $a>0$일 때, $\sqrt{(-2a)^2}$

(3) $a<0$일 때, $\sqrt{(3a)^2}$　　　　　　　(4) $a<0$일 때, $\sqrt{(-3a)^2}$

(1) $2a>0$이므로 $\sqrt{(2a)^2}=2a$

(2) $-2a<0$이므로 $\sqrt{(-2a)^2}=-(-2a)=2a$

(3) $3a<0$이므로 $\sqrt{(3a)^2}=-3a$

(4) $-3a>0$이므로 $\sqrt{(-3a)^2}=-3a$

3 제곱수란 무엇인가? ○ 핵심문제 5, 6

(1) 1, 4, 9, 16, …과 같이 자연수의 제곱인 수를 제곱수라 한다.

(2) 근호 안의 수가 제곱수이면 근호를 없애고 자연수로 나타낼 수 있다.

$\Rightarrow \sqrt{(제곱수)} = \sqrt{(자연수)^2} = (자연수)$

예 $\sqrt{25} = \sqrt{5^2} = 5$, $\sqrt{81} = \sqrt{9^2} = 9$, $\sqrt{144} = \sqrt{12^2} = 12$

(3) 모든 자연수는 근호를 사용하여 $\sqrt{(제곱수)}$의 꼴로 나타낼 수 있다.

예 $1 = \sqrt{1}$, $2 = \sqrt{2^2} = \sqrt{4}$, $3 = \sqrt{3^2} = \sqrt{9}$, $4 = \sqrt{4^2} = \sqrt{16}$, …

▶ ① 외워두면 편한 제곱수

$121 = 11^2$, $144 = 12^2$, $169 = 13^2$, $196 = 14^2$, $225 = 15^2$, …

② 제곱수의 응용

어떤 자연수를 소인수분해하였을 때, 소인수의 지수가 모두 짝수이면 $(자연수)^2$의 꼴로 고칠 수 있다.
따라서 $\sqrt{\square}$가 자연수가 되려면 $\square$를 소인수분해하였을 때, 소인수의 지수가 모두 짝수이면 된다.

예 $\sqrt{2^2 \times 3^2} = \sqrt{(2 \times 3)^2} = \sqrt{6^2} = 6$

4 제곱근의 대소 관계는 어떻게 알 수 있는가? ○ 핵심문제 7, 8

$a > 0$, $b > 0$일 때, 다음이 성립한다.

(1) $a < b$이면 $\sqrt{a} < \sqrt{b}$

(2) $\sqrt{a} < \sqrt{b}$이면 $a < b$

설명 오른쪽 그림과 같이 넓이가 a, b $(0 < a < b)$인 두 정사각형의 한 변의 길이는 각각 $\sqrt{a}$, $\sqrt{b}$이다.

(1) 정사각형의 넓이가 클수록 그 한 변의 길이도 길다.
즉, $a < b$이면 $\sqrt{a} < \sqrt{b}$이다.

(2) 정사각형의 한 변의 길이가 길수록 그 넓이도 크다.
즉, $\sqrt{a} < \sqrt{b}$이면 $a < b$이다.

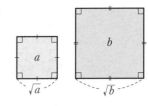

참고 근호가 있는 수와 없는 수의 대소 비교 방법

[방법 1] 근호가 없는 수를 근호가 있는 수로 바꾸어 비교한다.

예 $\sqrt{7}$과 3의 대소를 비교하면 $3 = \sqrt{9}$이고 $7 < 9$이므로
$\sqrt{7} < \sqrt{9}$ $\quad \therefore \sqrt{7} < 3$

[방법 2] 각 수를 제곱하여 비교한다.

예 $\sqrt{7}$과 3의 대소를 비교하면 $(\sqrt{7})^2 = 7$, $3^2 = 9$이고 $7 < 9$이므로
$\sqrt{7} < 3$

01 다음을 근호를 사용하지 않고 나타내시오.

(1) $(\sqrt{3})^2$

(2) $(-\sqrt{5})^2$

(3) $-(\sqrt{13})^2$

(4) $\left(\sqrt{\dfrac{3}{5}}\right)^2$

(5) $\left(-\sqrt{\dfrac{2}{7}}\right)^2$

(6) $-(-\sqrt{0.5})^2$

○ $a>0$일 때
$(\sqrt{a})^2=\square$
$(-\sqrt{a})^2=\square$

02 다음을 근호를 사용하지 않고 나타내시오.

(1) $\sqrt{8^2}$

(2) $\sqrt{(-6)^2}$

(3) $-\sqrt{121}$

(4) $\sqrt{\dfrac{49}{81}}$

(5) $\sqrt{\left(-\dfrac{3}{5}\right)^2}$

(6) $-\sqrt{(-0.3)^2}$

○ $a>0$일 때
$\sqrt{a^2}=\square$
$\sqrt{(-a)^2}=\square$

03 다음을 계산하시오.

(1) $(-\sqrt{10})^2+\sqrt{(-2)^2}$

(2) $\sqrt{169}-\sqrt{64}$

(3) $\sqrt{7^2}\times\sqrt{\dfrac{4}{49}}$

(4) $\left(\sqrt{\dfrac{3}{8}}\right)^2\div\sqrt{\left(-\dfrac{3}{4}\right)^2}$

04 다음 $\square$ 안에 알맞은 부등호를 써넣으시오.

(1) $\sqrt{10}\,\square\,\sqrt{12}$

(2) $\sqrt{\dfrac{2}{3}}\,\square\,\sqrt{\dfrac{3}{2}}$

(3) $-\sqrt{5}\,\square\,-\sqrt{7}$

(4) $\sqrt{40}\,\square\,6$

(5) $\dfrac{1}{8}\,\square\,\sqrt{\dfrac{1}{8}}$

(6) $-3\,\square\,-\sqrt{6}$

○ $a>0,\,b>0$일 때
$a<b$이면 $\sqrt{a}\,\square\,\sqrt{b}$
$\sqrt{a}<\sqrt{b}$이면 $a\,\square\,b$

핵심문제 🔑 익히기

01 제곱근의 성질

○ 더 다양한 문제는 RPM 중3-1 13쪽

다음 중 옳지 <u>않은</u> 것은?

① $\sqrt{\left(-\dfrac{2}{3}\right)^2}=\dfrac{2}{3}$ ② $(\sqrt{0.5})^2=0.5$ ③ $-\sqrt{\left(\dfrac{3}{4}\right)^2}=-\dfrac{3}{4}$

④ $-(-\sqrt{12})^2=-12$ ⑤ $-\sqrt{(-13)^2}=13$

풀이 ④ $(-\sqrt{12})^2=12$이므로 $-(-\sqrt{12})^2=-12$

⑤ $\sqrt{(-13)^2}=13$이므로 $-\sqrt{(-13)^2}=-13$

∴ ⑤

확인 1 다음 중 그 값이 나머지 넷과 다른 하나는?

① $-\sqrt{64}$ ② $\sqrt{(-8)^2}$ ③ $-(\sqrt{8})^2$

④ $-(-\sqrt{8})^2$ ⑤ $-\sqrt{8^2}$

Key Point

$a>0$일 때

(1) $(\sqrt{a})^2=a$, $(-\sqrt{a})^2=a$

(2) $\sqrt{a^2}=a$, $\sqrt{(-a)^2}=a$

02 제곱근의 성질을 이용한 식의 계산

○ 더 다양한 문제는 RPM 중3-1 14쪽

다음을 계산하시오.

(1) $(-\sqrt{13})^2+(\sqrt{7})^2$ (2) $\sqrt{(-12)^2}-(-\sqrt{8})^2$

(3) $(-\sqrt{2})^2-\sqrt{16}\times\sqrt{(-3)^2}$ (4) $\sqrt{196}\div\sqrt{49}-\sqrt{(-5)^2}$

풀이 (1) (주어진 식)$=13+7=$**20**

(2) (주어진 식)$=12-8=$**4**

(3) (주어진 식)$=2-4\times3=2-12=$**−10**

(4) (주어진 식)$=\sqrt{14^2}\div\sqrt{7^2}-5=14\times\dfrac{1}{7}-5=2-5=$**−3**

확인 2 다음을 계산하시오.

(1) $\sqrt{(-3)^2}\times\sqrt{4}-(-\sqrt{7})^2$

(2) $\sqrt{400}-\sqrt{(-8)^2}+(-\sqrt{6})^2$

(3) $\sqrt{121}-\sqrt{(-5)^2}\div\sqrt{\dfrac{25}{16}}-(-\sqrt{10})^2$

(4) $\sqrt{225}\div(-\sqrt{3})^2-\sqrt{(-11)^2}\times(-\sqrt{2})^2$

Key Point

제곱근의 성질을 이용하여 근호를 없앤 다음 식을 계산한다.

16 I. 실수와 그 연산

$\sqrt{a^2}$의 성질

더 다양한 문제는 RPM 중3-1 15쪽

Key Point

$\sqrt{a^2}=\begin{cases} a & (a \geq 0) \\ -a & (a < 0) \end{cases}$

$a>0$일 때, 다음 중 옳지 <u>않은</u> 것은?

① $\sqrt{a^2}=a$ ② $\sqrt{(5a)^2}=5a$ ③ $\sqrt{(-a)^2}=a$

④ $\sqrt{4a^2}=2a$ ⑤ $-\sqrt{(-3a)^2}=3a$

풀이   ① $a>0$이므로 $\sqrt{a^2}=a$

② $5a>0$이므로 $\sqrt{(5a)^2}=5a$

③ $-a<0$이므로 $\sqrt{(-a)^2}=-(-a)=a$

④ $\sqrt{4a^2}=\sqrt{(2a)^2}$이고 $2a>0$이므로 $\sqrt{4a^2}=2a$

⑤ $-3a<0$에서 $\sqrt{(-3a)^2}=-(-3a)=3a$이므로 $-\sqrt{(-3a)^2}=-3a$

∴ ⑤

확인③ $a<0$일 때, 다음 보기 중 옳은 것을 모두 고르시오.

보기

ㄱ. $-\sqrt{a^2}=-a$ ㄴ. $\sqrt{(3a)^2}=-3a$

ㄷ. $\sqrt{(-2a)^2}=2a$ ㄹ. $-\sqrt{16a^2}=4a$

$\sqrt{a^2}$의 꼴을 포함한 식을 간단히 하기

더 다양한 문제는 RPM 중3-1 15, 16쪽

Key Point

$\sqrt{(a-b)^2}$
$=\begin{cases} a-b & (a \geq b) \\ -(a-b) & (a < b) \end{cases}$

다음 식을 간단히 하시오.

(1) $a>0$, $b<0$일 때, $\sqrt{(3a)^2}+\sqrt{(-a)^2}-\sqrt{(6b)^2}$

(2) $-2<a<2$일 때, $\sqrt{(a-2)^2}+\sqrt{(a+2)^2}$

풀이   (1) $a>0$에서 $3a>0$이므로 $\sqrt{(3a)^2}=3a$

$-a<0$이므로 $\sqrt{(-a)^2}=-(-a)=a$

$b<0$에서 $6b<0$이므로 $\sqrt{(6b)^2}=-6b$

∴ (주어진 식)$=3a+a-(-6b)=\mathbf{4a+6b}$

(2) $-2<a<2$에서 $a-2<0$이므로 $\sqrt{(a-2)^2}=-(a-2)=-a+2$

$-2<a<2$에서 $a+2>0$이므로 $\sqrt{(a+2)^2}=a+2$

∴ (주어진 식)$=(-a+2)+(a+2)=\mathbf{4}$

확인④ $a<0$, $b>0$일 때, 다음 식을 간단히 하시오.

$$\sqrt{(-a)^2}-\sqrt{(a-b)^2}+\sqrt{9b^2}$$

05 $\sqrt{Ax}$, $\sqrt{\dfrac{A}{x}}$가 자연수가 되도록 하는 자연수 x의 값 구하기 ● 더 다양한 문제는 RPM 중3-1 16, 17쪽

다음 수가 자연수가 되도록 하는 가장 작은 자연수 x의 값을 구하시오.

(1) $\sqrt{180x}$ 　　　　　　　　　　　　(2) $\sqrt{\dfrac{72}{x}}$

Key Point

A, x가 자연수일 때

$\sqrt{Ax}$, $\sqrt{\dfrac{A}{x}}$가 자연수가 되려면

⇨ 근호 안의 수를 소인수분해 하였을 때, 소인수의 지수가 모두 짝수이어야 한다.

[풀이] (1) $\sqrt{180x} = \sqrt{2^2 \times 3^2 \times 5 \times x}$가 자연수가 되려면 소인수의 지수가 모두 짝수이어야 하므로
$x = 5 \times (\text{자연수})^2$의 꼴이어야 한다.
따라서 가장 작은 자연수 x의 값은 **5**이다.

(2) $\sqrt{\dfrac{72}{x}} = \sqrt{\dfrac{2^3 \times 3^2}{x}}$이 자연수가 되려면 분자의 소인수의 지수가 모두 짝수이어야 하므로
$x = 2 \times (\text{자연수})^2$의 꼴이어야 한다.
이때 x는 72의 약수이므로 가장 작은 자연수 x의 값은 **2**이다.

[확인 5] 다음 수가 자연수가 되도록 하는 가장 작은 자연수 x의 값을 구하시오.

(1) $\sqrt{45x}$ 　　　　　(2) $\sqrt{\dfrac{240}{x}}$ 　　　　　(3) $\sqrt{\dfrac{18}{5}x}$

06 $\sqrt{A+x}$, $\sqrt{A-x}$가 자연수가 되도록 하는 자연수 x의 값 구하기
● 더 다양한 문제는 RPM 중3-1 17, 18쪽

$\sqrt{26+x}$가 자연수가 되도록 하는 가장 작은 자연수 x의 값을 구하시오.

Key Point

A, x가 자연수일 때

• $\sqrt{A+x}$가 자연수가 되려면
⇨ A보다 큰 제곱수를 찾는다.

• $\sqrt{A-x}$가 자연수가 되려면
⇨ A보다 작은 제곱수를 찾는다.

[풀이] $\sqrt{26+x}$가 자연수가 되려면 $26+x$는 제곱수이어야 한다.
이때 x는 자연수이므로 $26+x > 26$에서 26보다 큰 제곱수는 36, 49, 64, $\cdots$이다.
따라서 x의 값이 가장 작은 자연수가 되려면
$26+x=36$ 　　∴ $x=10$

[확인 6] $\sqrt{30-x}$가 자연수가 되도록 하는 모든 자연수 x의 값의 합을 구하시오.

07 제곱근의 대소 관계

⊙ 더 다양한 문제는 RPM 중3-1 18쪽

다음 중 두 수의 대소 관계가 옳은 것은?

① $-\sqrt{8}<-9$ ② $3<\sqrt{6}$ ③ $-\sqrt{15}<-4$

④ $0.2>\sqrt{0.2}$ ⑤ $-\sqrt{\dfrac{1}{3}}<-\dfrac{1}{2}$

풀이 ① $9=\sqrt{81}$이고 $8<81$이므로 $\sqrt{8}<9$ $\quad\therefore -\sqrt{8}>-9$
② $3=\sqrt{9}$이고 $9>6$이므로 $3>\sqrt{6}$
③ $4=\sqrt{16}$이고 $15<16$이므로 $\sqrt{15}<4$ $\quad\therefore -\sqrt{15}>-4$
④ $0.2=\sqrt{0.04}$이고 $0.04<0.2$이므로 $0.2<\sqrt{0.2}$
⑤ $\dfrac{1}{2}=\sqrt{\dfrac{1}{4}}$이고 $\dfrac{1}{3}>\dfrac{1}{4}$이므로 $\sqrt{\dfrac{1}{3}}>\dfrac{1}{2}$ $\quad\therefore -\sqrt{\dfrac{1}{3}}<-\dfrac{1}{2}$
$\therefore$ ⑤

Key Point

· $a>0$, $b>0$일 때
$a<b$이면 $\sqrt{a}<\sqrt{b}$
· 근호가 있는 수와 없는 수의 대소 비교
➡ 근호가 없는 수를 근호를 사용하여 나타낸 후 대소를 비교한다.

확인 7 다음 수를 큰 것부터 차례로 나열하시오.

$$-\sqrt{10}, \quad \sqrt{2}, \quad -3, \quad \sqrt{5}, \quad -\sqrt{12}, \quad 0, \quad 2$$

08 제곱근을 포함한 부등식

⊙ 더 다양한 문제는 RPM 중3-1 19쪽

다음 부등식을 만족시키는 자연수 x의 값을 모두 구하시오.

(1) $3<\sqrt{x}<4$ (2) $1\leq\sqrt{x+2}\leq3$

풀이 (1) $3<\sqrt{x}<4$에서 $\sqrt{9}<\sqrt{x}<\sqrt{16}$이므로 $9<x<16$
따라서 자연수 x는 **10, 11, 12, 13, 14, 15**이다.
(2) $1\leq\sqrt{x+2}\leq3$에서 $\sqrt{1}\leq\sqrt{x+2}\leq\sqrt{9}$이므로 $1\leq x+2\leq9$
$\therefore -1\leq x\leq7$
따라서 자연수 x는 **1, 2, 3, 4, 5, 6, 7**이다.

Key Point

$a>0$, $b>0$일 때
(1) $a<\sqrt{x}<b$이면
$a^2<x<b^2$
(2) $\sqrt{a}<x<\sqrt{b}$이면
$a<x^2<b$

확인 8 다음 부등식을 만족시키는 자연수 x의 개수를 구하시오.

(1) $\sqrt{2}<x<\sqrt{20}$ (2) $3<\sqrt{x-1}\leq4$

01 다음 중 그 값이 가장 작은 것은?

① $-\sqrt{5^2}$ 　　　② $(-\sqrt{5})^2$ 　　　③ $\sqrt{(-5)^2}$

④ $(-\sqrt{6})^2$ 　　　⑤ $-\sqrt{(-6)^2}$

> 🌟 생각해 봅시다
>
> $a>0$일 때
> $(\sqrt{a})^2=(-\sqrt{a})^2=a$
> $\sqrt{a^2}=\sqrt{(-a)^2}=a$

02 다음을 계산하시오.

(1) $\sqrt{\dfrac{9}{16}} \times \sqrt{\left(-\dfrac{3}{2}\right)^2} \div \left(-\sqrt{\dfrac{1}{4}}\right)^2$

(2) $\sqrt{(-3)^2}+\sqrt{9}-(-\sqrt{3})^2$

(3) $(-\sqrt{5})^2+\sqrt{(-8)^2} \times \{-\sqrt{(-3)^2}\}$

(4) $2 \times \sqrt{(-4)^2}-\sqrt{225}$

(5) $\sqrt{196} \div \{-\sqrt{(-2)^2}\}+\sqrt{16}$

(6) $\sqrt{(-7)^2}-\sqrt{81}+\sqrt{144} \div (-\sqrt{4^2})$

03 $a<0$일 때, 다음 중 옳지 <u>않은</u> 것을 모두 고르면? (정답 2개)

① $\sqrt{(-a)^2}=-a$ 　　　② $-\sqrt{(3a)^2}=3a$ 　　　③ $\sqrt{(-2a)^2}=-2a$

④ $-\sqrt{4a^2}=4a$ 　　　⑤ $-\sqrt{(-5a)^2}=-5a$

> $A \geq 0$이면 $\sqrt{A^2}=A$
> $A < 0$이면 $\sqrt{A^2}=-A$

04 $2<a<3$일 때, $\sqrt{(a-2)^2}-\sqrt{(a-3)^2}-\sqrt{(-2a)^2}$을 간단히 하면?

① $-4a+5$ 　　　② $-2a+1$ 　　　③ -5

④ $2a+1$ 　　　⑤ $4a-5$

> $\sqrt{a^2}=\begin{cases} a \ (a \geq 0) \\ -a \ (a<0) \end{cases}$
>
> $\sqrt{(a-b)^2}=\begin{cases} a-b \ \ (a \geq b) \\ -(a-b) \ (a<b) \end{cases}$

05 $0<a<1$일 때, 다음 식을 간단히 하시오.

$$\sqrt{\left(a-\frac{1}{a}\right)^2}-\sqrt{\left(a+\frac{1}{a}\right)^2}+\sqrt{(-2a)^2}$$

⭐ 생각해 봅시다

$0<a<1$이면 $\frac{1}{a}>1$이다.

06 다음 중 $\sqrt{2^3\times3^2\times x}$가 자연수가 되도록 하는 자연수 x의 값으로 옳지 않은 것은?

① 2　　　　② 6　　　　③ 8　　　　④ 18　　　　⑤ 50

07 넓이가 $150x$인 정사각형의 한 변의 길이가 자연수일 때, 가장 작은 두 자리 자연수 x의 값을 구하시오.

넓이가 A인 정사각형의 한 변의 길이는 $\sqrt{A}$이다.

08 $\sqrt{25-x}$가 정수가 되도록 하는 자연수 x 중에서 가장 큰 수를 A, 가장 작은 수를 B라 할 때, $A-B$의 값을 구하시오.

$\sqrt{A}$가 정수가 되려면 A는 제곱수 또는 0이어야 한다.

09 다음 중 두 수의 대소 관계가 옳지 않은 것은?

① $4<\sqrt{20}$　　　　② $-\sqrt{27}<-5$　　　　③ $-\sqrt{\frac{1}{3}}>-\frac{1}{3}$

④ $\sqrt{7}<3$　　　　⑤ $0.5>\sqrt{0.2}$

$a>0$, $b>0$일 때
$a<b$이면 $\sqrt{a}<\sqrt{b}$

10 다음 부등식을 만족시키는 자연수 x의 개수를 구하시오.

(1) $4<\dfrac{\sqrt{2x+1}}{2}<5$　　　　(2) $-4\le-\sqrt{3x-2}<-1$

$a>0$, $b>0$일 때
$a<\sqrt{x}<b$이면 $a^2<x<b^2$

**개념원리
이해**

1 무리수란 무엇인가? ◐ 핵심문제 1, 2

(1) **무리수**: 유리수가 아닌 수, 즉 순환소수가 아닌 무한소수로 나타내어지는 수

   예 $\sqrt{2}=1.414\cdots$, $\sqrt{3}=1.732\cdots$, $\sqrt{5}=2.236\cdots$, $\pi=3.141592\cdots$

(2) **소수의 분류**

$$
\text{소수}
\begin{cases}
\text{유한소수} \\
\text{무한소수}
\begin{cases}
\text{순환소수} \\
\text{순환소수가 아닌 무한소수 – 무리수}
\end{cases}
\end{cases}
\quad \text{유리수}
$$

▶ ① 유리수는 $\dfrac{(\text{정수})}{(0\text{이 아닌 정수})}$ 의 꼴로 나타낼 수 있는 수이다.

  ② 근호가 있다고 해서 모두 무리수는 아니다.

    예를 들어 $\sqrt{\dfrac{1}{9}}=\dfrac{1}{3}$ 이므로 $\sqrt{\dfrac{1}{9}}$ 은 유리수이다.

  ③ 유리수이면서 동시에 무리수인 수는 없다.

  ④ 원주율 $\pi=3.141592\cdots$ 는 무리수임이 알려져 있다.

설명 유한소수와 순환소수는 $0.3=\dfrac{3}{10}$, $0.\dot{2}=\dfrac{2}{9}$, $1.\dot{2}\dot{3}=\dfrac{122}{99}$ 와 같이 $\dfrac{(\text{정수})}{(0\text{이 아닌 정수})}$ 의 꼴로 나타낼

수 있으므로 유리수이다.

그런데 무한소수 중에서

$$\sqrt{2}=1.414\cdots,\ \sqrt{3}=1.732\cdots,\ \pi=3.141592\cdots$$

와 같이 순환소수가 아닌 무한소수는 $\dfrac{(\text{정수})}{(0\text{이 아닌 정수})}$ 의 꼴로 나타낼 수 없다.

이와 같은 수들을 무리수라 한다.

2 실수란 무엇인가? ◐ 핵심문제 2

(1) **실수**: 유리수와 무리수를 통틀어 실수라 한다.

   ▶ 특별한 말이 없을 때 '수'라 하면 '실수'를 의미한다.

   참고 실수에서는 유리수에서와 같이 사칙계산을 할 수 있고, 덧셈과 곱셈에 대한 교환법칙, 결합법칙,

      분배법칙이 성립한다.

(2) **실수의 분류**

$$
\text{실수}
\begin{cases}
\text{유리수}
\begin{cases}
\text{정수}
\begin{cases}
\text{양의 정수(자연수)}: 1,\ 2,\ 3,\ \cdots \\
0 \\
\text{음의 정수}: -1,\ -2,\ -3,\ \cdots
\end{cases} \\
\text{정수가 아닌 유리수}: -1.3,\ -\dfrac{2}{5},\ \dfrac{1}{3},\ \cdots
\end{cases} \\
\text{무리수(순환소수가 아닌 무한소수)}: -\sqrt{3},\ \pi,\ \sqrt{5},\ \cdots
\end{cases}
$$

3 실수를 수직선 위에 어떻게 나타내는가? ⊙ 핵심문제 3, 4

(1) **무리수를 수직선 위에 나타내기**
   직각삼각형의 빗변의 길이를 이용하여 무리수를 수직선 위에 나타낼 수 있다.

(2) **실수와 수직선**
   ① 수직선은 유리수와 무리수, 즉 실수에 대응하는 점들로 완전히 메울 수 있다.
   ② 모든 실수는 수직선 위의 점에 하나씩 대응하고, 거꾸로 수직선 위의 모든 점에는 실수가
      하나씩 대응한다.
   ▶ ① 서로 다른 두 실수 사이에는 무수히 많은 실수가 있다.
       ② 수직선을 유리수만으로 또는 무리수만으로 완전히 메울 수 없다.

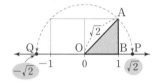

설명 오른쪽 그림에서 모눈 한 칸은 한 변의 길이가 1인 정사각형이다.
   이때 △AOB는 직각삼각형이므로 피타고라스 정리를 이용하면
   $\overline{OA}=\sqrt{1^2+1^2}=\sqrt{2}$이다.
   따라서 원점 O를 중심으로 하고 $\overline{OA}$를 반지름으로 하는 원이 수직
   선과 만나는 점을 각각 P, Q라 하면 두 점 P, Q에 대응하는 수는 각각 무리수 $\sqrt{2}$, $-\sqrt{2}$이다.
   이와 같이 유리수에 대응하는 점뿐만 아니라 무리수에 대응하는 점들도 수직선 위에 나타낼 수 있다.

4 실수의 대소 관계는 어떻게 알 수 있는가? ⊙ 핵심문제 5, 6

(1) 실수를 수직선 위에 나타내면 양의 실수는 원점의 오른쪽에,
   음의 실수는 원점의 왼쪽에 나타난다.

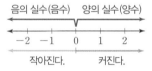

(2) 두 실수 a, b의 대소 관계는 $a-b$의 값의 부호에 따라 다음과
   같이 정한다.
   ① $a-b>0$이면 $a>b$
   ② $a-b=0$이면 $a=b$
   ③ $a-b<0$이면 $a<b$
   ▶ ① (음수)$<0<$(양수)
       ② 양수끼리는 절댓값이 큰 수가 크다.
       ③ 음수끼리는 절댓값이 큰 수가 작다.

설명 유리수와 마찬가지로 실수를 수직선 위에 나타낼 때 오른쪽에 있는 실수가 왼쪽에 있는 실수보다 크다.
   예를 들어 $2+\sqrt{2}$, $-\sqrt{3}$, $\sqrt{2}$를 수직선 위에 나타내면
   오른쪽 그림과 같으므로 $-\sqrt{3}<\sqrt{2}<2+\sqrt{2}$이다.

예 $\sqrt{5}+1$과 $\sqrt{3}+1$의 대소를 비교하면
   $(\sqrt{5}+1)-(\sqrt{3}+1)=\sqrt{5}-\sqrt{3}>0$에서
   $\sqrt{5}+1>\sqrt{3}+1$

01 다음 수가 유리수이면 '유', 무리수이면 '무'를 ( ) 안에 써넣으시오.

(1) $\sqrt{4}$ (   ) (2) $-\sqrt{7}$ (   )

(3) $-\sqrt{0.49}$ (   ) (4) $0.313131\cdots$ (   )

(5) $\sqrt{9}+2$ (   ) (6) $\sqrt{10}-1$ (   )

○ 무리수란?

02 다음 설명 중 옳은 것은 ○표, 옳지 않은 것은 ×표를 ( ) 안에 써넣으시오.

(1) 유한소수는 모두 유리수이다. (   )

(2) 무한소수는 모두 무리수이다. (   )

(3) 무리수는 무한소수로 나타낼 수 있다. (   )

(4) 무리수는 $\dfrac{(정수)}{(0이 \ 아닌 \ 정수)}$ 의 꼴로 나타낼 수 있다. (   )

○ 유한소수, 순환소수
⇨ 유리수
순환소수가 아닌 무한소수
⇨ □

03 아래의 수 중에서 다음에 해당하는 수를 모두 고르시오.

$$\frac{\pi}{2}, \quad \sqrt{9}, \quad \sqrt{3}-\sqrt{2}, \quad 0.1\dot{5}, \quad \frac{1}{3}$$

(1) 정수 (2) 유리수 (3) 무리수 (4) 실수

○ 실수 $\begin{cases} \boxed{} \begin{cases} 정수 \\ 정수가 \ 아닌 \ 유리수 \end{cases} \\ 무리수 \end{cases}$

04 다음 설명 중 옳은 것은 ○표, 옳지 않은 것은 ×표를 ( ) 안에 써넣으시오.

(1) $\sqrt{3}$과 $\sqrt{5}$ 사이에는 유리수가 없다. (   )

(2) $1+\sqrt{2}$에 대응하는 점은 수직선 위에 나타낼 수 없다. (   )

(3) 수직선은 실수에 대응하는 점들로 완전히 메울 수 있다. (   )

05 다음은 $4-\sqrt{2}$와 2의 대소를 비교하는 과정이다. □ 안에 알맞은 부등호를 써넣으시오.

$(4-\sqrt{2})-2=2-\sqrt{2}$

이때 $2=\sqrt{4}$이므로 $2-\sqrt{2} \ \boxed{} \ 0$

$\therefore 4-\sqrt{2} \ \boxed{} \ 2$

○ a, b가 실수일 때
① $a-b>0$이면 $a \ \boxed{} \ b$
② $a-b=0$이면 $a \ \boxed{} \ b$
③ $a-b<0$이면 $a \ \boxed{} \ b$

핵심문제 🔑 익히기

01 **유리수와 무리수의 구별** ▪ 더 다양한 문제는 RPM 중3-1 20쪽

Key Point

- 유리수: $\dfrac{(정수)}{(0이\ 아닌\ 정수)}$의 꼴로 나타낼 수 있는 수
- 무리수: 유리수가 아닌 수, 즉 순환소수가 아닌 무한소수로 나타내어지는 수

다음 중 무리수인 것은?

① $-\sqrt{0.25}$ ② $1.2\dot{7}$ ③ $\sqrt{25}-\sqrt{16}$ ④ $\sqrt{3}-1$ ⑤ $-\sqrt{\dfrac{9}{16}}$

풀이   ① $-\sqrt{0.25}=-0.5 \Rightarrow$ 유리수   ② $1.2\dot{7}=\dfrac{127-12}{90}=\dfrac{115}{90}=\dfrac{23}{18} \Rightarrow$ 유리수

③ $\sqrt{25}-\sqrt{16}=5-4=1 \Rightarrow$ 유리수   ⑤ $-\sqrt{\dfrac{9}{16}}=-\dfrac{3}{4} \Rightarrow$ 유리수

∴ ④

확인 1   다음 중 소수로 나타내었을 때 순환소수가 아닌 무한소수인 것의 개수를 구하시오.

$$\sqrt{2}+1, \quad \sqrt{\dfrac{1}{2}}, \quad \sqrt{1.21}, \quad \sqrt{48}, \quad \pi, \quad (-\sqrt{0.5})^2, \quad \sqrt{0.\dot{4}}$$

02 **무리수와 실수의 이해** ▪ 더 다양한 문제는 RPM 중3-1 20, 21쪽

Key Point

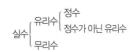
실수 ┬ 유리수 ┬ 정수
      │   └ 정수가 아닌 유리수
      └ 무리수

다음 중 옳지 <u>않은</u> 것을 모두 고르면? (정답 2개)

① 유리수는 정수와 정수가 아닌 유리수로 이루어져 있다.
② 순환소수는 모두 무리수이다.
③ 유리수와 무리수를 통틀어 실수라 한다.
④ 순환소수가 아닌 무한소수는 모두 무리수이다.
⑤ 무한소수는 모두 유리수가 아니다.

풀이   ② 순환소수는 모두 유리수이다.
⑤ 무한소수 중 순환소수는 유리수이다.
∴ ②, ⑤

확인 2   다음 중 옳은 것을 모두 고르면? (정답 2개)

① 무한소수는 모두 무리수이다.
② 근호를 사용하여 나타낸 수는 모두 무리수이다.
③ 순환소수가 아닌 무한소수는 모두 유리수이다.
④ 유리수이면서 동시에 무리수인 수는 없다.
⑤ 순환소수는 모두 유리수이다.

03 무리수를 수직선 위에 나타내기 　　　● 더 다양한 문제는 **RPM** 중3-1 21쪽

오른쪽 그림에서 모눈 한 칸은 한 변의 길이가 1인 정사각형이다. 점 A를 중심으로 하고 $\overline{AC}$를 반지름으로 하는 원이 수직선과 만나는 점을 각각 P, Q라 할 때, 두 점 P, Q에 대응하는 수를 각각 구하시오.

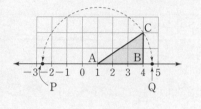

Key Point

① 직각삼각형 ABC에서 $\overline{AC}$ 의 길이를 구한다.
② 기준점에서 오른쪽이면
　⇨ (기준점)+$\overline{AC}$
　기준점에서 왼쪽이면
　⇨ (기준점)−$\overline{AC}$

풀이　△ABC는 직각삼각형이므로 $\overline{AC}=\sqrt{3^2+2^2}=\sqrt{13}$
이때 $\overline{AP}=\overline{AQ}=\overline{AC}=\sqrt{13}$이므로 **두 점 P, Q에 대응하는 수**는 각각 **$1-\sqrt{13}$, $1+\sqrt{13}$**이다.

확인③　오른쪽 그림에서 모눈 한 칸은 한 변의 길이가 1인 정사각형이다. $\overline{AB}=\overline{AP}$, $\overline{AC}=\overline{AQ}$일 때, 두 점 P, Q에 대응하는 수를 각각 구하시오.

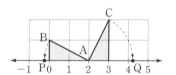

---

04 실수와 수직선 　　　● 더 다양한 문제는 **RPM** 중3-1 22쪽

다음 중 옳지 <u>않은</u> 것을 모두 고르면? (정답 2개)

① π는 수직선 위의 점에 대응시킬 수 있다.
② $\sqrt{2}$와 $\sqrt{3}$ 사이에는 무수히 많은 무리수가 있다.
③ 1과 $\sqrt{2}$ 사이에는 무수히 많은 유리수가 있다.
④ 서로 다른 유리수 사이에는 무수히 많은 정수가 있다.
⑤ 수직선은 유리수에 대응하는 점들로 완전히 메울 수 있다.

Key Point

모든 실수는 수직선 위의 점에 하나씩 대응한다.

풀이　④ 1과 2 사이에는 정수가 없다.
⑤ 수직선은 실수에 대응하는 점들로 완전히 메울 수 있다.
∴ ④, ⑤

확인④　다음 **보기** 중 옳은 것을 모두 고르시오.

　　　　　● 보기 ●

ㄱ. $5-\sqrt{2}$는 수직선 위의 점에 대응시킬 수 있다.
ㄴ. $\dfrac{1}{3}$과 $\dfrac{1}{2}$ 사이에는 무리수가 없다.
ㄷ. 모든 유리수는 수직선 위의 점에 대응시킬 수 있다.
ㄹ. 두 무리수 사이에 있는 수는 모두 무리수이다.
ㅁ. 수직선은 실수에 대응하는 점들로 완전히 메울 수 있다.

05 실수의 대소 관계

● 더 다양한 문제는 RPM 중3-1 22, 23쪽

다음 중 두 수의 대소 관계가 옳은 것은?

① $\sqrt{10}+1<4$　　　② $12>\sqrt{5}+10$　　　③ $-\sqrt{8}+1<-3$

④ $2+\sqrt{5}>\sqrt{3}+\sqrt{5}$　　　⑤ $2+\sqrt{6}>\sqrt{6}+\sqrt{5}$

풀이
① $(\sqrt{10}+1)-4=\sqrt{10}-3=\sqrt{10}-\sqrt{9}>0$　　∴ $\sqrt{10}+1>4$
② $12-(\sqrt{5}+10)=2-\sqrt{5}=\sqrt{4}-\sqrt{5}<0$　　∴ $12<\sqrt{5}+10$
③ $(-\sqrt{8}+1)-(-3)=-\sqrt{8}+4=-\sqrt{8}+\sqrt{16}>0$　　∴ $-\sqrt{8}+1>-3$
④ $(2+\sqrt{5})-(\sqrt{3}+\sqrt{5})=2-\sqrt{3}=\sqrt{4}-\sqrt{3}>0$　　∴ $2+\sqrt{5}>\sqrt{3}+\sqrt{5}$
⑤ $(2+\sqrt{6})-(\sqrt{6}+\sqrt{5})=2-\sqrt{5}=\sqrt{4}-\sqrt{5}<0$　　∴ $2+\sqrt{6}<\sqrt{6}+\sqrt{5}$
∴ ④

확인5 다음 세 수 a, b, c의 대소 관계를 부등호를 사용하여 나타내시오.

$$a=3-\sqrt{8}, \qquad b=3-\sqrt{7}, \qquad c=-2$$

06 두 실수 사이의 수

● 더 다양한 문제는 RPM 중3-1 24쪽

다음 중 $\sqrt{2}$와 $\sqrt{5}$ 사이에 있는 수가 <u>아닌</u> 것은?

(단, $\sqrt{2}=1.414$, $\sqrt{5}=2.236$으로 계산한다.)

① $\sqrt{3}$　　　② $\sqrt{2}+0.2$　　　③ $\sqrt{2}+3$

④ $\sqrt{5}-0.3$　　　⑤ $\dfrac{\sqrt{2}+\sqrt{5}}{2}$

풀이 ③ $\sqrt{2}+3=1.414+3=4.414$이므로 $\sqrt{2}+3$은 $\sqrt{2}$와 $\sqrt{5}$ 사이에 있는 수가 아니다.
∴ ③

확인6 다음 중 $\sqrt{6}$과 $\sqrt{7}$ 사이에 있는 수는?

(단, $\sqrt{6}=2.449$, $\sqrt{7}=2.646$으로 계산한다.)

① $\sqrt{6}+1$　　　② $\sqrt{7}-\sqrt{6}$　　　③ $\sqrt{6}+\sqrt{7}$

④ $\dfrac{\sqrt{6}+\sqrt{7}}{2}$　　　⑤ $\sqrt{7}-1$

소단원 📑 핵심문제

01 다음 중 무리수인 것을 모두 고르면? (정답 2개)

① $0.1\dot{2}$ 　　② $-\sqrt{0.01}$ 　　③ $-\sqrt{32}$

④ $\dfrac{\sqrt{25}}{3}$ 　　⑤ $\sqrt{10}-3$

★ 생각해 봅시다

02 오른쪽 그림과 같이 한 변의 길이가 1인 정사각형 3개를 수직선 위에 그렸다. 수직선 위의 네 점 A, B, C, D 중에서 $2-\sqrt{2}$에 대응하는 점을 구하시오.

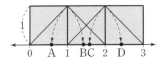

기준점에서 ⎡ 오른쪽 ⇨ +
　　　　　 ⎣ 왼쪽 ⇨ −

03 다음 중 옳지 <u>않은</u> 것은?

① 유한소수는 모두 유리수이다.
② 무한소수 중에는 유리수도 있다.
③ $\sqrt{2}+1$은 수직선 위의 점에 대응시킬 수 있다.
④ 자연수의 제곱근은 모두 무리수이다.
⑤ 수직선은 유리수와 무리수에 대응하는 점들로 완전히 메울 수 있다.

04 다음 중 □ 안에 알맞은 부등호를 써넣을 때, 부등호의 방향이 나머지 넷과 <u>다른</u> 하나는?

① $\sqrt{3}+1 \,\square\, 3$ 　② $\sqrt{2}+1 \,\square\, \sqrt{3}+1$ 　③ $\sqrt{15}+1 \,\square\, 4$

④ $4-\sqrt{7} \,\square\, \sqrt{17}-\sqrt{7}$ 　⑤ $\sqrt{11}-\sqrt{6} \,\square\, 5-\sqrt{6}$

a, b가 실수일 때
① $a-b>0$이면 $a>b$
② $a-b=0$이면 $a=b$
③ $a-b<0$이면 $a<b$

05 다음 중 $\sqrt{2}$와 $\sqrt{3}$ 사이에 있는 수가 <u>아닌</u> 것은?

(단, $\sqrt{2}=1.414$, $\sqrt{3}=1.732$로 계산한다.)

① $\sqrt{2}+0.1$ 　　② $\sqrt{2}+0.01$ 　　③ $\sqrt{3}-0.01$

④ $\sqrt{2}+1$ 　　⑤ $\dfrac{\sqrt{2}+\sqrt{3}}{2}$

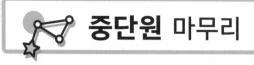
기본문제

01 다음 중 옳은 것은?

① 4는 2의 제곱근이다.

② 제곱근 36은 ±6이다.

③ $\left(-\dfrac{1}{2}\right)^3$의 제곱근은 없다.

④ $\sqrt{(-16)^2}$의 제곱근은 4이다.

⑤ -5의 제곱근은 $-\sqrt{5}$이다.

꼭 나와

02 $\sqrt{(-49)^2}$의 음의 제곱근을 A, $(-8)^2$의 양의 제곱근을 B라 할 때, $A+B$의 값을 구하시오.

03 다음 중 그 값이 나머지 넷과 다른 하나는?

① $\sqrt{2^2}$　　② $(\sqrt{2})^2$　　③ $(-\sqrt{2})^2$

④ $-(-\sqrt{2})^2$　⑤ $\sqrt{(-2)^2}$

04 다음을 계산하시오.

$$\sqrt{\dfrac{4}{9}} \times \sqrt{81} + \sqrt{(-2)^2} \div \sqrt{\left(\dfrac{2}{5}\right)^2}$$

05 $a>0$일 때, 다음 중 옳지 않은 것은?

① $-\sqrt{(2a)^2}=-2a$　　② $\sqrt{(-5a)^2}=5a$

③ $\sqrt{(-a)^2}=a$　　　　④ $-\sqrt{9a^2}=-9a$

⑤ $-\sqrt{(-8a)^2}=-8a$

06 다음 중 $\sqrt{20x}$가 자연수가 되도록 하는 자연수 x의 값으로 알맞은 것은?

① 9　　　　② 10　　　　③ 15

④ 40　　　　⑤ 45

07 다음 중 두 수의 대소 관계가 옳지 않은 것은?

① $-\sqrt{5} > -5$　　② $\sqrt{\dfrac{4}{7}} > \sqrt{\dfrac{1}{3}}$

③ $\sqrt{2^2} < \sqrt{(-3)^2}$　④ $\sqrt{0.4} > 0.4$

⑤ $-\dfrac{1}{3} < -\sqrt{3}$

08 다음 중 보기의 □ 안의 수에 해당하는 것은?

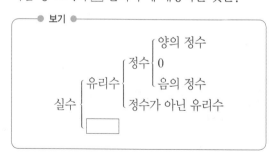

① 3.7　　　　② $0.2\dot{3}$　　　　③ $\sqrt{144}$

④ $-\dfrac{\sqrt{3}}{4}$　　　⑤ $\sqrt{(-4)^2}$

09 다음 그림에서 모눈 한 칸은 한 변의 길이가 1인 정사각형이다. $\overline{AD}=\overline{AP}$, $\overline{EF}=\overline{EQ}$일 때, 두 점 P, Q의 좌표를 각각 구하시오.

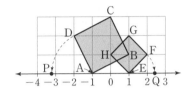

10 다음 중 옳지 <u>않은</u> 것을 모두 고르면? (정답 2개)

① -2와 $\sqrt{2}$ 사이에는 정수가 3개 있다.
② $\sqrt{5}$와 $\sqrt{7}$ 사이의 무리수는 $\sqrt{6}$뿐이다.
③ $\sqrt{3}$과 $\sqrt{5}$ 사이에는 무수히 많은 유리수가 있다.
④ -1과 0 사이에는 무수히 많은 무리수가 있다.
⑤ 수직선 위의 모든 점에 대응하는 수는 유리수로 나타낼 수 있다.

꼭 나와
11 다음 중 두 수의 대소 관계가 옳지 <u>않은</u> 것은?

① $3>\sqrt{3}+1$　　　　② $4>-\sqrt{2}+5$
③ $5-\sqrt{2}>4-\sqrt{2}$　　④ $1-\sqrt{7}>1-\sqrt{5}$
⑤ $\sqrt{2}+\sqrt{3}<2+\sqrt{3}$

12 다음 중 2와 $\sqrt{5}$ 사이에 있는 수는 모두 몇 개인지 구하시오. (단, $\sqrt{5}=2.236$으로 계산한다.)

$$\sqrt{2}, \quad 3, \quad 2-\sqrt{5}, \quad -0.1+\sqrt{5}, \quad \frac{2+\sqrt{5}}{2}$$

Step **2** 발전문제

13 다음 두 수 A, B에 대하여 $A+B$의 값을 구하시오.

$$A=\sqrt{169}-(\sqrt{0.5})^2\div\sqrt{\left(-\frac{1}{50}\right)^2}$$
$$B=-(-\sqrt{6})^2+\sqrt{16}\times\sqrt{(-3)^2}$$

꼭 나와
14 $-3<a<2$일 때, $\sqrt{(a-2)^2}-\sqrt{(3-a)^2}$을 간단히 하면?

① $-2a-1$　　② $-2a+1$　　③ -1
④ $2a-1$　　⑤ $2a+1$

15 $-2<x<y<0$일 때, 다음 중 가장 큰 수는?

① $\sqrt{(2-x)^2}$　　　　② $-\sqrt{(x-2)^2}$
③ $\sqrt{(2+y)^2}$　　　　④ $-\sqrt{(-y)^2}$
⑤ $-\sqrt{(y-2)^2}$

16 $\sqrt{72+x}-\sqrt{110-y}$의 값이 가장 작은 정수가 되도록 하는 자연수 x, y에 대하여 $x+y$의 값을 구하시오.

17 오른쪽 그림과 같이 정사각형 모양의 천 조각 A, B와 직사각형 모양의 천 조각 C를 이어 붙여 직사각형 모양의 조각보를 만들려고 한다.

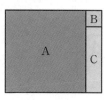

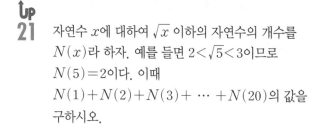

A의 넓이가 $15n$, B의 넓이가 $24-n$이고 각 변의 길이가 자연수일 때, C의 넓이를 구하시오. (단, n은 자연수)

18 $0<a<1$일 때, 다음 중 그 값이 가장 큰 것은?

① a　　　　② $\sqrt{a}$　　　　③ a^2

④ $\dfrac{1}{a}$　　　　⑤ $\dfrac{1}{\sqrt{a}}$

19 $\sqrt{(\sqrt{15}-4)^2}-\sqrt{(4-\sqrt{15})^2}$을 간단히 하시오.

20 $2<\sqrt{\dfrac{x}{5}}<\dfrac{5}{2}$를 만족시키는 자연수 x의 개수는?

① 8개　　　　② 9개　　　　③ 10개

④ 11개　　　　⑤ 12개

21 자연수 x에 대하여 $\sqrt{x}$ 이하의 자연수의 개수를 $N(x)$라 하자. 예를 들면 $2<\sqrt{5}<3$이므로 $N(5)=2$이다. 이때 $N(1)+N(2)+N(3)+\cdots+N(20)$의 값을 구하시오.

22 다음 세 수 a, b, c의 대소 관계를 부등호를 사용하여 나타내시오.

$$a=-3+\sqrt{2}, \quad b=-3+\sqrt{5}, \quad c=-2$$

23 다음 수를 작은 것부터 차례로 나열할 때, 세 번째에 오는 수를 구하시오.

$$\sqrt{3}+3, \quad -\sqrt{3}-1, \quad 2+\sqrt{2}, \quad \sqrt{3}+\sqrt{2}, \quad -\sqrt{2}$$

24 다음 수직선 위의 네 점 A, B, C, D 중에서 $-\sqrt{3}$, $\sqrt{2}+1$, $-\sqrt{8}$, $3-\sqrt{2}$에 대응하는 점을 차례로 구하시오.

서술형 대비 문제

1

$1 < x < 3$일 때,
$$\sqrt{(1-x)^2} - \sqrt{(-2x)^2} - \sqrt{(3-x)^2}$$
을 간단히 하시오. [7점]

풀이과정

1단계 $1-x$, $-2x$, $3-x$의 부호 판단하기 [2점]

$1-x < 0$, $-2x < 0$, $3-x > 0$이므로

2단계 주어진 식을 근호를 사용하지 않고 나타내기 [3점]

$\sqrt{(1-x)^2} - \sqrt{(-2x)^2} - \sqrt{(3-x)^2}$
$= -(1-x) - \{-(-2x)\} - (3-x)$

3단계 식 간단히 하기 [2점]

$= -1+x-2x-3+x$
$= -4$

답 -4

1-1 $1 < x < 5$일 때,
$$\sqrt{(x-5)^2} + \sqrt{(-x+5)^2} - \sqrt{(1-x)^2}$$
을 간단히 하시오. [7점]

풀이과정

1단계 $x-5$, $-x+5$, $1-x$의 부호 판단하기 [2점]

2단계 주어진 식을 근호를 사용하지 않고 나타내기 [3점]

3단계 식 간단히 하기 [2점]

답

2

부등식 $3 < \sqrt{2x+1} \le 4$를 만족시키는 모든 정수 x의 값의 합을 구하시오. [7점]

풀이과정

1단계 x의 값의 범위 구하기 [4점]

$3 < \sqrt{2x+1} \le 4$에서 $\sqrt{9} < \sqrt{2x+1} \le \sqrt{16}$이므로

$9 < 2x+1 \le 16$, $8 < 2x \le 15$

$\therefore 4 < x \le \dfrac{15}{2}$

2단계 조건을 만족시키는 정수 x의 값 구하기 [2점]

주어진 부등식을 만족시키는 정수 x의 값은 5, 6, 7이다.

3단계 모든 정수 x의 값의 합 구하기 [1점]

따라서 구하는 합은
$5+6+7=18$

답 18

2-1 부등식 $-5 \le -\sqrt{4-3x} \le -4$를 만족시키는 정수 x 중에서 가장 큰 수를 A, 가장 작은 수를 B라 할 때, $A-B$의 값을 구하시오. [7점]

풀이과정

1단계 x의 값의 범위 구하기 [4점]

2단계 A, B의 값 구하기 [2점]

3단계 $A-B$의 값 구하기 [1점]

답

3 $\sqrt{256}$의 음의 제곱근을 A, $\left(-\sqrt{\dfrac{9}{16}}\right)^2$의 양의 제곱근을 B라 할 때, AB의 값을 구하시오. [5점]

풀이과정

답

5 다음 조건을 모두 만족시키는 자연수 x의 개수를 구하시오. [7점]

ㆍ 조건 ㆍ

(가) $\sqrt{x}$는 무리수이다.

(나) x는 35 이하의 수이다.

풀이과정

답

4 $-1 < a < 0$일 때, $\sqrt{\left(a-\dfrac{1}{a}\right)^2} + \sqrt{\left(a+\dfrac{1}{a}\right)^2} - \sqrt{4a^2}$을 간단히 하시오. [7점]

풀이과정

답

6 오른쪽 그림에서 □ABCD는 한 변의 길이가 1인 정사각형이고 $\overline{CA}=\overline{CP}$, $\overline{BD}=\overline{BQ}$이다. 점 Q에 대응하는 수가 $5+\sqrt{2}$일 때, 점 P에 대응하는 수를 구하시오. [6점]

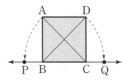

풀이과정

답

한 마을의 두 귀양자

송나라 때, 소식의 아우 소철이 간신 장자후의 음모에 걸려들어 뇌주로 귀양살이를 가게 되었답니다. 그런데 장자후가 미리 손을 써서 소철이 관사를 얻을 수 없도록 했죠.

그래서 소철은 귀양지에서 어렵사리 민가에서 방을 구해 거주하게 되었답니다. 이 사실을 장자후가 알고는 트집을 잡고 내쫓으려고 했지만, 법적으로는 특별히 하자가 없었기에 더 괴롭히지는 못했다고 합니다.

대신에 다음부터는 그 지방에 귀양살이 온 사람은 민가를 빌릴 수 없도록 법을 고쳐버렸다더군요.

몇 년이 흘러 이번에는 장자후가 뇌주로 귀양을 가게 되었데요.

그도 관사를 얻을 수 없어 민가를 빌리려고 했지만 몇 년 전에 자신이 개정한 법 때문에 여의치가 않았다고 합니다.

뿌린 대로 거두는 법이죠.

I

실수와 그 연산

개념원리
이해

1 제곱근의 곱셈과 나눗셈은 어떻게 하는가? ◑ 핵심문제 1, 2, 7, 8

(1) **제곱근의 곱셈**: $a>0$, $b>0$이고 m, n이 유리수일 때

① $\sqrt{a} \times \sqrt{b} = \sqrt{a}\sqrt{b} = \sqrt{ab}$ ← 근호 안의 수끼리 곱한다.

② $m\sqrt{a} \times n\sqrt{b} = mn\sqrt{ab}$ ← 근호 밖의 수끼리, 근호 안의 수끼리 곱한다.

▶ ① $\sqrt{5} \times \sqrt{3}$, $3 \times \sqrt{6}$, $\sqrt{a} \times \sqrt{b}$는 곱셈 기호를 생략하여 각각 $\sqrt{5}\sqrt{3}$, $3\sqrt{6}$, $\sqrt{a}\sqrt{b}$와 같이 나타내기도 한다.
② 세 개 이상의 제곱근의 곱셈도 근호 안의 수끼리 곱한다. 즉, $a>0$, $b>0$, $c>0$일 때, $\sqrt{a}\sqrt{b}\sqrt{c} = \sqrt{abc}$

(2) **제곱근의 나눗셈**: $a>0$, $b>0$이고 m, n이 유리수일 때

① $\sqrt{a} \div \sqrt{b} = \dfrac{\sqrt{a}}{\sqrt{b}} = \sqrt{\dfrac{a}{b}}$ ← 근호 안의 수끼리 나눈다.

② $m\sqrt{a} \div n\sqrt{b} = \dfrac{m}{n}\sqrt{\dfrac{a}{b}}$ (단, $n \neq 0$) ← 근호 밖의 수끼리, 근호 안의 수끼리 나눈다.

예 (1) ① $\sqrt{3}\sqrt{5} = \sqrt{3 \times 5} = \sqrt{15}$ ② $3\sqrt{2} \times 4\sqrt{5} = (3 \times 4) \times \sqrt{2 \times 5} = 12\sqrt{10}$

(2) ① $\dfrac{\sqrt{6}}{\sqrt{3}} = \sqrt{\dfrac{6}{3}} = \sqrt{2}$ ② $4\sqrt{2} \div 5\sqrt{3} = \dfrac{4}{5}\sqrt{\dfrac{2}{3}}$

2 근호가 있는 식의 변형은 어떻게 하는가? ◑ 핵심문제 3~5, 7, 8

(1) 근호 안의 제곱인 인수는 근호 밖으로 꺼낼 수 있다.

$\sqrt{a^2 b} = a\sqrt{b}$, $\sqrt{\dfrac{b}{a^2}} = \dfrac{\sqrt{b}}{a}$ (단, $a>0$, $b>0$)

(2) 근호 밖의 양수는 제곱하여 근호 안으로 넣을 수 있다.

$a\sqrt{b} = \sqrt{a^2 b}$, $\dfrac{\sqrt{b}}{a} = \sqrt{\dfrac{b}{a^2}}$ (단, $a>0$, $b>0$)

근호 밖으로
$\sqrt{a^2 b} = a\sqrt{b}$
근호 안으로

근호 밖으로
$\sqrt{\dfrac{b}{a^2}} = \dfrac{\sqrt{b}}{a}$
근호 안으로

주의 근호 밖의 수를 근호 안으로 넣을 때는 반드시 양수만 제곱하여 넣어야 한다.
$-3\sqrt{2} = \sqrt{(-3)^2 \times 2} = \sqrt{18}$ (×), $-3\sqrt{2} = -\sqrt{3^2 \times 2} = -\sqrt{18}$ (○)

3 분모의 유리화는 어떻게 하는가? ◑ 핵심문제 6

(1) **분모의 유리화**: 분모가 근호를 포함한 무리수일 때, 분모와 분자에 0이 아닌 같은 수를 곱하여 분모를 유리수로 고치는 것

(2) 분모를 유리화하는 방법

① $\dfrac{b}{\sqrt{a}} = \dfrac{b \times \sqrt{a}}{\sqrt{a} \times \sqrt{a}} = \dfrac{b\sqrt{a}}{a}$ (단, $a>0$) ② $\dfrac{\sqrt{b}}{\sqrt{a}} = \dfrac{\sqrt{b} \times \sqrt{a}}{\sqrt{a} \times \sqrt{a}} = \dfrac{\sqrt{ab}}{a}$ (단, $a>0$, $b>0$)

분모와 분자에 각각 $\sqrt{a}$를 곱한다.

예 ① $\dfrac{2}{\sqrt{5}} = \dfrac{2 \times \sqrt{5}}{\sqrt{5} \times \sqrt{5}} = \dfrac{2\sqrt{5}}{5}$ ② $\dfrac{\sqrt{3}}{\sqrt{7}} = \dfrac{\sqrt{3} \times \sqrt{7}}{\sqrt{7} \times \sqrt{7}} = \dfrac{\sqrt{21}}{7}$

정답과 풀이 p. 11

01 다음을 간단히 하시오.

(1) $\sqrt{2}\sqrt{7}$

(2) $\sqrt{3}\sqrt{5}\sqrt{7}$

(3) $-\sqrt{\dfrac{10}{9}} \times \sqrt{\dfrac{9}{5}}$

(4) $3\sqrt{2} \times 5\sqrt{3}$

> ◇ $a>0$, $b>0$이고 m, n이 유리수일 때
> ① $\sqrt{a}\sqrt{b}=\sqrt{}$
> ② $m\sqrt{a} \times n\sqrt{b}=\boxed{}\sqrt{ab}$

02 다음을 간단히 하시오.

(1) $\dfrac{\sqrt{30}}{\sqrt{6}}$

(2) $2\sqrt{42} \div \sqrt{6}$

(3) $24\sqrt{10} \div 6\sqrt{2}$

(4) $\dfrac{\sqrt{35}}{\sqrt{2}} \div \dfrac{\sqrt{5}}{\sqrt{2}}$

> ◇ $a>0$, $b>0$이고 m, n이 유리수일 때
> ① $\dfrac{\sqrt{a}}{\sqrt{b}}=\sqrt{}$
> ② $m\sqrt{a} \div n\sqrt{b}=\boxed{}\sqrt{\dfrac{a}{b}}$ $(n\neq0)$

03 다음 수를 $a\sqrt{b}$의 꼴로 나타내시오. (단, b는 가장 작은 자연수)

(1) $\sqrt{54}=\sqrt{\boxed{}^2 \times 6}=\boxed{}$

(2) $\sqrt{28}$

(3) $\sqrt{44}$

(4) $-\sqrt{98}$

(5) $\sqrt{\dfrac{7}{36}}=\sqrt{\dfrac{7}{\boxed{}^2}}=\boxed{}$

(6) $\sqrt{0.11}$

> ◇ $a>0$, $b>0$일 때
> ① $\sqrt{a^2b}=\boxed{}\sqrt{b}$
> ② $\sqrt{\dfrac{b}{a^2}}=\dfrac{\sqrt{b}}{\boxed{}}$

04 다음 수를 $\sqrt{a}$ 또는 $-\sqrt{a}$의 꼴로 나타내시오.

(1) $3\sqrt{7}$

(2) $-4\sqrt{3}$

(3) $2\sqrt{\dfrac{2}{3}}$

(4) $\dfrac{\sqrt{2}}{5}$

> ◇ $a>0$, $b>0$일 때
> ① $a\sqrt{b}=\sqrt{}$
> ② $\dfrac{\sqrt{b}}{a}=\sqrt{\dfrac{}{}}$

05 다음 수의 분모를 유리화하시오.

(1) $\dfrac{\sqrt{5}}{\sqrt{2}}=\dfrac{\sqrt{5} \times \boxed{}}{\sqrt{2} \times \boxed{}}=\boxed{}$

(2) $\dfrac{4}{\sqrt{3}}$

(3) $-\dfrac{5}{\sqrt{15}}$

(4) $\dfrac{5\sqrt{6}}{2\sqrt{5}}$

> ◇ ① $\dfrac{b}{\sqrt{a}}=\dfrac{\boxed{}}{a}$ (단, $a>0$)
> ② $\dfrac{\sqrt{b}}{\sqrt{a}}=\dfrac{\boxed{}}{a}$ (단, $a>0$, $b>0$)

01 제곱근의 곱셈

● 더 다양한 문제는 RPM 중3-1 32쪽

$$\left(-3\sqrt{2}\right) \times 2\sqrt{3} \times \left(-\sqrt{\frac{5}{3}}\right)$$를 간단히 하시오.

Key Point

$a>0$, $b>0$이고 m, n이 유리수일 때
① $\sqrt{a}\sqrt{b}=\sqrt{ab}$
② $m\sqrt{a}\times n\sqrt{b}=mn\sqrt{ab}$

풀이 (주어진 식)$=(-3)\times 2\times(-1)\times\sqrt{2\times 3\times\frac{5}{3}}=\mathbf{6\sqrt{10}}$

확인 1 다음 중 그 값이 가장 큰 것은?

① $\sqrt{3}\sqrt{12}$ ② $3\sqrt{5}\sqrt{20}$ ③ $\sqrt{2}\sqrt{3}\sqrt{7}$

④ $5\sqrt{6}\times 2\sqrt{\frac{2}{3}}$ ⑤ $-\sqrt{\frac{12}{7}}\times\sqrt{\frac{5}{6}}\times\left(-\sqrt{\frac{7}{2}}\right)$

02 제곱근의 나눗셈

● 더 다양한 문제는 RPM 중3-1 32쪽

$$\left(-\sqrt{30}\right)\div\frac{\sqrt{5}}{3}\div\sqrt{\frac{6}{5}}$$을 간단히 하시오.

Key Point

• 나눗셈은 역수의 곱셈으로 고쳐서 계산한다.
• $a>0$, $b>0$이고 m, n이 유리수일 때
① $\dfrac{\sqrt{a}}{\sqrt{b}}=\sqrt{\dfrac{a}{b}}$
② $m\sqrt{a}\div n\sqrt{b}=\dfrac{m}{n}\sqrt{\dfrac{a}{b}}$
(단, $n\neq 0$)

풀이 (주어진 식)$=(-\sqrt{30})\times\dfrac{3}{\sqrt{5}}\times\sqrt{\dfrac{5}{6}}$

$=-3\sqrt{30\times\dfrac{1}{5}\times\dfrac{5}{6}}=\mathbf{-3\sqrt{5}}$

확인 2 다음 **보기** 중 옳은 것을 모두 고르시오.

> ● **보기** ●
>
> ㄱ. $4\sqrt{2}\div 3\sqrt{8}=\dfrac{2}{3}$
>
> ㄴ. $\dfrac{\sqrt{15}}{\sqrt{6}}\div\dfrac{\sqrt{5}}{\sqrt{18}}=\sqrt{3}$
>
> ㄷ. $2\sqrt{7}\div\sqrt{\dfrac{5}{2}}\div\left(-\dfrac{1}{\sqrt{15}}\right)=-2\sqrt{42}$
>
> ㄹ. $\dfrac{\sqrt{14}}{\sqrt{2}}\div\dfrac{\sqrt{6}}{\sqrt{5}}\div\dfrac{\sqrt{7}}{3\sqrt{12}}=\dfrac{\sqrt{10}}{3}$

● 더 다양한 문제는 RPM 중3-1 33쪽

Key Point

근호 안의 제곱인 인수는 근호 밖으로 꺼낸다.
$a>0, b>0$일 때
① $\sqrt{a^2 b}=a\sqrt{b}$
② $\sqrt{\dfrac{b}{a^2}}=\dfrac{\sqrt{b}}{a}$

$\sqrt{32}=a\sqrt{b}$, $\sqrt{\dfrac{14}{162}}=\dfrac{\sqrt{7}}{c}$일 때, 유리수 a, b, c에 대하여 $a+b+c$의 값을 구하시오.

(단, b는 가장 작은 자연수)

풀이 $\sqrt{32}=\sqrt{4^2\times2}=4\sqrt{2}$ ∴ $a=4$, $b=2$

$\sqrt{\dfrac{14}{162}}=\sqrt{\dfrac{7}{81}}=\sqrt{\dfrac{7}{9^2}}=\dfrac{\sqrt{7}}{9}$ ∴ $c=9$

∴ $a+b+c=4+2+9=\mathbf{15}$

확인 3 $\sqrt{150}=a\sqrt{b}$, $\sqrt{1.25}=c\sqrt{5}$일 때, 유리수 a, b, c에 대하여 abc의 값을 구하시오. (단, b는 가장 작은 자연수)

확인 4 $\sqrt{5}\times\sqrt{18}\times\sqrt{30}=k\sqrt{3}$일 때, 유리수 k의 값을 구하시오.

04 **근호가 있는 식의 변형** (2)
● 더 다양한 문제는 RPM 중3-1 33쪽

Key Point

근호 밖의 양수는 제곱하여 근호 안으로 넣는다.
$a>0, b>0$일 때
① $a\sqrt{b}=\sqrt{a^2 b}$
② $\dfrac{\sqrt{b}}{a}=\sqrt{\dfrac{b}{a^2}}$

$2\sqrt{6}=\sqrt{a}$, $\dfrac{\sqrt{3}}{3}=\sqrt{b}$일 때, 유리수 a, b에 대하여 ab의 값을 구하시오.

풀이 $2\sqrt{6}=\sqrt{2^2\times6}=\sqrt{24}$ ∴ $a=24$

$\dfrac{\sqrt{3}}{3}=\sqrt{\dfrac{3}{3^2}}=\sqrt{\dfrac{3}{9}}=\sqrt{\dfrac{1}{3}}$ ∴ $b=\dfrac{1}{3}$

∴ $ab=24\times\dfrac{1}{3}=8$

확인 5 $-3\sqrt{5}=-\sqrt{a}$, $2\sqrt{\dfrac{2}{5}}=\sqrt{b}$일 때, 유리수 a, b에 대하여 ab의 값을 구하시오.

확인 6 $\sqrt{100+k}=5\sqrt{5}$일 때, 유리수 k의 값을 구하시오.

05 제곱근을 문자를 사용하여 나타내기 　　　　　　◦ 더 다양한 문제는 RPM 중3-1 34쪽

$\sqrt{3}=a$, $\sqrt{7}=b$일 때, $\sqrt{336}$을 a, b를 사용하여 나타내면?

① $2ab$　　　② $4ab$　　　③ a^2b　　　④ ab^2　　　⑤ $4ab^2$

풀이 $\sqrt{336}=\sqrt{2^4\times3\times7}=4\sqrt{3}\sqrt{7}=4ab$

　　　　∴ ②

확인7 $\sqrt{5}=a$, $\sqrt{7}=b$일 때, $\sqrt{315}$를 a, b를 사용하여 나타내면?

① ab　　　② $3ab$　　　③ $5ab$　　　④ $3a^2b$　　　⑤ $5ab^2$

Key Point

제곱근을 문자를 사용하여 나타낼 때는
① 근호 안의 수를 소인수분해한다.
② 제곱인 인수를 근호 밖으로 꺼낸다.
③ 주어진 문자에 대한 식으로 나타낸다.

---

06 분모의 유리화 　　　　　　◦ 더 다양한 문제는 RPM 중3-1 34쪽

다음 수의 분모를 유리화하시오.

(1) $\dfrac{2\sqrt{3}}{\sqrt{5}}$　　　　　　　　　　(2) $\dfrac{2\sqrt{5}}{\sqrt{18}}$

풀이 (1) 분모와 분자에 각각 $\sqrt{5}$를 곱하면

$$\frac{2\sqrt{3}}{\sqrt{5}}=\frac{2\sqrt{3}\times\sqrt{5}}{\sqrt{5}\times\sqrt{5}}=\frac{2\sqrt{15}}{5}$$

(2) $\sqrt{18}=\sqrt{3^2\times2}=3\sqrt{2}$이므로 분모와 분자에 각각 $\sqrt{2}$를 곱하면

$$\frac{2\sqrt{5}}{\sqrt{18}}=\frac{2\sqrt{5}}{3\sqrt{2}}=\frac{2\sqrt{5}\times\sqrt{2}}{3\sqrt{2}\times\sqrt{2}}=\frac{2\sqrt{10}}{6}=\frac{\sqrt{10}}{3}$$

확인8 다음 중 분모를 유리화한 것으로 옳지 <u>않은</u> 것은?

① $\dfrac{10}{\sqrt{7}}=\dfrac{10\sqrt{7}}{7}$　　　② $\dfrac{4}{\sqrt{5}}=\dfrac{4\sqrt{5}}{5}$　　　③ $\dfrac{2}{\sqrt{6}}=\dfrac{\sqrt{6}}{3}$

④ $\dfrac{\sqrt{2}}{4\sqrt{3}}=\dfrac{\sqrt{6}}{4}$　　　⑤ $\dfrac{6\sqrt{3}}{\sqrt{8}}=\dfrac{3\sqrt{6}}{2}$

Key Point

• $a>0$, $b>0$일 때
① $\dfrac{b}{\sqrt{a}}=\dfrac{b\times\sqrt{a}}{\sqrt{a}\times\sqrt{a}}=\dfrac{b\sqrt{a}}{a}$
② $\dfrac{\sqrt{b}}{\sqrt{a}}=\dfrac{\sqrt{b}\times\sqrt{a}}{\sqrt{a}\times\sqrt{a}}=\dfrac{\sqrt{ab}}{a}$

• 분모의 근호 안에 제곱인 인수가 있으면 제곱인 인수를 근호 밖으로 꺼내어 근호 안을 가장 작은 자연수로 만든 후 분모를 유리화한다.

07 제곱근의 곱셈과 나눗셈의 혼합 계산

● 더 다양한 문제는 RPM 중3-1 35쪽

다음을 만족시키는 유리수 a, b에 대하여 $a+b$의 값을 구하시오.

$$2\sqrt{2} \div \sqrt{6} \times \sqrt{27} = a, \qquad \frac{4}{\sqrt{3}} \times \frac{\sqrt{15}}{\sqrt{8}} \div \frac{\sqrt{5}}{\sqrt{6}} = b\sqrt{3}$$

풀이 $2\sqrt{2} \div \sqrt{6} \times \sqrt{27} = 2\sqrt{2} \times \dfrac{1}{\sqrt{6}} \times 3\sqrt{3} = 6 \qquad \therefore a=6$

$\dfrac{4}{\sqrt{3}} \times \dfrac{\sqrt{15}}{\sqrt{8}} \div \dfrac{\sqrt{5}}{\sqrt{6}} = \dfrac{4}{\sqrt{3}} \times \dfrac{\sqrt{15}}{2\sqrt{2}} \times \dfrac{\sqrt{6}}{\sqrt{5}} = 2\sqrt{\dfrac{15 \times 6}{3 \times 2 \times 5}} = 2\sqrt{3} \qquad \therefore b=2$

$\therefore a+b = 6+2 = 8$

확인 9 다음을 간단히 하시오.

(1) $4\sqrt{5} \div 2\sqrt{18} \times 3\sqrt{6}$

(2) $\sqrt{\dfrac{3}{4}} \times \dfrac{\sqrt{10}}{\sqrt{2}} \div \dfrac{\sqrt{5}}{3}$

(3) $\dfrac{3\sqrt{3}}{\sqrt{2}} \div \dfrac{\sqrt{6}}{\sqrt{5}} \times \dfrac{8}{\sqrt{45}}$

(4) $\dfrac{2\sqrt{2}}{3} \times \sqrt{\dfrac{15}{8}} \div \dfrac{\sqrt{5}}{2}$

08 제곱근의 곱셈과 나눗셈의 도형에의 활용

● 더 다양한 문제는 RPM 중3-1 35쪽

오른쪽 그림과 같이 밑면의 세로의 길이가 $\sqrt{18}\,\text{cm}$, 높이가 $\sqrt{24}\,\text{cm}$인 직육면체의 부피가 $144\,\text{cm}^3$일 때, 이 직육면체의 밑면의 가로의 길이를 구하시오.

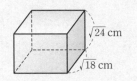

풀이 밑면의 가로의 길이를 $x\,\text{cm}$라 하면
$x \times \sqrt{18} \times \sqrt{24} = 144$, $x \times 3\sqrt{2} \times 2\sqrt{6} = 144$, $12\sqrt{3}x = 144$

$\therefore x = \dfrac{144}{12\sqrt{3}} = \dfrac{12}{\sqrt{3}} = \dfrac{12\sqrt{3}}{\sqrt{3} \times \sqrt{3}} = 4\sqrt{3}$

따라서 직육면체의 밑면의 가로의 길이는 $4\sqrt{3}\,\text{cm}$이다.

확인 10 오른쪽 그림과 같이 밑면의 반지름의 길이가 $\sqrt{27}$인 원뿔의 부피가 $36\sqrt{15}\pi$일 때, 이 원뿔의 높이를 구하시오.

계산력 ⏱ 강화하기

01 다음을 간단히 하시오.

(1) $\sqrt{5}\sqrt{7}$

(2) $\sqrt{2}\sqrt{18}$

(3) $\sqrt{2}\sqrt{5}\sqrt{11}$

(4) $-\sqrt{\dfrac{3}{7}} \times 2\sqrt{14}$

02 다음을 간단히 하시오.

(1) $\dfrac{\sqrt{6}}{\sqrt{2}}$

(2) $\sqrt{15} \div \sqrt{3}$

(3) $\sqrt{28} \div \left(-\dfrac{\sqrt{7}}{2}\right)$

(4) $2\sqrt{6} \div \sqrt{\dfrac{3}{5}}$

03 다음 수를 $a\sqrt{b}$의 꼴로 나타내시오. (단, b는 가장 작은 자연수)

(1) $\sqrt{27}$

(2) $-\sqrt{192}$

(3) $\sqrt{\dfrac{5}{64}}$

(4) $\sqrt{\dfrac{18}{4}}$

04 다음 수를 $\sqrt{a}$ 또는 $-\sqrt{a}$의 꼴로 나타내시오.

(1) $5\sqrt{6}$

(2) $-6\sqrt{3}$

(3) $-\dfrac{2\sqrt{5}}{3}$

(4) $3\sqrt{\dfrac{2}{7}}$

05 다음 수의 분모를 유리화하시오.

(1) $\dfrac{5}{\sqrt{7}}$

(2) $\dfrac{\sqrt{11}}{\sqrt{2}}$

(3) $\dfrac{3}{\sqrt{20}}$

(4) $\dfrac{\sqrt{5}}{\sqrt{162}}$

06 다음을 간단히 하시오.

(1) $\dfrac{4\sqrt{3}}{\sqrt{2}} \times \dfrac{2\sqrt{5}}{\sqrt{6}} \div \dfrac{\sqrt{30}}{\sqrt{27}}$

(2) $\sqrt{\dfrac{72}{49}} \div \sqrt{\dfrac{144}{196}} \div \sqrt{\dfrac{18}{25}}$

소단원 📖 핵심문제

01 다음 중 옳지 <u>않은</u> 것은?

① $\sqrt{6}\sqrt{18}=6\sqrt{3}$

② $\sqrt{\dfrac{5}{3}}\sqrt{\dfrac{27}{5}}=3$

③ $\sqrt{54}\div 2\sqrt{3}=6\sqrt{2}$

④ $\sqrt{\dfrac{5}{2}}\div\sqrt{\dfrac{10}{3}}=\dfrac{\sqrt{3}}{2}$

⑤ $\dfrac{\sqrt{20}}{\sqrt{3}}\div\dfrac{\sqrt{2}}{3\sqrt{15}}=15\sqrt{2}$

> ★ 생각해 봅시다
> $a>0,\ b>0$일 때
> $\sqrt{a}\sqrt{b}=\sqrt{ab}$
> $\dfrac{\sqrt{a}}{\sqrt{b}}=\sqrt{\dfrac{a}{b}}$
> $\sqrt{a^2 b}=a\sqrt{b}$

02 다음 중 □ 안에 알맞은 수가 가장 작은 것은?

① $5\sqrt{2}=\sqrt{\Box}$

② $\sqrt{98}=\Box\sqrt{2}$

③ $-\sqrt{80}=-4\sqrt{\Box}$

④ $\sqrt{54}=\Box\sqrt{6}$

⑤ $\dfrac{\sqrt{3}}{7}=\sqrt{\dfrac{3}{\Box}}$

03 다음 수를 큰 것부터 차례로 나열할 때, 세 번째에 오는 수를 구하시오.

$$\frac{2}{\sqrt{5}},\qquad \frac{\sqrt{2}}{\sqrt{5}},\qquad \frac{\sqrt{2}}{5},\qquad \frac{2}{5}$$

> 주어진 수를 $\sqrt{a}$의 꼴로 변형하여 대소를 비교한다.

04 $\sqrt{2}=a$, $\sqrt{5}=b$일 때, $\sqrt{2.88}$을 a, b를 사용하여 나타내면?

① $\dfrac{3a}{b}$

② $\dfrac{6a}{b}$

③ $\dfrac{12a}{b}$

④ $\dfrac{6a}{b^2}$

⑤ $\dfrac{12a}{b^2}$

> 근호 안에 소수가 있으면 분수로 고쳐서 분모와 분자를 각각 소인수분해한다.

05 $\sqrt{0.5}=a$, $\sqrt{5}=b$일 때, 다음 중 옳지 <u>않은</u> 것은?

★ 생각해 봅시다

주어진 문자를 사용하여 나타낼 수 있도록 수를 적당히 변형한다.

① $\sqrt{50}=10a$ ② $\sqrt{0.005}=\dfrac{a}{10}$ ③ $\sqrt{500}=10b$

④ $\sqrt{0.05}=\dfrac{b}{10}$ ⑤ $\sqrt{0.00005}=\dfrac{b}{100}$

06 $\dfrac{2\sqrt{5}}{\sqrt{3}}=a\sqrt{15}$, $\dfrac{20}{\sqrt{45}}=b\sqrt{5}$일 때, $\sqrt{ab}$의 값을 구하시오. (단, a, b는 유리수)

07 두 수 a, b가 다음과 같을 때, ab의 값은?

$$a=\dfrac{14}{\sqrt{2}}\div 2\sqrt{3}\times\sqrt{\dfrac{6}{7}}, \qquad b=\dfrac{2\sqrt{2}}{3}\times\sqrt{\dfrac{2}{21}}\div\dfrac{4}{3\sqrt{3}}$$

① 1 ② $2\sqrt{2}$ ③ $3\sqrt{3}$ ④ $4\sqrt{2}$ ⑤ $5\sqrt{7}$

08 다음 그림의 삼각형과 직사각형의 넓이가 서로 같을 때, 직사각형의 가로의 길이를 구하시오.

삼각형과 직사각형의 넓이가 서로 같음을 이용하여 식을 세운다.

02 | 제곱근의 덧셈과 뺄셈

개념원리
이해

1 제곱근의 덧셈과 뺄셈은 어떻게 하는가? ◎ 핵심문제 1, 6, 7

제곱근의 덧셈과 뺄셈은 다항식의 덧셈과 뺄셈에서 동류항끼리 모아서 계산하는 것과 같이 근호 안의 수가 같은 것끼리 모아서 계산한다.

(1) **제곱근의 덧셈**: m, n이 유리수이고 $a>0$일 때
$$m\sqrt{a}+n\sqrt{a}=(m+n)\sqrt{a}$$

(2) **제곱근의 뺄셈**: m, n이 유리수이고 $a>0$일 때
$$m\sqrt{a}-n\sqrt{a}=(m-n)\sqrt{a}$$

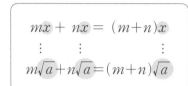

(예) (1) $3\sqrt{2}+5\sqrt{2}=(3+5)\sqrt{2}=8\sqrt{2}$
(2) $7\sqrt{5}-3\sqrt{5}=(7-3)\sqrt{5}=4\sqrt{5}$

주의 $a>0$, $b>0$, $a\neq b$일 때, $\sqrt{a}+\sqrt{b}\neq\sqrt{a+b}$, $\sqrt{a}-\sqrt{b}\neq\sqrt{a-b}$

참고 ① $\sqrt{a^2b}$의 꼴이 포함된 경우는 $a\sqrt{b}$의 꼴로 근호 안을 가장 작은 자연수로 만든 후 계산한다.
(예) $\sqrt{20}+\sqrt{45}=2\sqrt{5}+3\sqrt{5}=(2+3)\sqrt{5}=5\sqrt{5}$
② 근호 안의 수가 다르면 더 이상 간단히 할 수 없다.

2 분배법칙을 이용한 근호를 포함한 식의 계산은 어떻게 하는가? ◎ 핵심문제 2, 3

(1) 근호를 포함한 식에서도 유리수와 마찬가지로 분배법칙이 성립한다.
$a>0$, $b>0$, $c>0$일 때
① $\sqrt{a}(\sqrt{b}\pm\sqrt{c})=\sqrt{a}\sqrt{b}\pm\sqrt{a}\sqrt{c}=\sqrt{ab}\pm\sqrt{ac}$ (복부호 동순)
② $(\sqrt{a}\pm\sqrt{b})\sqrt{c}=\sqrt{a}\sqrt{c}\pm\sqrt{b}\sqrt{c}=\sqrt{ac}\pm\sqrt{bc}$ (복부호 동순)

▶ 분배법칙: $A(B+C)=AB+AC$, $(A+B)C=AC+BC$

(예) $\sqrt{2}(\sqrt{3}+\sqrt{5})=\sqrt{2}\sqrt{3}+\sqrt{2}\sqrt{5}=\sqrt{6}+\sqrt{10}$

(2) **분배법칙을 이용한 분모의 유리화**: $a>0$, $b>0$, $c>0$일 때
$$\frac{\sqrt{a}+\sqrt{b}}{\sqrt{c}}=\frac{(\sqrt{a}+\sqrt{b})\times\sqrt{c}}{\sqrt{c}\times\sqrt{c}}=\frac{\sqrt{ac}+\sqrt{bc}}{c}$$

3 근호를 포함한 식의 혼합 계산은 어떻게 하는가? ◎ 핵심문제 4, 5

① 괄호가 있으면 분배법칙을 이용하여 괄호를 푼다.
② 근호 안에 제곱인 인수가 있으면 근호 밖으로 꺼낸다.
③ 분모에 무리수가 있으면 분모를 유리화한다.
④ 곱셈, 나눗셈을 먼저 한 후 덧셈, 뺄셈을 한다.

01 다음을 간단히 하시오.

(1) $8\sqrt{2}+3\sqrt{2}-\sqrt{2}=(\square+\square-\square)\sqrt{2}=\square$

(2) $6\sqrt{5}-3\sqrt{5}-9\sqrt{5}$

(3) $2\sqrt{3}-7\sqrt{3}+4\sqrt{3}$

○ m, n이 유리수이고 $a>0$일 때
① $m\sqrt{a}+n\sqrt{a}=(\boxed{})\sqrt{a}$
② $m\sqrt{a}-n\sqrt{a}=(\boxed{})\sqrt{a}$

02 다음을 간단히 하시오.

(1) $\sqrt{5}-2\sqrt{5}+4\sqrt{3}-5\sqrt{3}=(\square-\square)\sqrt{5}+(\square-\square)\sqrt{3}=\square$

(2) $2\sqrt{6}-3\sqrt{2}-5\sqrt{6}+7\sqrt{2}$

(3) $\sqrt{8}+\sqrt{12}-\sqrt{18}-\sqrt{48}$

(4) $\sqrt{45}-\sqrt{20}+\sqrt{32}-\sqrt{72}$

○ 근호 안의 수가 같은 것끼리 모아서 계산한다.

03 다음을 간단히 하시오.

(1) $\sqrt{2}(\sqrt{3}+\sqrt{6})=\sqrt{2}\sqrt{3}+\sqrt{2}\sqrt{6}=\square$

(2) $(\sqrt{6}-3\sqrt{2})\sqrt{3}$

(3) $\sqrt{5}(\sqrt{15}+\sqrt{3})-\sqrt{3}(3\sqrt{5}-2)$

○ $a>0$, $b>0$, $c>0$일 때
① $\sqrt{a}(\sqrt{b}+\sqrt{c})=\boxed{}$
② $(\sqrt{a}+\sqrt{b})\sqrt{c}=\boxed{}$

04 다음 수의 분모를 유리화하시오.

(1) $\dfrac{\sqrt{3}-\sqrt{2}}{\sqrt{6}}=\dfrac{(\sqrt{3}-\sqrt{2})\times\square}{\sqrt{6}\times\square}=\dfrac{\square-\square}{6}=\boxed{}$

(2) $\dfrac{\sqrt{5}-\sqrt{8}}{\sqrt{2}}$

(3) $\dfrac{\sqrt{10}-3}{3\sqrt{5}}$

(4) $\dfrac{\sqrt{3}+9\sqrt{2}}{2\sqrt{3}}$

○ $a>0$, $b>0$, $c>0$일 때
$$\frac{\sqrt{a}+\sqrt{b}}{\sqrt{c}}=\boxed{}$$

01 제곱근의 덧셈과 뺄셈

● 더 다양한 문제는 RPM 중3-1 36, 37쪽

다음을 간단히 하시오.

(1) $\dfrac{\sqrt{3}}{2}-\dfrac{3\sqrt{3}}{2}-5\sqrt{3}$

(2) $5\sqrt{3}-3\sqrt{7}-2\sqrt{3}+6\sqrt{7}-\sqrt{7}$

(3) $3\sqrt{2}-\sqrt{12}-\sqrt{32}+3\sqrt{3}$

(4) $2\sqrt{48}+2\sqrt{32}-3\sqrt{27}-4\sqrt{18}$

(5) $\sqrt{45}-\sqrt{12}-\dfrac{\sqrt{10}}{\sqrt{2}}+\dfrac{3}{\sqrt{3}}$

Key Point

- m, n이 유리수이고 $a>0$일 때
  ① $m\sqrt{a}+n\sqrt{a}=(m+n)\sqrt{a}$
  ② $m\sqrt{a}-n\sqrt{a}=(m-n)\sqrt{a}$
- $\sqrt{a^2b}$의 꼴이 포함된 제곱근의 덧셈과 뺄셈은 $a\sqrt{b}$의 꼴로 고쳐서 계산한다.
- 분모에 무리수가 있는 경우에는 분모를 유리화한 후 계산한다.

풀이

(1) (주어진 식)$=\left(\dfrac{1}{2}-\dfrac{3}{2}-5\right)\sqrt{3}=\boldsymbol{-6\sqrt{3}}$

(2) (주어진 식)$=(5-2)\sqrt{3}+(-3+6-1)\sqrt{7}$
$\qquad=\boldsymbol{3\sqrt{3}+2\sqrt{7}}$

(3) (주어진 식)$=3\sqrt{2}-2\sqrt{3}-4\sqrt{2}+3\sqrt{3}$
$\qquad=(3-4)\sqrt{2}+(-2+3)\sqrt{3}$
$\qquad=\boldsymbol{-\sqrt{2}+\sqrt{3}}$

(4) (주어진 식)$=8\sqrt{3}+8\sqrt{2}-9\sqrt{3}-12\sqrt{2}$
$\qquad=(8-9)\sqrt{3}+(8-12)\sqrt{2}$
$\qquad=\boldsymbol{-\sqrt{3}-4\sqrt{2}}$

(5) (주어진 식)$=3\sqrt{5}-2\sqrt{3}-\sqrt{5}+\sqrt{3}$
$\qquad=(3-1)\sqrt{5}+(-2+1)\sqrt{3}$
$\qquad=\boldsymbol{2\sqrt{5}-\sqrt{3}}$

확인 1 다음 **보기** 중 옳은 것을 모두 고르시오.

● 보기 ●

ㄱ. $\sqrt{12}-2\sqrt{3}=\sqrt{3}$

ㄴ. $2\sqrt{5}-3\sqrt{2}+\sqrt{5}+4\sqrt{20}=8\sqrt{5}-3\sqrt{2}$

ㄷ. $\sqrt{32}+5\sqrt{12}-\sqrt{18}-\sqrt{27}=\sqrt{2}+7\sqrt{3}$

ㄹ. $\dfrac{\sqrt{50}}{2}-4\sqrt{8}-\dfrac{3}{\sqrt{2}}=-7\sqrt{2}$

ㅁ. $\dfrac{1}{\sqrt{2}}+\dfrac{1}{\sqrt{3}}-\dfrac{\sqrt{2}}{2}+\dfrac{2\sqrt{3}}{3}=\sqrt{2}+\sqrt{3}$

02 분배법칙을 이용한 근호를 포함한 식의 계산　더 다양한 문제는 RPM 중3-1 38쪽

다음을 간단히 하시오.

(1) $\sqrt{3}(5-\sqrt{15})+\sqrt{5}(3-\sqrt{15})$　　(2) $\sqrt{24}-(\sqrt{27}-\sqrt{18})\times 2\sqrt{2}$

풀이　(1) (주어진 식)$=5\sqrt{3}-\sqrt{45}+3\sqrt{5}-\sqrt{75}$
　　　　　　$=5\sqrt{3}-3\sqrt{5}+3\sqrt{5}-5\sqrt{3}=\mathbf{0}$
　　　(2) (주어진 식)$=2\sqrt{6}-(3\sqrt{3}-3\sqrt{2})\times 2\sqrt{2}$
　　　　　　$=2\sqrt{6}-6\sqrt{6}+12=\mathbf{-4\sqrt{6}+12}$

Key Point

$a>0,\,b>0,\,c>0$일 때
① $\sqrt{a}(\sqrt{b}\pm\sqrt{c})=\sqrt{ab}\pm\sqrt{ac}$
　　　　(복부호 동순)
② $(\sqrt{a}\pm\sqrt{b})\sqrt{c}=\sqrt{ac}\pm\sqrt{bc}$
　　　　(복부호 동순)

확인2　다음을 간단히 하시오.

(1) $(2\sqrt{3}+\sqrt{2})\sqrt{2}-5\sqrt{6}$　　　　(2) $\sqrt{2}(\sqrt{3}+\sqrt{6})-(1-\sqrt{18})\sqrt{6}$

확인3　$a=\sqrt{3}+2\sqrt{2},\ b=3\sqrt{2}-\sqrt{3}$일 때, $\sqrt{2}a+2\sqrt{3}b$의 값을 구하시오.

03 분배법칙을 이용한 분모의 유리화　더 다양한 문제는 RPM 중3-1 38쪽

다음을 간단히 하시오.

(1) $\dfrac{\sqrt{3}+\sqrt{2}}{\sqrt{5}}$　　　　(2) $\dfrac{2\sqrt{5}-\sqrt{10}}{\sqrt{2}}-\dfrac{5\sqrt{2}-\sqrt{10}}{\sqrt{5}}$

풀이　(1) (주어진 식)$=\dfrac{(\sqrt{3}+\sqrt{2})\times\sqrt{5}}{\sqrt{5}\times\sqrt{5}}=\dfrac{\mathbf{\sqrt{15}+\sqrt{10}}}{\mathbf{5}}$

　　　(2) (주어진 식)$=\dfrac{(2\sqrt{5}-\sqrt{10})\times\sqrt{2}}{\sqrt{2}\times\sqrt{2}}-\dfrac{(5\sqrt{2}-\sqrt{10})\times\sqrt{5}}{\sqrt{5}\times\sqrt{5}}$

　　　　　　$=\dfrac{2\sqrt{10}-\sqrt{20}}{2}-\dfrac{5\sqrt{10}-\sqrt{50}}{5}-\dfrac{2\sqrt{10}-2\sqrt{5}}{2}\quad\dfrac{5\sqrt{10}-5\sqrt{2}}{5}$

　　　　　　$=\sqrt{10}-\sqrt{5}-(\sqrt{10}-\sqrt{2})=\mathbf{-\sqrt{5}+\sqrt{2}}$

Key Point

$a>0,\,b>0,\,c>0$일 때
$\dfrac{\sqrt{a}+\sqrt{b}}{\sqrt{c}}=\dfrac{(\sqrt{a}+\sqrt{b})\times\sqrt{c}}{\sqrt{c}\times\sqrt{c}}$
　　　　$=\dfrac{\sqrt{ac}+\sqrt{bc}}{c}$

확인4　$\dfrac{\sqrt{5}-\sqrt{2}}{3\sqrt{2}}-\dfrac{2\sqrt{6}-\sqrt{15}}{\sqrt{6}}=a+\dfrac{2}{3}\sqrt{b}$일 때, 유리수 $a,\,b$에 대하여 $3a+b$의 값을 구하시오.

04 **근호를 포함한 식의 혼합 계산** ⊙ 더 다양한 문제는 **RPM** 중3-1 39쪽

$2\sqrt{3}(\sqrt{3}-\sqrt{2})+(\sqrt{8}-2\sqrt{3})\div\sqrt{2}$ 를 간단히 하시오.

풀이 (주어진 식)$=6-2\sqrt{6}+\dfrac{2\sqrt{2}-2\sqrt{3}}{\sqrt{2}}$

$=6-2\sqrt{6}+\dfrac{4-2\sqrt{6}}{2}$

$=6-2\sqrt{6}+2-\sqrt{6}$

$=\boldsymbol{8-3\sqrt{6}}$

확인 5 $(10-2\sqrt{5})\div\sqrt{5}-\sqrt{2}(\sqrt{10}-3)$을 간단히 하시오.

Key Point

① 분배법칙을 이용하여 괄호를 푼다.
② $\sqrt{a^2 b}$의 꼴을 $a\sqrt{b}$의 꼴로 고친다.
③ 분모를 유리화한다.
④ 곱셈, 나눗셈 → 덧셈, 뺄셈 순서로 계산한다.

05 **제곱근의 계산 결과가 유리수가 될 조건** ⊙ 더 다양한 문제는 **RPM** 중3-1 41쪽

$\sqrt{5}(4-\sqrt{5})+\dfrac{a(\sqrt{5}-2)}{2\sqrt{5}}$ 를 계산한 결과가 유리수가 되도록 하는 유리수 a의 값을 구하시오.

풀이 (주어진 식)$=4\sqrt{5}-5+\dfrac{a(5-2\sqrt{5})}{10}$

$=4\sqrt{5}-5+\dfrac{a}{2}-\dfrac{a\sqrt{5}}{5}$

$=\left(-5+\dfrac{a}{2}\right)+\left(4-\dfrac{a}{5}\right)\sqrt{5}$

따라서 $4-\dfrac{a}{5}=0$이므로 $a=\boldsymbol{20}$

확인 6 다음 식을 계산한 결과가 유리수가 되도록 하는 유리수 a의 값을 구하시오.

$$\sqrt{24}\left(\dfrac{1}{\sqrt{3}}-\sqrt{6}\right)-\dfrac{a}{\sqrt{2}}(\sqrt{32}-2)$$

Key Point

a, b가 유리수이고 $\sqrt{m}$이 무리수일 때, $a+b\sqrt{m}$이 유리수가 될 조건
⇨ $b=0$

06 | **제곱근의 덧셈과 뺄셈의 도형에의 활용** | ◈ 더 다양한 문제는 RPM 중3-1 40쪽

◈ 더 다양한 문제는 RPM 중3-1 40쪽

오른쪽 그림과 같은 삼각형의 넓이를 구하시오.

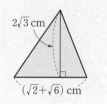

$2\sqrt{3}$ cm

$(\sqrt{2}+\sqrt{6})$ cm

풀이 (삼각형의 넓이)$=\dfrac{1}{2}\times(\sqrt{2}+\sqrt{6})\times2\sqrt{3}$

$=\sqrt{6}+\sqrt{18}=\boldsymbol{\sqrt{6}+3\sqrt{2}}\,(\mathbf{cm^2})$

확인7 오른쪽 그림과 같은 직육면체의 겉넓이를 구하시오.

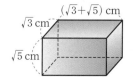

$(\sqrt{3}+\sqrt{5})$ cm

$\sqrt{3}$ cm

$\sqrt{5}$ cm

07 | **실수의 대소 관계** | ◈ 더 다양한 문제는 RPM 중3-1 39쪽

◈ 더 다양한 문제는 RPM 중3-1 39쪽

다음 중 두 실수의 대소 관계가 옳은 것은?

① $3+\sqrt{2}<\sqrt{2}+\sqrt{8}$ ② $\sqrt{6}>5-\sqrt{6}$ ③ $3\sqrt{2}<\sqrt{5}+\sqrt{2}$

④ $\sqrt{5}+\sqrt{3}<2+\sqrt{3}$ ⑤ $5\sqrt{2}-1<5+\sqrt{2}$

풀이 ① $(3+\sqrt{2})-(\sqrt{2}+\sqrt{8})=3-\sqrt{8}=\sqrt{9}-\sqrt{8}>0$

∴ $3+\sqrt{2}>\sqrt{2}+\sqrt{8}$

② $\sqrt{6}-(5-\sqrt{6})=2\sqrt{6}-5=\sqrt{24}-\sqrt{25}<0$

∴ $\sqrt{6}<5-\sqrt{6}$

③ $3\sqrt{2}-(\sqrt{5}+\sqrt{2})=2\sqrt{2}-\sqrt{5}=\sqrt{8}-\sqrt{5}>0$

∴ $3\sqrt{2}>\sqrt{5}+\sqrt{2}$

④ $(\sqrt{5}+\sqrt{3})-(2+\sqrt{3})=\sqrt{5}-2=\sqrt{5}-\sqrt{4}>0$

∴ $\sqrt{5}+\sqrt{3}>2+\sqrt{3}$

⑤ $(5\sqrt{2}-1)-(5+\sqrt{2})=4\sqrt{2}-6=\sqrt{32}-\sqrt{36}<0$

∴ $5\sqrt{2}-1<5+\sqrt{2}$

∴ ⑤

확인8 다음 중 두 실수의 대소 관계가 옳지 <u>않은</u> 것은?

① $1+\sqrt{12}>2+\sqrt{3}$ ② $2\sqrt{2}+3>\sqrt{2}+3$ ③ $3\sqrt{2}-1<2\sqrt{3}-1$

④ $2+\sqrt{6}>\sqrt{6}+\sqrt{3}$ ⑤ $\sqrt{2}-1<2-\sqrt{2}$

계산력 ⏱ 강화하기

01 다음을 간단히 하시오.

(1) $3\sqrt{2}+\sqrt{2}-2\sqrt{2}$

(2) $2\sqrt{5}-7\sqrt{5}+\sqrt{5}$

(3) $\dfrac{\sqrt{3}}{2}-\sqrt{7}-\dfrac{5\sqrt{3}}{2}+\dfrac{3\sqrt{7}}{2}$

(4) $\dfrac{3\sqrt{2}}{4}-2\sqrt{6}+\sqrt{2}+\dfrac{\sqrt{6}}{3}$

02 다음을 간단히 하시오.

(1) $\sqrt{2}+\sqrt{18}$

(2) $4\sqrt{3}-\sqrt{12}+\sqrt{27}$

(3) $\dfrac{\sqrt{50}}{2}-\sqrt{8}+\sqrt{72}$

(4) $\sqrt{20}+3\sqrt{10}-\sqrt{45}+\dfrac{\sqrt{40}}{2}$

03 다음을 간단히 하시오.

(1) $\sqrt{5}(\sqrt{10}-2\sqrt{2})$

(2) $(5-2\sqrt{3})\sqrt{3}$

(3) $\sqrt{80}-\sqrt{5}(3+\sqrt{20})-2\sqrt{5}$

04 다음을 간단히 하시오.

(1) $\sqrt{3}(2\sqrt{3}-6)-\dfrac{3-2\sqrt{3}}{\sqrt{3}}$

(2) $(9\sqrt{2}+4\sqrt{3})\div\sqrt{6}+\sqrt{3}(2-\sqrt{6})$

(3) $\dfrac{2\sqrt{3}-\sqrt{6}}{\sqrt{2}}-\dfrac{3\sqrt{2}-2\sqrt{12}}{\sqrt{3}}$

소단원 📖 핵심문제

생각해 봅시다

01 다음 중 옳지 <u>않은</u> 것을 모두 고르면? (정답 2개)

① $5\sqrt{2}+2\sqrt{2}=7\sqrt{2}$

② $5\sqrt{13}-4\sqrt{13}=1$

③ $2\sqrt{45}-\sqrt{20}=4\sqrt{5}$

④ $\dfrac{\sqrt{24}}{2}-\sqrt{3}+2\sqrt{6}=\sqrt{3}+4\sqrt{6}$

⑤ $-\sqrt{8}-\sqrt{63}+5\sqrt{2}+\sqrt{7}=3\sqrt{2}-2\sqrt{7}$

02 $4a\sqrt{3}-b\sqrt{54}-a\sqrt{27}-b\sqrt{24}=5\sqrt{3}-2\sqrt{6}$을 만족시키는 유리수 a, b에 대하여 ab의 값을 구하시오.

03 $A=\sqrt{54}(\sqrt{3}-\sqrt{6})-\dfrac{a}{\sqrt{2}}(\sqrt{32}-2)$가 유리수일 때, 유리수 a의 값과 그때의 A의 값의 합을 구하시오.

a, b가 유리수이고 $\sqrt{m}$이 무리수일 때, $a+b\sqrt{m}$이 유리수가 될 조건
$\Rightarrow b=0$

04 오른쪽 그림과 같은 사다리꼴의 넓이를 구하시오.

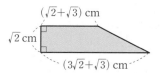

(사다리꼴의 넓이)
$=\dfrac{1}{2}\times\{$(윗변의 길이)
$\quad+$(아랫변의 길이)$\}\times$(높이)

05 세 수 $a=2\sqrt{2}-1$, $b=4-2\sqrt{2}$, $c=4-\sqrt{10}$의 대소 관계를 부등호를 사용하여 나타내시오.

실수의 대소 관계는 두 수의 차를 이용한다.

개념원리
이해

1 제곱근표를 이용하여 제곱근의 값을 어떻게 구하는가? ◎ 핵심문제 1

(1) **제곱근표**: 1.00부터 99.9까지의 수에 대한 양의 제
곱근의 값을 반올림하여 소수점 아래 셋째 자리까
지 나타낸 표 ← 220~223쪽 참고

(2) **제곱근표 읽는 방법**: 처음 두 자리 수의 가로줄과 끝
자리 수의 세로줄이 만나는 곳에 있는 수를 읽는다.

⑩ 제곱근표에서 $\sqrt{1.72}$의 값은 1.7의 가로줄과 2의 세로
줄이 만나는 곳의 수인 1.311이다.

수	0	1	②	3	⋯
1.0	1.000	1.005	1.010	1.015	⋯
1.1	1.049	1.054	1.058	1.063	⋯
⋮	⋮	⋮	⋮	⋮	⋮
⑴.7	1.304	1.308	1.311	1.315	⋯
⋮	⋮	⋮	⋮	⋮	⋮

2 제곱근표에 없는 제곱근의 값은 어떻게 구하는가? ◎ 핵심문제 1

제곱근표에 없는 제곱근의 값은 $\sqrt{a^2 b} = a\sqrt{b}$임을 이용하여 제곱근표에 있는 수로 바꾸어 구한다.

(1) 근호 안이 100보다 큰 수일 때

⇨ $\sqrt{100a} = 10\sqrt{a}$, $\sqrt{10000a} = 100\sqrt{a}$, ⋯임을 이용한다. (단, a는 제곱근표에 있는 수)

⑩ $\sqrt{3.75} = 1.936$일 때, $\sqrt{375} = \sqrt{100 \times 3.75} = 10\sqrt{3.75} = 10 \times 1.936 = 19.36$

(2) 근호 안이 0과 1 사이의 수일 때

⇨ $\sqrt{\dfrac{a}{100}} = \dfrac{\sqrt{a}}{10}$, $\sqrt{\dfrac{a}{10000}} = \dfrac{\sqrt{a}}{100}$, ⋯임을 이용한다. (단, a는 제곱근표에 있는 수)

⑩ $\sqrt{34.5} = 5.874$일 때, $\sqrt{0.00345} = \sqrt{\dfrac{34.5}{10000}} = \dfrac{\sqrt{34.5}}{100} = \dfrac{5.874}{100} = 0.05874$

3 무리수를 정수 부분과 소수 부분으로 어떻게 나누는가? ◎ 핵심문제 2

무리수는 순환소수가 아닌 무한소수로 나타내어지는 수이므로 정수 부분과 소수 부분으로 나
눌 수 있다. 이때 소수 부분은 정확한 값을 알기 어려우므로 다음과 같이 무리수에서 정수 부분
을 뺀 식으로 나타낸다.

$$\text{(무리수)} = \text{(정수 부분)} + \text{(소수 부분)} \;\Rightarrow\; \text{(소수 부분)} = \text{(무리수)} - \text{(정수 부분)}$$

⑩ $\sqrt{2} = 1.414\cdots = 1 + 0.414\cdots = 1 + (\sqrt{2} - 1)$ ⇨ $\sqrt{2}$의 정수 부분은 1, 소수 부분은 $\sqrt{2} - 1$
↑ 정수 부분   ↑ 소수 부분

01 오른쪽 제곱근표를 이용하여 다음 제곱근의 값을 구하시오.

(1) $\sqrt{5.5}$

(2) $\sqrt{5.72}$

수	0	1	2	3
5.5	2.345	2.347	2.349	2.352
5.6	2.366	2.369	2.371	2.373
5.7	2.387	2.390	2.392	2.394
5.8	2.408	2.410	2.412	2.415

○ 제곱근표를 이용하여 제곱근의 값을 구할 때는 처음 두 자리 수의 가로줄과 끝자리 수의 ☐이 만나는 곳에 있는 수를 읽는다.

02 $\sqrt{3}=1.732$, $\sqrt{30}=5.477$일 때, 다음 제곱근의 값을 구하시오.

(1) $\sqrt{300}=\sqrt{3\times\boxed{}}=\boxed{}\times\sqrt{3}=\boxed{}\times1.732=\boxed{}$

(2) $\sqrt{3000}$

(3) $\sqrt{30000}$

○ 근호 안이 100보다 큰 수일 때
⇨ 근호 안의 수를 10^2, 10^4, 10^6, $\cdots$ 과의 곱으로 나타내어 각각 $\boxed{}$, $\boxed{}$, $\boxed{}$, $\cdots$을 근호 밖으로 꺼낸다.

03 $\sqrt{2}=1.414$, $\sqrt{20}=4.472$일 때, 다음 제곱근의 값을 구하시오.

(1) $\sqrt{0.02}=\sqrt{\dfrac{2}{\boxed{}}}=\dfrac{\sqrt{2}}{\boxed{}}=\dfrac{1.414}{\boxed{}}=\boxed{}$

(2) $\sqrt{0.2}$

(3) $\sqrt{0.002}$

○ 근호 안이 0과 1 사이의 수일 때
⇨ 근호 안의 수를 분모가 10^2, 10^4, 10^6, $\cdots$인 분수로 나타내어 각각 $\boxed{}$, $\boxed{}$, $\boxed{}$, $\cdots$을 근호 밖으로 꺼낸다.

04 다음 ☐ 안에 알맞은 수를 써넣으시오.

(1) $\sqrt{4}<\sqrt{5}<\sqrt{9}$이므로 $\boxed{}<\sqrt{5}<\boxed{}$
따라서 $\sqrt{5}$의 정수 부분은 $\boxed{}$이고 소수 부분은 $\sqrt{5}-\boxed{}$이다.

(2) $\sqrt{9}<\sqrt{10}<\sqrt{16}$이므로 $\boxed{}<\sqrt{10}<\boxed{}$
따라서 $\sqrt{10}$의 정수 부분은 $\boxed{}$이고 소수 부분은 $\boxed{}$이다.

○ (소수 부분)
=(무리수)−($\boxed{}$)

핵심문제 🔑 익히기

01 제곱근의 값 구하기

⊙ 더 다양한 문제는 RPM 중3-1 40쪽

$\sqrt{1.2}=1.095$, $\sqrt{12}=3.464$일 때, 다음 **보기** 중 옳은 것을 모두 고르시오.

보기

ㄱ. $\sqrt{1200}=346.4$ ㄴ. $\sqrt{120}=10.95$

ㄷ. $\sqrt{0.12}=0.3464$ ㄹ. $\sqrt{0.012}=0.01095$

풀이

ㄱ. $\sqrt{1200}=\sqrt{12\times100}=10\sqrt{12}=10\times3.464=34.64$

ㄴ. $\sqrt{120}=\sqrt{1.2\times100}=10\sqrt{1.2}=10\times1.095=10.95$

ㄷ. $\sqrt{0.12}=\sqrt{\dfrac{12}{100}}=\dfrac{\sqrt{12}}{10}=\dfrac{3.464}{10}=0.3464$

ㄹ. $\sqrt{0.012}=\sqrt{\dfrac{1.2}{100}}=\dfrac{\sqrt{1.2}}{10}=\dfrac{1.095}{10}=0.1095$

따라서 옳은 것은 ㄴ, ㄷ이다.

확인 1 다음 중 오른쪽 제곱근표를 이용하여 그 값을 구할 수 없는 것을 모두 고르면? (정답 2개)

① $\sqrt{1.03}$ ② $\sqrt{20.1}$

③ $\sqrt{403}$ ④ $\sqrt{0.0302}$

⑤ $\sqrt{101000}$

수	0	1	2	3
1.0	1.000	1.005	1.010	1.015
2.0	1.414	1.418	1.421	1.425
3.0	1.732	1.735	1.738	1.741
4.0	2.000	2.002	2.005	2.007

02 무리수의 정수 부분과 소수 부분

⊙ 더 다양한 문제는 RPM 중3-1 41쪽

$6-\sqrt{3}$의 정수 부분을 a, 소수 부분을 b라 할 때, $a-b-2$의 값을 구하시오.

풀이

$1<\sqrt{3}<2$이므로 $-2<-\sqrt{3}<-1$ $\therefore 4<6-\sqrt{3}<5$

따라서 $6-\sqrt{3}$의 정수 부분은 4, 소수 부분은 $(6-\sqrt{3})-4=2-\sqrt{3}$이므로

$a=4$, $b=2-\sqrt{3}$

$\therefore a-b-2=4-(2-\sqrt{3})-2=\sqrt{3}$

확인 2 다음을 구하시오.

(1) $3+\sqrt{7}$의 정수 부분을 a, 소수 부분을 b라 할 때, $2a-5b$의 값

(2) $\sqrt{6}-1$의 소수 부분을 a, $\sqrt{24}$의 소수 부분을 b라 할 때, $3a-2b$의 값

소단원 📖 핵심문제

01 오른쪽 제곱근표에서 $\sqrt{4.71}$의 값이 a이고 $\sqrt{b}$의 값이 2.200일 때, $100a-10b$의 값을 구하시오.

수	0	1	2	3	4
4.6	2.145	2.147	2.149	2.152	2.154
4.7	2.168	2.170	2.173	2.175	2.177
4.8	2.191	2.193	2.195	2.198	2.200
4.9	2.214	2.216	2.218	2.220	2.223

☆ 생각해 봅시다

02 $\sqrt{6.23}=2.496$, $\sqrt{62.3}=7.893$일 때, 다음 중 옳지 <u>않은</u> 것은?

① $\sqrt{623}=24.96$ ② $\sqrt{6230}=78.93$

③ $\sqrt{0.623}=0.7893$ ④ $\sqrt{0.0623}=0.2496$

⑤ $\sqrt{62300}=789.3$

주어진 제곱근의 값을 이용할 수 있도록 근호 안의 수를 변형한다.

03 다음 중 $\sqrt{2}=1.414$임을 이용하여 그 값을 구할 수 <u>없는</u> 것은?

① $\sqrt{0.02}$ ② $\sqrt{0.5}$ ③ $\sqrt{12}$
④ $\sqrt{18}$ ⑤ $\sqrt{32}$

04 $4-2\sqrt{2}$의 정수 부분을 a, 소수 부분을 b라 할 때, $\dfrac{3a-b}{a}$의 값을 구하시오.

(소수 부분)
＝(무리수)−(정수 부분)

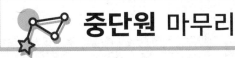
01 다음 중 유리수 a의 값이 가장 작은 것은?

① $\sqrt{32}=a\sqrt{2}$　　② $\sqrt{3}\sqrt{15}=a\sqrt{5}$

③ $\dfrac{\sqrt{24}}{\sqrt{2}}=2\sqrt{a}$　　④ $\dfrac{\sqrt{5}}{\sqrt{3}}=\dfrac{\sqrt{a}}{3}$

⑤ $\sqrt{12}\sqrt{6}=6\sqrt{a}$

02 $\sqrt{5}=a$, $\sqrt{10}=b$일 때, $\sqrt{0.125}$를 a, b를 사용하여 나타내면?

① $\dfrac{a}{b}$　　② $\dfrac{a}{2b}$　　③ $\dfrac{a}{5b}$

④ $\dfrac{b}{a}$　　⑤ $\dfrac{b}{2a}$

03 다음 중 분모를 유리화한 것으로 옳지 <u>않은</u> 것은?

① $\dfrac{1}{\sqrt{3}}=\dfrac{\sqrt{3}}{3}$　　② $\dfrac{6}{\sqrt{8}}=\dfrac{3\sqrt{2}}{2}$

③ $\dfrac{\sqrt{2}}{3\sqrt{5}}=\dfrac{\sqrt{10}}{15}$　　④ $\dfrac{3}{4\sqrt{7}}=\dfrac{3\sqrt{7}}{4}$

⑤ $\dfrac{2\sqrt{7}}{\sqrt{2}\sqrt{6}}=\dfrac{\sqrt{21}}{3}$

꼭 나와

04 다음 중 옳지 <u>않은</u> 것은?

① $6\sqrt{2}+3\sqrt{2}=9\sqrt{2}$

② $5\sqrt{3}-8\sqrt{3}=-3\sqrt{3}$

③ $2\sqrt{27}-\sqrt{3}=5\sqrt{3}$

④ $\sqrt{48}\div\sqrt{6}\times\sqrt{2}=2$

⑤ $\sqrt{5}(\sqrt{20}-\sqrt{10})=10-5\sqrt{2}$

05 $x=2\sqrt{3}+\sqrt{5}$, $y=3\sqrt{5}-5\sqrt{3}$일 때, $\sqrt{5}x+\sqrt{3}y$의 값은?

① $\sqrt{15}+5$　　② $2\sqrt{15}-10$

③ $3\sqrt{15}+1$　　④ $5\sqrt{15}-10$

⑤ $10\sqrt{15}+5$

꼭 나와

06 다음을 만족시키는 유리수 a, b에 대하여 $a+b$의 값을 구하시오.

$$\sqrt{96}-2\sqrt{2}(\sqrt{27}-\sqrt{18})-\dfrac{12}{\sqrt{24}}=a+b\sqrt{6}$$

07 $\sqrt{2}\left(\sqrt{6}-\dfrac{1}{\sqrt{18}}\right)+\dfrac{a}{\sqrt{3}}(\sqrt{27}-3)$을 계산한 결과가 유리수가 되도록 하는 유리수 a의 값을 구하시오.

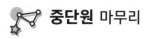

08 오른쪽 그림과 같이 가로의 길이가 $10\sqrt{6}$ cm인 직사각형 모양의 그림이 있다. 이 그림의 넓이가 360 cm²일 때, 그 둘레의 길이를 구하시오.

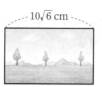

꼭 나와
09 다음 중 두 실수의 대소 관계가 옳지 <u>않은</u> 것은?

① $5-\sqrt{6}>\sqrt{6}$
② $3>4\sqrt{5}-6$
③ $2\sqrt{2}+\sqrt{3}<3\sqrt{3}$
④ $5\sqrt{5}-3<8\sqrt{2}-3$
⑤ $2\sqrt{3}-3\sqrt{2}<-\sqrt{18}+\sqrt{3}$

10 $\sqrt{7.28}=2.698$, $\sqrt{72.8}=8.532$일 때, 다음 중 옳지 <u>않은</u> 것은?

① $\sqrt{728}=26.98$
② $\sqrt{728000}=853.2$
③ $\sqrt{0.728}=0.8532$
④ $\sqrt{0.0728}=0.2698$
⑤ $\sqrt{0.00728}=0.02698$

11 $5+\sqrt{2}$의 정수 부분을 a, 소수 부분을 b라 할 때, $a+6b$의 값을 구하시오.

Step 2 발전문제

12 $a>0$, $b>0$일 때, 다음 중 옳지 <u>않은</u> 것은?

① $a\sqrt{b}=\sqrt{a^2 b}$
② $-a\sqrt{b}=-\sqrt{a^2 b}$
③ $\sqrt{\dfrac{a}{b}}=\dfrac{\sqrt{a}}{\sqrt{b}}$
④ $\sqrt{a}+\sqrt{b}=\sqrt{a+b}$
⑤ $a>b$이면 $\sqrt{a}>\sqrt{b}$

13 다음 중 유리수 a의 값이 나머지 넷과 <u>다른</u> 하나는?

① $\sqrt{a}\times\sqrt{8}=4$
② $2\sqrt{3}-\sqrt{6}\div\sqrt{2}=a\sqrt{3}$
③ $a\sqrt{3}\times\sqrt{6}=6\sqrt{2}$
④ $\sqrt{3}\times\sqrt{10}\times\sqrt{15}=15\sqrt{a}$
⑤ $\dfrac{a}{\sqrt{5}}+\dfrac{3}{\sqrt{5}}=\sqrt{5}$

14 다음 식을 간단히 하면?

$$10\times\sqrt{\dfrac{1}{2}}\times\sqrt{\dfrac{2}{3}}\times\sqrt{\dfrac{3}{4}}\times\cdots\times\sqrt{\dfrac{9}{10}}$$

① 1 ② $\sqrt{2}$ ③ $\sqrt{6}$
④ $\sqrt{10}$ ⑤ $\dfrac{\sqrt{10}}{10}$

15 $a>0$, $b>0$이고 $ab=9$일 때,
$a\sqrt{\dfrac{8b}{a}}+\dfrac{1}{b}\sqrt{\dfrac{2b}{a}}$의 값을 구하시오.

16 다음 중 옳지 <u>않은</u> 것을 모두 고르면? (정답 2개)

① $\dfrac{4}{\sqrt{2}}(\sqrt{2}-2\sqrt{3})+\sqrt{8}(\sqrt{3}+3\sqrt{2})=16-2\sqrt{6}$

② $\sqrt{8}\left(\dfrac{3\sqrt{3}}{4}-\dfrac{2}{\sqrt{2}}\right)+\sqrt{3}\left(\dfrac{2}{\sqrt{3}}-\dfrac{1}{\sqrt{2}}\right)=\sqrt{6}-2$

③ $\sqrt{\dfrac{3}{8}}\div\sqrt{\dfrac{1}{2}}+\sqrt{24}\times\dfrac{\sqrt{2}}{8}=\sqrt{3}$

④ $\sqrt{32}-2\sqrt{24}-\sqrt{2}(1+2\sqrt{3})=-3\sqrt{6}$

⑤ $\sqrt{10}\left(1-\dfrac{2\sqrt{2}}{\sqrt{5}}\right)-(\sqrt{54}+2\sqrt{15})\div\sqrt{6}=7$

17 $A=\sqrt{48}-\sqrt{5}$, $B=\sqrt{3}A-3\sqrt{5}-2$,
$C=-\sqrt{3}-\dfrac{B}{\sqrt{5}}$일 때, C의 값을 구하시오.

18 다음 그림과 같이 넓이가 각각 $8\ cm^2$, $18\ cm^2$, $32\ cm^2$인 정사각형 모양의 종이를 겹치지 않게 이어 붙인 도형의 둘레의 길이를 구하시오.

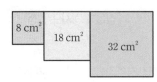

19 다음 세 수 a, b, c의 대소 관계를 부등호를 사용하여 나타내시오.

$$a=2\sqrt{3}-1,\ b=2\sqrt{5}+\sqrt{3}-1,\ c=\sqrt{3}+1$$

20 자연수 n에 대하여 $\sqrt{n}$의 소수 부분을 $f(n)$이라 할 때, $f(72)-f(18)$의 값을 구하시오.

21 자연수 n에 대하여 $\langle n\rangle$은 $\sqrt{n}$의 정수 부분을 나타낸다. 예를 들어 $\langle 2\rangle=1$, $\langle 5\rangle=2$이다. 이때 $\langle a\rangle=3$을 만족시키는 자연수 a의 개수를 구하시오.

1

$\sqrt{24}\left(\dfrac{1}{\sqrt{3}}-\sqrt{6}\right)-\dfrac{\sqrt{32}+2}{\sqrt{2}}=p+q\sqrt{2}$일 때, 유리수 p, q에 대하여 $p+2q$의 값을 구하시오. [7점]

⎡풀이과정⎤ ────────────

1단계 주어진 식의 좌변을 간단히 하기 [4점]

$\sqrt{24}\left(\dfrac{1}{\sqrt{3}}-\sqrt{6}\right)-\dfrac{\sqrt{32}+2}{\sqrt{2}}$

$=\sqrt{8}-\sqrt{144}-\sqrt{16}-\sqrt{2}$

$=2\sqrt{2}-12-4-\sqrt{2}$

$=-16+\sqrt{2}$

2단계 p, q의 값 구하기 [2점]

따라서 $p=-16$, $q=1$이므로

3단계 $p+2q$의 값 구하기 [1점]

$p+2q=(-16)+2\times1=-14$

⎡답⎤ -14

1-1 $\sqrt{5}(4-\sqrt{5})-\dfrac{5(\sqrt{5}-2)}{\sqrt{5}}=p+q\sqrt{5}$일 때, 유리수 p, q에 대하여 $p-q$의 값을 구하시오. [7점]

⎡풀이과정⎤ ────────────

1단계 주어진 식의 좌변을 간단히 하기 [4점]

2단계 p, q의 값 구하기 [2점]

3단계 $p-q$의 값 구하기 [1점]

⎡답⎤

2

$3\sqrt{3}-2$의 정수 부분을 a, $1+2\sqrt{5}$의 소수 부분을 b라 할 때, $\dfrac{b}{a-1}$의 값을 구하시오. [7점]

⎡풀이과정⎤ ────────────

1단계 $3\sqrt{3}-2$의 정수 부분 구하기 [2점]

$3\sqrt{3}=\sqrt{27}$이고 $\sqrt{25}<\sqrt{27}<\sqrt{36}$이므로 $5<3\sqrt{3}<6$

즉, $3<3\sqrt{3}-2<4$이므로 $3\sqrt{3}-2$의 정수 부분은 3이다.

$\therefore a=3$

2단계 $1+2\sqrt{5}$의 소수 부분 구하기 [3점]

$2\sqrt{5}=\sqrt{20}$이고 $\sqrt{16}<\sqrt{20}<\sqrt{25}$이므로 $4<2\sqrt{5}<5$

즉, $5<1+2\sqrt{5}<6$이므로 $1+2\sqrt{5}$의 정수 부분은 5이고

소수 부분은 $(1+2\sqrt{5})-5=-4+2\sqrt{5}$

$\therefore b=-4+2\sqrt{5}$

3단계 $\dfrac{b}{a-1}$의 값 구하기 [2점]

$\therefore \dfrac{b}{a-1}=\dfrac{-4+2\sqrt{5}}{3-1}=\dfrac{-4+2\sqrt{5}}{2}=-2+\sqrt{5}$

⎡답⎤ $-2+\sqrt{5}$

2-1 $6-3\sqrt{2}$의 정수 부분을 a, $\sqrt{50}$의 소수 부분을 b라 할 때, $b+\dfrac{10}{7a+b}$의 값을 구하시오. [7점]

⎡풀이과정⎤ ────────────

1단계 $6-3\sqrt{2}$의 정수 부분 구하기 [2점]

2단계 $\sqrt{50}$의 소수 부분 구하기 [3점]

3단계 $b+\dfrac{10}{7a+b}$의 값 구하기 [2점]

⎡답⎤

3 다음 그림에서 모눈 한 칸은 한 변의 길이가 1인 정사각형이고 $\overline{AD}=\overline{AP}$, $\overline{AB}=\overline{AQ}$일 때, $\overline{PQ}$의 길이를 구하시오. [8점]

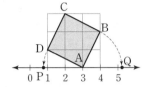

풀이과정

답

4 다음 식을 계산한 결과가 유리수가 되도록 하는 유리수 a의 값을 구하시오. [7점]

$$\sqrt{75}(2\sqrt{3}+1)-a(3-\sqrt{12})$$

풀이과정

답

5 다음 그림에서 □AEFB는 넓이가 12인 정사각형이고, □ADGH는 넓이가 27인 정사각형이다. 직사각형 ABCD의 둘레의 길이를 구하시오. [8점]

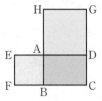

풀이과정

답

6 다음 세 수 중에서 가장 큰 수를 M, 가장 작은 수를 m이라 할 때, $M+m$의 값을 구하시오. [8점]

$$2+\sqrt{32}, \qquad 13-\sqrt{8}, \qquad \sqrt{18}+3$$

풀이과정

답

대단원 핵심 한눈에 보기

01 제곱근의 뜻과 성질

(1) 어떤 수 x를 제곱하여 a가 될 때, 즉 $x^2=a$일 때, x를 a의 □□□이라 한다.

　① 양수의 제곱근은 양수와 음수 2개가 있고, 그 절댓값은 서로 같다.

　② 음수의 제곱근은 없다.

　③ 0의 제곱근은 0이다.

(2) $a>0$일 때, $(\sqrt{a})^2=$□, $(-\sqrt{a})^2=$□, $\sqrt{a^2}=$□, $\sqrt{(-a)^2}=$□

02 무리수와 실수

(1) □□□ : 유리수가 아닌 수, 즉 순환소수가 아닌 무한소수로 나타내어지는 수

(2) **소수의 분류** : 소수 $\begin{cases} \text{유한소수} \overline{} \\[2pt] \text{무한소수} \begin{cases} \text{순환소수} \overline{} \\[2pt] \text{순환소수가 아닌 무한소수} - \text{□□□} \end{cases} \end{cases}$ 유리수

(3) 유리수와 무리수를 통틀어 □□라 한다.

(4) **실수의 분류** : 실수 $\begin{cases} \text{유리수} \begin{cases} \text{정수} \begin{cases} \text{양의 정수(자연수)} \\ 0 \\ \text{음의 정수} \end{cases} \\[2pt] \text{정수가 아닌 유리수} \end{cases} \\[2pt] \text{무리수(순환소수가 아닌 무한소수)} \end{cases}$

(5) **실수의 대소 관계**

　① $a-b>0$이면 a □ b　　　② $a-b=0$이면 a □ b　　　③ $a-b<0$이면 a □ b

03 제곱근의 곱셈과 나눗셈

(1) **제곱근의 곱셈** : $a>0$, $b>0$이고 m, n이 유리수일 때　$\sqrt{a}\sqrt{b}=\sqrt{ab}$, $m\sqrt{a}\times n\sqrt{b}=mn\sqrt{ab}$

(2) **제곱근의 나눗셈** : $a>0$, $b>0$이고 m, n이 유리수일 때　$\dfrac{\sqrt{a}}{\sqrt{b}}=\sqrt{\dfrac{a}{b}}$, $m\sqrt{a}\div n\sqrt{b}=\dfrac{m}{n}\sqrt{\dfrac{a}{b}}$ (단, $n\neq0$)

(3) 분모가 근호를 포함한 무리수일 때, 분모와 분자에 0이 아닌 같은 수를 곱하여 분모를 유리수로 고치는 것을 □□□□□□라 한다.

04 제곱근의 덧셈과 뺄셈

(1) **제곱근의 덧셈과 뺄셈** : m, n이 유리수이고 $a>0$일 때　$m\sqrt{a}\pm n\sqrt{a}=(m\pm n)\sqrt{a}$ (복부호 동순)

(2) **분배법칙을 이용한 분모의 유리화** : $a>0$, $b>0$, $c>0$일 때　$\dfrac{\sqrt{a}+\sqrt{b}}{\sqrt{c}}=\dfrac{\sqrt{ac}+\sqrt{bc}}{\text{□}}$

답　**01** (1) 제곱근　(2) a, a, a, a　**02** (1) 무리수　(2) 무리수　(3) 실수　(5) >, =, <　**03** (3) 분모의 유리화　**04** (2) c

II

다항식의 곱셈과
인수분해

01 | 다항식의 곱셈

개념원리 이해

1 (다항식)×(다항식)은 어떻게 전개하는가? ◉ 핵심문제 1

다음과 같이 분배법칙을 이용하여 전개한 다음 동류항끼리 모아서 간단히 한다.

$$(a+b)(c+d)=\underset{①}{ac}+\underset{②}{ad}+\underset{③}{bc}+\underset{④}{bd}$$

←— $c+d$를 M으로 놓으면

$$(a+b)(c+d)=(a+b)M$$
$$=aM+bM$$
$$=a(c+d)+b(c+d)$$
$$=ac+ad+bc+bd$$

예 $(2x+y)(3x-5y)=6x^2\underset{\text{동류항}}{-10xy+3xy}-5y^2=6x^2-7xy-5y^2$

참고 $(a+b)(c+d)=$(가장 큰 직사각형의 넓이)
$$=ac+ad+bc+bd$$

	a	b
c	ac	bc
d	ad	bd

2 $(a+b)^2$, $(a-b)^2$은 어떻게 전개하는가? ◉ 핵심문제 2

$$(a+b)^2=a^2+2ab+b^2, \qquad (a-b)^2=a^2-2ab+b^2$$

▶ $(-A-B)^2=\{-(A+B)\}^2=(A+B)^2$, $(-A+B)^2=\{-(A-B)\}^2=(A-B)^2$

주의 $(a+b)^2\neq a^2+b^2$, $(a-b)^2\neq a^2-b^2$

참고

$(a+b)^2=$(가장 큰 정사각형의 넓이)
$$=a^2+ab+ab+b^2$$
$$=a^2+2ab+b^2$$

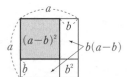

$(a-b)^2=$(색칠한 정사각형의 넓이)
$$=a^2-b(a-b)-b(a-b)-b^2$$
$$=a^2-2ab+b^2$$

3 $(a+b)(a-b)$는 어떻게 전개하는가? ◉ 핵심문제 3

$$(a+b)(a-b)=a^2-b^2$$

▶ $(-A+B)(-A-B)=(-A)^2-B^2=A^2-B^2$, $(-A-B)(A-B)=(-B)^2-A^2=-A^2+B^2$

참고 $(a+b)(a-b)=$(색칠한 직사각형의 넓이)
$$=a(a-b)+b(a-b)$$
$$=a^2-b^2$$

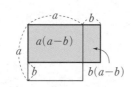

4 $(x+a)(x+b)$는 어떻게 전개하는가? ● 핵심문제 4

$$(x+a)(x+b)=x^2+\underset{\text{합}}{\underline{(a+b)}}x+\underset{\text{곱}}{\underline{ab}}$$

참고 $(x+a)(x+b)=$(가장 큰 직사각형의 넓이)
$\qquad\qquad\qquad =x^2+ax+bx+ab$
$\qquad\qquad\qquad =x^2+(a+b)x+ab$

5 $(ax+b)(cx+d)$는 어떻게 전개하는가? ● 핵심문제 5, 6

$$(ax+b)(cx+d)=acx^2+(ad+bc)x+bd$$

참고 $(ax+b)(cx+d)=$(가장 큰 직사각형의 넓이)
$\qquad\qquad\qquad\quad =acx^2+bcx+adx+bd$
$\qquad\qquad\qquad\quad =acx^2+(ad+bc)x+bd$

▶ 공식이 생각나지 않을 때는 분배법칙을 이용하여 전개한 후 동류항끼리 간단히 정리하면 된다.

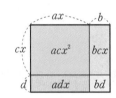

보충
학습

복잡한 식의 전개 ● 핵심문제 7, 8

(1) **공통부분이 있는 식의 전개**

공통부분을 한 문자로 놓고 전개한다.

예 $\underline{(x+y}+1)\underline{(x+y}-1)=(A+1)(A-1)$ ← 공통부분을 A로 놓는다.
$\qquad\qquad\qquad\qquad\qquad =A^2-1$ ← 곱셈 공식을 이용하여 전개한다.
$\qquad\qquad\qquad\qquad\qquad =(x+y)^2-1$ ← A에 공통부분을 대입한다.
$\qquad\qquad\qquad\qquad\qquad =x^2+2xy+y^2-1$ ← 전개하여 정리한다.

(2) **( )( )( )( ) 꼴의 식의 전개**

공통부분이 나오도록 2개씩 짝을 지어 전개한다.

예 $(x+1)(x+2)(x+3)(x+4)$
$\quad =\{(x+1)(x+4)\}\{(x+2)(x+3)\}$ ← 공통부분이 나오도록 2개씩 짝을 짓는다.
$\quad =(\underline{x^2+5x}+4)(\underline{x^2+5x}+6)$ ← 곱셈 공식을 이용하여 전개한다.
$\quad =(A+4)(A+6)$ ← 공통부분을 A로 놓는다.
$\quad =A^2+10A+24$ ← 곱셈 공식을 이용하여 전개한다.
$\quad =(x^2+5x)^2+10(x^2+5x)+24$ ← A에 공통부분을 대입한다.
$\quad =x^4+10x^3+35x^2+50x+24$ ← 전개하여 정리한다.

01 다음 식을 전개하시오.

(1) $(a+6)(2b-3)=a\times 2b+a\times(\boxed{})+6\times 2b+6\times(\boxed{})$
$=\boxed{}$

(2) $(a-8b)(3a+d)$

(3) $(x+3y)(2x-y)$

○ $(a+b)(c+d)$
$=\boxed{}$

02 다음 식을 전개하시오.

(1) $(x-5)^2=x^2-2\times\boxed{}\times\boxed{}+\boxed{}^2=\boxed{}$

(2) $(a+7)^2$

(3) $(2x-3)^2$

○ $(a+b)^2=\boxed{}$
$(a-b)^2=\boxed{}$

03 다음 식을 전개하시오.

(1) $(x+7)(x-7)=\boxed{}^2-\boxed{}^2=\boxed{}$

(2) $(2b+3)(2b-3)$

(3) $(5x-2y)(5x+2y)$

○ $(a+b)(a-b)=\boxed{}$

04 다음 식을 전개하시오.

(1) $(x+2)(x-7)=x^2+\{\boxed{}+(\boxed{})\}x+\boxed{}\times(\boxed{})=\boxed{}$

(2) $(y+9)(y-5)$

(3) $(x-6)(x-4)$

○ $(x+a)(x+b)$
$=\boxed{}$

05 다음 식을 전개하시오.

(1) $(2x+1)(3x+4)=(2\times 3)x^2+(2\times\boxed{}+\boxed{}\times\boxed{})x+\boxed{}\times\boxed{}$
$=\boxed{}$

(2) $(6x+1)(2x-3)$

(3) $(2x-5)(5x-3)$

○ $(ax+b)(cx+d)$
$=\boxed{}$

01 (다항식)×(다항식)의 전개　　　　　　　● 더 다양한 문제는 **RPM** 중3–1 48쪽

다음 식을 전개하시오.

(1) $(3x+5y)(2x-3y)$　　　　　(2) $(-3x+y)(x-2y)$

(3) $(x+2)(x^2-2x+4)$　　　　　(4) $(3x+2y-4)(x-2y)$

풀이　(1) $(3x+5y)(2x-3y)=3x\times2x+3x\times(-3y)+5y\times2x+5y\times(-3y)$
$$=6x^2-9xy+10xy-15y^2=\boldsymbol{6x^2+xy-15y^2}$$
(2) $(-3x+y)(x-2y)=(-3x)\times x+(-3x)\times(-2y)+y\times x+y\times(-2y)$
$$=-3x^2+6xy+xy-2y^2=\boldsymbol{-3x^2+7xy-2y^2}$$
(3) $(x+2)(x^2-2x+4)=x\times x^2+x\times(-2x)+x\times4+2\times x^2+2\times(-2x)+2\times4$
$$=x^3-2x^2+4x+2x^2-4x+8=\boldsymbol{x^3+8}$$
(4) $(3x+2y-4)(x-2y)=3x\times x+3x\times(-2y)+2y\times x+2y\times(-2y)$
$$+(-4)\times x+(-4)\times(-2y)$$
$$=3x^2-6xy+2xy-4y^2-4x+8y$$
$$=\boldsymbol{3x^2-4xy-4y^2-4x+8y}$$

확인 1 다음 식을 전개하시오.

(1) $(2y-5)(-3y-4)$　　　　　(2) $(x-3y)(-4x+y)$

(3) $(3x-2y)(2x+3y-4)$　　　　(4) $(x+4y+1)(2x-y)$

Key Point

분배법칙을 이용하여 전개한 다음 동류항끼리 모아서 간단히 한다.

$(a+b)(c+d)$
$=ac+ad+bc+bd$

$(a+b)(x+y+z)$
$=ax+ay+az+bx+by+bz$

---

02 $(a+b)^2$, $(a-b)^2$의 전개　　　　　　● 더 다양한 문제는 **RPM** 중3–1 49쪽

다음 식을 전개하시오.

(1) $(x+3y)^2$　　　　(2) $(-5x+2y)^2$　　　　(3) $\left(\dfrac{1}{3}x-2y\right)^2$

풀이　(1) $(x+3y)^2=x^2+2\times x\times3y+(3y)^2=\boldsymbol{x^2+6xy+9y^2}$
(2) $(-5x+2y)^2=(-5x)^2+2\times(-5x)\times2y+(2y)^2=\boldsymbol{25x^2-20xy+4y^2}$
(3) $\left(\dfrac{1}{3}x-2y\right)^2=\left(\dfrac{1}{3}x\right)^2-2\times\dfrac{1}{3}x\times2y+(2y)^2=\boldsymbol{\dfrac{1}{9}x^2-\dfrac{4}{3}xy+4y^2}$

확인 2 다음 중 옳지 <u>않은</u> 것을 모두 고르면? (정답 2개)

① $(x+4)^2=x^2+8x+16$　　　　② $(3x+5)^2=9x^2+30x+25$

③ $(4x-3y)^2=16x^2-12xy+9y^2$　　④ $(-x+7)^2=-x^2+14x+49$

⑤ $\left(-2x-\dfrac{1}{5}\right)^2=4x^2+\dfrac{4}{5}x+\dfrac{1}{25}$

Key Point

• $(\blacksquare+\blacktriangle)^2$
$=\blacksquare^2+2\blacksquare\blacktriangle+\blacktriangle^2$

• $(\blacksquare-\blacktriangle)^2$
$=\blacksquare^2-2\blacksquare\blacktriangle+\blacktriangle^2$

03 $(a+b)(a-b)$의 전개

◉ 더 다양한 문제는 RPM 중3-1 50쪽

Key Point

• $(■+▲)(■-▲)$
  $=■^2-▲^2$
• $(-A+B)(A+B)$
  $=(B-A)(B+A)$

다음 식을 전개하시오.

(1) $(2x-5y)(2x+5y)$

(2) $(-3x+2)(-3x-2)$

(3) $\left(\dfrac{2}{3}x+y\right)\left(\dfrac{2}{3}x-y\right)$

(4) $\left(-\dfrac{1}{5}x+\dfrac{1}{2}y\right)\left(\dfrac{1}{5}x+\dfrac{1}{2}y\right)$

풀이 (1) $(2x-5y)(2x+5y)=(2x)^2-(5y)^2=\boldsymbol{4x^2-25y^2}$

(2) $(-3x+2)(-3x-2)=(-3x)^2-2^2=\boldsymbol{9x^2-4}$

(3) $\left(\dfrac{2}{3}x+y\right)\left(\dfrac{2}{3}x-y\right)=\left(\dfrac{2}{3}x\right)^2-y^2=\boldsymbol{\dfrac{4}{9}x^2-y^2}$

(4) $\left(-\dfrac{1}{5}x+\dfrac{1}{2}y\right)\left(\dfrac{1}{5}x+\dfrac{1}{2}y\right)=\left(\dfrac{1}{2}y-\dfrac{1}{5}x\right)\left(\dfrac{1}{2}y+\dfrac{1}{5}x\right)=\left(\dfrac{1}{2}y\right)^2-\left(\dfrac{1}{5}x\right)^2=\boldsymbol{\dfrac{1}{4}y^2-\dfrac{1}{25}x^2}$

확인 3 다음 식을 전개하시오.

(1) $(5a+3b)(5a-3b)$

(2) $(-4a+3b)(-4a-3b)$

(3) $(-3x+y)(3x+y)$

(4) $\left(-2x+\dfrac{1}{3}y\right)\left(-2x-\dfrac{1}{3}y\right)$

확인 4 $(x-1)(x+1)(x^2+1)=x^a-1$일 때, 상수 a의 값을 구하시오.

04 $(x+a)(x+b)$의 전개

◉ 더 다양한 문제는 RPM 중3-1 50쪽

Key Point

$(x+■)(x+▲)$
$=x^2+(■+▲)x+■▲$

다음 식을 전개하시오.

(1) $(x+3)(x-7)$

(2) $(x-2)(x-6)$

(3) $(x-5y)(x+4y)$

(4) $\left(x-\dfrac{1}{3}y\right)\left(x+\dfrac{3}{2}y\right)$

풀이 (1) $(x+3)(x-7)=x^2+(3-7)x+3\times(-7)=\boldsymbol{x^2-4x-21}$

(2) $(x-2)(x-6)=x^2+(-2-6)x+(-2)\times(-6)=\boldsymbol{x^2-8x+12}$

(3) $(x-5y)(x+4y)=x^2+(-5y+4y)x+(-5y)\times4y=\boldsymbol{x^2-xy-20y^2}$

(4) $\left(x-\dfrac{1}{3}y\right)\left(x+\dfrac{3}{2}y\right)=x^2+\left(-\dfrac{1}{3}+\dfrac{3}{2}\right)x+\left(-\dfrac{1}{3}y\right)\times\dfrac{3}{2}y=\boldsymbol{x^2+\dfrac{7}{6}xy-\dfrac{1}{2}y^2}$

확인 5 $(x+3)(x-5)-2\left(x+\dfrac{1}{2}\right)(x+10)$을 계산하시오.

05 $(ax+b)(cx+d)$의 전개

◎ 더 다양한 문제는 RPM 중3-1 51쪽

Key Point

$(ax+b)(cx+d)$
$=acx^2+(ad+bc)x+bd$

다음 식을 전개하시오.

(1) $(5x+2)(2x-3)$

(2) $(3x-1)(4x+3)$

(3) $(-4x+7y)(6x-5y)$

(4) $(2x+5)\left(\dfrac{1}{2}x+\dfrac{3}{4}\right)$

풀이

(1) $(5x+2)(2x-3)=(5\times2)x^2+\{5\times(-3)+2\times2\}x+2\times(-3)=\mathbf{10x^2-11x-6}$

(2) $(3x-1)(4x+3)=(3\times4)x^2+\{3\times3+(-1)\times4\}x+(-1)\times3=\mathbf{12x^2+5x-3}$

(3) $(-4x+7y)(6x-5y)=\{(-4)\times6\}x^2+\{(-4)\times(-5y)+7y\times6\}x+7y\times(-5y)$
$=\mathbf{-24x^2+62xy-35y^2}$

(4) $(2x+5)\left(\dfrac{1}{2}x+\dfrac{3}{4}\right)=\left(2\times\dfrac{1}{2}\right)x^2+\left(2\times\dfrac{3}{4}+5\times\dfrac{1}{2}\right)x+5\times\dfrac{3}{4}=\mathbf{x^2+4x+\dfrac{15}{4}}$

확인6 $(2x+3)(5x+A)=10x^2+Bx-12$일 때, 상수 A, B에 대하여 $A+B$의 값을 구하시오.

06 곱셈 공식의 활용 – 도형

◎ 더 다양한 문제는 RPM 중3-1 52쪽

Key Point

일정한 간격만큼 떨어져 있는 도형의 넓이는
⇨ 떨어져 있는 도형을 이동하여 붙여서 생각한다.

오른쪽 그림과 같이 가로, 세로의 길이가 각각 $5a$, $3a$인 직사각형 모양의 꽃밭에 폭이 2로 일정한 길을 만들었다. 이때 길을 제외한 꽃밭의 넓이를 구하시오.

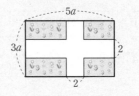

풀이 오른쪽 그림에서
(길을 제외한 꽃밭의 넓이)
$=(5a-2)(3a-2)$
$=\mathbf{15a^2-16a+4}$

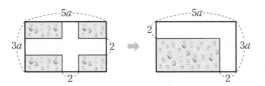

확인7 오른쪽 그림과 같이 가로, 세로의 길이가 각각 $8x$, $5x$인 직사각형에서 가로의 길이는 3만큼 늘이고 세로의 길이는 1만큼 줄여서 만든 직사각형의 넓이를 구하시오.

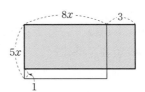

07 **공통부분이 있는 식의 전개**　　　　● 더 다양한 문제는 RPM 중3-1 53쪽

다음 식을 전개하시오.

(1) $(2x-3y+6)(2x-3y-4)$　　　　(2) $(3x-y+4)(3x+y-4)$

Key Point

공통부분을 한 문자로 놓고 전개한다. 그 후 다시 공통부분을 대입하여 전개한다.

풀이　(1) $2x-3y=A$로 놓으면

$$(2x-3y+6)(2x-3y-4)=(A+6)(A-4)=A^2+2A-24$$
$$=(2x-3y)^2+2(2x-3y)-24$$
$$=\boldsymbol{4x^2-12xy+9y^2+4x-6y-24}$$

(2) $y-4=A$로 놓으면

$$(3x-y+4)(3x+y-4)=(3x-A)(3x+A)=9x^2-A^2$$
$$=9x^2-(y-4)^2=9x^2-(y^2-8y+16)$$
$$=\boldsymbol{9x^2-y^2+8y-16}$$

확인⑧　다음 식을 전개하시오.

(1) $(x+y+2)(x+y-2)$　　　　(2) $(2a-b+1)(2a-b-2)$

08 **( )( )( )( ) 꼴의 식의 전개**　　　　● 더 다양한 문제는 RPM 중3-1 53쪽

$(x-1)(x+2)(x+4)(x+7)$을 전개하시오.

Key Point

괄호가 4개인 식은 공통부분이 나오도록 2개씩 짝을 지어 전개한다.

풀이　(주어진 식)$=\{(x-1)(x+7)\}\{(x+2)(x+4)\}$
$$=(x^2+6x-7)(x^2+6x+8)$$

이때 $x^2+6x=A$로 놓으면

(주어진 식)$=(A-7)(A+8)=A^2+A-56=(x^2+6x)^2+(x^2+6x)-56$
$$=x^4+12x^3+36x^2+x^2+6x-56$$
$$=\boldsymbol{x^4+12x^3+37x^2+6x-56}$$

확인⑨　$(x+3)(x-2)(x+1)(x-4)$를 전개하였을 때, x^2의 계수를 a, 상수항을 b라 하자. 이때 $a+b$의 값을 구하시오.

계산력 ⏱ 강화하기

01 다음 식을 전개하시오.

(1) $(2x+y)(x-y+1)$

(2) $(-x+y+4)(3x-2y)$

02 다음 식을 전개하시오.

(1) $(3a+2)^2$

(2) $(5x-3y)^2$

(3) $(-2p-q)^2$

(4) $\left(3x+\dfrac{1}{2}y\right)^2$

03 다음 식을 전개하시오.

(1) $(10x-3y)(10x+3y)$

(2) $(3a-4b)(4b+3a)$

(3) $\left(-x+\dfrac{1}{2}\right)\left(x+\dfrac{1}{2}\right)$

(4) $(a-b)(a+b)(a^2+b^2)$

04 다음 식을 전개하시오.

(1) $(x-7)(x+5)$

(2) $(3a-2b)(3a-4b)$

(3) $\left(3a+\dfrac{1}{2}\right)(a+6)$

(4) $\left(-2x+\dfrac{3}{4}y\right)\left(4x+\dfrac{1}{2}y\right)$

05 다음을 계산하시오.

(1) $(x-1)^2-(x-3)(x+2)$

(2) $(a+1)(a+3)+(a+2)(a-2)-2(a+1)^2$

(3) $(x-4y)(5x-y)+(3x+2y)(3x-2y)$

(4) $(2x+3y)(3x-2y)-(2x-3y)(3x+2y)$

소단원 📋 핵심문제

01 $(2x-3y+5)(4x-y)$를 전개하였을 때, xy의 계수를 구하시오.

⭐ 생각해 봅시다

계수를 구할 때, 계수를 구해야 하는 항이 나오는 부분만 전개하면 더 간단하게 구할 수 있다.

02 다음 중 옳은 것은?

① $(2x-3y)^2=4x^2-9y^2$

② $(-a+10)(10+a)=a^2-100$

③ $(-2x+5y)^2=4x^2-20xy+25y^2$

④ $(-x+5)(-x-5)=-x^2-25$

⑤ $\left(y+\dfrac{1}{3}\right)\left(y-\dfrac{1}{3}\right)=y^2-\dfrac{2}{3}y+\dfrac{1}{9}$

03 다음 중 $\left(-\dfrac{1}{3}a-b\right)^2$과 전개식이 같은 것은?

$(A+B)^2=(-A-B)^2$
$(A-B)^2=(-A+B)^2$

① $\left(\dfrac{1}{3}a-b\right)^2$　　② $\left(\dfrac{1}{3}a+b\right)^2$　　③ $-\left(\dfrac{1}{3}a+b\right)^2$

④ $\left(b-\dfrac{1}{3}a\right)^2$　　⑤ $(-a-3b)^2$

04 $(Ax-15)(x+3)$을 전개한 식에서 x의 계수와 상수항이 서로 같을 때, 상수 A의 값을 구하시오.

05 오른쪽 그림과 같이 가로, 세로의 길이가 각각 $(5x-1)\,\mathrm{m}$, $(3x+2)\,\mathrm{m}$인 직사각형 모양의 화단에 폭이 $1\,\mathrm{m}$로 일정한 길을 만들었다. 이 때 길을 제외한 화단의 넓이를 구하시오.

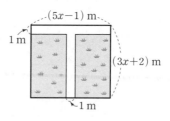

06 $(2x-3y+1)^2=4x^2+axy+9y^2+bx+cy+1$일 때, 상수 a, b, c에 대하여 $a+b-c$의 값을 구하시오.

$2x-3y$를 한 문자로 놓고 곱셈 공식을 이용하여 좌변을 전개한다.

02 | 다항식의 곱셈의 응용

1. 다항식의 곱셈

개념원리
이해

1 곱셈 공식을 이용하여 수의 계산을 어떻게 하는가? ● 핵심문제 1

수의 제곱이나 두 수의 곱의 계산에서 곱셈 공식을 이용하면 편리한 경우가 있다.

(1) **수의 제곱의 계산**

곱셈 공식 $(a+b)^2=a^2+2ab+b^2$, $(a-b)^2=a^2-2ab+b^2$을 이용한다.

예 $103^2=(100+3)^2=100^2+2\times100\times3+3^2=10000+600+9=10609$

(2) **두 수의 곱의 계산**

곱셈 공식 $(a+b)(a-b)=a^2-b^2$, $(x+a)(x+b)=x^2+(a+b)x+ab$를 이용한다.

예 $102\times98=(100+2)(100-2)=100^2-2^2=10000-4=9996$

2 곱셈 공식을 이용하여 근호를 포함한 식의 계산을 어떻게 하는가? ● 핵심문제 2

(1) **근호를 포함한 식의 계산**

곱셈 공식을 이용하여 전개한 후 근호 안의 수가 같은 것끼리 덧셈과 뺄셈을 한다.

예 $(\sqrt{3}+1)^2=(\sqrt{3})^2+2\times\sqrt{3}\times1+1^2=3+2\sqrt{3}+1=4+2\sqrt{3}$

$(\sqrt{2}+1)(\sqrt{2}+3)=(\sqrt{2})^2+(1+3)\sqrt{2}+1\times3=2+4\sqrt{2}+3=5+4\sqrt{2}$

(2) **분모의 유리화**

분모가 2개의 항으로 되어 있는 무리수일 때는 곱셈 공식 $(a+b)(a-b)=a^2-b^2$을 이용하여 분모를 유리화한다.

$$\frac{c}{\sqrt{a}+\sqrt{b}}=\frac{c(\sqrt{a}-\sqrt{b})}{(\sqrt{a}+\sqrt{b})(\sqrt{a}-\sqrt{b})}=\frac{c(\sqrt{a}-\sqrt{b})}{(\sqrt{a})^2-(\sqrt{b})^2}=\frac{c(\sqrt{a}-\sqrt{b})}{a-b}$$

곱셈 공식 $(a+b)(a-b)=a^2-b^2$ 이용 　　(단, $a>0$, $b>0$, $a\neq b$)

예 $\dfrac{1}{3-\sqrt{2}}=\dfrac{3+\sqrt{2}}{(3-\sqrt{2})(3+\sqrt{2})}=\dfrac{3+\sqrt{2}}{3^2-(\sqrt{2})^2}=\dfrac{3+\sqrt{2}}{9-2}=\dfrac{3+\sqrt{2}}{7}$

3 곱셈 공식의 변형은 어떻게 하는가? ● 핵심문제 3, 4

(1) $(a+b)^2=a^2+2ab+b^2 \Rightarrow a^2+b^2=(a+b)^2-2ab$

$(a-b)^2=a^2-2ab+b^2 \Rightarrow a^2+b^2=(a-b)^2+2ab$

$\underset{a^2+2ab+b^2}{(a+b)^2}=\underset{a^2-2ab+b^2}{(a-b)^2}+4ab$, $\underset{a^2-2ab+b^2}{(a-b)^2}=\underset{a^2+2ab+b^2}{(a+b)^2}-4ab$

(2) **두 수의 곱이 1인 경우** ← (1)에 b 대신 $\dfrac{1}{a}$을 대입한다.

$a^2+\dfrac{1}{a^2}=\left(a+\dfrac{1}{a}\right)^2-2$, $a^2+\dfrac{1}{a^2}=\left(a-\dfrac{1}{a}\right)^2+2$

$\left(a+\dfrac{1}{a}\right)^2=\left(a-\dfrac{1}{a}\right)^2+4$, $\left(a-\dfrac{1}{a}\right)^2=\left(a+\dfrac{1}{a}\right)^2-4$

01 곱셈 공식을 이용하여 다음 수를 계산할 때, **보기** 중 어떤 곱셈 공식을 이용하는 것이 가장 편리한지 고르고, 곱셈 공식을 이용하여 계산하시오.

> ● 보기 ●
> ㄱ. $(a+b)^2=a^2+2ab+b^2$ (단, $b>0$)
> ㄴ. $(a-b)^2=a^2-2ab+b^2$ (단, $b>0$)
> ㄷ. $(a+b)(a-b)=a^2-b^2$
> ㄹ. $(x+a)(x+b)=x^2+(a+b)x+ab$

(1) $51^2 \xrightarrow{\boxed{}\text{이용}} (50+\boxed{})^2=50^2+2\times\boxed{}\times1+\boxed{}^2=\boxed{}$

(2) $32\times28 \xrightarrow{\boxed{}\text{이용}}$ _____

02 다음을 계산하시오.

(1) $(\sqrt{5}-2)^2$ (2) $(2+\sqrt{3})(2-\sqrt{3})$

03 다음 수의 분모를 유리화하시오.

(1) $\dfrac{1}{\sqrt{2}+1}=\dfrac{1\times(\boxed{})}{(\sqrt{2}+1)\times(\boxed{})}=\boxed{}$

(2) $\dfrac{2}{\sqrt{5}-\sqrt{3}}$

(3) $\dfrac{\sqrt{2}}{\sqrt{3}+1}$

$\dfrac{c}{\sqrt{a}+\sqrt{b}}=\dfrac{c(\boxed{})}{(\sqrt{a}+\sqrt{b})(\boxed{})}$
(단, $a>0, b>0, a\neq b$)

04 $x+y=6$, $xy=-2$일 때, □ 안에 알맞은 것을 써넣으시오.

(1) $x^2+y^2=(x+y)^2-\boxed{}=6^2-(\boxed{})=\boxed{}$

(2) $(x-y)^2=(x+y)^2-\boxed{}=6^2-(\boxed{})=\boxed{}$

$(x+y)^2=x^2+2xy+y^2$
$\Rightarrow x^2+y^2=(x+y)^2-\boxed{}$

01 곱셈 공식을 이용한 수의 계산

● 더 다양한 문제는 **RPM** 중3-1 54쪽

곱셈 공식을 이용하여 다음을 계산하시오.

(1) 101^2 (2) 998×1002 (3) 37×46

풀이 (1) $101^2 = (100+1)^2 = 100^2 + 2 \times 100 \times 1 + 1^2$
$= 10000 + 200 + 1 = \mathbf{10201}$

(2) $998 \times 1002 = (1000-2)(1000+2)$
$= 1000^2 - 2^2 = 1000000 - 4 = \mathbf{999996}$

(3) $37 \times 46 = (40-3)(40+6) = 40^2 + (-3+6) \times 40 + (-3) \times 6$
$= 1600 + 120 - 18 = \mathbf{1702}$

확인 1 곱셈 공식을 이용하여 다음을 계산하시오.

(1) 88^2 (2) 6.1×5.9 (3) 102×103

02 곱셈 공식을 이용한 근호를 포함한 식의 계산

● 더 다양한 문제는 **RPM** 중3-1 54, 55쪽

다음 물음에 답하시오.

(1) $(-3+2\sqrt{2})(-3-2\sqrt{2})$ 를 계산하시오.

(2) $\dfrac{\sqrt{3}-\sqrt{2}}{\sqrt{3}+\sqrt{2}}$ 의 분모를 유리화하시오.

풀이 (1) $(-3+2\sqrt{2})(-3-2\sqrt{2}) = (-3)^2 - (2\sqrt{2})^2 = 9 - 8 = \mathbf{1}$

(2) 분모와 분자에 각각 $\sqrt{3}-\sqrt{2}$ 를 곱하면

$$\frac{\sqrt{3}-\sqrt{2}}{\sqrt{3}+\sqrt{2}} = \frac{(\sqrt{3}-\sqrt{2})^2}{(\sqrt{3}+\sqrt{2})(\sqrt{3}-\sqrt{2})} = \frac{3-2\sqrt{6}+2}{3-2} = \mathbf{5-2\sqrt{6}}$$

확인 2 $(\sqrt{2}-3)^2 + (2\sqrt{2}-5)(3\sqrt{2}+2)$ 를 계산하시오.

확인 3 다음 수의 분모를 유리화하시오.

(1) $\dfrac{4}{\sqrt{7}-\sqrt{5}}$ (2) $\dfrac{\sqrt{5}}{\sqrt{5}+2}$ (3) $\dfrac{3\sqrt{2}-2\sqrt{3}}{3\sqrt{2}+2\sqrt{3}}$

03 곱셈 공식의 변형 (1)

◎ 더 다양한 문제는 RPM 중3-1 55쪽

$x+y=-3$, $xy=1$일 때, 다음 식의 값을 구하시오.

(1) x^2+y^2　　　　(2) $(x-y)^2$　　　　(3) $\dfrac{x}{y}+\dfrac{y}{x}$

Key Point

- $x^2+y^2=(x+y)^2-2xy$
  $x^2+y^2=(x-y)^2+2xy$
- $(x+y)^2=(x-y)^2+4xy$
  $(x-y)^2=(x+y)^2-4xy$
- $\dfrac{x}{y}+\dfrac{y}{x}=\dfrac{x^2+y^2}{xy}$

풀이
(1) $x^2+y^2=(x+y)^2-2xy=(-3)^2-2\times1=9-2=\mathbf{7}$
(2) $(x-y)^2=(x+y)^2-4xy=(-3)^2-4\times1=9-4=\mathbf{5}$
(3) $\dfrac{x}{y}+\dfrac{y}{x}=\dfrac{x^2+y^2}{xy}$

　　　이때 $x^2+y^2=7$, $xy=1$이므로 $\dfrac{x}{y}+\dfrac{y}{x}=\dfrac{7}{1}=\mathbf{7}$

확인4 　 $x-y=3$, $xy=5$일 때, 다음 식의 값을 구하시오.

(1) x^2+y^2　　　　(2) $(x+y)^2$　　　　(3) $\dfrac{y}{x}+\dfrac{x}{y}$

04 곱셈 공식의 변형 (2)

◎ 더 다양한 문제는 RPM 중3-1 56쪽

$x+\dfrac{1}{x}=5$일 때, 다음 식의 값을 구하시오.

(1) $x^2+\dfrac{1}{x^2}$　　　　　　　(2) $\left(x-\dfrac{1}{x}\right)^2$

Key Point

- $x^2+\dfrac{1}{x^2}=\left(x+\dfrac{1}{x}\right)^2-2$
  $x^2+\dfrac{1}{x^2}=\left(x-\dfrac{1}{x}\right)^2+2$
- $\left(x+\dfrac{1}{x}\right)^2=\left(x-\dfrac{1}{x}\right)^2+4$
  $\left(x-\dfrac{1}{x}\right)^2=\left(x+\dfrac{1}{x}\right)^2-4$

풀이
(1) $x^2+\dfrac{1}{x^2}=\left(x+\dfrac{1}{x}\right)^2-2=5^2-2=25-2=\mathbf{23}$
(2) $\left(x-\dfrac{1}{x}\right)^2=\left(x+\dfrac{1}{x}\right)^2-4=5^2-4=25-4=\mathbf{21}$

확인5 　 $x-\dfrac{1}{x}=4$일 때, 다음 식의 값을 구하시오.

(1) $x^2+\dfrac{1}{x^2}$　　　　　　　(2) $\left(x+\dfrac{1}{x}\right)^2$

소단원 📖 핵심문제

01 다음 중 주어진 수를 곱셈 공식을 이용하여 계산할 때, 가장 편리한 곱셈 공식을 나타낸 것으로 옳은 것은?

① $104^2 \Rightarrow (a-b)^2 = a^2 - 2ab + b^2$ (단, $b > 0$)

② $399^2 \Rightarrow (a+b)^2 = a^2 + 2ab + b^2$ (단, $b > 0$)

③ $53 \times 47 \Rightarrow (a+b)(a-b) = a^2 - b^2$

④ $203 \times 207 \Rightarrow (a+b)(a-b) = a^2 - b^2$

⑤ $997^2 \Rightarrow (x+a)(x+b) = x^2 + (a+b)x + ab$

🌟 생각해 봅시다

02 곱셈 공식을 이용하여 다음을 계산하시오.

(1) $61^2 - 36 \times 39$

(2) $\dfrac{1008 \times 1010 + 1}{1009}$

곱셈 공식을 이용하여 다항식의 곱셈과 같은 방법으로 전개한 후 계산한다.

03 $(3\sqrt{3}-2)(2\sqrt{3}+a) = 12 + b\sqrt{3}$일 때, 유리수 a, b에 대하여 $a-b$의 값을 구하시오.

04 $x = \dfrac{1}{\sqrt{10}+3}$, $y = \dfrac{1}{\sqrt{10}-3}$일 때, $x+y$의 값을 구하시오.

곱셈 공식 $(a+b)(a-b) = a^2 - b^2$ 을 이용하여 분모를 유리화한 다음 식의 값을 구한다.

05 $a+b = 5$, $ab = 3$일 때, $a^2 + b^2 - ab$의 값을 구하시오.

$x^2 + y^2 = (x+y)^2 - 2xy$

06 $x - \dfrac{1}{x} = 6$일 때, $x^2 - 3 + \dfrac{1}{x^2}$의 값을 구하시오.

$x^2 + \dfrac{1}{x^2} = \left(x - \dfrac{1}{x}\right)^2 + 2$

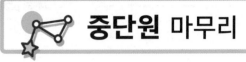

Step 1 **기본문제**

01 $(a+2b-1)(3a-b)$를 전개하였을 때, ab의 계수를 p, b의 계수를 q라 하자. 이때 $p+q$의 값을 구하시오.

02 다음 **보기**에서 식을 전개한 결과가 서로 같은 것끼리 짝 지으시오.

---● 보기 ●---

ㄱ. $(x+4y)^2$ ㄴ. $-(x+4y)^2$

ㄷ. $(-x+4y)^2$ ㄹ. $(x-4y)^2$

ㅁ. $(-x-4y)^2$ ㅂ. $-(x-4y)^2$

03 $\left(mx+\dfrac{1}{4}\right)^2=4x^2-x+\dfrac{1}{n}$일 때, 상수 m, n에 대하여 $m+n$의 값은?

① 12 ② 14 ③ 16

④ 18 ⑤ 20

04 $(2x-1)^2-(3x+1)(3x-1)$을 계산하면?

① $-5x^2-4x+2$ ② $-5x^2-4x$

③ $-5x^2+4x-2$ ④ $5x^2-4x+2$

⑤ $5x^2+4x-2$

꼭 나와

05 다음 중 옳은 것은?

① $(x-5y)^2=x^2-25y^2$

② $(4x-3y)^2=16x^2-24xy+9y^2$

③ $(-x+1)(-x-1)=-x^2-1$

④ $(x+3)(x-5)=x^2+2x-15$

⑤ $(3a+2)(2a-5)=6a^2+19a-10$

06 다음 중 □ 안에 알맞은 수가 나머지 넷과 다른 하나는?

① $(x+3)^2=x^2+\square x+9$

② $\left(\dfrac{1}{2}x-\square\right)^2=\dfrac{1}{4}x^2-6x+36$

③ $(-2x-3)(2x-3)=-4x^2+\square$

④ $(x+3)(x-9)=x^2-\square x-27$

⑤ $(x+1)(2x-\square)=2x^2-4x-6$

꼭 나와

07 $(ax+1)(ax-5)$를 전개한 식에서 x의 계수가 12이고 $(x-a)(3x+b)$를 전개한 식에서 x의 계수가 -5일 때, 상수 a, b에 대하여 $a-b$의 값을 구하시오.

08 오른쪽 그림과 같이 한 변의 길이가 a m인 정사각형 모양의 공원에 폭이 4 m로 일정한 산책로가 있다. 이때 산책로의 넓이를 구하시오.

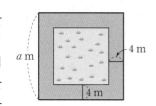

a m

4 m

4 m

꼭 나와

09 곱셈 공식을 이용하여 3.9×4.1을 계산할 때, 다음 중 가장 편리한 곱셈 공식은?

① $(a+b)^2 = a^2 + 2ab + b^2$ (단, $b > 0$)

② $(a-b)^2 = a^2 - 2ab + b^2$ (단, $b > 0$)

③ $(a+b)(a-b) = a^2 - b^2$

④ $(x+a)(x+b) = x^2 + (a+b)x + ab$

⑤ $(ax+b)(cx+d) = acx^2 + (ad+bc)x + bd$

10 다음 중 옳지 <u>않은</u> 것은?

① $(2\sqrt{3}+5)^2 = 37 + 20\sqrt{3}$

② $(-2\sqrt{5}-3)^2 = 29 - 12\sqrt{5}$

③ $(2\sqrt{2}-3)(2\sqrt{2}+3) = -1$

④ $(3\sqrt{2}-2\sqrt{6})(3\sqrt{2}+2\sqrt{6}) = -6$

⑤ $(\sqrt{3}-\sqrt{2})^2 - (\sqrt{6}+1)(\sqrt{6}-1) = -2\sqrt{6}$

11 $\dfrac{2\sqrt{2}-\sqrt{6}}{2\sqrt{2}+\sqrt{6}}$의 분모를 유리화하면 $a + b\sqrt{3}$일 때, 유리수 a, b에 대하여 $a+b$의 값을 구하시오.

Step **2** 발전문제

12 $(x+A)(x+B) = x^2 + Cx + 8$일 때, 다음 중 C의 값이 될 수 <u>없는</u> 것은? (단, A, B, C는 정수)

① -9 ② -6 ③ -3

④ 6 ⑤ 9

13 $(3x+2y)(-6x+ay) = -18x^2 + Axy + By^2$이고 $A+B = 3$일 때, a의 값을 구하시오.

(단, a, A, B는 상수)

14 오른쪽 그림과 같이 가로, 세로의 길이가 각각 a, b $(a > b)$인 직사각형 ABCD를 $\overline{AB}$가 $\overline{AH}$에, $\overline{HD}$가 $\overline{HI}$에, $\overline{GC}$가 $\overline{GJ}$에 겹치도록 접었을 때, □IEFJ의 넓이를 구하시오.

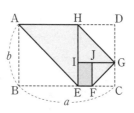

15 $(3x-Ay+2)^2$을 전개한 식에서 xy의 계수가 -24이고 y의 계수가 B일 때, $A+B$의 값을 구하시오. (단, A는 상수)

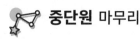

정답과 풀이 **p.30**

16 다음 식을 전개하시오.

$$(x-2)(x+2)(x+5)(x+9)$$

17 다음 □ 안에 알맞은 수를 구하시오.

$$(2+1)(2^2+1)(2^4+1)(2^8+1)(2^{16}+1)$$
$$=2^\square-1$$

18 $A=(3+\sqrt{3})(a-2\sqrt{3})$일 때, A가 유리수가 되도록 하는 유리수 a의 값을 구하시오.

19 $(2\sqrt{2}+3)^{100}(2\sqrt{2}-3)^{102}=a+b\sqrt{2}$일 때, 유리수 a, b에 대하여 $a+b$의 값을 구하시오.

20 꼭나와 $a-b=3$, $a^2+b^2=15$일 때, ab의 값을 구하시오.

21 $x=\dfrac{\sqrt{2}-1}{\sqrt{2}+1}$, $y=\dfrac{\sqrt{2}+1}{\sqrt{2}-1}$일 때, $\dfrac{y}{x}+\dfrac{x}{y}$의 값을 구하시오.

22 $x+\dfrac{1}{x}=4$일 때, 다음 식의 값을 구하시오.

(1) $x^2+\dfrac{1}{x^2}$

(2) $x^4+\dfrac{1}{x^4}$

23 $x^2-6x+1=0$일 때, $x^2+x+\dfrac{1}{x}+\dfrac{1}{x^2}$의 값을 구하시오.

서술형 대비 문제

정답과 풀이 p.31

1

$(ax-3)(3x+4)$를 전개한 식에서 x^2의 계수와 x의 계수가 서로 같을 때, 상수 a의 값을 구하시오. [7점]

풀이과정

1단계 주어진 식 전개하기 [3점]

$(ax-3)(3x+4)=3ax^2+(4a-9)x-12$

2단계 a에 대한 식 세우기 [2점]

x^2의 계수와 x의 계수가 서로 같으므로

$3a=4a-9$

3단계 a의 값 구하기 [2점]

$\therefore a=9$

답 9

1-1

$\left(3x-\dfrac{1}{2}a\right)\left(x+\dfrac{1}{4}\right)$을 전개한 식에서 x의 계수가 상수항의 3배일 때, 상수 a의 값을 구하시오. [7점]

풀이과정

1단계 주어진 식 전개하기 [3점]

2단계 a에 대한 식 세우기 [2점]

3단계 a의 값 구하기 [2점]

답

2

오른쪽 그림과 같은 직사각형 모양의 꽃밭에 폭이 3으로 일정한 길을 만들었다. 이때 길을 제외한 꽃밭의 넓이를 구하시오. [7점]

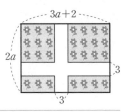

풀이과정

1단계 길을 제외한 꽃밭의 넓이를 구하는 식 세우기 [4점]

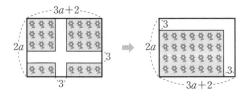

위의 그림에서

(길을 제외한 꽃밭의 넓이)$=\{(3a+2)-3\}(2a-3)$

2단계 길을 제외한 꽃밭의 넓이 구하기 [3점]

$$=(3a-1)(2a-3)$$
$$=6a^2-11a+3$$

답 $6a^2-11a+3$

2-1

오른쪽 그림과 같은 직사각형 모양의 공원에 폭이 2로 일정한 길을 만들었다. 이때 길을 제외한 공원의 넓이를 구하시오. [7점]

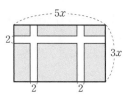

풀이과정

1단계 길을 제외한 공원의 넓이를 구하는 식 세우기 [4점]

2단계 길을 제외한 공원의 넓이 구하기 [3점]

답

3 $(x+2)(x-3)$에서 2를 A로 잘못 보고 전개하였더니 x^2-2x+B가 되었다. 또 $(2x+1)(x-3)$에서 2를 C로 잘못 보고 전개하였더니 Cx^2+7x-3이 되었다. 이때 $A+B+C$의 값을 구하시오. (단, A, B, C는 상수) [7점]

풀이과정

답

5 곱셈 공식을 이용하여 다음을 계산하시오. [8점]

$$\frac{3001^2-2997\times3003-10}{3000}$$

풀이과정

답

4 $(2x-y+3)(2x-y-3)$
$=4x^2+Axy+By^2+C$일 때, 상수 A, B, C에 대하여 $A-B+C$의 값을 구하시오. [7점]

풀이과정

답

6 $x=\dfrac{2}{\sqrt{3}-\sqrt{2}}$, $y=\dfrac{2}{\sqrt{3}+\sqrt{2}}$일 때, x^2+y^2-8xy의 값을 구하시오. [8점]

풀이과정

답

II

다항식의 곱셈과
인수분해

01 | 인수분해

1 인수분해란 무엇인가? ◎ 핵심문제 1

(1) **인수**: 하나의 다항식을 두 개 이상의 다항식의 곱으로 나타낼 때, 각각의 식을 처음 다항식의 **인수**라 한다.

$$x^2+8x+15 \underset{\text{전개}}{\overset{\text{인수분해}}{\rightleftarrows}} (x+3)(x+5)$$
합의 모양 　　　　　　 곱의 모양

(2) **인수분해**: 하나의 다항식을 두 개 이상의 인수의 곱으로 나타내는 것을 그 다항식을 **인수분해**한다고 한다.

▶ 모든 다항식에서 1과 자기 자신은 그 다항식의 인수이다.

참고 소인수분해와 인수분해의 비교

소인수분해	인수분해
자연수를 소수의 곱으로 나타내는 것	다항식을 인수의 곱으로 나타내는 것
예 $12=2^2 \times 3$	예 $x^2+2x=x(x+2)$

2 공통인 인수가 있을 때는 어떻게 인수분해하는가? ◎ 핵심문제 1

다항식의 각 항에 공통인 인수가 있을 때는 분배법칙을 이용하여 공통인 인수를 묶어 내어 인수분해한다.

⇨ $ma+mb=m(a+b)$

예 $4x^2-2xy^2=2x(2x-y^2)$

주의 인수분해할 때는 공통인 인수가 남지 않도록 모두 묶어 낸다.

3 $a^2+2ab+b^2$, $a^2-2ab+b^2$은 어떻게 인수분해하는가? ◎ 핵심문제 2~4

(1) $a^2+2ab+b^2$, $a^2-2ab+b^2$ 꼴의 인수분해

$$a^2+2ab+b^2=(a+b)^2, \qquad a^2-2ab+b^2=(a-b)^2$$

▶ 곱셈 공식 $(a+b)^2=a^2+2ab+b^2$, $(a-b)^2=a^2-2ab+b^2$에서 좌변과 우변을 서로 바꾸면 위와 같은 인수분해 공식을 얻는다.

예 $x^2+8x+16=x^2+2\times x\times4+4^2=(x+4)^2$, $x^2-4x+4=x^2-2\times x\times2+2^2=(x-2)^2$

(2) **완전제곱식**: 다항식의 제곱으로 된 식 또는 이 식에 상수를 곱한 식 예 $(x+2)^2$, $3(a-2b)^2$

참고 ① $x^2\pm ax+b$가 완전제곱식이 되기 위한 b의 조건

$$x^2\pm ax+b=x^2\pm2\times x\times\frac{a}{2}+\left(\frac{a}{2}\right)^2=\left(x\pm\frac{a}{2}\right)^2 \Rightarrow b=\left(\frac{a}{2}\right)^2$$

② x^2+ax+b^2이 완전제곱식이 되기 위한 a의 조건

$$x^2+ax+b^2=x^2+2\times x\times(\pm b)+(\pm b)^2=(x\pm b)^2 \Rightarrow a=\pm2b$$

4 a^2-b^2은 어떻게 인수분해하는가? ⊙ 핵심문제 5

$$a^2-b^2=(a+b)(a-b)$$

▶ 항이 2개이면서 제곱의 차의 꼴이면 합과 차의 곱으로 인수분해된다.

(예) $4a^2-b^2=(2a)^2-b^2=(2a+b)(2a-b)$

5 $x^2+(a+b)x+ab$는 어떻게 인수분해하는가? ⊙ 핵심문제 6

$$x^2+\underset{\text{합}}{(a+b)}x+\underset{\text{곱}}{ab}=(x+a)(x+b)$$

① 곱하여 상수항이 되고 합하여 x의 계수가 되는 두 정수 a, b를 찾는다.
② $(x+a)(x+b)$ 꼴로 나타낸다.

(예) x^2+7x-8을 인수분해하시오.

오른쪽 표와 같이 곱이 -8인 두 정수를 먼저 찾은 후 그중에서
합이 7인 두 정수를 찾는다.
즉, 곱이 -8, 합이 7인 두 정수는 -1, 8이므로
$x^2+7x-8=(x-1)(x+8)$

곱이 -8인 두 정수		합
1	-8	-7
-1	8	7
2	-4	-2
-2	4	2

6 $acx^2+(ad+bc)x+bd$는 어떻게 인수분해하는가? ⊙ 핵심문제 7

$$acx^2+\underline{(ad+bc)}x+bd=\underline{(ax+b)(cx+d)}$$

① 곱하여 x^2의 계수가 되는 두 정수 a, c를 세로로 나열한다.
② 곱하여 상수항이 되는 두 정수 b, d를 세로로 나열한다.
③ 대각선으로 곱하여 더한 값이 x의 계수가 되는 a, b, c, d를 찾는다.
④ $(ax+b)(cx+d)$ 꼴로 나타낸다.

(예) $3x^2-x-2$를 인수분해하시오.

$3x^2-x-2=(x-1)(3x+2)$

개념원리 📖 확인하기

정답과 풀이 p.32

01 다음 식에서 공통인 인수를 찾아 인수분해하시오.

(1) $ax-ay$ ⇨ 공통인 인수: _____, 인수분해: _____

(2) $3xy^3-9x^2y^2$ ⇨ 공통인 인수: _____, 인수분해: _____

○ $ma+mb=\boxed{}(a+b)$

02 다음 식을 인수분해하시오.

(1) x^2+4x+4
$=x^2+\boxed{}\times x\times 2+\boxed{}^2$
$=(x+\boxed{})^2$

(2) $25a^2-30a+9$
$=(5a)^2-2\times 5a\times\boxed{}+3^2$
$=(\boxed{}-\boxed{})^2$

(3) $x^2+10xy+25y^2$

(4) $9a^2-42a+49$

○ $a^2+2ab+b^2=(\boxed{}+\boxed{})^2$
$a^2-2ab+b^2=(\boxed{}-\boxed{})^2$

03 다음 식을 인수분해하시오.

(1) $x^2-36=x^2-\boxed{}^2=(x+6)(x-\boxed{})$

(2) $9a^2-4b^2$

(3) $b^2-\dfrac{a^2}{4}$

○ $a^2-b^2=\boxed{}$

04 다음 식을 인수분해하시오.

(1) $x^2-7x+10=$ _____

(2) $x^2+5x-6=$ _____

곱이 10인 두 정수		합
1	10	
-1	-10	
2	5	
-2	-5	

곱이 -6인 두 정수		합
1	-6	
-1	6	
2	-3	
-2	3	

(3) $x^2+9x+18$

(4) $x^2-6xy-40y^2$

○ $x^2+(a+b)x+ab$
$=\boxed{}$

05 다음 식을 인수분해하시오.

(1) $2x^2-x-3=$ _____

(2) $4x^2-8x+3=$ _____

(3) $3x^2+7x-10$

(4) $5x^2-36xy+7y^2$

○ $acx^2+(ad+bc)x+bd$
$=\boxed{}$

핵심문제 🔑 익히기

01 공통인 인수로 묶어 인수분해하기

○ 더 다양한 문제는 **RPM** 중3-1 64쪽

다음 중 인수분해한 것이 옳은 것을 모두 고르면? (정답 2개)

① $-3x^2+9x=-3(x^2-3x)$ 　　② $2ab+b^2=b(2a+1)$

③ $3a^2-5ab+7a=a(3a-5b+7)$ 　　④ $8x^2y-4xy-18xy^2=2xy(4x-2-9y)$

⑤ $a(x-y)-b(y-x)=(a-b)(x-y)$

풀이 ① $-3x^2+9x=-3x(x-3)$

② $2ab+b^2=b(2a+b)$

⑤ $a(x-y)-b(y-x)=a(x-y)+b(x-y)=(a+b)(x-y)$ 　　 ∴ ③, ④

확인 1 다음 중 다항식 $2x^2y-10xy^2$의 인수가 <u>아닌</u> 것은?

① x 　　　② y 　　　③ x^2y 　　　④ $x(x-5y)$ 　　⑤ $y(x-5y)$

확인 2 다음 식을 인수분해하시오.

(1) $2a^2+8a$ 　　　　　　　　　(2) x^2y-xy^2

(3) $(a+5)b-3(a+5)$ 　　　　　(4) $(2x+1)(x-1)+(1-x)(x+3)$

Key Point

공통인 인수를 찾는다.
$●■+●▲=●(■+▲)$

02 $a^2±2ab+b^2$ 꼴의 인수분해

○ 더 다양한 문제는 **RPM** 중3-1 65쪽

다음 식을 인수분해하시오.

(1) $x^2-12x+36$ 　　　　　　　(2) $9x^2+30xy+25y^2$

(3) $\dfrac{1}{4}x^2+2xy+4y^2$ 　　　　　(4) $4x^3y-12x^2y^2+9xy^3$

풀이 (1) $x^2-12x+36=x^2-2×x×6+6^2=\boldsymbol{(x-6)^2}$

(2) $9x^2+30xy+25y^2=(3x)^2+2×3x×5y+(5y)^2=\boldsymbol{(3x+5y)^2}$

(3) $\dfrac{1}{4}x^2+2xy+4y^2=\left(\dfrac{1}{2}x\right)^2+2×\dfrac{1}{2}x×2y+(2y)^2=\boldsymbol{\left(\dfrac{1}{2}x+2y\right)^2}$

(4) $4x^3y-12x^2y^2+9xy^3=xy(4x^2-12xy+9y^2)$ 　← 먼저 공통인 인수로 묶는다.

$\qquad =xy\{(2x)^2-2×2x×3y+(3y)^2\}=\boldsymbol{xy(2x-3y)^2}$

확인 3 다음 식을 인수분해하시오.

(1) $x^2+14x+49$ 　　　　　　　(2) $16x^2-24xy+9y^2$

(3) $x^2-\dfrac{1}{2}x+\dfrac{1}{16}$ 　　　　　　(4) $4ax^2+28axy+49ay^2$

Key Point

$■^2±2■▲+▲^2=(■±▲)^2$
(복부호 동순)

03 완전제곱식 만들기

● 더 다양한 문제는 **RPM** 중3-1 65쪽

다음 식이 완전제곱식이 되도록 □ 안에 알맞은 수를 써넣으시오.

(1) $x^2-8x+\square$

(2) $x^2+\square x+25$

(3) $9x^2+12xy+\square y^2$

(4) $4x^2+\square x+\dfrac{1}{4}$

Key Point

- $x^2\pm ax+b$가 완전제곱식이 되기 위한 b의 조건
  $\Rightarrow b=\left(\dfrac{a}{2}\right)^2$

- x^2+ax+b^2이 완전제곱식이 되기 위한 a의 조건
  $\Rightarrow a=\pm 2b$

- $\blacksquare^2\pm 2\times\blacksquare\times\blacktriangle+\blacktriangle^2$
  제곱   제곱

풀이

(1) $x^2-8x+\square=x^2-2\times x\times 4+\square$에서
  $\square=4^2=\textbf{16}$

(2) $x^2+\square x+25=x^2+\square x+5^2$에서
  $\square=\pm 2\times 5=\textbf{±10}$

(3) $9x^2+12xy+\square y^2=(3x)^2+2\times 3x\times 2y+\square y^2$에서
  $\square y^2=(2y)^2=4y^2$ ∴ $\square=\textbf{4}$

(4) $4x^2+\square x+\dfrac{1}{4}=(2x)^2+\square x+\left(\dfrac{1}{2}\right)^2$에서
  $\square=\pm 2\times 2\times\dfrac{1}{2}=\textbf{±2}$

확인4 다음 식이 완전제곱식으로 인수분해될 때, □ 안에 알맞은 수 중 그 절댓값이 가장 큰 것은?

① $x^2-16x+\square$

② $4x^2+\square x+25$

③ $x^2+18x+\square$

④ $x^2+\square x+100$

⑤ $36x^2+\square x+1$

04 근호 안이 완전제곱식으로 인수분해되는 경우

■ 더 다양한 문제는 **RPM** 중3-1 66쪽

$0<x<4$일 때, $\sqrt{x^2+8x+16}+\sqrt{x^2-8x+16}$을 간단히 하시오.

Key Point

$\sqrt{A^2}=\begin{cases} A & (A\geq 0) \\ -A & (A<0) \end{cases}$

풀이

$0<x<4$에서 $x+4>0$, $x-4<0$이므로
(주어진 식)$=\sqrt{(x+4)^2}+\sqrt{(x-4)^2}=(x+4)+\{-(x-4)\}$
$=x+4-x+4=\textbf{8}$

확인5 $A=\sqrt{a^2+2a+1}-\sqrt{a^2-6a+9}$일 때, 다음 **보기** 중 옳은 것을 모두 고르시오.

┌─● 보기 ●─
ㄱ. $a<-1$이면 $A=-4$
ㄴ. $-1\leq a<3$이면 $A=2a-2$
ㄷ. $a\geq 3$이면 $A=4$
└─

05 a^2-b^2 꼴의 인수분해

● 더 다양한 문제는 **RPM** 중3-1 66쪽

Key Point

- 항이 2개이면서 제곱의 차의 꼴인 경우
  $\Rightarrow a^2-b^2=(a+b)(a-b)$
  를 이용
- 더 이상 인수분해할 수 없을 때까지 인수분해한다.

다음 식을 인수분해하시오.

(1) $9a^2-b^2$ (2) $-x^2+25y^2$

(3) $3ab^2-12ac^2$ (4) x^4-y^4

풀이 (1) $9a^2-b^2=(3a)^2-b^2=\boldsymbol{(3a+b)(3a-b)}$

(2) $-x^2+25y^2=25y^2-x^2=(5y)^2-x^2=\boldsymbol{(5y+x)(5y-x)}$

(3) $3ab^2-12ac^2=3a(b^2-4c^2)=3a\{b^2-(2c)^2\}=\boldsymbol{3a(b+2c)(b-2c)}$

(4) $x^4-y^4=(x^2)^2-(y^2)^2=(x^2+y^2)(x^2-y^2)=\boldsymbol{(x^2+y^2)(x+y)(x-y)}$

확인 6 다음 식을 인수분해하시오.

(1) $16x^2-81y^2$ (2) $-2x^2+98$

(3) $8a^2b-2b$ (4) $x^2-\dfrac{1}{x^2}$

확인 7 다음 중 다항식 x^4-16의 인수가 <u>아닌</u> 것은?

① $x+2$ ② $x-2$ ③ x^2+2

④ x^2+4 ⑤ x^2-4

06 $x^2+(a+b)x+ab$ 꼴의 인수분해

● 더 다양한 문제는 **RPM** 중3-1 67쪽

Key Point

항이 3개이면서 x^2의 계수가 1인 경우
$\Rightarrow x^2+(a+b)x+ab$
     $=(x+a)(x+b)$
를 이용

다음 식을 인수분해하시오.

(1) $x^2+7x+12$ (2) x^2+x-20

(3) $x^2-2x-24$ (4) $x^2-17xy+72y^2$

풀이 (1) 곱이 12, 합이 7인 두 정수는 3, 4이므로
$\qquad x^2+7x+12=\boldsymbol{(x+3)(x+4)}$

(2) 곱이 -20, 합이 1인 두 정수는 -4, 5이므로
$\qquad x^2+x-20=\boldsymbol{(x-4)(x+5)}$

(3) 곱이 -24, 합이 -2인 두 정수는 4, -6이므로
$\qquad x^2-2x-24=\boldsymbol{(x+4)(x-6)}$

(4) 곱이 72, 합이 -17인 두 정수는 -8, -9이므로
$\qquad x^2-17xy+72y^2=\boldsymbol{(x-8y)(x-9y)}$

확인 8 다음 식을 인수분해하시오.

(1) $x^2+9x+20$ (2) $2y^2+2y-12$

(3) $x^2-xy-30y^2$ (4) $x^2-8xy+15y^2$

07 $acx^2 + (ad+bc)x + bd$ 꼴의 인수분해

⬥ 더 다양한 문제는 **RPM** 중3–1 67, 68쪽

Key Point

항이 3개이면서 x^2의 계수가
1이 아닌 경우
⇨ $acx^2 + (ad+bc)x + bd$
   $= (ax+b)(cx+d)$
를 이용

다음 식을 인수분해하시오.

(1) $20x^2 - 7x - 6$ (2) $15x^2 + 11x - 12$

(3) $3x^2 - 10x + 8$ (4) $9x^2 - 20xy + 4y^2$

풀이   (1) $20x^2 - 7x - 6 = (4x-3)(5x+2)$

$$4 \searrow \nearrow -3 \longrightarrow -15$$
$$5 \nearrow \searrow 2 \longrightarrow \underline{\quad 8}(+$$
$$-7$$

(2) $15x^2 + 11x - 12 = (3x+4)(5x-3)$

$$3 \searrow \nearrow 4 \longrightarrow 20$$
$$5 \nearrow \searrow -3 \longrightarrow \underline{\quad -9}(+$$
$$11$$

(3) $3x^2 - 10x + 8 = (x-2)(3x-4)$

$$1 \searrow \nearrow -2 \longrightarrow -6$$
$$3 \nearrow \searrow -4 \longrightarrow \underline{\quad -4}(+$$
$$-10$$

(4) $9x^2 - 20xy + 4y^2 = (x-2y)(9x-2y)$

$$1 \searrow \nearrow -2 \longrightarrow -18$$
$$9 \nearrow \searrow -2 \longrightarrow \underline{\quad -2}(+$$
$$-20$$

확인 9   다음 식을 인수분해하시오.

(1) $5x^2 + 8x + 3$ (2) $12a^2 - 17a - 5$

(3) $9x^2 - 15xy + 4y^2$ (4) $6a^2 - 13ab + 6b^2$

확인 10 $6x^2 - 23x + 21 = (2x+A)(Bx+C)$일 때, 정수 A, B, C에 대하여
$A+B+C$의 값을 구하시오.

확인 11   다음 중 두 다항식 $3x^2 - 8x - 3$, $2x^2 - x - 15$의 공통인 인수는?

① $x-1$ ② $x-3$ ③ $3x+1$

④ $2x+5$ ⑤ $2x-3$

08 인수가 주어진 이차식의 미지수의 값 구하기

더 다양한 문제는 **RPM** 중3-1 69쪽

$x-1$이 $4x^2-ax+9$의 인수일 때, 상수 a의 값을 구하시오.

풀이 $x-1$이 $4x^2-ax+9$의 인수이므로
$4x^2-ax+9=(x-1)(4x+k)$로 놓으면
$4x^2-ax+9=4x^2+(k-4)x-k$
$\therefore -a=k-4,\ 9=-k$
이때 $k=-9$이므로 $a=\mathbf{13}$

Key Point

$mx+n$이 ax^2+bx+c의 인수이면
$\Rightarrow ax^2+bx+c$
$\quad =(mx+n)(\underset{m\times\blacksquare=a}{\blacksquare x+\blacktriangle})$

확인 12 다항식 $10x^2+axy-12y^2$이 $2x+3y$로 나누어떨어질 때, 상수 a의 값을 구하시오.

09 계수 또는 상수항을 잘못 보고 인수분해한 경우

더 다양한 문제는 **RPM** 중3-1 69쪽

x^2의 계수가 1인 어떤 이차식을 시하는 x의 계수를 잘못 보아 $(x+2)(x-6)$으로 인수분해하였고, 재송이는 상수항을 잘못 보아 $(x+3)(x-2)$로 인수분해하였다. 처음 이차식을 바르게 인수분해하시오.

풀이 시하는 x의 계수를 잘못 보았으므로 상수항은 바르게 보았다.
즉, $(x+2)(x-6)=x^2-4x-12$에서 처음 이차식의 상수항은 -12이다.
또 재송이는 상수항을 잘못 보았으므로 x의 계수는 바르게 보았다.
즉, $(x+3)(x-2)=x^2+x-6$에서 처음 이차식의 x의 계수는 1이다.
따라서 처음 이차식은 x^2+x-12이므로 바르게 인수분해하면
$x^2+x-12=\mathbf{(x-3)(x+4)}$

Key Point

잘못 본 항을 제외한 나머지 항은 바르게 보았음을 이용한다.

확인 13 x^2의 계수가 1인 어떤 이차식을 지우는 x의 계수를 잘못 보아 $(x+3)(x-8)$로 인수분해하였고, 은서는 상수항을 잘못 보아 $(x+4)(x-2)$로 인수분해하였다. 처음 이차식을 바르게 인수분해하시오.

01 다음 식을 인수분해하시오.

(1) $5a^2 - 10ab$

(2) $2x^2y - 6xy^2$

(3) $2ax - 5bx - 3cx$

(4) $3x^2 + 6xy - 9xz$

02 다음 식을 인수분해하시오.

(1) $x^2 - x + \dfrac{1}{4}$

(2) $25x^2 - 20x + 4$

(3) $4x^2 + 4xy + y^2$

(4) $xy^2z - 6xyz + 9xz$

(5) $2x^2y - 16xy + 32y$

(6) $3x^4 + 12x^3y + 12x^2y^2$

03 다음 식을 인수분해하시오.

(1) $25x^2 - 16y^2$

(2) $9a^2 - \dfrac{1}{49}b^2$

(3) $54x^2 - 24y^2$

(4) $81 - x^4$

04 다음 식을 인수분해하시오.

(1) $x^2 - 9x + 14$

(2) $x^2 + 4xy - 21y^2$

(3) $3x^2 + 15x + 18$

(4) $2x^2y - 2xy - 12y$

05 다음 식을 인수분해하시오.

(1) $3x^2 + 11x + 6$

(2) $9x^2 - 3x - 2$

(3) $6x^2 + 5x - 4$

(4) $2x^2 + 7xy - 22y^2$

(5) $3x^2 + 12x - 36$

(6) $6x^2 - 4xy - 10y^2$

소단원 📖 핵심문제

01 다음 중 다항식 $x(x+1)(x-1)$의 인수가 <u>아닌</u> 것은?

① x ② $x+1$ ③ $x(x-1)$

④ $(x+1)^2$ ⑤ $x(x+1)(x-1)$

02 다음 중 완전제곱식이 <u>아닌</u> 것은?

① $4a^2+12a+9$ ② $\dfrac{4}{25}x^2+2x+\dfrac{25}{4}$ ③ $2a^2-4ab+2b^2$

④ $\dfrac{1}{9}a^2+\dfrac{1}{2}ab+\dfrac{9}{16}b^2$ ⑤ $16x^2+12xy+36y^2$

> 완전제곱식
> ⇨ k(다항식)^2 꼴 (단, k는 상수)

03 다음 두 식이 모두 완전제곱식이 되도록 하는 양수 a, b에 대하여 ab의 값을 구하시오.

$$4x^2-12x+a, \qquad \frac{1}{9}x^2+bx+4$$

04 $-2<a<0$일 때, $\sqrt{a^2+6a+9}+\sqrt{a^2}-\sqrt{a^2-2a+1}$을 간단히 하시오.

> $\sqrt{A^2}=\begin{cases} A & (A\geq0) \\ -A & (A<0) \end{cases}$

05 $x^2+Ax-6=(x+B)(x+C)$일 때, 다음 중 A의 값이 될 수 <u>없는</u> 것은?
(단, A, B, C는 정수)

① -7 ② -5 ③ -1 ④ 1 ⑤ 5

> 정수 A는 곱이 -6인 두 정수 B, C의 합이다.

> 🟊 생각해 봅시다

06 다음 중 인수분해한 것이 옳은 것은?

① $3x^2-16x+5=(x-1)(3x-5)$

② $a^2-12ab+36b^2=(a-12b)^2$

③ $-75x^2+27y^2=3(5x+3y)(5x-3y)$

④ $xy^2-4x=x(y+2)(y-2)$

⑤ $a^4-1=(a^2+1)(a^2-1)$

07 $3x^2-26x+16$이 x의 계수가 자연수이고 상수항이 정수인 두 일차식의 곱으로 인수분해될 때, 두 일차식의 합을 구하시오.

08 오른쪽 그림과 같이 밑변의 길이가 $3x-1$인 삼각형의 넓이가 $9x^2+9x-4$일 때, 이 삼각형의 높이를 구하시오.

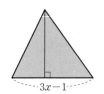
$3x-1$

(삼각형의 넓이)
$=\dfrac{1}{2}\times$(밑변의 길이)$\times$(높이)

09 $x-2$가 두 다항식 x^2-ax+2, $2x^2-7x+b$의 공통인 인수일 때, 상수 a, b에 대하여 $a-b$의 값을 구하시오.

$x^2-ax+2=(x-2)(x+m)$,
$2x^2-7x+b=(x-2)(2x+n)$
으로 놓는다.

10 x^2의 계수가 1인 어떤 이차식을 레나는 x의 계수를 잘못 보아 $(x-4)(x+6)$으로 인수분해하였고, 은사는 상수항을 잘못 보아 $(x+2)(x-7)$로 인수분해하였다. 처음 이차식을 바르게 인수분해하시오.

x의 계수를 잘못 보았다.
⇨ 상수항은 바르게 보았다.
상수항을 잘못 보았다.
⇨ x의 계수는 바르게 보았다.

생각해 봅시다

개념원리
이해

1 공통부분이 있는 식은 어떻게 인수분해하는가? ◑ 핵심문제 1

공통부분을 한 문자로 놓은 후 인수분해 공식을 이용한다.

⟨예⟩ $6(x+y)^2+7(x+y)-3$을 인수분해하시오.

$$
\begin{aligned}
6(\underline{x+y})^2+7(\underline{x+y})-3 &=6A^2+7A-3 & &\leftarrow x+y=A\text{로 놓는다.}\\
&=(2A+3)(3A-1) & &\leftarrow \text{인수분해한다.}\\
&=\{2(x+y)+3\}\{3(x+y)-1\} & &\leftarrow A \text{ 대신 } x+y\text{를 대입한다.}\\
&=(2x+2y+3)(3x+3y-1)
\end{aligned}
$$

2 항이 4개인 식은 어떻게 인수분해하는가? ◑ 핵심문제 2, 3

(1) 공통인 인수가 생기도록 (2개의 항)+(2개의 항)으로 묶는다.

⟨예⟩ $ab+a-b-1$을 인수분해하시오.

$$
\begin{aligned}
ab+a-b-1 &=a(b+1)-(b+1) & &\leftarrow \text{공통인 인수가 생기도록 2개의 항씩 묶는다.}\\
&=(a-1)(b+1) & &\leftarrow \text{공통인 인수로 묶어 낸다.}
\end{aligned}
$$

(2) A^2-B^2 꼴이 되도록 (3개의 항)+(1개의 항) 또는 (1개의 항)+(3개의 항)으로 묶는다.

⟨예⟩ $x^2+y^2-2xy-1$을 인수분해하시오.

$$
\begin{aligned}
x^2+y^2-2xy-1 &=(x^2-2xy+y^2)-1 & &\leftarrow \text{완전제곱식이 되는 3개의 항을 찾아 묶는다.}\\
&=(x-y)^2-1^2\\
&=\{(x-y)+1\}\{(x-y)-1\} & &\leftarrow A^2-B^2=(A+B)(A-B)\text{를 이용한다.}\\
&=(x-y+1)(x-y-1)
\end{aligned}
$$

3 $(\ )(\ )(\ )(\ )+k$ 꼴의 식은 어떻게 인수분해하는가? ◑ 핵심문제 4

① 공통부분이 나오도록 2개씩 짝을 짓는다.
② 공통부분을 한 문자로 놓고 식을 정리한다.
③ 정리한 식을 인수분해한다.
④ 원래의 식을 대입하여 정리하다

⟨예⟩ $(x+1)(x+2)(x-3)(x-4)+6$을 인수분해하시오.

$$
\begin{aligned}
&(x+1)(x+2)(x-3)(x-4)+6\\
&=\{(x+1)(x-3)\}\{(x+2)(x-4)\}+6 & &\leftarrow \text{공통부분이 나오도록 2개씩 짝을 짓는다.}\\
&=(x^2-2x-3)(x^2-2x-8)+6\\
&=(A-3)(A-8)+6 & &\leftarrow x^2-2x=A\text{로 놓는다.}\\
&=A^2-11A+30\\
&=(A-5)(A-6) & &\leftarrow \text{인수분해한다.}\\
&=(x^2-2x-5)(x^2-2x-6) & &\leftarrow A \text{ 대신 } x^2-2x\text{를 대입한다.}
\end{aligned}
$$

4 항이 5개 이상이거나 문자가 여러 개인 식은 어떻게 인수분해하는가? ○ 핵심문제 5

차수가 낮은 문자에 대하여 내림차순으로 정리한 다음 인수분해한다.
이때 문자의 차수가 다르면 차수가 낮은 문자에 대하여 내림차순으로 정리하고, 문자의 차수가
모두 같으면 어느 한 문자에 대하여 내림차순으로 정리한다.

> 참고 다항식을 어떤 문자에 대하여 차수가 높은 항부터 낮은 항의 순서로 나열하는 것을 내림차순으로 정
> 리한다고 한다.

예 $x^2-y^2+6x+2y+8$을 인수분해하시오.

$$x^2-y^2+6x+2y+8=x^2+6x-y^2+2y+8 \quad \leftarrow x\text{에 대하여 내림차순으로 정리한다.}$$
$$=x^2+6x-(y^2-2y-8)$$
$$=x^2+6x-(y-4)(y+2)$$

$$\begin{matrix} 1 & \diagdown & -(y-4) & \longrightarrow & -y+4 \\ 1 & \diagup & +(y+2) & \longrightarrow & \underline{y+2} \, (+ \\ & & & & 6 \end{matrix}$$

$$=\{x-(y-4)\}\{x+(y+2)\}$$
$$=(x-y+4)(x+y+2)$$

5 인수분해 공식을 이용하여 수의 계산을 어떻게 하는가? ○ 핵심문제 6

복잡한 수의 계산에서 인수분해 공식을 이용하면 수의 계산을 간단히 할 수 있다.

(1) **공통인 인수로 묶어 내기**

$\Rightarrow ma+mb=m(a+b)$

예 $15\times38+15\times22=15(38+22)=15\times60=900$

(2) **완전제곱식 이용하기**

$\Rightarrow a^2+2ab+b^2=(a+b)^2,\ a^2-2ab+b^2=(a-b)^2$

예 $35^2+2\times35\times5+5^2=(35+5)^2=40^2=1600$

(3) **제곱의 차 이용하기**

$\Rightarrow a^2-b^2=(a+b)(a-b)$

예 $76^2-24^2=(76+24)(76-24)=100\times52=5200$

6 인수분해 공식을 이용하여 식의 값을 어떻게 구하는가? ○ 핵심문제 7

주어진 식에 직접 대입하는 것보다 주어진 식을 인수분해한 후 문자의 값을 대입하여 식의 값
을 구한다.

예 $x=4-2\sqrt{3},\ y=\sqrt{3}-1$일 때, $x^2+4xy+4y^2$의 값을 구하시오.

$$x^2+4xy+4y^2=(x+2y)^2 \qquad\qquad \leftarrow \text{인수분해한다.}$$
$$=\{(4-2\sqrt{3})+2(\sqrt{3}-1)\}^2 \quad \leftarrow x,\ y\text{의 값을 대입한다.}$$
$$=(4-2\sqrt{3}+2\sqrt{3}-2)^2$$
$$=2^2=4$$

01 다음 식을 인수분해하시오.

(1) $(\underset{A}{\underline{x-3}})^2-2(\underset{A}{\underline{x-3}})-8=$ _____ ← 공통부분 A로 놓기

$=$ _____ ← 인수분해

$=$ _____ ← 원래의 식 대입

$=$ _____ ← 간단히 정리

(2) $(\underset{A}{\underline{x+y}})(\underset{A}{\underline{x+y-1}})-56=$ _____ ← 공통부분 A로 놓기

$=$ _____ ← 간단히 정리

$=$ _____ ← 인수분해

$=$ _____ ← 원래의 식 대입

(3) $4(x+4)^2-12(x+4)-7$

(4) $(x+y)(x+y-3)-4$

○ 공통부분이 있으면
⇨ 한 문자로 놓는다.

02 다음 식을 인수분해하시오.

(1) $4xy-x+8y-2=x(\boxed{})+2(\boxed{})$

$=(\boxed{})(\boxed{})$

(2) $x^2-6x+9-y^2=(\boxed{})^2-y^2$

$=(\boxed{})(\boxed{})$

(3) x^3-4x^2-x+4

(4) $4x^2-y^2+2y-1$

○ 항이 4개이면
(1) 공통인 인수가 생기도록 2개의 항 씩 묶은 다음 $\boxed{}$로 묶어 낸다.
(2) 완전제곱식이 되는 3개의 항을 찾아 (3개의 항)+(1개의 항) 또는 (1개의 항)+(3개의 항)으로 묶은 다음
$A^2-B^2=(A+B)(\boxed{})$
를 이용한다.

03 다음은 $a^2+ab-8a-6b+12$를 인수분해하는 과정이다. ☐ 안에 알맞은 것을 써넣으시오.

$a^2+ab-8a-6b+12$

$=(\boxed{})b+a^2-8a+12$ ← b에 대하여 내림차순으로 정리

$=(\boxed{})b+(a-2)(\boxed{})$ ← $a^2-8a+12$를 인수분해

$=(\boxed{})(a+\boxed{}-2)$ ← 공통인 인수로 묶어 간단히 정리

○ 항이 5개 이상이거나 문자가 여러 개이면
⇨ 차수가 낮은 문자에 대하여 $\boxed{}$으로 정리한다.

04 다음 □ 안에 알맞은 수를 써넣으시오.

(1) $27 \times 64 + 27 \times 36 = 27 \times (\boxed{} + \boxed{})$
$\qquad\qquad\qquad\quad = 27 \times \boxed{} = \boxed{}$

(2) $103^2 - 2 \times 103 \times 3 + 3^2 = (103 - \boxed{})^2$
$\qquad\qquad\qquad\qquad\qquad = \boxed{}^2 = \boxed{}$

(3) $42^2 - 38^2 = (42 + \boxed{})(42 - \boxed{})$
$\qquad\qquad\quad = \boxed{} \times 4 = \boxed{}$

○ 공통인 인수로 묶어 내기
$\Rightarrow ma + mb = \boxed{}$
완전제곱식 이용
$\Rightarrow a^2 \pm 2ab + b^2 = \boxed{}$
제곱의 차 이용
$\Rightarrow a^2 - b^2 = \boxed{}$

05 인수분해 공식을 이용하여 다음을 계산하시오.

(1) $2.35 \times 37 + 2.35 \times 63$

(2) $35 \times 97 - 35 \times 94$

(3) $25^2 - 2 \times 25 \times 5 + 5^2$

(4) $5 \times 55^2 - 45^2 \times 5$

06 다음 식의 값을 구하시오.

(1) $x = 102$일 때, $x^2 - 4x + 4$의 값
$x^2 - 4x + 4 = (x - \boxed{})^2 \quad \leftarrow$ 인수분해
$\qquad\qquad\quad = (\boxed{} - \boxed{})^2 \quad \leftarrow x$의 값 대입
$\qquad\qquad\quad = \boxed{}$

(2) $x = 3 - \sqrt{5}$일 때, $x^2 - 6x + 5$의 값
$x^2 - 6x + 5 - (x - \boxed{})(x - \boxed{}) \quad \leftarrow$ 인수분해
$\qquad\qquad\quad = (\boxed{})(\boxed{}) \quad \leftarrow x$의 값 대입
$\qquad\qquad\quad = \boxed{}$

(3) $x = 4 + \sqrt{5}$일 때, $x^2 - 3x - 4$의 값

(4) $x = 2 - \sqrt{3},\ y = 2 + \sqrt{3}$일 때, $x^2 - y^2$의 값

○ 주어진 식을 인수분해한 후 문자의 값을 $\boxed{}$하여 식의 값을 구한다.

핵심문제 🔑 익히기

정답과 풀이 p.38

---

01 공통부분이 있는 식의 인수분해

더 다양한 문제는 RPM 중3-1 70쪽

다음 식을 인수분해하시오.

(1) $(x+3)^2-4(x+3)+4$

(2) $(a^2+3a-2)(a^2+3a+4)-27$

(3) $2(a-1)^2+3(a-1)(a+2)+(a+2)^2$

> **Key Point**
>
> • 공통부분이 있으면 한 문자로 놓고 인수분해한다.
> • 공통부분이 2가지이면 각각을 서로 다른 문자로 놓고 인수분해한다.

풀이 (1) $x+3=A$로 놓으면

$$(주어진 식)=A^2-4A+4=(A-2)^2=(x+3-2)^2=(x+1)^2$$

(2) $a^2+3a=A$로 놓으면

$$(주어진 식)=(A-2)(A+4)-27=A^2+2A-35$$
$$=(A-5)(A+7)=(a^2+3a-5)(a^2+3a+7)$$

(3) $a-1=A$, $a+2=B$로 놓으면

$$(주어진 식)=2A^2+3AB+B^2=(A+B)(2A+B)$$
$$=\{(a-1)+(a+2)\}\{2(a-1)+(a+2)\}=3a(2a+1)$$

확인 1 다음 식을 인수분해하시오.

(1) $9(a+b)^2+6(a+b)+1$

(2) $(x-y)(x-y-5)-6$

(3) $2(x-3)^2-2(x-3)(x+3)-12(x+3)^2$

---

02 항이 4개인 식의 인수분해 – 두 항씩 묶기

더 다양한 문제는 RPM 중3-1 71쪽

다음 식을 인수분해하시오.

(1) $a^2-ab-ac+bc$

(2) $xy-3y-2x+6$

(3) $x^2-y^2+4x-4y$

(4) $a^2+2a+2b-b^2$

> **Key Point**
>
> 항이 4개인 식에서 2개의 항씩 묶어 공통인 인수가 생기면
> ⇨ 2개의 항씩 묶어 인수분해한다.

풀이 (1) $(주어진 식)=a(\underline{a-b})-c(\underline{a-b})=(a-b)(a-c)$

(2) $(주어진 식)=y(\underline{x-3})-2(\underline{x-3})=(x-3)(y-2)$

(3) $(주어진 식)=(x^2-y^2)+4(x-y)=(x+y)(\underline{x-y})+4(\underline{x-y})=(x-y)(x+y+4)$

(4) $(주어진 식)=(a^2-b^2)+2(a+b)=(\underline{a+b})(a-b)+2(\underline{a+b})=(a+b)(a-b+2)$

확인 2 다음 식을 인수분해하시오.

(1) $a^2b+a+b+ab^2$

(2) $xy+4y-2x-8$

(3) $6xz-3x-5y+10yz$

(4) a^3-5a^2-a+5

03 항이 4개인 식의 인수분해 – 세 항을 묶기　　　　🔹 더 다양한 문제는 RPM 중3-1 71쪽

다음 식을 인수분해하시오.

(1) $4x^2+4x+1-y^2$ 　　　　　　(2) $2xy+1-x^2-y^2$

풀이　(1) (주어진 식)$=(4x^2+4x+1)-y^2=(2x+1)^2-y^2$
　　　　　　$=(2x+1+y)(2x+1-y)$
　　　　　　$\boldsymbol{=(2x+y+1)(2x-y+1)}$
　　(2) (주어진 식)$=1-(x^2-2xy+y^2)=1^2-(x-y)^2$
　　　　　　$=\{1+(x-y)\}\{1-(x-y)\}$
　　　　　　$\boldsymbol{=(x-y+1)(-x+y+1)}$

확인③　다음 식을 인수분해하시오.

　　(1) $1-x^2+4xy-4y^2$ 　　　　(2) $x^2-2xz+z^2-y^2$
　　(3) $64-x^2+6xy-9y^2$ 　　　　(4) $4x^2-y^2-4z^2+4yz$

Key Point

항이 4개인 식에서 완전제곱식
이 되는 3개의 항이 있으면
⇨ (3개의 항)+(1개의 항) 또는
　(1개의 항)+(3개의 항)으로
　묶어 A^2-B^2 꼴로 나타낸 후
　$A^2-B^2=(A+B)(A-B)$
　를 이용한다.

---

04 ( )( )( )( )$+k$ 꼴의 인수분해　　　　🔹 더 다양한 문제는 RPM 중3-1 73쪽

$(x-1)(x-3)(x+2)(x+4)+24$를 인수분해하시오.

풀이　(주어진 식)$=\{(x-1)(x+2)\}\{(x-3)(x+4)\}+24$　◀ x의 계수가 1로 같도록 2개씩 짝을 짓는다.
　　　　　$=(x^2+x-2)(x^2+x-12)+24$
　　이때 $x^2+x=A$로 놓으면
　　(주어진 식)$=(A-2)(A-12)+24=A^2-14A+48$
　　　　　　$=(A-6)(A-8)=(x^2+x-6)(x^2+x-8)$
　　　　　　$\boldsymbol{=(x-2)(x+3)(x^2+x-8)}$

확인④　다음 식을 인수분해하시오.

　　(1) $(x+1)(x+2)(x-3)(x-4)+4$
　　(2) $(a-1)(a-3)(a-5)(a-7)+15$

Key Point

( )( )( )( )$+k$ 꼴
⇨ 공통부분이 나오도록 2개씩
　짝을 짓는다.

05 항이 5개 이상이거나 문자가 여러 개인 식의 인수분해

더 다양한 문제는 **RPM** 중3-1 73쪽

Key Point

항이 5개 이상이거나 문자가 여러 개이면
⇨ 차수가 낮은 문자에 대하여 내림차순으로 정리한다.
이때 차수가 같으면 어느 한 문자에 대하여 내림차순으로 정리한다.

다음 식을 인수분해하시오.

(1) $x^2-2xy-2y+3+4x$

(2) $2x^2-xy-y^2+y-7x+6$

풀이 (1) 차수가 낮은 y에 대하여 내림차순으로 정리하면

(주어진 식)$=(-2x-2)y+x^2+4x+3$

$=-2y(\underline{x+1})+(\underline{x+1})(x+3)$

$=(x+1)(-2y+x+3)$

$=\boldsymbol{(x+1)(x-2y+3)}$

(2) x, y의 차수가 같으므로 x에 대하여 내림차순으로 정리하면

(주어진 식)$=2x^2-(y+7)x-(y^2-y-6)$

$=2x^2-(y+7)x-(y-3)(y+2)$

$$
\begin{array}{ccccc}
1 & & -(y+2) & \longrightarrow & -2y-4 \\
2 & & +(y-3) & \longrightarrow & \underline{\quad y-3\quad}\;(+ \\
& & & & -y-7
\end{array}
$$

$=\{x-(y+2)\}\{2x+(y-3)\}$

$=\boldsymbol{(x-y-2)(2x+y-3)}$

확인 5 다음 식을 인수분해하시오.

(1) $x^2+xy-5x-2y+6$

(2) $x^2+y^2-2xz+2yz-2xy$

(3) $a^2-4ab+4b^2-3a+6b$

(4) $x^2+xy-2y^2-x+7y-6$

확인 6 x의 계수가 1인 두 일차식의 곱이 $x^2+xy+5x-2y^2+10y$일 때, 두 일차식의 합을 구하시오.

06 인수분해 공식을 이용한 수의 계산

○ 더 다양한 문제는 RPM 중3-1 72쪽

인수분해 공식을 이용하여 다음을 계산하시오.

(1) $15 \times 67 - 15 \times 63$　　　(2) $92^2 + 2 \times 92 \times 8 + 8^2$　　　(3) $\sqrt{53^2 - 47^2}$

풀이　(1) $15 \times 67 - 15 \times 63 = 15(67-63) = 15 \times 4 = \mathbf{60}$
　　　(2) $92^2 + 2 \times 92 \times 8 + 8^2 = (92+8)^2 = 100^2 = \mathbf{10000}$
　　　(3) $\sqrt{53^2 - 47^2} = \sqrt{(53+47)(53-47)} = \sqrt{100 \times 6} = \mathbf{10\sqrt{6}}$

Key Point

인수분해 공식을 이용하여 수의 계산을 간단히 한다.
⇨ $ma + mb = m(a+b)$
　 $a^2 \pm 2ab + b^2 = (a \pm b)^2$
　　　　　　　 (복부호 동순)
　 $a^2 - b^2 = (a+b)(a-b)$

확인7　인수분해 공식을 이용하여 다음 두 수 A, B를 계산할 때, $\dfrac{1}{10}A - B$의 값을 구하시오.

$$A = 101^2 - 6 \times 101 + 5, \qquad B = 7.5^2 \times 11.5 - 2.5^2 \times 11.5$$

07 인수분해 공식을 이용한 식의 값 구하기

○ 더 다양한 문제는 RPM 중3-1 72쪽

$x = \dfrac{1}{\sqrt{2}+1}$, $y = \dfrac{1}{\sqrt{2}-1}$일 때, 다음 식의 값을 구하시오.

(1) $x^2 - 2xy + y^2$　　　　　　　　　(2) $x^2 - y^2$
(3) $x^2 - 3x - 4$　　　　　　　　　　(4) $x^2 y + xy^2$

Key Point

주어진 식을 인수분해한 후 문자의 값을 대입한다.
이때 문자의 값이 분모에 무리수가 있는 꼴로 주어진 경우 먼저 분모를 유리화한다.

풀이　$x = \dfrac{1}{\sqrt{2}+1} = \dfrac{\sqrt{2}-1}{(\sqrt{2}+1)(\sqrt{2}-1)} = \sqrt{2} - 1$, $y = \dfrac{1}{\sqrt{2}-1} = \dfrac{\sqrt{2}+1}{(\sqrt{2}-1)(\sqrt{2}+1)} = \sqrt{2} + 1$

(1) $x^2 - 2xy + y^2 = (x-y)^2 = \{(\sqrt{2}-1) - (\sqrt{2}+1)\}^2 = (-2)^2 = \mathbf{4}$
(2) $x^2 - y^2 = (x+y)(x-y) = \{(\sqrt{2}-1) + (\sqrt{2}+1)\}\{(\sqrt{2}-1) - (\sqrt{2}+1)\}$
　　　$= 2\sqrt{2} \times (-2) = \mathbf{-4\sqrt{2}}$
(3) $x^2 - 3x - 4 = (x+1)(x-4) = \{(\sqrt{2}-1)+1\}\{(\sqrt{2}-1)-4\}$
　　　　$= \sqrt{2}(\sqrt{2}-5) = \mathbf{2-5\sqrt{2}}$
(4) $x^2 y + xy^2 = xy(x+y) = (\sqrt{2}-1)(\sqrt{2}+1)\{(\sqrt{2}-1) + (\sqrt{2}+1)\} = \mathbf{2\sqrt{2}}$

확인8　$x = \dfrac{1}{\sqrt{3}-\sqrt{2}}$, $y = \dfrac{1}{\sqrt{3}+\sqrt{2}}$일 때, $x^2 + 2xy + y^2$의 값을 구하시오.

확인9　$x + y = \sqrt{5} - 2$, $x - y = \sqrt{5} + 2$일 때, $x^2 - y^2 + 4x + 4$의 값을 구하시오.

소단원 📖 핵심문제

01 다음 중 인수분해한 것이 옳지 <u>않은</u> 것은?

① $a(x-y)+b(y-x)=(a-b)(x-y)$

② $6(x+y)^2+7(x+y)-3=(2x+2y+3)(3x+3y-1)$

③ $(x+y)(x+y-4)-5=(x+y+1)(x+y-5)$

④ $1-a^2+2ab-b^2=(a-b+1)(-a-b+1)$

⑤ $a^2-ab-ac+bc=(a-b)(a-c)$

> ★ 생각해 봅시다
>
> (1) 공통부분이 있으면
>   ⇨ 한 문자로 놓고 인수분해한다.
> (2) 항이 4개이면
>   ⇨ (2개의 항)+(2개의 항) 또는
>   (3개의 항)+(1개의 항)으로
>   적당한 항끼리 묶는다.

02 다음 식을 인수분해하시오.

$$2x^2+5xy-3y^2+11y-x-6$$

> 한 문자에 대하여 내림차순으로 정리한다.

03 인수분해 공식을 이용하여 $\dfrac{1000\times1001+1000}{1001^2-1}$ 을 계산하시오.

04 인수분해 공식을 이용하여 다음을 계산하시오.

$$15^2-13^2+11^2-9^2+7^2-5^2$$

> $A^2-B^2=(A+B)(A-B)$임을 이용한다.

05 $a=3-2\sqrt{2}$, $b=3+2\sqrt{2}$일 때, a^2-b^2의 값을 구하시오.

06 $\sqrt{6}$의 소수 부분을 a라 할 때, a^2+3a+2의 값을 구하시오.

> (소수 부분)=(무리수)-(정수 부분)

정답과 풀이 p.40

Step 1 기본문제

01 다음 중 아래 식에 대한 설명으로 옳지 <u>않은</u> 것은?

$$4a^2b - 9ab \xleftrightarrow[\textcircled{\tiny L}]{\textcircled{\tiny ㄱ}} ab(4a-9)$$

① ㉠의 과정을 인수분해한다고 한다.
② ㉡의 과정을 전개한다고 한다.
③ ab는 $4a^2b$, $-9ab$의 공통인 인수이다.
④ $4a^2b$, $-9ab$는 $4a^2b - 9ab$의 인수이다.
⑤ a, b, $4a-9$, ab, $a(4a-9)$, $b(4a-9)$, $ab(4a-9)$는 모두 $4a^2b - 9ab$의 인수이다.

02 다음 **보기** 중 완전제곱식인 것을 모두 고르시오.

━━ 보기 ━━
ㄱ. $\frac{1}{4}a^2 - a + 1$ ㄴ. $x^2 + 10x + 16$
ㄷ. $x^2 + 12x + 36$ ㄹ. $3a^2 - 12ab + 12b^2$
ㅁ. $9x^2 + 30xy + 16y^2$

꼭 나와
03 $(2x-1)(2x+3) + k$가 완전제곱식이 되도록 하는 상수 k의 값을 구하시오.

04 $2 < x < 5$일 때, $\sqrt{x^2 - 4x + 4} + \sqrt{x^2 - 10x + 25}$ 를 간단히 하시오.

05 $6x^2 + x - 12 = (2x+a)(bx+c)$일 때, 정수 a, b, c에 대하여 $a+b+c$의 값을 구하시오.

꼭 나와
06 다음 중 인수분해한 것이 옳지 <u>않은</u> 것은?

① $-16x^2 + y^2 = (y+4x)(y-4x)$
② $9x^2 - 12xy + 4y^2 = (3x-2y)^2$
③ $5x^2 + 7x - 6 = (5x+3)(x-2)$
④ $3x^2 - 10xy - 8y^2 = (3x+2y)(x-4y)$
⑤ $3x^2y^2 - 6x^2y - 9x^2 = 3x^2(y+1)(y-3)$

07 다음 그림의 직사각형을 모두 이용하여 하나의 큰 직사각형을 만들려고 한다. 새로 만든 직사각형의 가로의 길이와 세로의 길이의 합을 구하시오.

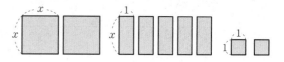

08 $2x-3$이 두 다항식 $6x^2 - x + A$, $2x^2 + Bx + 3$의 공통인 인수일 때, 상수 A, B에 대하여 $A-B$의 값을 구하시오.

09 $(x^2-x+2)(x^2-x-5)+12$를 인수분해하시오.

10 다음 중 $92.5^2-5\times92.5+2.5^2=90^2$임을 설명하는 데 가장 알맞은 인수분해 공식은?

(단, $a>0$, $b>0$)

① $a^2+2ab+b^2=(a+b)^2$
② $a^2-2ab+b^2=(a-b)^2$
③ $a^2-b^2=(a+b)(a-b)$
④ $x^2+(a+b)x+ab=(x+a)(x+b)$
⑤ $acx^2+(ad+bc)x+bd=(ax+b)(cx+d)$

11 인수분해 공식을 이용하여 다음을 계산하시오.

$$\frac{32\times0.62^2-32\times0.38^2}{13\times24+19\times24}$$

12 $x=\dfrac{1}{3-2\sqrt{2}}$일 때, x^2-6x+9의 값을 구하시오.

13 $0<x<1$일 때, 다음 식을 간단히 하시오.

$$\sqrt{(-x)^2}-\sqrt{\left(x-\frac{1}{x}\right)^2+4}+\sqrt{\left(x+\frac{1}{x}\right)^2-4}$$

14 $4x^2+kx+5=(x+a)(4x+b)$일 때, 상수 k의 값 중 가장 큰 값을 구하시오. (단, a, b는 정수)

15 다음 식을 인수분해하시오.

$$5(x+2)^2+7(x+2)(x-3)-6(x-3)^2$$

16 x^4-13x^2+36이 x의 계수가 1인 네 일차식의 곱으로 인수분해될 때, 네 일차식의 합을 구하시오.

17 주사위를 두 번 던져서 나오는 눈의 수를 차례로 a, b라 할 때, $ab+b-a-1=6$을 만족시키는 모든 순서쌍 (a, b)를 구하시오.

18 다음 중 다항식 $x(x+1)(x+2)(x+3)-24$의 인수가 **아닌** 것은?

① $x-3$　　② $x-1$　　③ $x+4$
④ x^2+3x-4　⑤ x^2+3x+6

19 $(x-1)(x-2)(x+4)(x+5)+k$가 완전제곱식이 되도록 하는 상수 k의 값을 구하시오.

20 $x^2+xy-2x-3y-3=(x+a)(x+by+c)$일 때, 상수 a, b, c에 대하여 abc의 값을 구하시오.

21 인수분해 공식을 이용하여 다음을 계산하시오.

$$\left(1-\frac{1}{2^2}\right)\left(1-\frac{1}{3^2}\right)\left(1-\frac{1}{4^2}\right)$$
$$\times \cdots \times \left(1-\frac{1}{99^2}\right)\left(1-\frac{1}{100^2}\right)$$

22 자연수 $2^{40}-1$은 30과 40 사이의 두 자연수에 의하여 나누어떨어진다. 이때 이 두 자연수의 합을 구하시오.

23 $a+b=\sqrt{2}+1$, $ab=-1$일 때, $a^3+a^2b+ab^2+b^3$의 값은?

① $9+7\sqrt{2}$　　② $5+3\sqrt{2}$　　③ $3-\sqrt{2}$
④ $1-\sqrt{5}$　　⑤ $-1-3\sqrt{2}$

24 $a-b=2$이고 $ux-uy-bx+by=-8$일 때, $x^2-2xy+y^2$의 값은?

① 12　　② 14　　③ 16
④ 18　　⑤ 20

1

x^2의 계수가 1인 어떤 이차식을 민수는 x의 계수를 잘못 보아 $(x+2)(x-10)$으로 인수분해하였고, 수희는 상수항을 잘못 보아 $(x+6)(x-7)$로 인수분해하였다. 처음 이차식을 바르게 인수분해하시오. [7점]

┌풀이과정┐

1단계 처음 이차식의 상수항 구하기 [2점]

$(x+2)(x-10)=x^2-8x-20$에서 처음 이차식의 상수항은 -20이다.

2단계 처음 이차식의 x의 계수 구하기 [2점]

$(x+6)(x-7)=x^2-x-42$에서 처음 이차식의 x의 계수는 -1이다.

3단계 처음 이차식 바르게 인수분해하기 [3점]

따라서 처음 이차식은 x^2-x-20이므로 인수분해하면
$x^2-x-20=(x+4)(x-5)$

답 $(x+4)(x-5)$

1-1 x^2의 계수가 1인 어떤 이차식을 경수는 x의 계수를 잘못 보아 $(x-4)(x+6)$으로 인수분해하였고, 주아는 상수항을 잘못 보아 $(x+1)(x+4)$로 인수분해하였다. 처음 이차식을 바르게 인수분해하시오. [7점]

┌풀이과정┐

1단계 처음 이차식의 상수항 구하기 [2점]

2단계 처음 이차식의 x의 계수 구하기 [2점]

3단계 처음 이차식 바르게 인수분해하기 [3점]

답

2

$x=\dfrac{1}{\sqrt{5}+2}$, $y=\dfrac{1}{\sqrt{5}-2}$일 때, $x^3+y^3-x^2y-xy^2$의 값을 구하시오. [8점]

┌풀이과정┐

1단계 x, y의 값 간단히 나타내기 [3점]

$x=\dfrac{1}{\sqrt{5}+2}=\dfrac{\sqrt{5}-2}{(\sqrt{5}+2)(\sqrt{5}-2)}=\sqrt{5}-2$

$y=\dfrac{1}{\sqrt{5}-2}=\dfrac{\sqrt{5}+2}{(\sqrt{5}-2)(\sqrt{5}+2)}=\sqrt{5}+2$

2단계 인수분해하기 [3점]

$x^3+y^3-x^2y-xy^2=x^2(x-y)-y^2(x-y)$
$=(x^2-y^2)(x-y)$
$=(x+y)(x-y)^2$

3단계 식의 값 구하기 [2점]

$x+y=(\sqrt{5}-2)+(\sqrt{5}+2)=2\sqrt{5}$,
$x-y=(\sqrt{5}-2)-(\sqrt{5}+2)=-4$이므로
(주어진 식)$=(x+y)(x-y)^2=2\sqrt{5}\times(-4)^2=32\sqrt{5}$

답 $32\sqrt{5}$

2-1 $x=\dfrac{\sqrt{3}+\sqrt{2}}{\sqrt{3}-\sqrt{2}}$, $y=\dfrac{\sqrt{3}-\sqrt{2}}{\sqrt{3}+\sqrt{2}}$일 때, $x^2+y^2+2xy-x-y$의 값을 구하시오. [8점]

┌풀이과정┐

1단계 x, y의 값 간단히 나타내기 [3점]

2단계 인수분해하기 [3점]

3단계 식의 값 구하기 [2점]

답

3 두 다항식 $9x^2+ax+1$, $(2x+1)(2x+3)+b$ 가 모두 완전제곱식으로 인수분해될 때, 두 양수 a, b에 대하여 $a-b$의 값을 구하시오. [7점]

풀이과정

답

4 다음 그림에서 두 도형 A, B의 넓이가 같을 때, 도형 B의 둘레의 길이를 구하시오. [7점]

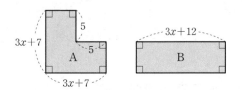

풀이과정

답

5 다음 두 다항식의 일차 이상의 공통인 인수를 구하시오. [8점]

$$(y-1)^2-y+1, \quad xy-2x+3y^2-5y-2$$

풀이과정

답

6 인수분해 공식을 이용하여 다음을 계산하시오. [7점]

$$10^2-20^2+30^2-40^2+\cdots+90^2-100^2$$

풀이과정

답

대단원 핵심 한눈에 보기

01 (다항식)×(다항식)

☐을 이용하여 전개한 다음 동류항끼리 모아서 간단히 한다.

⇨ $(a+b)(c+d)=ac+ad+bc+bd$

02 곱셈 공식

(1) $(a+b)^2=a^2+$☐$+b^2$, $(a-b)^2=a^2-2ab+b^2$

(2) $(a+b)(a-b)=a^2$☐b^2

(3) $(x+a)(x+b)=x^2+($☐$)x+ab$, $(ax+b)(cx+d)=acx^2+($☐$)x+bd$

03 인수분해의 뜻

(1) 하나의 다항식을 두 개 이상의 다항식의 곱으로 나타낼 때, 각각의 식을 처음 다항식의 ☐라 한다.

(2) ☐ : 하나의 다항식을 두 개 이상의 인수의 곱으로 나타내는 것

04 인수분해 공식

(1) $ma+mb=$☐$(a+b)$

(2) $a^2+2ab+b^2=($☐$)^2$, $a^2-2ab+b^2=($☐$)^2$ ⇨ 완전제곱식

(3) $a^2-b^2=(a+b)($☐$)$

(4) $x^2+(a+b)x+ab=(x+a)($☐$)$, $acx^2+(ad+bc)x+bd=($☐$)(cx+d)$

05 인수분해의 응용

(1) 공통부분이 있는 경우

☐을 한 문자로 놓은 후 인수분해한다.

(2) 항이 4개인 경우

① 공통인 인수가 생기도록 2개의 항씩 짝을 지어 인수분해한다.

② (3개의 항)+(1개의 항) 또는 (1개의 항)+(3개의 항)으로 묶어 $A^2-B^2=(A+B)($☐$)$를 이용한다.

답 **01** 분배법칙 **02** (1) $2ab$ (2) $-$ (3) $a+b, ad+bc$ **03** (1) 인수 (2) 인수분해 **04** (1) m (2) $a+b, a-b$ (3) $a-b$ (4) $x+b, ax+b$
05 (1) 공통부분 (2) $A-B$

현명하다는 것

어느 조용한 마을에 정말 바보같은 사내가 한 명 있었답니다.

하루는 이 마을에 현자가 방문을 하였는데, 이 바보가 현자에게

"저는 사는 것이 괴롭습니다.

마을 사람들은 모두 저를 바보라고 놀리고, 제가 무언가를 말하려고 하면 무조건 웃기부터합니다.

어떻게 해야 제가 바보 취급을 안받고 살 수 있을까요?"

라고 물어 보았습니다.

현자는 그의 귀에 대고 조용히 말하였습니다.

"다음부터는 사람들이 무언가를 말하면 무조건 그것을 반대하세요. 그게 어떤 말이든, 누구의 말이든 상관없이 무조건 반대하면서 '어떻게 그렇게 되죠? 증명해 보세요!'라고만 하세요."

"하지만 저는 그걸 증명할 수 없는데요."

"걱정할 필요가 없답니다.

아무도 당신에게 그것을 묻지 않을 것입니다.

사람들은 자신이 한 말을 증명하는 것에만 신경을 쓸테니까요."

그래서 이 바보는 현자가 시키는 대로 했답니다. 그러자 한 달도 안돼서 마을은 시끌시끌했답니다.

'저 바보가 저토록 현명했었다니…….'

이차방정식

01 | 이차방정식과 그 해

개념원리 이해

1 이차방정식이란 무엇인가? ◎ 핵심문제 1

(1) x에 대한 **이차방정식** : 등식의 모든 항을 좌변으로 이항하여 정리하였을 때

  $(x$에 대한 이차식$)=0$

  의 꼴로 나타내어지는 방정식

  예 $x^2-1=0,\ x^2+4x+3=0,\ 2x^2=3x-1 \Rightarrow$ 이차방정식이다.

  $3x^2-x+2=1+3x^2$을 정리하면 $-x+1=0 \Rightarrow$ 이차방정식이 아니다.

(2) x에 대한 이차방정식은 일반적으로 다음과 같이 나타낼 수 있다.

> $$ax^2+bx+c=0\ (a,\ b,\ c는\ 상수,\ a\neq0)$$

▶ 이차방정식이 되려면 반드시 (이차항의 계수)$\neq0$이어야 한다.
  $ax^2+bx+c=0$이 이차방정식이 되려면 b와 c는 0이어도 되지만 a는 반드시 0이 아니어야 한다.

2 이차방정식의 해란 무엇인가? ◎ 핵심문제 2~4

(1) **이차방정식의 해(근)** : x에 대한 이차방정식을 참이 되게 하는 x의 값

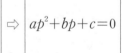

$x=p$가 이차방정식 $ax^2+bx+c=0$의 해이다.	$\Rightarrow$	$x=p$를 $ax^2+bx+c=0$에 대입하면 등식이 성립한다.	$\Rightarrow$	$ap^2+bp+c=0$

▶ x에 대한 이차방정식에서 x에 대한 특별한 조건이 없으면 x의 값의 범위는 실수 전체로 생각한다.

(2) **이차방정식을 푼다** : 이차방정식의 해를 모두 구하는 것

예 x의 값이 $-2, -1, 0, 1, 2$일 때, 이차방정식 $x^2+x-2=0$을 푸시오.

  이차방정식 $x^2+x-2=0$에 $x=-2, -1, 0, 1, 2$를 각각 대입하면

  $x=-2$일 때, $(-2)^2+(-2)-2=0$(참)

  $x=-1$일 때, $(-1)^2+(-1)-2=-2\neq0$(거짓)

  $x=0$일 때, $0^2+0-2=-2\neq0$(거짓)

  $x=1$일 때, $1^2+1-2=0$(참)

  $x=2$일 때, $2^2+2-2=4\neq0$(거짓)

  $\Rightarrow$ 이차방정식 $x^2+x-2=0$의 해는 $x=-2$ 또는 $x=1$이다.

정답과 풀이 **p. 44**

01 다음 중 x에 대한 이차방정식인 것은 ○표, 이차방정식이 아닌 것은 ×표를 ( ) 안에 써넣으시오.

(1) $x^2 = 5x - 3$　　　　　　　　　　　　　　（　　）

(2) $x(x-1) = 0$　　　　　　　　　　　　　　（　　）

(3) $x^2 + x = 2x^3$　　　　　　　　　　　　　（　　）

(4) $x^2 - 6x = x^2$　　　　　　　　　　　　　（　　）

(5) $x^2 - 9x + 2 = 0$　　　　　　　　　　　　（　　）

(6) $(x-1)(x+2) = x^2 - 2$　　　　　　　　　（　　）

○ x에 대한 이차방정식
⇨ (x에 대한 ▭)=0

02 $ax^2 + bx + c = 0$이 x에 대한 이차방정식이 되기 위한 a의 조건을 구하시오.
(단, a, b, c는 상수)

○ x에 대한 이차방정식
⇨ $ax^2 + bx + c = 0$
　　(a, b, c는 상수, a▭0)

03 다음 ▭ 안에 = 또는 ≠를 써넣고, [　] 안의 수가 주어진 이차방정식의 해인지 아닌지 말하시오.

(1) $x^2 - 7x + 6 = 0$　[1]
　⇨ $1^2 - 7 \times 1 + 6$ ▭ 0
　⇨ $x = 1$은 이차방정식 $x^2 - 7x + 6 = 0$의 ＿＿＿＿＿＿＿

(2) $x^2 - 3x - 10 = 0$　[−5]
　⇨ $(-5)^2 - 3 \times (-5) - 10$ ▭ 0
　⇨ $x = -5$는 이차방정식 $x^2 - 3x - 10 = 0$의 ＿＿＿＿＿＿＿

○ 이차방정식의 해란?

04 x의 값이 −1, 0, 1, 2일 때, 다음 이차방정식을 푸시오.

(1) $x^2 - 2x = 0$　　　　　　　　(2) $2x^2 + x - 3 = 0$

핵심문제 🔑 익히기

01 이차방정식의 뜻

● 더 다양한 문제는 RPM 중3-1 82쪽

다음 중 이차방정식이 <u>아닌</u> 것을 모두 고르면? (정답 2개)

① $2x^2+3x-4$　　　② $\dfrac{1}{5}x^2-3=5$　　　③ $4x^2-2x+1=x^2-5$

④ $3x^2-x+2=2x^2-7x$　　⑤ $2x^2-1=(x-1)(2x+3)$

풀이　① $2x^2+3x-4$ ⇨ 이차식

⑤ $2x^2-1=(x-1)(2x+3)$에서 $2x^2-1=2x^2+x-3$　　∴ $-x+2=0$ ⇨ 일차방정식

∴ ①, ⑤

확인 1　다음 **보기** 중 이차방정식은 모두 몇 개인지 구하시오.

┌─── 보기 ●─────────────────────────┐
ㄱ. $-2x+1=x^2$　　　　ㄴ. $3x^2-4x-2x^2=x$
ㄷ. $(x^2+1)^2=x$　　　　ㄹ. $-(x+2)^2=-3x^2$
ㅁ. $2(x-3)^2=5+x+2x^2$
└────────────────────────────────┘

확인 2　$(2x+1)^2=ax^2+3x-2$가 x에 대한 이차방정식이 되도록 하는 상수 a의 조건을 구하시오.

02 이차방정식의 해

● 더 다양한 문제는 RPM 중3-1 82쪽

다음 이차방정식 중 $x=-2$를 해로 갖는 것은?

① $(x+3)(x-2)=0$　　② $x^2-4x+4=0$　　　③ $x^2-3x-4=0$

④ $6x^2+x-2=0$　　　⑤ $2x^2+x-6=0$

풀이　각 이차방정식에 $x=-2$를 대입하면

① $(-2+3)\times(-2-2)\neq0$　　　② $(-2)^2-4\times(-2)+4\neq0$

③ $(-2)^2-3\times(-2)-4\neq0$　　　④ $6\times(-2)^2+(-2)-2\neq0$

⑤ $2\times(-2)^2+(-2)-6=0$

따라서 $x=-2$를 해로 갖는 것은 ⑤이다.

확인 3　다음 중 [ ] 안의 수가 주어진 이차방정식의 해인 것을 모두 고르면? (정답 2개)

① $x^2-x-6=0$　[2]　　　　② $x^2-4x-12=0$　[-2]

③ $x^2+4x+3=0$　[3]　　　　④ $2x^2-3x+1=0$　[1]

⑤ $3x^2+4x-1=0$　[-1]

Key Point

• x에 대한 이차방정식
⇨ $ax^2+bx+c=0$
　(a, b, c는 상수, $a\neq0$)
• 등식에 x^3항이 있더라도 이차방정식이 아닌 것도 있으므로 모든 항을 좌변으로 이항하여 정리한 식으로 확인한다.

Key Point

주어진 수를 이차방정식에 대입하여 등식이 성립하면 그 수는 이차방정식의 해이다.

03 이차방정식의 한 근이 주어졌을 때 미지수의 값 구하기 더 다양한 문제는 RPM 중3-1 83쪽

이차방정식 $x^2+ax-(a+1)=0$의 한 근이 $x=2$일 때, 상수 a의 값을 구하시오.

풀이 $x=2$를 $x^2+ax-(a+1)=0$에 대입하면
$2^2+2a-(a+1)=0$, $3+a=0$
$\therefore a=-3$

Key Point

이차방정식의 한 근이 $x=▲$
⇨ $x=▲$를 이차방정식에 대입하면 등식이 성립한다.

확인4 이차방정식 $x^2-2x+a=0$의 한 근이 $x=-1$이고, 이차방정식 $3x^2-bx-4=0$의 한 근이 $x=\dfrac{4}{3}$일 때, 상수 a, b에 대하여 $a-b$의 값을 구하시오.

04 이차방정식의 한 근이 문자로 주어졌을 때 식의 값 구하기 더 다양한 문제는 RPM 중3-1 88쪽

Key Point

이차방정식 $ax^2+bx+c=0$의 한 근이 $x=p$이면
⇨ $ap^2+bp+c=0$

이차방정식 $x^2-5x+1=0$의 한 근이 $x=\alpha$일 때, 다음 값을 구하시오.

(1) $\alpha^2-5\alpha+5$ (2) $\alpha+\dfrac{1}{\alpha}$

풀이 (1) $x=\alpha$를 $x^2-5x+1=0$에 대입하면
$\alpha^2-5\alpha+1=0$에서 $\alpha^2-5\alpha=-1$
$\therefore \alpha^2-5\alpha+5=(-1)+5=4$
(2) $\alpha^2-5\alpha+1=0$에서 $\alpha\neq0$이므로 양변을 α로 나누면
$\alpha-5+\dfrac{1}{\alpha}=0$ $\therefore \alpha+\dfrac{1}{\alpha}=5$ $\alpha=0$이면 $\alpha^2-5\alpha+1\neq0$이므로 $\alpha\neq0$이다.

확인5 다음을 구하시오.
(1) 이차방정식 $2x^2-3x-5=0$의 한 근이 $x=\alpha$일 때, $2\alpha^2-3\alpha+1$의 값
(2) 이차방정식 $2x(x-3)+4=2$의 한 근이 $x=\alpha$일 때, $\alpha+\dfrac{1}{\alpha}$의 값

소단원 📰 핵심문제

01 다음 중 이차방정식이 <u>아닌</u> 것은?

① $x^2=0$
② $x^2+3x=0$
③ $3x+4=x^2$
④ $x^3+2x^2-1=x^3+2x$
⑤ $x^2-x=(x-1)(x+1)$

생각해 봅시다

x에 대한 이차방정식
⇨ (x에 대한 이차식)$=0$

02 $2ax^2-x+3=6x^2-8x+4$가 x에 대한 이차방정식일 때, 다음 중 a의 값이 될 수 <u>없는</u> 것은? (단, a는 상수)

① -3　　② -1　　③ 0　　④ 1　　⑤ 3

$ax^2+bx+c=0$이 x에 대한 이차방정식이 될 조건 ⇨ $a\neq0$

03 다음 이차방정식 중 $x=-3$을 해로 갖는 것은?

① $x(x-4)=0$
② $x^2+7x+10=0$
③ $2x^2+8x=0$
④ $4x^2+11x-3=0$
⑤ $6x^2-x-1=0$

04 이차방정식 $6x^2-13x+a=0$의 한 근이 $x=\dfrac{3}{2}$이고, 이차방정식 $4x^2+bx-3=0$의 한 근이 $x=-\dfrac{1}{2}$일 때, 상수 a, b에 대하여 $a+b$의 값을 구하시오.

이차방정식의 한 근이 $x=a$이면
⇨ $x=a$를 주어진 방정식에 대입한다.

05 이차방정식 $x^2-4x+1=0$의 한 근이 $x=\alpha$일 때, $\alpha^2+\dfrac{1}{\alpha^2}$의 값을 구하시오.

$\alpha^2+\dfrac{1}{\alpha^2}=\left(\alpha+\dfrac{1}{\alpha}\right)^2-2$

02 | 인수분해를 이용한 이차방정식의 풀이

개념원리 이해

1 인수분해를 이용하여 이차방정식을 어떻게 푸는가? ⊙핵심문제 1~3

(1) $AB=0$의 성질

두 수 또는 두 식 A, B에 대하여

$$AB=0이면 A=0 또는 B=0$$

▶ ① $AB=0$, 즉 $A=0$ 또는 $B=0$이면 다음 세 가지 중 어느 하나가 성립한다.
  ㉠ $A=0$이고 $B=0$ ㉡ $A=0$이고 $B\neq0$ ㉢ $A\neq0$이고 $B=0$
② $AB\neq0$이면 $A\neq0$이고 $B\neq0$이다.

예 $(x+2)(x-5)=0$이면 $x+2=0$ 또는 $x-5=0$

(2) **인수분해를 이용한 이차방정식의 풀이**

> ① 주어진 이차방정식을 정리한다.   ⇨ $ax^2+bx+c=0$
> ② 좌변을 인수분해한다.   ⇨ $a(x-\alpha)(x-\beta)=0$
> ③ $AB=0$의 성질을 이용하여 해를 구한다. ⇨ $x=\alpha$ 또는 $x=\beta$

예 이차방정식 $2x^2+5x=3$을 푸시오.

$2x^2+5x=3$
$2x^2+5x-3=0$ ← $ax^2+bx+c=0$의 꼴로 정리한다.
$(x+3)(2x-1)=0$ ← 좌변을 인수분해한다.
$x+3=0$ 또는 $2x-1=0$ ← $AB=0$의 성질을 이용한다.
$\therefore x=-3$ 또는 $x=\dfrac{1}{2}$ ← 해를 구한다.

2 이차방정식의 중근이란 무엇인가? ⊙핵심문제 4, 5

(1) **이차방정식의 중근**: 이차방정식의 두 해가 중복될 때, 이 해를 주어진 이차방정식의 중근이라 한다.

예 $x^2-4x+4=0$에서 $(x-2)^2=0$, 즉 $(x-2)(x-2)=0$ $\therefore x=2$

(2) **이차방정식이 중근을 가질 조건**

① 이차방정식을 인수분해했을 때, (완전제곱식)$=0$의 꼴로 나타내어지면 이 이차방정식은 중근을 갖는다.

② 이차방정식 $x^2+ax+b=0$이 중근을 가지려면 $b=\left(\dfrac{a}{2}\right)^2$이어야 한다.

$$(상수항)=\left(\dfrac{x의 계수}{2}\right)^2$$

01 다음 이차방정식을 푸시오.

(1) $x(x-5)=0 \Rightarrow x=0$ 또는 $x-5=0$　　$\therefore x=\boxed{}$ 또는 $x=\boxed{}$

(2) $(x+3)(x-2)=0$

(3) $(x-3)(x-6)=0$

(4) $(x+6)(3x+2)=0$

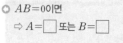

$AB=0$이면
$\Rightarrow A=\boxed{}$ 또는 $B=\boxed{}$

02 다음 이차방정식을 푸시오.

(1) $2x^2+6x=0 \Rightarrow 2x(x+3)=0$　　$\therefore x=\boxed{}$ 또는 $x=\boxed{}$

(2) $x^2-4=0$

(3) $x^2-11x+28=0$

(4) $2x^2-5x-12=0$

$(ax-b)(cx-d)=0\,(ac\neq0)$의 해
$\Rightarrow x=\boxed{}$ 또는 $x=\boxed{}$

03 다음 이차방정식을 푸시오.

(1) $x^2-14x+49=0 \Rightarrow (x-7)^2=0$　　$\therefore x=\boxed{}$

(2) $9x^2-6x+1=0$

(3) $x^2+x+\dfrac{1}{4}=0$

(4) $4x^2-12x+9=0$

$(x-a)^2=0$
$\Rightarrow (x-a)(x-a)=0$
$\Rightarrow x=\boxed{}$

04 다음 이차방정식이 중근을 가질 때, 상수 k의 값을 구하시오.

(1) $x^2+10x+k=0 \Rightarrow k=\left(\dfrac{\boxed{}}{2}\right)^2=\boxed{}$

(2) $x^2+6x+k=0$

(3) $x^2-8x+7+k=0$

이차방정식 $x^2+ax+b=0$이 중근을 갖는다.
$\Rightarrow b=\left(\dfrac{\boxed{}}{2}\right)^2$

핵심문제 🔑 익히기

01 인수분해를 이용한 이차방정식의 풀이

⊚ 더 다양한 문제는 RPM 중3-1 83, 84쪽

다음 이차방정식을 푸시오.

(1) $x^2+6=3(2-x)$

(2) $x(x-9)=10$

(3) $5x^2-12=2x^2-5x$

(4) $9x(x-2)=x^2-9$

Key Point

(x에 대한 이차식)$=0$의 꼴로 정리한다.

⇩

좌변을 인수분해한다.

⇩

$AB=0$이면 $A=0$ 또는 $B=0$ 임을 이용하여 해를 구한다.

풀이

(1) $x^2+6=3(2-x)$에서 $x^2+6=6-3x$

$x^2+3x=0$, $x(x+3)=0$

∴ $x=0$ 또는 $x=-3$

(2) $x(x-9)=10$에서 $x^2-9x=10$

$x^2-9x-10=0$, $(x+1)(x-10)=0$

∴ $x=-1$ 또는 $x=10$

(3) $5x^2-12=2x^2-5x$에서

$3x^2+5x-12=0$, $(x+3)(3x-4)=0$

∴ $x=-3$ 또는 $x=\dfrac{4}{3}$

(4) $9x(x-2)=x^2-9$에서 $9x^2-18x=x^2-9$

$8x^2-18x+9=0$, $(4x-3)(2x-3)=0$

∴ $x=\dfrac{3}{4}$ 또는 $x=\dfrac{3}{2}$

확인 1 다음 이차방정식을 푸시오.

(1) $x^2=2x+24$

(2) $x^2-6x+9=4x$

(3) $x(x+2)=x+6$

(4) $(2x-3)(3x+1)=2x^2-6$

확인 2 이차방정식 $6x^2-17x+5=0$의 근을 $x=a$ 또는 $x=b$라 할 때, $2a-3b$의 값을 구하시오. (단, $a>b$)

1. 이차방정식의 풀이 **119**

02 한 근이 주어졌을 때 다른 한 근 구하기　　　⚬ 더 다양한 문제는 **RPM** 중3-1 84쪽

Key Point

① 주어진 한 근을 이차방정식에 대입하여 미지수의 값을 구한다.
② ①에서 구한 미지수의 값을 이차방정식에 대입한 후 이차방정식을 풀어 다른 한 근을 구한다.

이차방정식 $ax^2-3x-2=0$의 한 근이 $x=2$일 때, 상수 a의 값과 다른 한 근을 각각 구하시오.

풀이 $x=2$를 $ax^2-3x-2=0$에 대입하면 $a\times2^2-3\times2-2=0$

$4a-8=0$ $\therefore \boldsymbol{a=2}$

$a=2$를 $ax^2-3x-2=0$에 대입하면

$2x^2-3x-2=0$, $(2x+1)(x-2)=0$ $\therefore x=-\dfrac{1}{2}$ 또는 $x=2$

따라서 다른 한 근은 $\boldsymbol{x=-\dfrac{1}{2}}$이다.

확인③ 이차방정식 $x^2+5x-6=0$의 두 근 중에서 큰 근이 이차방정식 $3x^2+ax-2=0$의 한 근일 때, 상수 a의 값을 구하시오.

03 두 이차방정식의 공통인 근　　　⚬ 더 다양한 문제는 **RPM** 중3-1 85쪽

Key Point

두 이차방정식의 공통인 근
⇨ 두 이차방정식을 모두 참이 되게 하는 x의 값

다음 두 이차방정식의 공통인 근을 구하시오.

$$x^2-8x+15=0, \quad 2x^2-9x+9=0$$

풀이 $x^2-8x+15=0$에서 $(x-3)(x-5)=0$ $\therefore x=3$ 또는 $x=5$

$2x^2-9x+9=0$에서 $(2x-3)(x-3)=0$ $\therefore x=\dfrac{3}{2}$ 또는 $x=3$

따라서 공통인 근은 $\boldsymbol{x=3}$이다.

확인④ 다음 두 이차방정식의 공통인 근을 구하시오.

$$x^2-x-6=0, \quad 2x^2+5x+2=0$$

확인⑤ 두 이차방정식 $x^2+ax-14=0$, $7x^2+12x+b=0$의 공통인 근이 $x=-2$이다. 두 이차방정식에서 공통이 아닌 근을 각각 $x=p$, $x=q$라 할 때, pq의 값을 구하시오. (단, a, b는 상수)

04 중근을 갖는 이차방정식

⊙ 더 다양한 문제는 **RPM** 중3−1 85쪽

다음 **보기**의 이차방정식 중 중근을 갖는 것을 모두 고르시오.

> **보기**
>
> ㄱ. $x^2+6x+8=0$ ㄴ. $x^2-6x+9=0$ ㄷ. $x^2-4=0$
>
> ㄹ. $4x^2-4x+1=0$ ㅁ. $x^2+5x-6=0$ ㅂ. $x^2+36=12x$

Key Point

이차방정식이 $a(x-p)^2=0$의 꼴로 변형되면
⇨ 중근 $x=p$를 갖는다.

풀이 ㄱ. $x^2+6x+8=0$에서 $(x+4)(x+2)=0$ ∴ $x=-4$ 또는 $x=-2$

ㄴ. $x^2-6x+9=0$에서 $(x-3)^2=0$ ∴ $x=3$

ㄷ. $x^2-4=0$에서 $(x+2)(x-2)=0$ ∴ $x=-2$ 또는 $x=2$

ㄹ. $4x^2-4x+1=0$에서 $(2x-1)^2=0$ ∴ $x=\dfrac{1}{2}$

ㅁ. $x^2+5x-6=0$에서 $(x+6)(x-1)=0$ ∴ $x=-6$ 또는 $x=1$

ㅂ. $x^2+36=12x$에서 $x^2-12x+36=0$, $(x-6)^2=0$ ∴ $x=6$

따라서 중근을 갖는 것은 ㄴ, ㄹ, ㅂ이다.

확인 6 다음 이차방정식 중 중근을 갖는 것은?

① $x^2-9=0$ ② $x^2-2x-3=0$

③ $2x^2+8x=0$ ④ $(x+1)(x-1)=2x-2$

⑤ $4x-15=x(2-x)$

05 이차방정식이 중근을 가질 조건

⊙ 더 다양한 문제는 **RPM** 중3−1 86쪽

다음 이차방정식이 중근을 가질 때, 상수 k의 값과 그 중근을 각각 구하시오.

(1) $x^2-4x+5-k=0$ (2) $x^2+kx+36=0$

Key Point

이차방정식이 중근을 갖는다.
⇨ (완전제곱식)=0의 꼴
⇨ $x^2+ax+b=0$에서
  $b=\left(\dfrac{a}{2}\right)^2$

풀이 (1) $x^2-4x+5-k=0$이 중근을 가지므로 $5-k=\left(\dfrac{-4}{2}\right)^2=4$ ∴ **$k=1$**

즉, $x^2-4x+4=0$에서 $(x-2)^2=0$ ∴ **$x=2$**

(2) $x^2+kx+36=0$이 중근을 가지므로 $36=\left(\dfrac{k}{2}\right)^2$, $144=k^2$ ∴ $k=\pm12$

$k=12$일 때, $x^2+12x+36=0$에서 $(x+6)^2=0$ ∴ **$x=-6$**

$k=-12$일 때, $x^2-12x+36=0$에서 $(x-6)^2=0$ ∴ **$x=6$**

확인 7 이차방정식 $x^2-8x+2+a=0$이 $x=b$를 중근으로 가질 때, $a-b$의 값을 구하시오. (단, a는 상수)

01   다음 이차방정식을 푸시오.

(1) $3x^2+6x=0$

(2) $x^2-2x-15=0$

(3) $x^2+7x-18=0$

(4) $3x^2+14x-5=0$

(5) $2x^2+7x+6=0$

(6) $8x^2-2x-1=0$

(7) $6x^2-19x+15=0$

(8) $5x^2+21x+4=0$

02   다음 이차방정식을 푸시오.

(1) $x^2+7x=x-5$

(2) $x(x+3)=5x-1$

(3) $2x^2=(x-2)(x-3)$

(4) $x(3x+2)=x(x-4)$

03   다음 이차방정식이 중근을 가질 때, 상수 k의 값을 구하시오.

(1) $x^2+8x-2k=0$

(2) $x^2-6x+k+3=0$

(3) $x^2-3x+2k=0$

(4) $x^2+3x+k=x+1$

소단원 📰 핵심문제

★ 생각해 봅시다
$AB=0$이면
⇨ $A=0$ 또는 $B=0$

01 다음 이차방정식 중 해가 나머지 넷과 <u>다른</u> 하나는?

① $(1+2x)(1-3x)=0$ ② $(5x+10)(3x-6)=0$

③ $\left(\dfrac{1}{2}+x\right)(6x-2)=0$ ④ $\left(x+\dfrac{1}{2}\right)\left(x-\dfrac{1}{3}\right)=0$

⑤ $6x^2+x-1=0$

02 이차방정식 $x(x-2)=15$의 근을 $x=a$ 또는 $x=b$라 할 때, 이차방정식 $ax^2+bx-2=0$을 푸시오. (단, $a>b$)

03 이차방정식 $x^2+3x-2a=0$의 한 근이 $x=2$이고, 다른 한 근은 이차방정식 $3x^2-2x+5b=0$의 근일 때, 상수 a, b에 대하여 $a+b$의 값을 구하시오.

04 두 이차방정식 $x^2+mx-1=0$, $\dfrac{1}{3}x^2+2x+n=0$을 동시에 만족시키는 x의 값이 -3일 때, 상수 m, n에 대하여 mn의 값을 구하시오.

중근을 갖는 이차방정식
⇨ (완전제곱식)=0의 꼴

05 다음 이차방정식 중 중근을 갖는 것은?

① $x^2-49=0$ ② $(x+2)^2=4$ ③ $2x^2-7x+3=0$

④ $2x^2-9x+10=0$ ⑤ $16x^2-8x+1=0$

이차방정식 $x^2+ax+b=0$이 중근
을 가지면
⇨ $b=\left(\dfrac{a}{2}\right)^2$

06 이차방정식 $x^2-6x+k=0$이 중근을 가질 때, 이차방정식 $x^2+(k-4)x-14=0$의 두 근의 합을 구하시오. (단, k는 상수)

03 | 제곱근을 이용한 이차방정식의 풀이

개념원리
이해

1 제곱근을 이용하여 이차방정식을 어떻게 푸는가? ● 핵심문제 1, 2

(1) 이차방정식 $x^2=q\,(q\geq 0)$의 해
  $\Rightarrow$ $x=\pm\sqrt{q}$ ← x는 q의 제곱근이다.
  예 $x^2=3$에서 $x=\pm\sqrt{3}$
(2) 이차방정식 $(x+p)^2=q\,(q\geq 0)$의 해
  $\Rightarrow$ $x+p=\pm\sqrt{q}$ $\therefore x=-p\pm\sqrt{q}$ ← $x+p$는 q의 제곱근이다.
  예 $(x-2)^2=5$에서 $x-2=\pm\sqrt{5}$ $\therefore x=2\pm\sqrt{5}$

▶ 이차방정식 $(x+p)^2=q$에서
  ① 서로 다른 두 근을 가질 조건은 $q>0$ ⎤ 근을 가질 조건은 $q\geq 0$
  ② 중근을 가질 조건은 $q=0$ ⎦
  ③ 근을 갖지 않을 조건은 $q<0$ ← 제곱하여 음수가 되는 실수는 없다.

2 완전제곱식을 이용하여 이차방정식을 어떻게 푸는가? ● 핵심문제 3, 4

이차방정식 $ax^2+bx+c=0$의 좌변이 인수분해되지 않을 때는 $(x+p)^2=q$의 꼴로 고쳐서 제곱근을 이용하여 해를 구한다.

---

① x^2의 계수로 양변을 나누어 x^2의 계수를 1로 만든다.
② 상수항을 우변으로 이항한다.
③ 양변에 $\left(\dfrac{x의\ 계수}{2}\right)^2$을 더한다.
④ $(x+p)^2=q$의 꼴로 고친다.
⑤ 제곱근을 이용하여 해를 구한다.

예 이차방정식 $2x^2-7x+4=0$을 푸시오.

$2x^2-7x+4=0$

$x^2-\dfrac{7}{2}x+2=0$ ← x^2의 계수로 양변을 나눈다.

$x^2-\dfrac{7}{2}x=-2$ ← 상수항을 우변으로 이항한다.

$x^2-\dfrac{7}{2}x+\left(-\dfrac{7}{4}\right)^2=-2+\left(-\dfrac{7}{4}\right)^2$ ← 양변에 $\left(\dfrac{x의\ 계수}{2}\right)^2$을 더한다.

$\left(x-\dfrac{7}{4}\right)^2=\dfrac{17}{16}$ ← $(x+p)^2=q$의 꼴로 고친다.

$x-\dfrac{7}{4}=\pm\dfrac{\sqrt{17}}{4}$ $\therefore x=\dfrac{7\pm\sqrt{17}}{4}$ ← 제곱근을 이용하여 해를 구한다.

01 다음 이차방정식을 푸시오.

(1) $x^2-16=0 \Rightarrow x^2=\boxed{}$ $\quad \therefore x=\boxed{}$

(2) $3x^2=27$

(3) $2x^2-48=0$

(4) $9x^2-2=0$

(5) $25x^2-7=0$

○ $x^2=q\,(q\geq0)$의 해
$\Rightarrow x=\boxed{}$

02 다음 이차방정식을 푸시오.

(1) $(x-1)^2=16 \Rightarrow x-1=\pm4$ $\quad \therefore x=\boxed{}$ 또는 $x=\boxed{}$

(2) $(x-5)^2=49$

(3) $2(x+3)^2=54$

(4) $3(x+2)^2-9=0$

(5) $(3x+1)^2=16$

○ $(x+p)^2=q\,(q\geq0)$의 해
$\Rightarrow x=\boxed{}$

03 다음 이차방정식을 푸시오.

(1) $x^2+6x-2=0$
$\Rightarrow x^2+6x=2$
$x^2+6x+\boxed{}=2+\boxed{}$
$(x+\boxed{})^2=\boxed{}$
$\therefore x=\boxed{}$

(2) $2x^2-16x-4=0$
$\Rightarrow x^2-8x-\boxed{}=0$
$x^2-8x=\boxed{}$
$x^2-8x+\boxed{}=\boxed{}+\boxed{}$
$(x-\boxed{})^2=\boxed{}$
$\therefore x=\boxed{}$

(3) $x^2+10x-1=0$

(4) $4x^2-20x-16=0$

○ x^2의 계수로 양변을 나누어 x^2의 계수를 1로 만든다.
⇩
상수항을 우변으로 이항한다.
⇩
양변에 $\left(\boxed{}\right)^2$을 더한다.
⇩
$(x+p)^2=q$의 꼴로 고친다.
⇩
제곱근을 이용하여 해를 구한다.

정답과 풀이 p.50

01 **제곱근을 이용한 이차방정식의 풀이** ● 더 다양한 문제는 RPM 중3-1 86쪽

Key Point

이차방정식 $3(x-1)^2=6$의 해가 $x=a\pm\sqrt{b}$일 때, 유리수 a, b에 대하여 $a+b$의 값을 구하시오.

• $x^2=q\,(q\geq0)$의 해
  $\Rightarrow x=\pm\sqrt{q}$
• $(x+p)^2=q\,(q\geq0)$의 해
  $\Rightarrow x=-p\pm\sqrt{q}$

풀이 $3(x-1)^2=6$에서 $(x-1)^2=2$, $x-1=\pm\sqrt{2}$
∴ $x=1\pm\sqrt{2}$
따라서 $a=1$, $b=2$이므로 $a+b=1+2=\mathbf{3}$

확인 1 다음 중 이차방정식과 그 해가 바르게 짝 지어지지 <u>않은</u> 것은?

① $x^2-36=0 \Rightarrow x=\pm6$

② $9-16x^2=0 \Rightarrow x=\pm\dfrac{3}{4}$

③ $(x-3)^2=9 \Rightarrow x=6$ 또는 $x=0$

④ $2(x+2)^2=50 \Rightarrow x=3$ 또는 $x=-7$

⑤ $3(2x-3)^2-15=0 \Rightarrow x=3\pm\sqrt{5}$

02 **이차방정식 $(x+p)^2=q$가 근을 가질 조건** ● 더 다양한 문제는 RPM 중3-1 86쪽

Key Point

다음 중 x에 대한 이차방정식 $(x-p)^2=q$가 근을 가질 조건은? (단, p, q는 상수)

① $p\geq0$ ② $p>0$ ③ $q\geq0$
④ $q<0$ ⑤ $p>0$, $q<0$

이차방정식 $(x+p)^2=q$에서
① $q>0 \Rightarrow$ 서로 다른 두 근
② $q=0 \Rightarrow$ 중근
③ $q<0 \Rightarrow$ 근이 없다.

풀이 어떤 수의 제곱은 양수 또는 0이므로 $q\geq0$일 때 주어진 방정식이 근을 갖는다.
∴ ③

확인 2 다음 중 이차방정식 $(x+1)^2=2-k$가 근을 갖도록 하는 상수 k의 값으로 알맞지 <u>않은</u> 것은?

① -1 ② 0 ③ 1 ④ 2 ⑤ 3

◎ 더 다양한 문제는 **RPM** 중3-1 87쪽

03 완전제곱식의 꼴로 나타내기

Key Point

다음 이차방정식을 $(x+p)^2=q$의 꼴로 나타내시오.

(1) $x^2-4x-1=0$ (2) $2x^2+4x-5=0$

풀이 (1) $x^2-4x-1=0$에서 $x^2-4x=1$

양변에 $\left(\dfrac{-4}{2}\right)^2$, 즉 4를 더하면 $x^2-4x+4=1+4$ ∴ $(x-2)^2=5$

(2) $2x^2+4x-5=0$의 양변을 2로 나누면 $x^2+2x-\dfrac{5}{2}=0$, $x^2+2x=\dfrac{5}{2}$

양변에 $\left(\dfrac{2}{2}\right)^2$, 즉 1을 더하면 $x^2+2x+1=\dfrac{5}{2}+1$ ∴ $(x+1)^2=\dfrac{7}{2}$

Key Point

$x^2+ax+b=0$
⇓
$x^2+ax=-b$
⇓
$x^2+ax+\left(\dfrac{a}{2}\right)^2=-b+\left(\dfrac{a}{2}\right)^2$
⇓
$\left(x+\dfrac{a}{2}\right)^2=-b+\left(\dfrac{a}{2}\right)^2$

확인 3 이차방정식 $1+2x^2=x^2-6x$를 $(x+p)^2=q$의 꼴로 나타낼 때, 상수 p, q에 대하여 $p+q$의 값을 구하시오.

04 완전제곱식을 이용한 이차방정식의 풀이

◎ 더 다양한 문제는 **RPM** 중3-1 87쪽

Key Point

다음 이차방정식을 푸시오.

(1) $x^2-6x+2=0$ (2) $3x^2+6x-1=0$

풀이 (1) $x^2-6x+2=0$에서 $x^2-6x=-2$

양변에 $\left(\dfrac{-6}{2}\right)^2$, 즉 9를 더하면 $x^2-6x+9=-2+9$

$(x-3)^2=7$, $x-3=\pm\sqrt{7}$ ∴ $x=3\pm\sqrt{7}$

(2) $3x^2+6x-1=0$의 양변을 3으로 나누면 $x^2+2x-\dfrac{1}{3}=0$, $x^2+2x=\dfrac{1}{3}$

양변에 $\left(\dfrac{2}{2}\right)^2$, 즉 1을 더하면 $x^2+2x+1=\dfrac{1}{3}+1$

$(x+1)^2=\dfrac{4}{3}$, $x+1=\pm\sqrt{\dfrac{4}{3}}=\pm\dfrac{2\sqrt{3}}{3}$ ∴ $x=-1\pm\dfrac{2\sqrt{3}}{3}$

Key Point

이차방정식을 $(x+p)^2=q$의 꼴로 변형하면
⇨ $x=-p\pm\sqrt{q}$

확인 4 다음 이차방정식을 푸시오.

(1) $x^2+8x+13=0$ (2) $2x^2-4x-7=0$

확인 5 이차방정식 $3x^2-12x-k=0$의 해가 $x=2\pm\sqrt{5}$일 때, 상수 k의 값을 구하시오.

01 다음 이차방정식을 푸시오.

(1) $2x^2 = 8$

(2) $3x^2 - 15 = 0$

(3) $(x-1)^2 = 4$

(4) $\left(x - \dfrac{3}{4}\right)^2 = \dfrac{81}{16}$

(5) $3(x-4)^2 = 6$

(6) $4(x+6)^2 - 20 = 0$

(7) $3(x+2)^2 - 147 = 0$

(8) $5\left(x - \dfrac{1}{2}\right)^2 - 125 = 0$

02 다음 이차방정식을 푸시오.

(1) $x^2 + x - 1 = 0$

(2) $x^2 - 3x + 1 = 0$

(3) $x^2 - 10x + 19 = 0$

(4) $x^2 + 2x - 4 = 0$

(5) $2x^2 - 4x - 3 = 0$

(6) $4x^2 + 8x - 3 = 0$

(7) $9x^2 + 6x - 3 = 0$

(8) $3x^2 - 4x - 1 = 0$

소단원 📋 핵심문제

01 이차방정식 $3x^2-5=0$을 풀면?

① $x=\pm\dfrac{\sqrt{2}}{3}$　　② $x=\pm\dfrac{\sqrt{3}}{3}$　　③ $x=\pm\dfrac{\sqrt{5}}{3}$

④ $x=\pm\dfrac{\sqrt{15}}{3}$　　⑤ $x=\pm\dfrac{5}{3}$

☆ 생각해 봅시다

$ax^2=b\,(a\neq0,\ ab\geq0)$의 해
$\Rightarrow x=\pm\sqrt{\dfrac{b}{a}}$

02 이차방정식 $(2x-1)^2-9=0$의 두 근의 합을 구하시오.

03 이차방정식 $3(x-2)^2=k+1$이 중근 $x=a$를 가질 때, $k+a$의 값을 구하시오. (단, k는 상수)

이차방정식 $a(x+p)^2=q$가 중근을 가질 조건
$\Rightarrow q=0$

04 다음은 완전제곱식을 이용하여 이차방정식 $x^2-4x+1=0$을 푸는 과정이다. 상수 A, B, C에 대하여 $A+B+C$의 값을 구하시오.

> $x^2-4x+1=0$에서 $x^2-4x=-1$
> $x^2-4x+A=-1+A$
> $(x-B)^2=C$
> $\therefore x=B\pm\sqrt{C}$

x^2의 계수로 양변을 나눈다.
⇩
상수항을 우변으로 이항한다.
⇩
양변에 $\left(\dfrac{x의\ 계수}{2}\right)^2$을 더한다.
⇩
$(x+p)^2=q$의 꼴로 고친다.
⇩
제곱근을 이용하여 해를 구한다.

05 이차방정식 $x^2-10x+22=0$의 해가 $x=a\pm\sqrt{b}$일 때, 유리수 a, b에 대하여 $a-b$의 값을 구하시오.

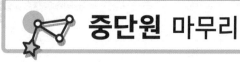

Step 1 **기본문제**

꼭 나와

01 다음 **보기** 중 이차방정식인 것을 모두 고르시오.

> ● 보기 ●
>
> ㄱ. $2x^2=0$
> ㄴ. $5x^2-4x-1$
> ㄷ. $(x-3)(x+2)=x^2+x+3$
> ㄹ. $x^2+3x=2x(x-2)$
> ㅁ. $(x-1)^2=x^2+3$

02 x가 $-2 \leq x \leq 2$인 정수일 때, 이차방정식 $x^2-5x+6=0$의 해를 구하시오.

03 이차방정식 $x^2+5x-10=0$의 한 근이 $x=\alpha$일 때, $\alpha^2+5\alpha-2$의 값을 구하시오.

04 다음 이차방정식 중 해가 $x=-\dfrac{1}{3}$ 또는 $x=\dfrac{1}{2}$인 것은?

① $(x+3)(x-2)=0$
② $(x-3)(x+2)=0$
③ $(x-3)(x-2)=0$
④ $(3x+1)(2x-1)=0$
⑤ $(3x-1)(2x+1)=0$

05 다음 두 이차방정식의 공통인 근을 구하시오.

> $x^2+3x-10=0, \quad 2x^2+7x-15=0$

꼭 나와

06 다음 이차방정식 중 중근을 갖는 것을 모두 고르면? (정답 2개)

① $3x^2=9$
② $x^2-2x+1=0$
③ $x^2-10x+9=0$
④ $4x^2+12x+9=0$
⑤ $(x-1)^2=25$

07 이차방정식 $x^2-6x+9=0$의 근이 이차방정식 $2x^2-ax+3=0$의 한 근일 때, 상수 a의 값과 다른 한 근을 각각 구하시오.

08 이차방정식 $3(2x-1)^2=9$를 풀면?

① $x=\dfrac{-1\pm\sqrt{3}}{2}$
② $x=\dfrac{1\pm\sqrt{3}}{2}$
③ $x=-1\pm\sqrt{3}$
④ $x=1\pm\sqrt{3}$
⑤ $x=-1\pm2\sqrt{3}$

09 이차방정식 $2(x+a)^2=b$의 해가 $x=3\pm\sqrt{3}$일 때, 유리수 a, b에 대하여 $a+b$의 값을 구하시오.

10 다음 중 이차방정식 $\left(x+\dfrac{1}{2}\right)^2-k+3=0$이 근을 갖도록 하는 상수 k의 값으로 알맞지 <u>않은</u> 것은?

① 1   ② 3   ③ 5

④ 7   ⑤ 9

꼭 나와

11 이차방정식 $2x^2-8x+5=0$을 $(x+a)^2=b$의 꼴로 나타낼 때, 상수 a, b에 대하여 ab의 값을 구하시오.

12 이차방정식 $2x^2-4x=-1$의 해가 $x=\dfrac{a\pm\sqrt{b}}{2}$일 때, 유리수 a, b에 대하여 $a+b$의 값은?

① -4 ② -2 ③ 1

④ 2   ⑤ 4

Step **2** 발전문제

13 $-2ax^2+ax-2=x(8x+1)$이 x에 대한 이차방정식이 되도록 하는 상수 a의 조건을 구하시오.

Up
14 이차방정식 $x^2-6x+1=0$의 한 근이 $x=a$일 때, $a^2+5a-5+\dfrac{5}{a}+\dfrac{1}{a^2}$의 값을 구하시오.

15 이차방정식 $x(x+2)=15$의 근이 $x=a$ 또는 $x=b$일 때, 이차방정식 $ax^2+bx-2=0$의 두 근의 차는? (단, $a>b$)

① $\dfrac{5}{3}$ ② 2   ③ $\dfrac{7}{3}$

④ $\dfrac{8}{3}$ ⑤ 3

16 두 식 $A=x^2-3x-18$, $B=x^2-2x-15$에 대하여 $3A=2B$이고 $B\neq0$을 만족시키는 x의 값을 구하시오.

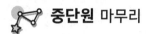

17 $2x^2+9xy-5y^2=0$일 때, $\dfrac{x^2-5y^2}{xy}$의 값은?

(단, $xy<0$)

① -1 ② -2 ③ -3

④ -4 ⑤ -5

18 일차방정식 $ax+2y=4$의 그래프가
점 $(a+4,\ a^2)$을 지나고 제4사분면을 지나지 않을 때, 상수 a의 값을 구하시오.

19 $\langle x\rangle$가 자연수 x의 약수의 개수를 나타낼 때, $\langle x\rangle^2-\langle x\rangle-6=0$을 만족시키는 30 이하의 자연수 x의 개수는?

① 1개 ② 2개 ③ 3개

④ 4개 ⑤ 5개

20 x에 대한 이차방정식
$$(a-1)x^2-(a^2-1)x+2(a-1)=0$$
의 한 근이 $x=1$일 때, 상수 a의 값과 다른 한 근을 각각 구하시오.

21 이차방정식 $x^2+5k+1=8x$가 중근을 가질 때, 다음 두 이차방정식의 공통인 근을 구하시오.

(단, k는 상수)

$$x^2+kx+2=0,\quad 3x^2+x-4k+2=0$$

22 이차방정식 $16(x-3)^2=k$의 두 근의 곱이 5일 때, 상수 k의 값을 구하시오.

23 다음 중 이차방정식 $(x+5)^2=3k$의 해가 정수가 되도록 하는 자연수 k의 값으로 알맞은 것은?

① 1 ② 2 ③ 3

④ 4 ⑤ 5

24 이차방정식 $3x^2+9x+A=0$을 $(x+B)^2=\dfrac{7}{12}$의 꼴로 고친 후 해를 구하였더니 $x=\dfrac{C\pm\sqrt{21}}{6}$이었다. 유리수 $A,\ B,\ C$에 대하여 $A+2B+C$의 값을 구하시오.

서술형 대비 문제

1

이차방정식 $2x^2+ax-6=0$의 한 근이 $x=2$이고 다른 한 근이 이차방정식 $4x^2-2x+b=0$의 한 근일 때, 상수 a, b에 대하여 $a+b$의 값을 구하시오. [7점]

풀이과정

1단계 a의 값 구하기 [2점]

$x=2$를 $2x^2+ax-6=0$에 대입하면

$2\times 2^2+a\times 2-6=0$ $\therefore a=-1$

2단계 b의 값 구하기 [4점]

$2x^2+ax-6=0$, 즉 $2x^2-x-6=0$에서

$(2x+3)(x-2)=0$ $\therefore x=-\dfrac{3}{2}$ 또는 $x=2$

따라서 다른 한 근은 $x=-\dfrac{3}{2}$이므로 $x=-\dfrac{3}{2}$을

$4x^2-2x+b=0$에 대입하면

$4\times\left(-\dfrac{3}{2}\right)^2-2\times\left(-\dfrac{3}{2}\right)+b=0$ $\therefore b=-12$

3단계 $a+b$의 값 구하기 [1점]

$\therefore a+b=(-1)+(-12)=-13$

답 -13

1-1

이차방정식 $2x^2+ax+2=0$의 한 근이 $x=-\dfrac{1}{2}$

이고 다른 한 근이 이차방정식 $3x^2+2x+b=0$의 한 근일 때, 상수 a, b에 대하여 $a-b$의 값을 구하시오. [7점]

풀이과정

1단계 a의 값 구하기 [2점]

2단계 b의 값 구하기 [4점]

3단계 $a-b$의 값 구하기 [1점]

답

2

이차방정식 $x^2-4x+k=0$이 중근을 가질 때, 이차방정식 $x^2+(k-14)x+21=0$의 두 근의 합을 구하시오.

(단, k는 상수) [7점]

풀이과정

1단계 k의 값 구하기 [3점]

$x^2-4x+k=0$이 중근을 가지므로

$k=\left(\dfrac{-4}{2}\right)^2=4$

2단계 $x^2+(k-14)x+21=0$의 두 근 구하기 [3점]

$k=4$를 $x^2+(k-14)x+21=0$에 대입하면

$x^2-10x+21=0$에서 $(x-3)(x-7)=0$

$\therefore x=3$ 또는 $x=7$

3단계 두 근의 합 구하기 [1점]

따라서 두 근의 합은

$3+7=10$

답 10

2-1

이차방정식 $x^2+(6-k)x+9-4k=0$이 중근을 가질 때, 이차방정식 $2x^2-(k-3)x+k=0$의 두 근의 곱을 구하시오. (단, k는 0이 아닌 상수) [7점]

풀이과정

1단계 k의 값 구하기 [3점]

2단계 $2x^2-(k-3)x+k=0$의 두 근 구하기 [3점]

3단계 두 근의 곱 구하기 [1점]

답

③ 이차방정식 $x^2+3x-1=0$의 한 근이 $x=p$이고, 이차방정식 $x^2-5x-2=0$의 한 근이 $x=q$일 때, $(2p^2+6p-5)(q^2-5q+2)$의 값을 구하시오. [7점]

풀이과정

답

④ 이차방정식 $x^2+(a+2)x+2a=0$에서 x의 계수와 상수항을 바꾸어 놓은 이차방정식을 풀었더니 한 근이 $x=-1$이었다. 처음 이차방정식의 두 근을 α, β라 할 때, $\alpha^2+\beta^2$의 값을 구하시오. (단, a는 상수) [8점]

풀이과정

답

⑤ 두 이차방정식 $x^2+2x-15=0$, $x^2+3x-18=0$의 공통인 근이 이차방정식 $2x^2+mx-9=0$의 한 근일 때, 상수 m의 값을 구하시오. [7점]

풀이과정

답

⑥ 이차방정식 $5x(x-2)=2x-3$을 완전제곱식을 이용하여 푸시오. [6점]

풀이과정

답

이차방정식

개념원리
이해

1 이차방정식의 근의 공식이란 무엇인가? ◐ 핵심문제 1

(1) **근의 공식** : 이차방정식 $ax^2+bx+c=0$의 근은

$$x=\frac{-b\pm\sqrt{b^2-4ac}}{2a} \ (단, \ b^2-4ac\geq0)$$

　예 이차방정식 $x^2+5x-3=0$에서 $a=1$, $b=5$, $c=-3$이므로

$$x=\frac{-5\pm\sqrt{5^2-4\times1\times(-3)}}{2\times1}=\frac{-5\pm\sqrt{37}}{2}$$

(2) **일차항의 계수가 짝수일 때의 근의 공식** : 이차방정식 $ax^2+2b'x+c=0$의 근은

$$x=\frac{-b'\pm\sqrt{b'^2-ac}}{a} \ (단, \ b'^2-ac\geq0)$$

　예 이차방정식 $3x^2+8x+2=0$에서 $a=3$, $b'=4$, $c=2$이므로 $x=\frac{-4\pm\sqrt{4^2-3\times2}}{3}=\frac{-4\pm\sqrt{10}}{3}$

▶ 이차방정식의 근의 공식 유도 과정
$ax^2+bx+c=0\,(a\neq0)$

$x^2+\dfrac{b}{a}x+\dfrac{c}{a}=0$ 　　　　　　　 ← 양변을 x^2의 계수 a로 나눈다.

$x^2+\dfrac{b}{a}x=-\dfrac{c}{a}$ 　　　　　　　 ← 상수항을 우변으로 이항한다.

$x^2+\dfrac{b}{a}x+\left(\dfrac{b}{2a}\right)^2=-\dfrac{c}{a}+\left(\dfrac{b}{2a}\right)^2$ 　 ← 양변에 $\left(\dfrac{x의\ 계수}{2}\right)^2$을 더한다.

$\left(x+\dfrac{b}{2a}\right)^2=\dfrac{b^2-4ac}{4a^2}$ 　　　　 ← 좌변을 완전제곱식으로 고친다.

$x+\dfrac{b}{2a}=\pm\dfrac{\sqrt{b^2-4ac}}{2a}$ 　　　　 ← 제곱근을 이용한다.

$\therefore x=\dfrac{-b\pm\sqrt{b^2-4ac}}{2a}$ 　　　　 ← 근을 구한다.

2 복잡한 이차방정식은 어떻게 푸는가? ◐ 핵심문제 2, 3

다음과 같이 식을 정리한 후 인수분해 또는 근의 공식을 이용하여 해를 구한다.

(1) 괄호가 있으면 전개하여 $ax^2+bx+c=0$의 꼴로 정리한다.

　예 $(x+1)(x-1)=2x \xrightarrow{\text{괄호를 푼 후 정리하면}} x^2-2x-1=0$

(2) 계수가 분수 또는 소수이면 양변에 적당한 수를 곱하여 계수를 정수로 고친다.

　① 계수가 분수이면 ⇨ 양변에 분모의 최소공배수를 곱한다.

　② 계수가 소수이면 ⇨ 양변에 10, 100, 1000, …을 곱한다.

　예 ① $\dfrac{1}{2}x^2-x-\dfrac{5}{4}=0 \xrightarrow{\text{양변에 4를 곱하면}} 2x^2-4x-5=0$

　② $0.2x^2+0.3x-1=0 \xrightarrow{\text{양변에 10을 곱하면}} 2x^2+3x-10=0$

(3) 공통부분이 있으면 공통부분을 한 문자로 놓고 정리한다.

　예 $(x+2)^2-3(x+2)+2=0 \xrightarrow{x+2=A로\ 놓으면} A^2-3A+2=0$

01 다음 이차방정식을 근의 공식을 이용하여 푸시오.

(1) $2x^2-7x+4=0 \Rightarrow a=2,\ b=-7,\ c=4$

$$\therefore\ x=\frac{-(\boxed{})\pm\sqrt{(\boxed{})^2-4\times\boxed{}\times\boxed{}}}{2\times\boxed{}}=\boxed{}$$

(2) $5x^2-6x-2=0 \Rightarrow a=5,\ b'=-3,\ c=-2$

$$\therefore\ x=\frac{-(\boxed{})\pm\sqrt{(\boxed{})^2-\boxed{}\times(\boxed{})}}{\boxed{}}=\boxed{}$$

(3) $3x^2-x-5=0$

(4) $2x^2+8x-7=0$

◯ (1) 이차방정식
$ax^2+bx+c=0$의 근
$$\Rightarrow x=\frac{-b\pm\sqrt{b^2-\boxed{}}}{\boxed{}}$$

(2) 이차방정식
$ax^2+2b'x+c=0$의 근
$$\Rightarrow x=\frac{-b'\pm\sqrt{b'^2-\boxed{}}}{\boxed{}}$$

02 다음은 이차방정식의 해를 구하는 과정이다. □ 안에 알맞은 수를 써넣으시오.

(1) $(x+1)(x-3)=1$

⇨ 식을 정리하면 $x^2-\boxed{}x-\boxed{}=0$

근의 공식을 이용하면 $x=\boxed{}$

(2) $x^2+\dfrac{1}{6}x-\dfrac{1}{3}=0$

⇨ 양변에 $\boxed{}$을 곱하면 $\boxed{}x^2+x-\boxed{}=0$

좌변을 인수분해하면 $(\boxed{}x+\boxed{})(\boxed{}x-\boxed{})=0$

$\therefore\ x=\boxed{}$ 또는 $x=\boxed{}$

(3) $0.1x^2-0.8x-2=0$

⇨ 양변에 $\boxed{}$을 곱하면 $x^2-\boxed{}x-\boxed{}=0$

좌변을 인수분해하면 $(x+\boxed{})(x-\boxed{})=0$

$\therefore\ x=\boxed{}$ 또는 $x=\boxed{}$

(4) $(x-3)^2-4(x-3)-5=0$

⇨ $x-3=A$로 놓으면 $A^2-\boxed{}A-\boxed{}=0$

좌변을 인수분해하면 $(A+\boxed{})(A-\boxed{})=0$

$\therefore\ A=\boxed{}$ 또는 $A=\boxed{}$

$x-3=A$에 A의 값을 대입하면

$x-3=\boxed{}$ 또는 $x-3=\boxed{}$

$\therefore\ x=\boxed{}$ 또는 $x=\boxed{}$

◯ 복잡한 이차방정식의 풀이

(1) 괄호가 있으면 $\boxed{}$하여
$ax^2+bx+c=0$의 꼴로 정리한다.

(2) 계수가 분수이면 양변에 분모의
$\boxed{}$를 곱하여 계수를 정수
로 고친다.

(3) 계수가 소수이면 양변에
$\boxed{}$을 곱하여 계수를 정수
로 고친다.

(4) 공통부분이 있으면 공통부분을
$\boxed{}$로 놓고 정리한다.

정답과 풀이 p.57

01 근의 공식을 이용한 이차방정식의 풀이

● 더 다양한 문제는 RPM 중3-1 96쪽

다음 이차방정식을 근의 공식을 이용하여 푸시오.

(1) $2x^2+3x-2=0$ (2) $x^2+x-11=0$

(3) $x^2+6x+4=0$ (4) $3x^2-4x-5=0$

Key Point

(1) 이차방정식
  $ax^2+bx+c=0$의 근
  $\Rightarrow x=\dfrac{-b\pm\sqrt{b^2-4ac}}{2a}$

(2) 이차방정식
  $ax^2+2b'x+c=0$의 근
  $\Rightarrow x=\dfrac{-b'\pm\sqrt{b'^2-ac}}{a}$

풀이 (1) 근의 공식에 $a=2$, $b=3$, $c=-2$를 대입하면

$$x=\frac{-3\pm\sqrt{3^2-4\times2\times(-2)}}{2\times2}$$
$$=\frac{-3\pm\sqrt{25}}{4}=\frac{-3\pm5}{4}$$
$$\therefore x=\frac{1}{2} \text{ 또는 } x=-2$$

(2) 근의 공식에 $a=1$, $b=1$, $c=-11$을 대입하면

$$x=\frac{-1\pm\sqrt{1^2-4\times1\times(-11)}}{2\times1}$$
$$=\frac{-1\pm\sqrt{45}}{2}=\frac{-1\pm3\sqrt{5}}{2}$$

(3) 근의 공식에 $a=1$, $b'=3$, $c=4$를 대입하면

$$x=\frac{-3\pm\sqrt{3^2-1\times4}}{1}=-3\pm\sqrt{5}$$

(4) 근의 공식에 $a=3$, $b'=-2$, $c=-5$를 대입하면

$$x=\frac{-(-2)\pm\sqrt{(-2)^2-3\times(-5)}}{3}=\frac{2\pm\sqrt{19}}{3}$$

확인 1 다음 이차방정식을 근의 공식을 이용하여 푸시오.

(1) $3x^2-5x-1=0$ (2) $4x^2+7x-3=0$

(3) $2x^2-8x+3=0$ (4) $6x^2-6x+1=0$

확인 2 이차방정식 $2x^2-3x+k=0$의 근이 $x=\dfrac{3\pm\sqrt{17}}{4}$일 때, 상수 k의 값을 구하시오.

02 복잡한 이차방정식의 풀이

● 더 다양한 문제는 RPM 중3-1 96, 97쪽

다음 이차방정식을 푸시오.

(1) $(2x+1)^2+2x=0$ (2) $\dfrac{x^2-4}{5}-\dfrac{x-2}{4}=\dfrac{1}{10}$ (3) $0.2x^2+0.7x+0.3=0$

풀이 (1) 괄호를 풀면 $4x^2+4x+1+2x=0$, $4x^2+6x+1=0$

$$\therefore x=\frac{-3\pm\sqrt{3^2-4\times1}}{4}=\frac{-3\pm\sqrt{5}}{4}$$

(2) 양변에 20을 곱하면 $4(x^2-4)-5(x-2)=2$, $4x^2-5x-8=0$

$$\therefore x=\frac{-(-5)\pm\sqrt{(-5)^2-4\times4\times(-8)}}{2\times4}=\frac{5\pm\sqrt{153}}{8}=\frac{5\pm3\sqrt{17}}{8}$$

(3) 양변에 10을 곱하면 $2x^2+7x+3=0$, $(x+3)(2x+1)=0$

$$\therefore x=-3 \text{ 또는 } x=-\frac{1}{2}$$

확인③ 다음 이차방정식을 푸시오.

(1) $7x^2=3(x-2)^2$ (2) $\dfrac{x^2-2}{3}+\dfrac{x-6}{2}=-\dfrac{1}{3}$

(3) $x^2-0.5x-0.1=0$ (4) $\dfrac{x(x+4)}{4}-0.5x=\dfrac{1}{8}$

Key Point

- 계수가 분수 또는 소수이면 양변에 적당한 수를 곱하여 계수를 정수로 고친 후 이차방정식을 푼다.
- 이차방정식을 풀 때는 인수분해 또는 근의 공식을 이용하여 근을 구한다.

03 공통부분이 있는 이차방정식의 풀이

● 더 다양한 문제는 RPM 중3-1 98쪽

이차방정식 $2(x+2)^2-5(x+2)-3=0$을 푸시오.

풀이 $x+2=A$로 놓으면

$2A^2-5A-3=0$, $(2A+1)(A-3)=0$ $\therefore A=-\dfrac{1}{2}$ 또는 $A=3$

즉, $x+2=-\dfrac{1}{2}$ 또는 $x+2=3$이므로 $x=-\dfrac{5}{2}$ 또는 $x=1$

확인④ 이차방정식 $3(x+3)^2-16(x+3)+5=0$의 양수인 근을 구하시오.

Key Point

(공통부분)$=A$로 놓고 A의 값을 구한 후, x의 값을 구한다.

계산력 ⏱ 강화하기

01 다음 이차방정식을 푸시오.

(1) $x^2 + x - 1 = 0$

(2) $x^2 - 2x - 2 = 0$

(3) $5x^2 + 7x + 1 = 0$

(4) $9x^2 + 12x + 2 = 0$

(5) $2x^2 = 1 - 5x$

(6) $x^2 - 4x = -1$

02 다음 이차방정식을 푸시오.

(1) $(2x-3)(3x+1) = 5(x-1)^2 + 7x$

(2) $\dfrac{1}{2}x^2 + \dfrac{2}{3}x - \dfrac{3}{4} = 0$

(3) $\dfrac{3}{4}x^2 - \dfrac{1}{2}x = \dfrac{5}{6}$

(4) $\dfrac{4}{3}x^2 - x - \dfrac{5}{6} = 0$

(5) $0.4x^2 + x - 0.1 = 0$

(6) $0.3x^2 - 0.8x - 1 = 0$

03 다음 이차방정식을 푸시오.

(1) $(x-1)^2 = 0.4(x+2)$

(2) $x^2 - 0.2x - \dfrac{2}{5} = 0$

(3) $\dfrac{1}{6}x^2 + \dfrac{3}{2}x = 1.5$

(4) $0.5x^2 - \dfrac{2(x+1)}{3} = x$

04 다음 이차방정식을 푸시오.

(1) $4(x-2)^2 + 10(x-2) + 5 = 0$

(2) $\dfrac{1}{2}(x+1)^2 - \dfrac{3}{10}(x+1) - \dfrac{1}{5} = 0$

소단원 📃 핵심문제

01 이차방정식 $2x^2-5x-1=0$의 근이 $x=\dfrac{A\pm\sqrt{B}}{4}$일 때, 유리수 A, B에 대하여 $A+B$의 값은?

① 26   ② 30   ③ 34   ④ 38   ⑤ 42

⭐ 생각해 봅시다

이차방정식 $ax^2+bx+c=0$의 근
$\Rightarrow x=\dfrac{-b\pm\sqrt{b^2-4ac}}{2a}$

02 다음 중 이차방정식과 그 해가 바르게 짝 지어지지 <u>않은</u> 것은?

① $4x^2+x-1=1 \Rightarrow x=\dfrac{-1\pm\sqrt{33}}{8}$

② $(x+2)(x-5)=4(x-3) \Rightarrow x=\dfrac{7\pm\sqrt{41}}{2}$

③ $\dfrac{1}{3}x^2-\dfrac{5}{12}x-\dfrac{1}{8}=0 \Rightarrow x=-\dfrac{1}{4}$ 또는 $x=\dfrac{3}{2}$

④ $0.1x^2-0.4x+0.05=0 \Rightarrow x=\dfrac{4\pm\sqrt{14}}{2}$

⑤ $0.3x^2=\dfrac{2}{5}x-0.1 \Rightarrow x=-\dfrac{1}{3}$ 또는 $x=1$

(1) 계수가 분수이면
  ⇨ 양변에 분모의 최소공배수를 곱한다.
(2) 계수가 소수이면
  ⇨ 양변에 10, 100, 1000, …을 곱한다.

03 이차방정식 $3\left(x+\dfrac{1}{2}\right)^2-2\left(x+\dfrac{1}{2}\right)-1=0$의 두 근을 p, q라 할 때, $p+q$의 값을 구하시오.

(공통부분)$=A$로 놓는다.

04 두 수 x, y가 $(x-y)(x-y-6)=16$을 만족시킬 때, $x-y$의 값을 구하시오. (단, $x>y$)

개념원리
이해!

1 이차방정식의 근의 개수는 어떻게 결정되는가? ◐ 핵심문제 1~3

이차방정식 $ax^2+bx+c=0$의 근은 $x=\dfrac{-b\pm\sqrt{b^2-4ac}}{2a}$이므로 서로 다른 근의 개수는

b^2-4ac의 부호에 의해 결정된다.

(1) $b^2-4ac>0$이면 ⇨ 서로 다른 두 근을 갖는다. ⎤
(2) $b^2-4ac=0$이면 ⇨ 중근을 갖는다. ⎥ $b^2-4ac\geq0$이면 근을 갖는다.
(3) $b^2-4ac<0$이면 ⇨ 근이 없다. ← 음수의 제곱근은 없다.

예 (1) 이차방정식 $2x^2-3x+1=0$은
$$b^2-4ac=(-3)^2-4\times2\times1=1>0$$
이므로 서로 다른 두 근을 갖는다.

(2) 이차방정식 $x^2+2x+1=0$은
$$b^2-4ac=2^2-4\times1\times1=0$$
이므로 중근을 갖는다.

(3) 이차방정식 $3x^2+x+1=0$은
$$b^2-4ac=1^2-4\times3\times1=-11<0$$
이므로 근이 없다.

2 두 근이 주어졌을 때 이차방정식은 어떻게 구하는가? ◐ 핵심문제 4

(1) 두 근이 α, β이고 x^2의 계수가 a인 이차방정식은
$$a(x-\alpha)(x-\beta)=0$$

예 두 근이 -2, 1이고 x^2의 계수가 2인 이차방정식은
$$2(x+2)(x-1)=0, 2(x^2+x-2)=0$$
$$\therefore 2x^2+2x-4=0$$

(2) 중근이 α이고 x^2의 계수가 a인 이차방정식은
$$a(x-\alpha)^2=0 ← (완전제곱식)=0$$

예 중근이 2이고 x^2의 계수가 3인 이차방정식은
$$3(x-2)^2=0, 3(x^2-4x+4)=0$$
$$\therefore 3x^2-12x+12=0$$

개념원리 📖 확인하기

정답과 풀이 p.60

01 다음은 이차방정식의 서로 다른 근의 개수를 구하는 과정이다. 표를 완성하시오.

○ 이차방정식 $ax^2+bx+c=0$에서
b^2-4ac □ 0 ⇨ 서로 다른 두 근
b^2-4ac □ 0 ⇨ 중근
b^2-4ac □ 0 ⇨ 근이 없다.

$ax^2+bx+c=0$	b^2-4ac의 값	서로 다른 근의 개수
(1) $x^2+3x-4=0$	$3^2-4\times1\times(-4)=25$	
(2) $x^2-5x+1=0$		
(3) $x^2-8x+20=0$		
(4) $x^2+5x+7=0$		
(5) $4x^2+4x+1=0$		

02 다음은 두 근과 x^2의 계수가 주어질 때 이차방정식을 구하는 과정이다. □ 안에 알맞은 수를 써넣으시오.

○ (1) 두 근이 α, β이고 x^2의 계수가 a인 이차방정식
⇨ $a(x-□)(x-□)=0$
(2) 중근이 α이고 x^2의 계수가 a인 이차방정식
⇨ $a(x-□)^2=0$

(1) 두 근이 2, 5이고 x^2의 계수가 1인 이차방정식
⇨ $(x-□)(x-□)=0$
∴ $x^2-□x+□=0$

(2) 두 근이 -1, 4이고 x^2의 계수가 1인 이차방정식
⇨ $(x+□)(x-□)=0$
∴ $x^2-□x-□=0$

(3) 두 근이 -7, -2이고 x^2의 계수가 3인 이차방정식
⇨ $□(x+□)(x+□)=0$
∴ $□x^2+□x+□=0$

(4) 중근이 5이고 x^2의 계수가 2인 이차방정식
⇨ $□(x-□)^2=0$
∴ $□x^2-□x+□=0$

2. 이차방정식의 활용 **143**

01 이차방정식의 근의 개수

⬢ 더 다양한 문제는 RPM 중3-1 98쪽

다음 이차방정식 중 서로 다른 두 근을 갖는 것을 모두 고르면? (정답 2개)

① $x^2-4x-1=0$ ② $x^2+3x+4=0$ ③ $2x^2-4x+5=0$

④ $3x^2-5x+1=0$ ⑤ $4x^2-12x+9=0$

Key Point

이차방정식 $ax^2+bx+c=0$에서
- $b^2-4ac>0 \Rightarrow$ 서로 다른 두 근
- $b^2-4ac=0 \Rightarrow$ 중근
- $b^2-4ac<0 \Rightarrow$ 근이 없다.

풀이

① $(-4)^2-4\times1\times(-1)=20>0$
  ∴ 서로 다른 두 근
② $3^2-4\times1\times4=-7<0$
  ∴ 근이 없다.
③ $(-4)^2-4\times2\times5=-24<0$
  ∴ 근이 없다.
④ $(-5)^2-4\times3\times1=13>0$
  ∴ 서로 다른 두 근
⑤ $(-12)^2-4\times4\times9=0$
  ∴ 중근
∴ ①, ④

확인 1 다음 이차방정식 중 근이 없는 것은?

① $x^2-3x+1=0$ ② $x^2-4x+4=0$ ③ $\frac{1}{3}x^2-2x+2=0$

④ $5x^2+2x+1=0$ ⑤ $9x^2-6x+1=0$

02 이차방정식이 중근을 가질 조건

⬢ 더 다양한 문제는 RPM 중3-1 99쪽

이차방정식 $kx^2-12x+k+5=0$이 중근을 갖도록 하는 상수 k의 값을 모두 구하시오.

Key Point

이차방정식 $ax^2+bx+c=0$이 중근을 가지면
$\Rightarrow b^2-4ac=0$

풀이

$(-12)^2-4\times k\times(k+5)=0$이므로
$-4k^2-20k+144=0$, $k^2+5k-36=0$
$(k+9)(k-4)=0$ ∴ $k=-9$ 또는 $k=4$

확인 2 이차방정식 $2x^2+8x+k-7=0$이 중근을 가질 때, 상수 k의 값과 그 중근을 각각 구하시오.

03 근을 가질 조건에 따른 미지수의 값의 범위 구하기

더 다양한 문제는 RPM 중3-1 98쪽

이차방정식 $x^2+4x+2k+1=0$이 근을 갖도록 하는 상수 k의 값의 범위를 구하시오.

풀이　$4^2-4\times1\times(2k+1)\geq0$이므로

$-8k+12\geq0$　　∴ $\boldsymbol{k\leq\dfrac{3}{2}}$

Key Point

이차방정식 $ax^2+bx+c=0$에서
・ 서로 다른 두 근을 가지면
　⇨ $b^2-4ac>0$
・ 중근을 가지면
　⇨ $b^2-4ac=0$
・ 근이 없으면
　⇨ $b^2-4ac<0$

확인③　이차방정식 $x^2+3x+5-k=0$이 근을 갖지 않도록 하는 상수 k의 값의 범위를 구하시오.

확인④　다음 중 이차방정식 $4x^2-3x+2k-5=0$이 서로 다른 두 근을 갖도록 하는 상수 k의 값이 <u>아닌</u> 것은?

① -6　　　② -4　　　③ 0　　　④ 2　　　⑤ 4

04 이차방정식 구하기

더 다양한 문제는 RPM 중3-1 99쪽

이차방정식 $3x^2+ax+b=0$의 두 근이 -1, $\dfrac{1}{3}$일 때, 상수 a, b에 대하여 $a-2b$의 값을 구하시오.

Key Point

두 근이 α, β이고 x^2의 계수가 a인 이차방정식
⇨ $a(x-\alpha)(x-\beta)=0$

풀이　두 근이 -1, $\dfrac{1}{3}$이고 x^2의 계수가 3인 이차방정식은

$3(x+1)\left(x-\dfrac{1}{3}\right)=0$, $3\left(x^2+\dfrac{2}{3}x-\dfrac{1}{3}\right)=0$

∴ $3x^2+2x-1=0$

따라서 $a=2$, $b=-1$이므로

$a-2b=2-2\times(-1)=\boldsymbol{4}$

확인⑤　이차방정식 $x^2-ax+b=0$의 두 근이 1, 3일 때, a, b를 두 근으로 하고 x^2의 계수가 2인 이차방정식을 구하시오. (단, a, b는 상수)

소단원 📃 핵심문제

01 다음 이차방정식 중 서로 다른 근의 개수가 나머지 넷과 <u>다른</u> 하나는?

① $x^2-x+3=0$ ② $x^2-6x+10=0$ ③ $2x^2+3x-5=0$

④ $4x^2-4x+3=0$ ⑤ $5x^2-x+5=0$

⭐ 생각해 봅시다

이차방정식 $ax^2+bx+c=0$의 서
로 다른 근의 개수
$b^2-4ac>0 \Rightarrow$ 2개
$b^2-4ac=0 \Rightarrow$ 1개
$b^2-4ac<0 \Rightarrow$ 0개

02 이차방정식 $4x^2+4x-k=0$이 중근을 가질 때, 이차방정식 $(k-1)x^2+3x-1=0$의 근을 구하시오. (단, k는 상수)

03 이차방정식 $4x^2-3x-k=0$의 근이 존재하지 않도록 하는 상수 k의 값 중 가장 큰 정수를 구하시오.

04 이차방정식 $2x^2+ax+b=0$이 중근 -1을 가질 때, 상수 a, b에 대하여 ab의 값을 구하시오.

중근이 α이고 x^2의 계수가 a인 이차
방정식
$\Rightarrow a(x-\alpha)^2=0$

05 이차방정식 $x^2-3x+2=0$의 두 근을 α, β라 할 때, $\alpha+1$, $\beta+1$을 두 근으로 하고 x^2의 계수가 3인 이차방정식을 구하시오.

03 | 이차방정식의 활용

1 이차방정식의 활용 문제는 어떻게 푸는가? ◎ 핵심문제 1~6

① 미지수 정하기: 문제의 뜻을 파악하고 구하려는 것을 미지수 x로 놓는다.
② 방정식 세우기: 문제의 뜻에 맞게 x에 대한 이차방정식을 세운다.
③ 방정식 풀기: 이차방정식을 풀어서 해를 구한다.
④ 확인하기: 구한 해가 문제의 뜻에 맞는지 확인한다.

주의 이차방정식의 모든 해가 문제의 답이 되는 것은 아니므로 문제의 조건에 맞는지 확인하는 것이 중요하다.

2 여러 가지 이차방정식의 활용 문제 ◎ 핵심문제 1~6

(1) **식이 주어진 문제**
   주어진 식을 이용하여 이차방정식을 세운다.

   ① 자연수 1부터 n까지의 합: $\dfrac{n(n+1)}{2}$

   ② n각형의 대각선의 개수: $\dfrac{n(n-3)}{2}$개

(2) **수에 대한 문제**
   ① 연속하는 두 정수: x, $x+1$ 또는 $x-1$, x로 놓는다.
   ② 연속하는 세 정수: $x-1$, x, $x+1$로 놓는다.
   ③ 연속하는 두 짝수: x, $x+2(x$는 짝수) 또는 $2x$, $2x+2(x$는 자연수)로 놓는다.
   ④ 연속하는 두 홀수: x, $x+2(x$는 홀수) 또는 $2x-1$, $2x+1(x$는 자연수)로 놓는다.

(3) **도형에 대한 문제**
   ① (삼각형의 넓이)$=\dfrac{1}{2}\times$(밑변의 길이)$\times$(높이)

   ② (직사각형의 넓이)$=$(가로의 길이)$\times$(세로의 길이)

   ③ (사다리꼴의 넓이)$=\dfrac{1}{2}\times\{$(윗변의 길이)$+$(아랫변의 길이)$\}\times$(높이)

   ④ (원의 넓이)$=\pi\times$(반지름의 길이)^2

   ⑤ 직사각형 모양의 땅에 폭이 일정한 길을 만드는 경우 다음 그림의 세 직사각형에서 색칠한 부분의 넓이는 모두 같음을 이용한다.

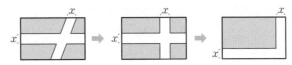

개념원리 ☒ 확인하기

정답과 풀이 p.62

01 자연수 1부터 n까지의 합은 $\dfrac{n(n+1)}{2}$이다. 다음은 합이 210이 되려면 1부터 얼마까지의 자연수를 더해야 하는지 구하는 과정이다. □ 안에 알맞은 수를 써넣으시오.

> $\dfrac{n(n+1)}{2}=\boxed{}$에서
>
> $n^2+n-\boxed{}=0$, $(n+\boxed{})(n-\boxed{})=0$
>
> $\therefore n=\boxed{}$ 또는 $n=\boxed{}$
>
> 그런데 n은 자연수이므로 $n=\boxed{}$
>
> 따라서 합이 210이 되려면 1부터 $\boxed{}$까지의 자연수를 더해야 한다.

○ 이차방정식의 활용 문제 푸는 순서

$\boxed{ \boxed{} \text{정하기}}$
⇩
$\boxed{\text{방정식 세우기}}$
⇩
$\boxed{\text{방정식 풀기}}$
⇩
$\boxed{\text{확인하기}}$

02 다음은 연속하는 두 자연수의 곱이 110일 때, 이 두 수를 구하는 과정이다. □ 안에 알맞은 것을 써넣으시오.

> 연속하는 두 자연수를 x, $x+1$이라 하면
>
> $x(\boxed{})=110$, $x^2+\boxed{}-110=0$
>
> $(x+\boxed{})(x-\boxed{})=0$
>
> $\therefore x=\boxed{}$ 또는 $x=\boxed{}$
>
> 그런데 x는 자연수이므로 $x=\boxed{}$
>
> 따라서 구하는 두 자연수는 $\boxed{}$, $\boxed{}$이다.

03 길이가 28 m인 철사를 구부려 넓이가 48 m²인 직사각형 모양을 만들려고 한다. 다음 물음에 답하시오. (단, 철사의 두께는 생각하지 않는다.)

(1) 가로의 길이를 x m라 할 때, 세로의 길이를 x에 대한 식으로 나타내시오.

(2) 넓이가 48 m²임을 이용하여 이차방정식을 세우시오.

(3) 이차방정식을 풀어 직사각형의 가로의 길이를 구하시오.
(단, 가로의 길이가 세로의 길이보다 길다.)

○ (직사각형의 넓이)
　=(가로의 길이)×($\boxed{}$의 길이)

핵심문제 🔑 익히기

정답과 풀이 p.62

01 식이 주어진 문제

● 더 다양한 문제는 RPM 중3-1 100쪽

Key Point

주어진 식을 이용하여 이차방정식을 세운다.

n각형의 대각선의 개수는 $\dfrac{n(n-3)}{2}$개이다. 대각선의 개수가 27개인 다각형은 몇 각형인지 구하시오.

풀이 $\dfrac{n(n-3)}{2}=27$에서 $n(n-3)=54$

$n^2-3n-54=0$, $(n+6)(n-9)=0$

$\therefore n=-6$ 또는 $n=9$

그런데 $n>3$이므로 $n=9$

따라서 구하는 다각형은 **구각형**이다.

확인 1 n명이 서로 한 명씩 모두와 악수를 할 때, 악수를 한 총횟수는 $\dfrac{n(n-1)}{2}$번이다. 어느 동호회 회원들이 서로 한 명씩 모두와 악수를 한 총횟수가 105번일 때, 이 동호회의 회원 수는 몇 명인지 구하시오.

02 수에 대한 문제

● 더 다양한 문제는 RPM 중3-1 100쪽

Key Point

연속하는 세 자연수
⇨ $x-1$, x, $x+1$ (단, $x>1$)

연속하는 세 자연수가 있다. 가장 큰 수의 제곱은 다른 두 수의 제곱의 합과 같을 때, 이 세 수를 구하시오.

풀이 연속하는 세 자연수를 $x-1$, x, $x+1$이라 하면

$(x+1)^2=(x-1)^2+x^2$에서 $x^2+2x+1=x^2-2x+1+x^2$

$x^2-4x=0$, $x(x-4)=0$

$\therefore x=0$ 또는 $x=4$

그런데 $x>1$이므로 $x=4$

따라서 구하는 세 수는 **3, 4, 5**이다.

확인 2 연속하는 두 홀수의 곱이 143일 때, 이 두 수를 구하시오.

03 **실생활에 대한 문제** ⬤ 더 다양한 문제는 RPM 중3-1 101쪽

나이 차이가 24살인 아버지와 아들이 있다. 아들의 나이의 제곱은 아버지의 나이의 4배와 같을 때, 아들의 나이를 구하시오.

Key Point

• 나이 차이가 ▲살인 아들과 아버지의 나이
  ⇨ x살, $(x+▲)$살
• 나이, 사람 수, 개수, 날짜 등은 자연수이다.

풀이 아들의 나이를 x살이라 하면 아버지의 나이는 $(x+24)$살이므로
$x^2=4(x+24)$에서 $x^2=4x+96$
$x^2-4x-96=0$, $(x+8)(x-12)=0$
∴ $x=-8$ 또는 $x=12$
그런데 $x>0$이므로 $x=12$
따라서 아들의 나이는 **12살**이다.

확인③ 사탕 84개를 몇 명의 학생들에게 똑같이 나누어 주려고 한다. 한 학생이 가지게 되는 사탕의 개수가 학생 수보다 5만큼 작을 때, 한 학생이 가지는 사탕의 개수를 구하시오.

04 **쏘아 올린 물체에 대한 문제** ⬤ 더 다양한 문제는 RPM 중3-1 101쪽

지면에서 초속 30 m로 쏘아 올린 물체의 t초 후의 높이는 $(30t-5t^2)$ m라 한다. 다음 물음에 답하시오.

(1) 이 물체의 높이가 40 m가 되는 것은 쏘아 올린 지 몇 초 후인지 구하시오.

(2) 이 물체가 지면에 떨어지는 것은 쏘아 올린 지 몇 초 후인지 구하시오.

Key Point

물체가 지면에 떨어졌을 때의 높이는 0 m이다.

풀이 (1) $30t-5t^2=40$에서 $-5t^2+30t-40=0$
$t^2-6t+8=0$, $(t-2)(t-4)=0$ ∴ $t=2$ 또는 $t=4$
따라서 물체의 높이가 40 m가 되는 것은 쏘아 올린 지 **2초 후** 또는 **4초 후**이다.

(2) 물체가 지면에 떨어지는 것은 높이가 0 m일 때이므로
$30t-5t^2=0$에서 $t^2-6t=0$, $t(t-6)=0$ ∴ $t=0$ 또는 $t=6$
그런데 $t>0$이므로 $t=6$
따라서 물체가 지면에 떨어지는 것은 쏘아 올린 지 **6초 후**이다.

확인④ 다음 물음에 답하시오.

(1) 지성이가 찬 공의 t초 후의 높이는 $(20t-5t^2)$ m라 한다. 이 공의 높이가 20 m가 되는 것은 공을 찬 지 몇 초 후인지 구하시오.

(2) 지면으로부터 30 m의 높이에서 초속 25 m로 쏘아 올린 물체의 t초 후의 높이는 $(30+25t-5t^2)$ m라 한다. 이 물체가 지면에 떨어지는 것은 쏘아 올린 지 몇 초 후인지 구하시오.

05 도형에 대한 문제 (1)

● 더 다양한 문제는 **RPM** 중3-1 102, 103쪽

오른쪽 그림과 같이 정사각형 모양의 잔디밭을 가로의 길이는 2 m만큼 늘이고 세로의 길이는 4 m만큼 줄였더니 넓이가 72 m²인 직사각형 모양의 잔디밭이 되었다. 처음 정사각형 모양의 잔디밭의 한 변의 길이를 구하시오.

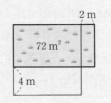

Key Point

처음 잔디밭의 한 변의 길이를 x m로 놓고, 새로 만든 잔디밭의 가로, 세로의 길이를 x에 대한 식으로 나타낸다.

풀이 처음 잔디밭의 한 변의 길이를 x m라 하면 새로 만든 잔디밭의 가로, 세로의 길이는 각각
$(x+2)$ m, $(x-4)$ m이므로
$(x+2)(x-4)=72$에서 $x^2-2x-8=72$
$x^2-2x-80=0$, $(x+8)(x-10)=0$
$\therefore x=-8$ 또는 $x=10$
그런데 $x>4$이므로 $x=10$
따라서 처음 잔디밭의 한 변의 길이는 **10 m**이다.

확인 5 가로와 세로의 길이의 비가 10 : 3이고 넓이가 120인 직사각형이 있다. 이 직사각형의 가로의 길이를 구하시오.

확인 6 미나는 가로, 세로의 길이가 각각 18 cm, 15 cm인 직사각형 모양의 사진을 잘라 수학 신문에 넣으려고 한다. 이 사진의 가로, 세로의 길이를 각각 x cm씩 줄이면 그 넓이가 처음 사진의 넓이의 $\dfrac{2}{3}$배가 될 때, x의 값을 구하시오.

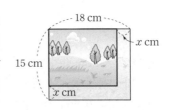

확인 7 오른쪽 그림과 같은 두 정사각형의 넓이의 합이 13 cm²일 때, 큰 정사각형의 한 변의 길이를 구하시오.

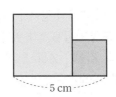

06 　도형에 대한 문제 (2)　🔹더 다양한 문제는 **RPM** 중3-1 102쪽

오른쪽 그림과 같이 가로, 세로의 길이가 각각 16 m,
10 m인 직사각형 모양의 꽃밭에 폭이 x m로 일정한 통
로를 만들었더니 통로를 제외한 꽃밭의 넓이가 112 m²가
되었다. 이때 x의 값을 구하시오.

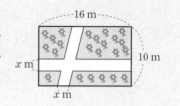

Key Point

다음의 세 직사각형에서 색칠한
부분의 넓이는 모두 같다.

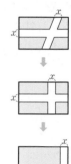

풀이　오른쪽 그림에서

$(16-x)(10-x)=112$

$x^2-26x+48=0$

$(x-2)(x-24)=0$

$\therefore x=2$ 또는 $x=24$

그런데 $0<x<10$이므로 $x=2$

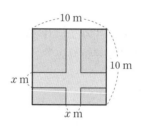

확인 8　오른쪽 그림과 같이 한 변의 길이가 10 m인 정사각
형 모양의 땅에 폭이 x m로 일정한 도로를 만들었더
니 도로의 넓이가 36 m²이었다. 이때 x의 값을 구하
시오.

확인 9　오른쪽 그림과 같이 가로, 세로의 길이가 각각 5 m,
3 m인 직사각형 모양의 연못의 둘레에 폭이 일정한 꽃
밭을 만들었더니 꽃밭의 넓이가 20 m²이었다. 이때 꽃
밭의 폭은 몇 m인지 구하시오.

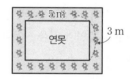

확인 10　오른쪽 그림과 같이 가로의 길이가 세로의 길이보다 3 cm
더 긴 직사각형 모양의 골판지가 있다. 이 골판지의 네 귀
퉁이에서 한 변의 길이가 2 cm인 정사각형을 각각 잘라
낸 후, 나머지를 접어서 뚜껑이 없는 상자를 만들었더니
상자의 부피가 36 cm³가 되었다. 이때 처음 골판지의 가로의 길이를 구하시오.

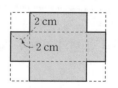

소단원 📖 핵심문제

01 연속하는 두 짝수의 제곱의 합이 244일 때, 이 두 수 중에서 큰 수를 구하시오.

⭐ 생각해 봅시다

연속하는 두 짝수 중 큰 수를 x라 하면 작은 수는 $x-2$이다.

02 개념원리 수학책을 펼친 후 두 페이지의 쪽수를 곱하였더니 1056이었다. 펼쳐진 두 페이지의 쪽수를 구하시오.

펼쳐진 두 페이지의 쪽수는 연속하는 두 자연수이다.

03 사과 120개를 몇 명의 학생들에게 똑같이 나누어 주려고 한다. 한 학생에게 돌아가는 사과의 개수가 학생 수보다 2만큼 작을 때, 학생 수를 구하시오.

학생 수를 x명이라 하면 한 학생에게 돌아가는 사과의 개수는 $(x-2)$개이다.

04 지면에서 초속 40 m로 똑바로 쏘아 올린 물로켓의 t초 후의 높이는 $(40t-5t^2)$ m라 한다. 이 물로켓이 지면에 떨어지는 것은 쏘아 올린 지 몇 초 후인지 구하시오.

물로켓이 지면에 떨어지는 것은 높이가 0 m일 때이다.

05 오른쪽 그림과 같이 가로, 세로의 길이가 각각 20 cm, 16 cm인 직사각형 ABCD에서 가로의 길이는 매초 1 cm씩 줄어들고 세로의 길이는 매초 2 cm씩 늘어나고 있다. 이 직사각형의 넓이가 처음 직사각형의 넓이와 같아지는 데 걸리는 시간을 구하시오.

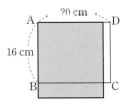

길이가 매초 ▲만큼 늘어나면 x초 후의 길이는
⇨ (처음 길이)+▲x
길이가 매초 ●만큼 줄어들면 x초 후의 길이는
⇨ (처음 길이)-●x

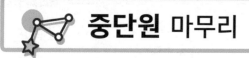
Step 1 기본문제

01 이차방정식 $2x^2-5x-5=0$을 풀면?

① $x=-5\pm\sqrt{65}$ ② $x=5\pm\sqrt{65}$

③ $x=\dfrac{-5\pm\sqrt{65}}{4}$ ④ $x=\dfrac{5\pm\sqrt{65}}{4}$

⑤ $x=\dfrac{-5\pm\sqrt{65}}{2}$

02 이차방정식 $3x^2-8x+m=0$의 근이 $x=\dfrac{4\pm\sqrt{10}}{3}$일 때, 상수 m의 값은?

① 1 ② 2 ③ 3

④ 4 ⑤ 5

꼭 나와

03 다음 이차방정식 중 음수인 근의 절댓값이 가장 큰 것은?

① $3x(x+1)=x+3$

② $(x-2)(x-3)=x+22$

③ $\dfrac{1}{3}x^2-x-6=0$

④ $\dfrac{3}{4}x^2-x-\dfrac{1}{2}=0$

⑤ $0.1x^2+0.4x-0.6=0$

04 다음 **보기**의 이차방정식 중 근이 없는 것을 모두 고르시오.

● 보기 ●
ㄱ. $x^2-8x+13=0$ ㄴ. $x^2-2x+2=0$
ㄷ. $x^2-4x+5=0$ ㄹ. $x^2+5x+2=0$

꼭 나와

05 이차방정식 $x^2+8x+20-a=0$이 근을 갖도록 하는 상수 a의 값의 범위는?

① $a\leq-4$ ② $a>-4$ ③ $a<4$

④ $a>4$ ⑤ $a\geq4$

06 이차방정식 $2x^2+px+q=0$의 두 근이 $\dfrac{3}{2}$, 2일 때, p, q를 두 근으로 하고 x^2의 계수가 1인 이차방정식을 구하시오.

07 n명 중 대표 2명을 뽑는 경우의 수는 $\dfrac{n(n-1)}{2}$이다. 어느 반 학생 중 2명의 대표를 뽑는 경우의 수가 190일 때, 이 반 학생 수는 모두 몇 명인가?

① 18명   ② 19명   ③ 20명

④ 21명   ⑤ 22명

꼭 나와
08 높이가 70 m인 건물의 꼭대기에서 초속 25 m로 똑바로 위로 던진 공의 t초 후의 높이는 $(25t-5t^2+70)$ m라 한다. 공의 높이가 90 m가 되는 것은 공을 던진 지 몇 초 후인가?

① 1초 후 또는 4초 후   ② 2초 후 또는 3초 후

③ 3초 후 또는 4초 후   ④ 4초 후 또는 6초 후

⑤ 5초 후 또는 6초 후

09 어느 피자집에서 반지름의 길이가 9 cm인 원 모양의 피자 반죽을 만들었다. 이 반죽의 반지름의 길이를 늘여서 새로운 원 모양의 반죽을 만들었더니 넓이가 63π cm^{2}만큼 늘어났을 때, 새로 만든 반죽의 반지름의 길이를 구하시오.

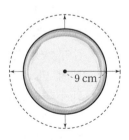
9 cm

10 이차방정식 $\dfrac{1}{4}x^2-2x+\dfrac{5}{3}=-\dfrac{7}{12}$의 두 근을 a, b라 할 때, a와 b 사이에 있는 정수의 개수를 구하시오. (단, $a<b$)

11 이차방정식 $\dfrac{x(x-3)}{3}=\dfrac{(x+1)(x-2)}{2}+a$의 근이 $x=\dfrac{b\pm\sqrt{21}}{2}$일 때, 유리수 a, b에 대하여 $2a-b$의 값은?

① 1   ② 2   ③ 3

④ 4   ⑤ 5

12 $(x+2y)(x+2y+3)=40$을 만족시키는 자연수 x, y의 순서쌍을 모두 구하시오.

13 한 개의 주사위를 두 번 던져서 첫 번째 나온 눈의 수를 a, 두 번째 나온 눈의 수를 b라 할 때, 이차방정식 $ax^2-4x+b=0$이 중근을 가질 확률을 구하시오.

14 이차방정식 $3x^2-2x+k-1=0$은 서로 다른 두 근을 갖고 이차방정식 $x^2+kx+3=0$은 중근을 갖도록 하는 상수 k의 값을 구하시오.

15 이차방정식 $x^2+(3-2k)x+k^2+1=0$의 해가 없을 때, 다음 중 상수 k의 값이 될 수 있는 것은?

① $-\dfrac{3}{4}$ ② $-\dfrac{1}{2}$ ③ $-\dfrac{1}{4}$

④ $\dfrac{1}{4}$ ⑤ $\dfrac{1}{2}$

16 이차방정식 $2x^2+3ax+a-4=0$의 두 근이 -1, b일 때, $a+2b$의 값을 구하시오. (단, a는 상수)

17 x^2의 계수가 1인 이차방정식을 푸는데 서윤이는 x의 계수를 잘못 보고 풀어서 해를 $x=-4$ 또는 $x=7$로 구하였고, 현우는 상수항을 잘못 보고 풀어서 해를 $x=-9$ 또는 $x=-3$으로 구하였다. 처음 이차방정식의 해를 바르게 구하시오.

18 오른쪽 그림은 어느 해 5월의 달력이다. 위아래로 이웃하는 두 날짜를 각각 제곱하여 더한 값이 205일 때, 두 날짜를 구하시오.

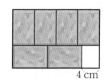

⋃P 19 오른쪽 그림과 같이 모양과 크기가 같은 직사각형 모양의 타일 6개를 넓이가 260 cm²인 직사각형 모양의 종이에 빈틈없이 붙였더니 가로의 길이가 4 cm인 직사각형 모양의 공간이 남았다. 이때 타일 1개의 둘레의 길이를 구하시오.

⋃P 20 오른쪽 그림과 같이 $\overline{AB}=\overline{BC}=12$ cm인 직각이등변삼각형 ABC에서 세 변 BC, AC, AB 위에 각각 점 D, E, F를 잡아서 만든 직사각형 BDEF의 넓이가 32 cm²일 때, △EDC의 넓이를 구하시오. (단, $\overline{BD}<\overline{DC}$)

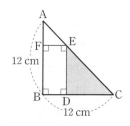

서술형 대비 문제

정답과 풀이 p.66

1

이차방정식 $2x^2+ax+b=0$의 두 근이 $-\dfrac{1}{5}$, $\dfrac{1}{2}$일 때, 이차방정식 $bx^2+ax+2=0$의 두 근의 합을 구하시오.

(단, a, b는 상수) [7점]

풀이과정

1단계 a, b의 값 구하기 [3점]

두 근이 $-\dfrac{1}{5}$, $\dfrac{1}{2}$이고 x^2의 계수가 2인 이차방정식은

$2\left(x+\dfrac{1}{5}\right)\left(x-\dfrac{1}{2}\right)=0$ $\therefore 2x^2-\dfrac{3}{5}x-\dfrac{1}{5}=0$

$\therefore a=-\dfrac{3}{5}$, $b=-\dfrac{1}{5}$

2단계 $bx^2+ax+2=0$의 두 근 구하기 [3점]

$bx^2+ax+2=0$에서 $-\dfrac{1}{5}x^2-\dfrac{3}{5}x+2=0$

$x^2+3x-10=0$, $(x+5)(x-2)=0$

$\therefore x=-5$ 또는 $x=2$

3단계 두 근의 합 구하기 [1점]

따라서 두 근의 합은 $(-5)+2=-3$

답 -3

1-1

이차방정식 $3x^2+ax+b=0$의 두 근이 $-\dfrac{1}{3}$, 2일 때, 이차방정식 $bx^2-ax-3=0$의 두 근의 곱을 구하시오. (단, a, b는 상수) [7점]

풀이과정

1단계 a, b의 값 구하기 [3점]

2단계 $bx^2-ax-3=0$의 두 근 구하기 [3점]

3단계 두 근의 곱 구하기 [1점]

답

2

오른쪽 그림과 같이 가로, 세로의 길이가 각각 18 m, 10 m인 직사각형 모양의 화단에 폭이 x m로 일정한 통로를 만들었다. 통로를 제외한 화단의 넓이가 144 m^2일 때, x의 값을 구하시오. [7점]

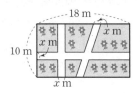

풀이과정

1단계 방정식 세우기 [3점]

통로를 제외한 화단의 넓이는 가로, 세로의 길이가 각각 $(18-2x)$ m, $(10-x)$ m인 직사각형의 넓이와 같으므로

$(18-2x)(10-x)=144$

2단계 방정식 풀기 [2점]

$2x^2-38x+36=0$, $x^2-19x+18=0$

$(x-1)(x-18)=0$ $\therefore x=1$ 또는 $x=18$

3단계 답 구하기 [2점]

그런데 $0<x<9$이므로 $x=1$

답 1

2-1

오른쪽 그림과 같이 가로, 세로의 길이가 각각 30 m, 24 m인 직사각형 모양의 공원에 폭이 일정한 산책로를 만들었다. 산책로를 제외한 공원의 넓이가 416 m^2일 때, 산책로의 폭을 구하시오. [7점]

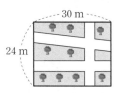

풀이과정

1단계 방정식 세우기 [3점]

2단계 방정식 풀기 [2점]

3단계 답 구하기 [2점]

답

3 이차방정식 $-0.1x + \dfrac{x^2+1}{2} = 0.4 - \dfrac{4}{5}x$의 근이 $x = \dfrac{p \pm \sqrt{q}}{10}$일 때, 유리수 p, q에 대하여 $p+q$의 값을 구하시오. [7점]

풀이과정

답

5 이차방정식 $x^2 + kx - 6 = 0$의 한 근이 1일 때, k, 2를 두 근으로 하고 x^2의 계수가 3인 이차방정식을 구하시오. (단, k는 상수) [6점]

풀이과정

답

4 이차방정식 $Ax^2 - 2x + 3 = 0$이 중근을 가질 때, 이차방정식 $x^2 - Ax + A - 1 = 0$의 두 근 중 큰 근을 구하시오. (단, A는 상수) [7점]

풀이과정

답

6 오른쪽 그림과 같이 세 개의 반원으로 이루어진 도형이 있다. $\overline{AB} = 20$ cm이고 색칠한 부분의 넓이가 21π cm²일 때, $\overline{AC}$의 길이를 구하시오. (단, $\overline{AC} > \overline{CB}$) [8점]

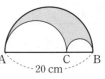

풀이과정

답

대단원 핵심 한눈에 보기

01 이차방정식과 그 해

(1) x에 대한 **이차방정식**: 등식의 모든 항을 좌변으로 이항하여 정리하였을 때, (x에 대한 [   ])$=0$의 꼴로 나타내어지는 방정식

$\Rightarrow ax^2+bx+c=0$ (a, b, c는 상수, a [ ] 0)

(2) **이차방정식의 해(근)**: x에 대한 이차방정식을 [ ]이 되게 하는 x의 값

---

02 이차방정식의 풀이

(1) **인수분해를 이용한 풀이**

$AB=0$이면 $A=0$ 또는 $B=0$임을 이용한다.

(2) **이차방정식의 중근**

① 이차방정식의 두 해가 중복될 때, 이 해를 주어진 이차방정식의 [   ]이라 한다.

② 이차방정식을 인수분해했을 때, ([   ])$=0$의 꼴로 나타내어지면 이 이차방정식은 중근을 갖는다.

(3) **제곱근을 이용한 풀이**

① $x^2=q \Rightarrow x=$ [   ]   ② $(x+p)^2=q \Rightarrow x=$ [   ]

(4) **완전제곱식을 이용한 풀이**

$ax^2+bx+c=0$, $x^2+\dfrac{b}{a}x=-\dfrac{c}{a}$, $x^2+\dfrac{b}{a}x+$ [   ] $=-\dfrac{c}{a}+$ [   ], $\left(x+\right.$ [ ] $\left.\right)^2=\dfrac{\boxed{}}{4a^2}$

$\Rightarrow x=\dfrac{-b\pm\sqrt{\boxed{}}}{2a}$ $\leftarrow$ 근의 공식

---

03 이차방정식의 응용

(1) **이차방정식의 근의 개수**: 이차방정식 $ax^2+bx+c=0$의 서로 다른 근의 개수는

① $b^2-4ac>0 \Rightarrow$ [ ]개   ② $b^2-4ac=0 \Rightarrow$ [ ]개   ③ $b^2-4ac<0 \Rightarrow$ [ ]개

(2) **이차방정식 구하기**

① 두 근이 α, β이고 x^2의 계수가 a인 이차방정식 $\Rightarrow a(x-\alpha)(x-$ [ ] $)=0$

② 중근이 α이고 x^2의 계수가 a인 이차방정식 $\Rightarrow a(x-$ [ ] $)^2=0$

답 **01** (1) 이차식, $\neq$ (2) 참 **02** (2) ① 중근 ② 완전제곱식 (3) ① $\pm\sqrt{q}$ ② $-p\pm\sqrt{q}$ (4) $\left(\dfrac{b}{2a}\right)^2$, $\left(\dfrac{b}{2a}\right)^2$, $\dfrac{b}{2a}$, b^2-4ac, b^2-4ac

03 (1) ① 2 ② 1 ③ 0 (2) ① β ② α

작은 배려, 큰 선물

1970년 여름, 일본 오사카에서 만국 박람회가 열렸습니다. 한 작은 전기 회사의 사장이 자기 회사의 전시관을 보기 위해 박람회장에 갔습니다. 안내를 하던 전시장의 직원들은 먼저 입장할 것을 권했지만, 그는 기다리고 있는 사람들을 제치고 먼저 들어갈 수 없다며 관람객이 서 있는 줄 맨 끝에 섰습니다.

오랜 시간을 기다려 전시관에 입장한 그는 직원을 불러서 다음과 같이 지시했습니다.

"종이 모자를 만들어 줄 서 있는 사람들에게 나누어주게."

뙤약볕 아래에서 줄 서서 기다리는 것이 정말 힘들다는 것을 느꼈기 때문이었습니다.

그런데 이 작은 배려가 회사에 큰 선물을 가져다주었습니다. 회사 마크가 찍힌 모자를 쓰고 박람회장 곳곳을 돌아다닌 관람객들이 다른 사람들의 눈길을 끌었기 때문입니다. 곧 그곳에 있는 방문객들은 이름이 알려지지 않은 이 작은 회사를 알게 되었고, 덕분에 예상보다 많은 사람들이 회사의 전시관을 찾아와 제품을 널리 홍보할 수 있었습니다.

IV

이차함수

개념원리 이해

1 이차함수란 무엇인가? 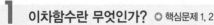 핵심문제 1, 2

> 함수 $y=f(x)$에서 y가 x에 대한 이차식
> $$y=ax^2+bx+c\,(a,\,b,\,c \text{는 상수},\,a\neq0)$$
> 로 나타내어질 때, 이 함수를 x에 대한 **이차함수**라 한다.

▶ ① 특별한 말이 없으면 x의 값의 범위는 실수 전체로 생각한다.
  ② $y=ax^2+bx+c$가 이차함수가 되려면 반드시 $a\neq0$이어야 한다. 그러나 $b=0$ 또는 $c=0$이어도 된다.
  ③ $a,\,b,\,c$는 상수이고 $a\neq0$일 때
   $ax^2+bx+c \Rightarrow$ 이차식, $ax^2+bx+c=0 \Rightarrow$ 이차방정식, $y=ax^2+bx+c \Rightarrow$ 이차함수
  ④ 이차함수는 일반적으로 다음과 같은 5가지 형태가 있다.
   ㉠ $y=ax^2$ ㉡ $y=ax^2+q$ ㉢ $y=a(x-p)^2$ ㉣ $y=a(x-p)^2+q$ ㉤ $y=ax^2+bx+c$

예 $y=3x^2,\ y=-x^2-1,\ y=x^2+4x+3 \Rightarrow$ 이차함수이다.

$y=x-2,\ y=5,\ y=\dfrac{1}{x},\ y=\dfrac{1}{x^2} \Rightarrow$ 이차함수가 아니다.

2 이차함수 $y=x^2$, $y=-x^2$의 그래프의 성질은 무엇인가?

(1) **이차함수 $y=x^2$의 그래프의 성질**
  ① 원점 $O(0,\,0)$을 지나고, 아래로 볼록한 곡선이다.
  ② y축에 대칭이다.
  ③ $x<0$일 때, x의 값이 증가하면 y의 값은 감소한다.
   $x>0$일 때, x의 값이 증가하면 y의 값도 증가한다.

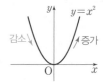

(2) **이차함수 $y=-x^2$의 그래프의 성질**
  ① 원점 $O(0,\,0)$을 지나고, 위로 볼록한 곡선이다.
  ② y축에 대칭이다.
  ③ $x<0$일 때, x의 값이 증가하면 y의 값도 증가한다.
   $x>0$일 때, x의 값이 증가하면 y의 값은 감소한다.
  ④ $y=x^2$의 그래프와 x축에 서로 대칭이다.

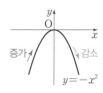

▶ y축에 대칭 ➡ y축을 접는 선으로 하여 접었을 때 완전히 포개어진다. [그림 1]
  x축에 대칭 ➡ x축을 접는 선으로 하여 접었을 때 완전히 포개어진다. [그림 2]

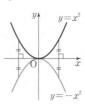

[그림 1]　　　　　[그림 2]

3 포물선이란 무엇인가?

이차함수 $y=x^2$, $y=-x^2$의 그래프와 같은 모양의 곡선을 **포물선**이라 한다.

(1) **축**: 포물선은 선대칭도형으로 그 대칭축을 포물선의 **축**이라 한다.

(2) **꼭짓점**: 포물선과 축의 교점을 포물선의 **꼭짓점**이라 한다.

4 이차함수 $y=ax^2$의 그래프의 성질은 무엇인가? ⊕ 핵심문제 3~7

(1) 원점 $O(0, 0)$을 꼭짓점으로 하는 포물선이다.

(2) y축에 대칭이다.

　⇨ 축의 방정식: $x=0$ (y축)

(3) a의 부호에 따라 그래프의 모양이 달라진다.

　① $a>0$일 때, 아래로 볼록하다.

　② $a<0$일 때, 위로 볼록하다.

(4) a의 절댓값이 클수록 그래프의 폭이 좁아진다.

(5) $y=-ax^2$의 그래프와 x축에 서로 대칭이다.

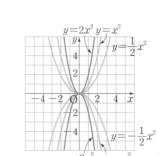

▶ ① 이차함수 $y=ax^2$의 그래프에서
　 a의 부호 ⇨ 그래프의 모양 결정
　 a의 절댓값 ⇨ 그래프의 폭 결정
② 그래프의 폭이 좁아진다.
　 ⇨ 그래프가 y축에 가까워진다.

설명 오른쪽 그림과 같이 a의 값이 -2, -1, $-\dfrac{1}{2}$, $\dfrac{1}{2}$, 1, 2일 때,

$y=ax^2$의 그래프를 그려 보면 모두 원점을 지나는 포물선이다.

① $y=ax^2$의 그래프는 a의 값이 $\dfrac{1}{2}$, 1, 2일 때 아래로 볼록하고,

　-2, -1, $-\dfrac{1}{2}$일 때 위로 볼록하다.

　즉, $a>0$일 때 아래로 볼록하고, $a<0$일 때 위로 볼록하다.

② $y=ax^2$의 그래프의 폭이 좁은 것부터 차례로 a의 절댓값을 나열

　하면 2, 1, $\dfrac{1}{2}$이다.

　즉, a의 절댓값이 클수록 그래프의 폭이 좁아진다.

③ $y=2x^2$과 $y=-2x^2$의 그래프는 x축에 서로 대칭이고, $y=x^2$과 $y=-x^2$의 그래프는 x축에 서

　로 대칭이고, $y=\dfrac{1}{2}x^2$과 $y=-\dfrac{1}{2}x^2$의 그래프는 x축에 서로 대칭이다.

　즉, $y=ax^2$과 $y=-ax^2$의 그래프는 x축에 서로 대칭이다.

개념원리 📖 확인하기

정답과 풀이 p.68

01 다음 중 이차함수인 것은 ○표, 이차함수가 아닌 것은 ×표를 ( ) 안에 써넣으시오.

(1) $y = 3x^2 - 1$　　　　(　)　(2) $y = 2x - 4$　　　　　(　)

(3) $y = 7$　　　　　　　(　)　(4) $y = -x^2 + 6x + 1$　(　)

(5) $y = \dfrac{x^2}{2} - 3x$　　　(　)　(6) $y = \dfrac{3}{x^2} + x$　　　　(　)

○ 이차함수
⇨ $y = (x$에 대한 [　　　])

02 다음 이차함수의 그래프를 좌표평면 위에 그리고, 표의 빈칸을 알맞게 채우시오.

(1)

	그래프의 모양	꼭짓점의 좌표	축의 방정식
$y = 2x^2$	∨		
$y = -2x^2$			

(2)

	그래프의 모양	꼭짓점의 좌표	축의 방정식
$y = -4x^2$			
$y = -\dfrac{1}{4}x^2$			

○ 이차함수 $y = ax^2$의 그래프의 성질
① 꼭짓점의 좌표: $(0, [　])$
② 축의 방정식: $[　] = 0$ $(y$축$)$
③ $a > 0$일 때, [　　] 볼록
　$a < 0$일 때, [　　] 볼록

03 다음 **보기**의 이차함수에 대하여 물음에 답하시오.

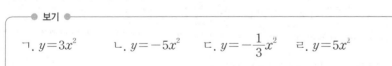

보기

ㄱ. $y = 3x^2$　　　ㄴ. $y = -5x^2$　　　ㄷ. $y = -\dfrac{1}{3}x^2$　　　ㄹ. $y = 5x^2$

(1) 그래프가 아래로 볼록한 것을 모두 고르시오.

(2) 그래프의 폭이 가장 넓은 것을 고르시오.

(3) 그래프가 x축에 서로 대칭인 것끼리 짝 지으시오.

○ 이차함수 $y = ax^2$의 그래프에서 a의 절댓값이 [　　] 폭이 좁아지고, a의 절댓값이 [　　] 폭이 넓어신나.

더 다양한 문제는 **RPM** 중3-1 112쪽

01 이차함수의 뜻

Key Point

이차함수
$\Rightarrow y=ax^2+bx+c$
$\quad(a, b, c$는 상수, $a\neq0)$

다음 중 이차함수인 것은?

① $y=x-3$ ② $y=2x^2-3x$ ③ $y=3x^3-4$
④ $y=x^2-(x-1)^2$ ⑤ $y=(x+1)(x+2)-x^2$

풀이   ① $y=x-3 \Rightarrow$ 일차함수
③ $y=3x^3-4 \Rightarrow$ 이차함수가 아니다.
④ $y=x^2-(x-1)^2=2x-1 \Rightarrow$ 일차함수
⑤ $y=(x+1)(x+2)-x^2=3x+2 \Rightarrow$ 일차함수
$\therefore$ ②

확인 1   다음 **보기** 중 이차함수가 <u>아닌</u> 것을 모두 고르시오.

─● 보기 ●─

ㄱ. $y=x^2(x+1)$ ㄴ. $y=2(x-3)^2+4$
ㄷ. $y=3x^2-3(x-1)^2$ ㄹ. $y=x^2-(3x-x^2)$
ㅁ. $y=3x^2-(2x+1)^2$

확인 2   다음 중 y가 x에 대한 이차함수인 것을 모두 고르면? (정답 2개)

① 한 변의 길이가 x cm인 정삼각형의 둘레의 길이 y cm
② 지름의 길이가 x cm인 원의 넓이 y cm^2
③ 자동차가 시속 60 km로 x시간 동안 달린 거리 y km
④ 한 모서리의 길이가 x cm인 정육면체의 부피 y cm^3
⑤ 반지름의 길이가 x cm이고 중심각의 크기가 $60°$인 부채꼴의 넓이 y cm^2

확인 3 $y=2x^2-x(ax+5)+8$이 이차함수가 되기 위한 상수 a의 조건은?

① $a\neq-2$ ② $a\neq-1$ ③ $a\neq0$ ④ $a\neq1$ ⑤ $a\neq2$

02 **이차함수의 함숫값** ◦ 더 다양한 문제는 RPM 중3-1 113쪽

이차함수 $f(x)=2x^2-3x+5$에서 $f(-1)+f(1)$의 값을 구하시오.

풀이 $f(x)=2x^2-3x+5$에서
$f(-1)=2\times(-1)^2-3\times(-1)+5=10$
$f(1)=2\times1^2-3\times1+5=4$
$\therefore f(-1)+f(1)=10+4=\textbf{14}$

확인 4 이차함수 $f(x)=2x^2-ax-2$에서 $f(-1)=1$일 때, 상수 a의 값을 구하시오.

Key Point

이차함수 $f(x)$에서 $x=a$일 때의 함숫값
$\Rightarrow f(a)$
$\Rightarrow f(x)$에 x 대신 a를 대입한 값

03 **이차함수 $y=ax^2$의 그래프의 성질** ◦ 더 다양한 문제는 RPM 중3-1 115쪽

이차함수 $y=3x^2$의 그래프에 대한 다음 설명 중 옳지 <u>않은</u> 것은?

① 꼭짓점의 좌표는 $(0, 0)$이다.
② 축의 방정식은 $x=0$이다.
③ 아래로 볼록한 포물선이다.
④ 점 $(-1, 3)$을 지난다.
⑤ $x<0$일 때, x의 값이 증가하면 y의 값도 증가한다.

풀이 이차함수 $y=3x^2$의 그래프는 오른쪽 그림과 같다.
⑤ $x<0$일 때, x의 값이 증가하면 y의 값은 감소한다.
$\therefore$ ⑤

Key Point

이차함수 $y=ax^2$의 그래프
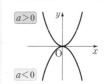

확인 5 이차함수 $y=-\dfrac{1}{2}x^2$의 그래프에 대한 다음 설명 중 옳은 것을 모두 고르면?

(정답 2개)

① 축의 방정식은 $y=0$이다.
② 아래로 볼록한 포물선이다.
③ 점 $(-2, 2)$를 지난다.
④ 제3, 4사분면을 지난다.
⑤ $x>0$일 때, x의 값이 증가하면 y의 값은 감소한다.

04 이차함수 $y=ax^2$의 그래프의 폭

● 더 다양한 문제는 **RPM** 중3-1 113쪽

다음 이차함수 중 그 그래프의 폭이 가장 넓은 것은?

① $y=-3x^2$ ② $y=-2x^2$ ③ $y=-\dfrac{1}{2}x^2$

④ $y=\dfrac{1}{3}x^2$ ⑤ $y=x^2$

풀이 이차함수 $y=ax^2$의 그래프에서 a의 절댓값이 작을수록 폭이 넓어진다.

$\left|\dfrac{1}{3}\right|<\left|-\dfrac{1}{2}\right|<|1|<|-2|<|-3|$ 이므로 그래프의 폭이 가장 넓은 것은 $y=\dfrac{1}{3}x^2$이다.

∴ ④

확인6 다음 **보기**의 이차함수를 그 그래프의 폭이 좁은 것부터 차례로 나열하시오.

┌─● 보기 ●─────────────────────────────────┐

ㄱ. $y=-x^2$ ㄴ. $y=\dfrac{1}{2}x^2$ ㄷ. $y=-\dfrac{2}{3}x^2$

ㄹ. $y=2x^2$ ㅁ. $y=-\dfrac{1}{4}x^2$

└──┘

Key Point

이차함수 $y=ax^2$의 그래프에서 a의 절댓값이 클수록 폭이 좁아지고, a의 절댓값이 작을수록 폭이 넓어진다.

05 두 이차함수 $y=ax^2$, $y=-ax^2$의 그래프의 관계

● 더 다양한 문제는 **RPM** 중3-1 114쪽

다음 이차함수 중 그 그래프가 이차함수 $y=\dfrac{2}{3}x^2$의 그래프와 x축에 대칭인 것은?

① $y=-\dfrac{3}{2}x^2$ ② $y=-\dfrac{2}{3}x^2$ ③ $y=\dfrac{2}{3}x^2$

④ $y=x^2$ ⑤ $y=\dfrac{3}{2}x^2$

풀이 이차함수 $y=ax^2$의 그래프는 이차함수 $y=-ax^2$의 그래프와 x축에 서로 대칭이므로 이차함수 $y=\dfrac{2}{3}x^2$의 그래프와 x축에 대칭인 것은 $y=-\dfrac{2}{3}x^2$의 그래프이다.

∴ ②

확인7 이차함수 $y=-\dfrac{1}{4}x^2$의 그래프와 x축에 대칭인 그래프가 점 $(-1, k)$를 지날 때, k의 값을 구하시오.

Key Point

• x축에 대칭: x축을 접는 선으로 하여 접었을 때 완전히 포개어진다.
• $y=ax^2$과 $y=-ax^2$의 그래프는 x축에 서로 대칭이다.

06 **이차함수 $y=ax^2$의 그래프 위의 점** <small>⬢ 더 다양한 문제는 RPM 중3-1 114쪽</small>

이차함수 $y=ax^2$의 그래프가 두 점 $(2, -8)$, $(-1, b)$를 지날 때, $a+b$의 값을 구하시오. (단, a는 상수)

Key Point

$y=ax^2$의 그래프가 점 (m, n)을 지난다.
➡ $x=m$, $y=n$을 $y=ax^2$에 대입하면 성립한다.

풀이 이차함수 $y=ax^2$의 그래프가 점 $(2, -8)$을 지나므로
$-8=a\times 2^2$, $-8=4a$ ∴ $a=-2$
즉, 이차함수 $y=-2x^2$의 그래프가 점 $(-1, b)$를 지나므로
$b=-2\times(-1)^2=-2$
∴ $a+b=(-2)+(-2)=\mathbf{-4}$

확인 8 오른쪽 그림과 같은 이차함수 $y=ax^2$의 그래프가 점 $(3, b)$를 지날 때, b의 값을 구하시오. (단, a는 상수)

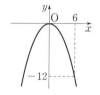

07 **이차함수의 식 구하기** (1) <small>⬢ 더 다양한 문제는 RPM 중3-1 115쪽</small>

오른쪽 그림과 같은 포물선을 그래프로 하는 이차함수의 식을 구하시오.

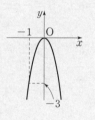

Key Point

꼭짓점이 원점인 포물선을 그래프로 하는 이차함수의 식
➡ $y=ax^2$

풀이 원점을 꼭짓점으로 하는 포물선이므로 이차함수의 식을 $y=ax^2$으로 놓으면
이 그래프가 점 $(-1, -3)$을 지나므로
$-3=a\times(-1)^2$ ∴ $a=-3$
따라서 구하는 이차함수의 식은 $\mathbf{y=-3x^2}$이다.

확인 9 원점을 꼭짓점으로 하는 이차함수의 그래프가 두 점 $(1, 1)$, $(k, 16)$을 지날 때, 양수 k의 값을 구하시오.

소단원 📖 핵심문제

01 다음 **보기** 중 이차함수인 것은 모두 몇 개인지 구하시오.

┌─── ● 보기 ● ───────────────────────────┐
│ ㄱ. $y = x^2 + 4$ ㄴ. $y = 1 - 2x^2$ ㄷ. $y = \dfrac{1}{2x^2}$ │
│   │
│ ㄹ. $y = x(x-7)^2$ ㅁ. $y = \dfrac{x^2}{2} + 3$ ㅂ. $y = x^2 - (x+1)^2$ │
└─────────────────────────────────────┘

⭐ 생각해 봅시다

이차함수
⇨ $y = ax^2 + bx + c$
 (a, b, c는 상수, $a \neq 0$)

02 이차함수 $y = ax^2$의 그래프에 대한 다음 설명 중 옳지 **않은** 것은? (단, a는 상수)

① 원점을 꼭짓점으로 하는 포물선이다.

② a의 절댓값이 클수록 y축에 가까워진다.

③ 이차함수 $y = -ax^2$의 그래프와 x축에 서로 대칭이다.

④ $a > 0$이면 아래로 볼록하고, $a < 0$이면 위로 볼록하다.

⑤ $a < 0$, $x > 0$일 때, x의 값이 증가하면 y의 값도 증가한다.

03 오른쪽 그림은 다음 **보기**의 세 이차함수의 그래프를 좌표평면 위에 나타낸 것이다. 이차함수와 그 그래프를 바르게 짝 지은 것은?

┌─── ● 보기 ● ───────────────────────────┐
│ ㄱ. $y = \dfrac{1}{4}x^2$ ㄴ. $y = 5x^2$ ㄷ. $y = \dfrac{1}{9}x^2$ │
└─────────────────────────────────────┘

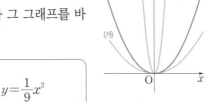

① ㄱ ─ (가)   ② ㄱ ─ (다)   ③ ㄴ ─ (나)
④ ㄷ ─ (가)   ⑤ ㄷ ─ (나)

이차함수 $y = ax^2$의 그래프에서 a의 절댓값이 클수록 폭이 좁아진다.

04 이차함수 $y = ax^2$의 그래프가 이차함수 $y = \dfrac{1}{4}x^2$의 그래프와 x축에 서로 대칭이고 점 $(6, b)$를 지날 때, $4ab$의 값을 구하시오. (단, a는 상수)

이차함수 $y = ax^2$의 그래프와 x축에 서로 대칭인 그래프
⇨ $y = -ax^2$의 그래프

05 원점을 꼭짓점으로 하는 포물선이 두 점 $(-2, 3)$, $(4, k)$를 지날 때, k의 값을 구하시오.

원점을 꼭짓점으로 하는 포물선
⇨ 이차함수 $y = ax^2$의 그래프

02 | 이차함수 $y=ax^2+q$의 그래프

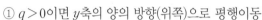 1. 이차함수와 그 그래프

개념원리 이해

1 이차함수 $y=ax^2+q$의 그래프의 성질은 무엇인가? ◐ 핵심문제 1~4

(1) 이차함수 $y=ax^2$의 그래프를 y축의 방향으로 q만큼 평행이동한 것이다.

    ① $q>0$이면 y축의 양의 방향(위쪽)으로 평행이동

    ② $q<0$이면 y축의 음의 방향(아래쪽)으로 평행이동

(2) **꼭짓점의 좌표**: $(0, q)$

(3) **축의 방정식**: $x=0$ (y축)

▶ ① 평행이동: 한 도형을 일정한 방향으로 일정한 거리만큼 옮기는 것

  ② 이차함수 $y=ax^2$의 그래프를 y축의 방향으로 평행이동하여도 그래프의 모양과 폭은 변하지 않는다. 즉, x^2의 계수 a는 변하지 않는다.

  ③ 이차함수 $y=ax^2+q$의 그래프

$a>0$, $q>0$일 때 $a>0$, $q<0$일 때 $a<0$, $q>0$일 때 $a<0$, $q<0$일 때

예 (1) 이차함수 $y=x^2-2$의 그래프

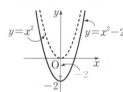

  ① $y=x^2$의 그래프를 y축의 방향으로 -2만큼 평행이동한 것이다.

  ② 꼭짓점의 좌표: $(0, -2)$

  ③ 축의 방정식: $x=0$ (y축)

(2) 이차함수 $y=-3x^2+2$의 그래프

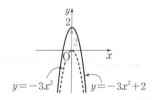

  ① $y=-3x^2$의 그래프를 y축의 방향으로 2만큼 평행이동한 것이다.

  ② 꼭짓점의 좌표: $(0, 2)$

  ③ 축의 방정식: $x=0$ (y축)

01 x의 값의 범위가 실수 전체일 때, 다음 표를 완성하고 이차함수 $y=x^2$, $y=x^2+3$의 그래프를 오른쪽 좌표 평면 위에 각각 그리시오.

x	$\cdots$	-3	-2	-1	0	1	2	3	$\cdots$
$y=x^2$	$\cdots$	9			0		4		$\cdots$
$y=x^2+3$	$\cdots$	12							$\cdots$

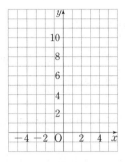

○ 이차함수 $y=ax^2+q$의 그래프
⇨ 이차함수 $y=ax^2$의 그래프를
  □축의 방향으로 □만큼 평행이동한 것

02 다음 □ 안에 알맞은 것을 써넣으시오.

(1) 이차함수 $y=-2x^2+1$의 그래프는

　① $y=$□의 그래프를 □축의 방향으로 □만큼 평행이동한 것이다.

　② 꼭짓점의 좌표: (□, □)

　③ 축의 방정식: □

(2) 이차함수 $y=\dfrac{1}{5}x^2-2$의 그래프는

　① $y=$□의 그래프를 □축의 방향으로 □만큼 평행이동한 것이다.

　② 꼭짓점의 좌표: (□, □)

　③ 축의 방정식: □

○ 이차함수 $y=ax^2+q$의 그래프에서
⇨ 꼭짓점의 좌표: (□, □)
　축의 방정식: □

03 다음 이차함수의 그래프를 y축의 방향으로 [　] 안의 수만큼 평행이동한 그래프를 그리고, 그 이차함수의 식을 구하시오.

(1) $y=3x^2$ [-1]
　⇨ ＿＿＿＿＿＿＿＿

(2) $y=-x^2$ [5]
　⇨ ＿＿＿＿＿＿＿＿

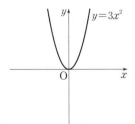

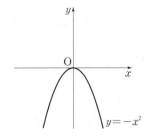

01 이차함수 $y=ax^2+q$의 그래프

● 더 다양한 문제는 RPM 중3-1 116쪽

● 더 다양한 문제는 RPM 중3-1 116쪽

이차함수 $y=-4x^2$의 그래프를 y축의 방향으로 3만큼 평행이동한 그래프를 나타내는
이차함수의 식을 구하고, 꼭짓점의 좌표와 축의 방정식을 차례로 구하시오.

풀이 이차함수 $y=-4x^2$의 그래프를 y축의 방향으로 3만큼 평행이동한 그래프를 나타내는 이차
함수의 식은 $y=-4x^2+3$
따라서 꼭짓점의 좌표는 $(0, 3)$, 축의 방정식은 $x=0$이다.

확인 1 다음 이차함수의 그래프를 y축의 방향으로 [   ] 안의 수만큼 평행이동한 그래
프를 나타내는 이차함수의 식을 구하고, 꼭짓점의 좌표와 축의 방정식을 차례
로 구하시오.

(1) $y=-\dfrac{1}{2}x^2$ [1] (2) $y=x^2$ $[-3]$

Key Point

이차함수 $y=ax^2$의 그래프를
y축의 방향으로 q만큼 평행이동
⇨ $y=ax^2+q$
 ① 꼭짓점의 좌표: $(0, q)$
 ② 축의 방정식: $x=0(y$축$)$

02 이차함수 $y=ax^2+q$의 그래프의 성질

● 더 다양한 문제는 RPM 중3-1 116쪽

● 더 다양한 문제는 RPM 중3-1 116쪽

이차함수 $y=-2x^2+3$의 그래프에 대한 다음 설명 중 옳은 것은?

① 아래로 볼록한 포물선이다.
② 축의 방정식은 $x=2$이다.
③ 꼭짓점의 좌표는 $(-2, 3)$이다.
④ $x>0$일 때, x의 값이 증가하면 y의 값은 감소한다.
⑤ $y=-2x^2$의 그래프를 y축의 방향으로 -3만큼 평행이동한 것이다.

풀이 ① 위로 볼록한 포물선이다.
② 축의 방정식은 $x=0$이다.
③ 꼭짓점의 좌표는 $(0, 3)$이다.
⑤ $y=-2x^2$의 그래프를 y축의 방향으로 3만큼 평행이동한 것이다.
 ∴ ④

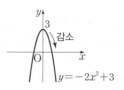

확인 2 이차함수 $y=\dfrac{2}{3}x^2-1$의 그래프에 대한 다음 설명 중 옳지 <u>않은</u> 것은?

① 꼭짓점의 좌표는 $(0, -1)$이다.
② y축에 대칭이다.
③ 제1, 2, 3, 4사분면을 모두 지난다.
④ $x<0$일 때, x의 값이 증가하면 y의 값도 증가한다.
⑤ $y=\dfrac{2}{3}x^2$의 그래프를 y축의 방향으로 -1만큼 평행이동한 것이다.

Key Point

이차함수 $y=ax^2+q$의 그래프
에서 증가, 감소의 범위
⇨ 축 $x=0$을 기준으로
 $a>0$일 때

감소 증가
축

 $a<0$일 때

증가 감소
축

03 이차함수 $y=ax^2+q$의 그래프 위의 점

더 다양한 문제는 RPM 중3-1 116쪽

이차함수 $y=-\frac{1}{2}x^2+q$의 그래프가 점 $(-2, 3)$을 지날 때, 이 그래프의 꼭짓점의 좌표를 구하시오. (단, q는 상수)

Key Point

$y=ax^2+q$의 그래프가 점 (m, n)을 지난다.
⇨ $x=m$, $y=n$을 $y=ax^2+q$에 대입하면 성립한다.

풀이 이차함수 $y=-\frac{1}{2}x^2+q$의 그래프가 점 $(-2, 3)$을 지나므로

$3=-\frac{1}{2}\times(-2)^2+q$, $3=-2+q$ $\quad\therefore q=5$

즉, $y=-\frac{1}{2}x^2+5$이므로 이 그래프의 꼭짓점의 좌표는 $\mathbf{(0, 5)}$이다.

확인 3 이차함수 $y=-x^2$의 그래프를 y축의 방향으로 5만큼 평행이동하면 점 $(2, k)$를 지난다. 이때 k의 값을 구하시오.

04 이차함수의 식 구하기 (2)

더 다양한 문제는 RPM 중3-1 117쪽

오른쪽 그림과 같은 포물선을 그래프로 하는 이차함수의 식을 구하시오.

Key Point

꼭짓점의 좌표가 $(0, q)$인 포물선을 그래프로 하는 이차함수의 식
⇨ $y=ax^2+q$

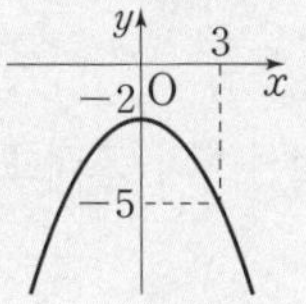

풀이 꼭짓점의 좌표가 $(0, -2)$이므로 이차함수의 식을 $y=ax^2-2$로 놓으면
이 그래프가 점 $(3, -5)$를 지나므로
$-5=a\times3^2-2$, $-5=9a-2$
$-9a=3$ $\quad\therefore a=-\frac{1}{3}$

따라서 구하는 이차함수의 식은 $\mathbf{y=-\frac{1}{3}x^2-2}$이다.

확인 4 꼭짓점의 좌표가 $(0, 1)$이고 점 $(4, 9)$를 지나는 이차함수의 그래프에서 $x=2$일 때의 y의 값을 구하시오.

소단원 📖 핵심문제

☆ 생각해 봅시다

01 이차함수 $y=\dfrac{2}{5}x^2$의 그래프를 y축의 방향으로 2만큼 평행이동한 그래프를 나타내는 이차함수의 식은?

① $y=-\dfrac{2}{5}x^2-2$ ② $y=-\dfrac{2}{5}x^2+2$ ③ $y=-\dfrac{2}{5}x^2+5$

④ $y=\dfrac{2}{5}x^2-2$ ⑤ $y=\dfrac{2}{5}x^2+2$

$y=ax^2$

↓ y축의 방향으로 q만큼 평행이동

$y=ax^2+q$

02 다음 **보기** 중 이차함수 $y=\dfrac{1}{2}x^2-3$의 그래프에 대한 설명으로 옳은 것을 모두 고르시오.

> ● 보기 ●
>
> ㄱ. 꼭짓점의 좌표는 $\left(\dfrac{1}{2},\ -3\right)$이다.
> ㄴ. y축에 대칭이다.
> ㄷ. 점 $(2,\ -3)$을 지난다.
> ㄹ. 축의 방정식은 $x=0$이다.
> ㅁ. $y=\dfrac{1}{2}x^2$의 그래프를 x축의 방향으로 -3만큼 평행이동한 것이다.

이차함수 $y=ax^2+q$의 그래프에서
꼭짓점의 좌표: $(0,\ q)$
축의 방정식: $x=0$

03 이차함수 $y=-5x^2+2$의 그래프에서 x의 값이 증가할 때 y의 값도 증가하는 x의 값의 범위는?

① $x<0$ ② $x>0$ ③ $x<\dfrac{2}{5}$

④ $x<2$ ⑤ $x>2$

04 이차함수 $y=\dfrac{3}{4}x^2$의 그래프를 y축의 방향으로 k만큼 평행이동하면 점 $(2,\ 1)$을 지난다. 이때 k의 값을 구하시오.

05 오른쪽 그림과 같은 포물선을 그래프로 하는 이차함수의 식을 구하시오.

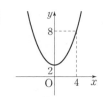

이차함수의 그래프의 꼭짓점의 좌표가 $(0,\ q)$이면
⇨ $y=ax^2+q$

03 | 이차함수 $y=a(x-p)^2$의 그래프

1 이차함수 $y=a(x-p)^2$의 그래프의 성질은 무엇인가? ● 핵심문제 1~4

(1) 이차함수 $y=ax^2$의 그래프를 x축의 방향으로 p만큼 평행이 동한 것이다.
   ① $p>0$이면 x축의 양의 방향(오른쪽)으로 평행이동
   ② $p<0$이면 x축의 음의 방향(왼쪽)으로 평행이동

(2) **꼭짓점의 좌표** : $(p, 0)$

(3) **축의 방정식** : $x=p$

▶ ① 이차함수 $y=ax^2$의 그래프를 x축의 방향으로 평행이동하여도 그래프의 모양과 폭은 변하지 않는다. 즉, x^2의 계수 a는 변하지 않는다.
  ② 이차함수 $y=a(x-p)^2$의 그래프

$a>0$, $p>0$일 때　　$a>0$, $p<0$일 때　　$a<0$, $p>0$일 때　　$a<0$, $p<0$일 때

예 (1) 이차함수 $y=2(x-1)^2$의 그래프

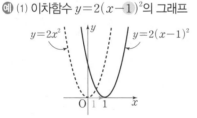

   ① $y=2x^2$의 그래프를 x축의 방향으로 1만큼 평행이동한 것이다.
   ② 꼭짓점의 좌표 : $(1, 0)$
   ③ 축의 방정식 : $x=1$

(2) 이차함수 $y=-3(x+1)^2$의 그래프

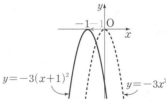

   ① $y=-3x^2$의 그래프를 x축의 방향으로 -1만큼 평행이동한 것이다.
   ② 꼭짓점의 좌표 : $(-1, 0)$
   ③ 축의 방정식 : $x=-1$

01 x의 값의 범위가 실수 전체일 때, 다음 표를 완성하고 이차함수 $y=x^2$, $y=(x-2)^2$의 그래프를 오른쪽 좌표평면 위에 각각 그리시오.

x	$\cdots$	-3	-2	-1	0	1	2	3	$\cdots$
$y=x^2$	$\cdots$	9	4						$\cdots$
$y=(x-2)^2$	$\cdots$		16						$\cdots$

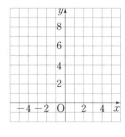

○ 이차함수 $y=a(x-p)^2$의 그래프
⇨ 이차함수 $y=ax^2$의 그래프를
☐축의 방향으로 ☐만큼 평행이동한 것

02 다음 ☐ 안에 알맞은 것을 써넣으시오.

(1) 이차함수 $y=3(x-1)^2$의 그래프는

① $y=\boxed{}$의 그래프를 ☐축의 방향으로 ☐만큼 평행이동한 것이다.

② 꼭짓점의 좌표: ($\boxed{}$, $\boxed{}$)

③ 축의 방정식: $\boxed{}$

(2) 이차함수 $y=-\dfrac{1}{3}(x+2)^2$의 그래프는

① $y=\boxed{}$의 그래프를 ☐축의 방향으로 ☐만큼 평행이동한 것이다.

② 꼭짓점의 좌표: ($\boxed{}$, $\boxed{}$)

③ 축의 방정식: $\boxed{}$

○ 이차함수 $y=a(x-p)^2$의 그래프에서
⇨ 꼭짓점의 좌표: ($\boxed{}$, $\boxed{}$)
축의 방정식: $\boxed{}$

03 다음 이차함수의 그래프를 x축의 방향으로 [   ] 안의 수만큼 평행이동한 그래프를 그리고, 그 이차함수의 식을 구하시오.

(1) $y=-\dfrac{1}{2}x^2$ $\left[-1\right]$

⇨

(2) $y=3x^2$ $\left[\dfrac{1}{2}\right]$

⇨ _____

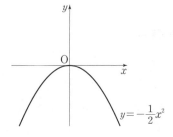

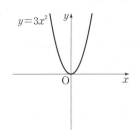

핵심문제 🔑 익히기

01 이차함수 $y=a(x-p)^2$의 그래프

더 다양한 문제는 RPM 중3-1 117쪽

이차함수 $y=\dfrac{1}{2}x^2$의 그래프를 x축의 방향으로 -3만큼 평행이동한 그래프를 나타내는 이차함수의 식을 구하고, 꼭짓점의 좌표와 축의 방정식을 차례로 구하시오.

풀이 이차함수 $y=\dfrac{1}{2}x^2$의 그래프를 x축의 방향으로 -3만큼 평행이동한 그래프를 나타내는 이차함수의 식은 $y=\dfrac{1}{2}(x+3)^2$

따라서 꼭짓점의 좌표는 $(-3, 0)$, 축의 방정식은 $x=-3$이다.

Key Point

이차함수 $y=ax^2$의 그래프를 x축의 방향으로 p만큼 평행이동 ⇨ $y=a(x-p)^2$
① 꼭짓점의 좌표: $(p, 0)$
② 축의 방정식: $x=p$

확인 1 다음 이차함수의 그래프를 x축의 방향으로 [ ] 안의 수만큼 평행이동한 그래프를 나타내는 이차함수의 식을 구하고, 꼭짓점의 좌표와 축의 방정식을 차례로 구하시오.

(1) $y=4x^2$ $[1]$ (2) $y=-\dfrac{2}{3}x^2$ $[2]$

02 이차함수 $y=a(x-p)^2$의 그래프의 성질

더 다양한 문제는 RPM 중3-1 118쪽

이차함수 $y=3(x+2)^2$의 그래프에 대한 다음 설명 중 옳은 것은?

① 꼭짓점의 좌표는 $(0, -2)$이다.
② 축의 방정식은 $x=2$이다.
③ 제1, 2사분면을 지난다.
④ $y=3x^2$의 그래프를 x축의 방향으로 2만큼 평행이동한 것이다.
⑤ x의 값이 증가할 때 y의 값은 감소하는 x의 값의 범위는 $x<2$이다.

풀이 ① 꼭짓점의 좌표는 $(-2, 0)$이다.
② 축의 방정식은 $x=-2$이다.
④ $y=3x^2$의 그래프를 x축의 방향으로 -2만큼 평행이동한 것이다.
⑤ x의 값이 증가할 때 y의 값은 감소하는 x의 값의 범위는 $x<-2$이다.   ∴ ③

Key Point

이차함수 $y=a(x-p)^2$의 그래프에서 증가, 감소의 범위
⇨ 축 $x=p$를 기준으로
$a>0$일 때

감소   증가
축

$a<0$일 때

증가   감소
축

확인 2 이차함수 $y=-\dfrac{3}{4}(x-2)^2$의 그래프에 대한 다음 설명 중 옳지 않은 것은?

① 꼭짓점의 좌표는 $(2, 0)$이다.
② 축의 방정식은 $x=2$이다.
③ y축과의 교점의 좌표는 $(0, -3)$이다.
④ $y=-\dfrac{3}{4}x^2$의 그래프를 x축의 방향으로 2만큼 평행이동한 것이다.
⑤ x의 값이 증가할 때 y의 값도 증가하는 x의 값의 범위는 $x>2$이다.

03 이차함수 $y=a(x-p)^2$의 그래프 위의 점 ◎ 더 다양한 문제는 **RPM** 중3-1 117쪽

Key Point

$y=a(x-p)^2$의 그래프가
점 (m, n)을 지난다.
⇨ $x=m, y=n$을
$y=a(x-p)^2$에 대입하면
성립한다.

이차함수 $y=-\dfrac{1}{3}x^2$의 그래프를 x축의 방향으로 -4만큼 평행이동하면 점 $(-1, k)$를 지난다. 이때 k의 값을 구하시오.

풀이 이차함수 $y=-\dfrac{1}{3}x^2$의 그래프를 x축의 방향으로 -4만큼 평행이동한 그래프를 나타내는

이차함수의 식은 $y=-\dfrac{1}{3}(x+4)^2$

이 그래프가 점 $(-1, k)$를 지나므로

$k=-\dfrac{1}{3}\times(-1+4)^2=\boldsymbol{-3}$

확인 3 이차함수 $y=2x^2$의 그래프를 x축의 방향으로 p만큼 평행이동하면 점 $(2, 18)$을 지난다. 이때 p의 값을 모두 구하면? (정답 2개)

① -5 ② -3 ③ -1 ④ 1 ⑤ 5

04 이차함수의 식 구하기 (3) ◎ 더 다양한 문제는 **RPM** 중3-1 118쪽

Key Point

꼭짓점의 좌표가 $(p, 0)$인 포물선
을 그래프로 하는 이차함수의 식
⇨ $y=a(x-p)^2$

오른쪽 그림과 같은 포물선을 그래프로 하는 이차함수의 식을 구하시오.

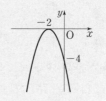

풀이 꼭짓점의 좌표가 $(-2, 0)$이므로 이차함수의 식을 $y=a(x+2)^2$으로 놓으면
이 그래프가 점 $(0, -4)$를 지나므로
$-4=a\times(0+2)^2,\ -4=4a$ ∴ $a=-1$
따라서 구하는 이차함수의 식은 $\boldsymbol{y=-(x+2)^2}$이다.

확인 4 다음 중 오른쪽 그림과 같은 이차함수의 그래프 위에 있는 점의 좌표는?

① $(-2, 8)$ ② $(-1, 4)$ ③ $(1, 1)$
④ $(3, 2)$ ⑤ $(4, 8)$

소단원 📋 핵심문제

★ 생각해 봅시다

01 이차함수 $y=2(x-3)^2$의 그래프는 이차함수 $y=2x^2$의 그래프를 x축의 방향으로 a만큼 평행이동한 것이고, 꼭짓점의 좌표는 $(p,\ q)$이다. 이때 $a-p+q$의 값은?

① -2 ② -1 ③ 0 ④ 1 ⑤ 2

$y=ax^2$

x축의 방향으로
p만큼 평행이동

$y=a(x-p)^2$

02 다음 중 이차함수 $y=\dfrac{1}{2}(x+2)^2$의 그래프로 알맞은 것은?

03 이차함수 $y=-(x+3)^2$의 그래프에 대한 다음 설명 중 옳지 <u>않은</u> 것은?

① 꼭짓점의 좌표는 $(-3,\ 0)$이다.
② y축과의 교점의 좌표는 $(0,\ -9)$이다.
③ 위로 볼록하며 축의 방정식은 $x=-3$이다.
④ 제1, 2사분면을 지난다.
⑤ x의 값이 증가할 때 y의 값은 감소하는 x의 값의 범위는 $x>-3$이다.

이차함수 $y=a(x-p)^2$의 그래프에서
꼭짓점의 좌표: $(p,\ 0)$
축의 방정식: $x=p$

04 이차함수 $y=a(x-p)^2$의 그래프는 축의 방정식이 $x=-3$이고, 점 $(2,\ -1)$을 지난다. 이때 상수 $a,\ p$에 대하여 $5a-p$의 값을 구하시오.

05 오른쪽 그림과 같은 포물선을 그래프로 하는 이차함수의 식을 구하시오.

이차함수의 그래프의 꼭짓점의 좌표가 $(p,\ 0)$이면
$\Rightarrow y=a(x-p)^2$

이차함수 $y=a(x-p)^2+q$의 그래프

1. 이차함수와 그 그래프

개념원리 이해

1 이차함수 $y=a(x-p)^2+q$의 그래프의 성질은 무엇인가? ◎ 핵심문제 1~3

(1) 이차함수 $y=ax^2$의 그래프를 x축의 방향으로 p만큼, y축의 방향으로 q만큼 평행이동한 것이다.

(2) **꼭짓점의 좌표** : (p, q)

(3) **축의 방정식** : $x=p$

▶ ① $y=a(x-p)^2+q$의 꼴을 이차함수의 표준형이라 한다.
　② 이차함수 $y=ax^2$의 그래프를 x축, y축의 방향으로 평행이동하여도 그래프의 모양과 폭은 변하지 않는다. 즉, x^2의 계수 a는 변하지 않는다.

예 (1) 이차함수 $y=2(x-1)^2+3$의 그래프

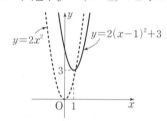

① $y=2x^2$의 그래프를 x축의 방향으로 1만큼, y축의 방향으로 3만큼 평행이동한 것이다.

② 꼭짓점의 좌표 : $(1, 3)$

③ 축의 방정식 : $x=1$

(2) 이차함수 $y=-3(x+2)^2-1$의 그래프

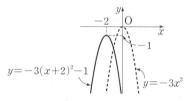

① $y=-3x^2$의 그래프를 x축의 방향으로 -2만큼, y축의 방향으로 -1만큼 평행이동한 것이다.

② 꼭짓점의 좌표 : $(-2, -1)$

③ 축의 방정식 : $x=-2$

참고 이차함수의 그래프 사이의 관계

2 이차함수 $y=a(x-p)^2+q$의 그래프에서 a, p, q의 부호는 어떻게 정하는가?

◐ 핵심문제 4

(1) **a의 부호**: 그래프의 모양에 따라 결정된다.
　① 아래로 볼록($\lor$)하면 ⇨ $a>0$
　② 위로 볼록($\land$)하면 ⇨ $a<0$

(2) **p, q의 부호**: 꼭짓점의 위치에 따라 결정된다.
　① 제1사분면 위에 있으면 ⇨ $p>0$, $q>0$
　② 제2사분면 위에 있으면 ⇨ $p<0$, $q>0$
　③ 제3사분면 위에 있으면 ⇨ $p<0$, $q<0$
　④ 제4사분면 위에 있으면 ⇨ $p>0$, $q<0$

◉ 이차함수 $y=a(x-p)^2+q$의 그래프가 오른쪽 그림과 같을 때,
그래프의 모양이 아래로 볼록($\lor$)하므로 $a>0$
꼭짓점 $(p,\ q)$가 제4사분면 위에 있으므로 $p>0$, $q<0$

보충학습

1. 이차함수 $y=a(x-p)^2+q$의 그래프의 평행이동 ◐ 핵심문제 5

이차함수 $y=a(x-p)^2+q$의 그래프를 x축
의 방향으로 m만큼, y축의 방향으로 n만큼
평행이동할 때
　⇨ x 대신 $x-m$, y 대신 $y-n$을 대입

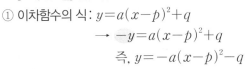

(1) 이차함수의 식:
　　$y=a(x-p)^2+q$
　→ $y-n=a(x-m-p)^2+q$
　　즉, $y=a\{x-(p+m)\}^2+q+n$

(2) 꼭짓점의 좌표: $(p,\ q) \rightarrow (p+m,\ q+n)$

2. 이차함수 $y=a(x-p)^2+q$의 그래프의 대칭이동 ◐ 핵심문제 6

(1) 이차함수 $y=a(x-p)^2+q$의 그래프를 x축에 대칭이동할 때
　　⇨ y 대신 $-y$를 대입

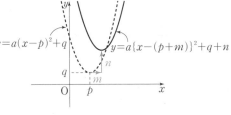

　① 이차함수의 식: $y=a(x-p)^2+q$
　　　　→ $-y=a(x-p)^2+q$
　　　　　즉, $y=-a(x-p)^2-q$
　② 꼭짓점의 좌표: $(p,\ q) \rightarrow (p,\ -q)$

(2) 이차함수 $y=a(x-p)^2+q$의 그래프를 y축에 대칭이
　　동할 때 ⇨ x 대신 $-x$를 대입

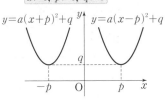

　① 이차함수의 식: $y=a(x-p)^2+q$
　　　　→ $y=a(-x-p)^2+q$
　　　　　즉, $y=a(x+p)^2+q$
　② 꼭짓점의 좌표: $(p,\ q) \rightarrow (-p,\ q)$

01 다음 □ 안에 알맞은 것을 써넣으시오.

(1) $y=2x^2$의 그래프를 x축의 방향으로 -5만큼, y축의 방향으로 3만큼 평행이동한 그래프를 나타내는 이차함수의 식은 □□□□□□□□□이다.

(2) $y=-(x+2)^2-5$의 그래프는 $y=-x^2$의 그래프를 x축의 방향으로 □만큼, y축의 방향으로 □만큼 평행이동한 것이다.

(3) $y=3(x-2)^2-4$의 그래프는 $y=3x^2$의 그래프를 x축의 방향으로 □ 만큼, y축의 방향으로 □만큼 평행이동한 것이다.

○ 이차함수 $y=a(x-p)^2+q$의 그래프
 ⇨ 이차함수 $y=ax^2$의 그래프를 x축의 방향으로 □만큼, y의 방향으로 □만큼 평행이동한 것

02 다음 이차함수의 그래프를 그리고, 꼭짓점의 좌표와 축의 방정식을 차례로 구하시오.

(1) $y=3(x-1)^2-2$
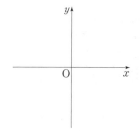

(2) $y=-(x+3)^2+4$
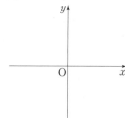

○ 이차함수 $y=a(x-p)^2+q$의 그래프에서
 ⇨ 꼭짓점의 좌표: (□, □)
  축의 방정식: □

03 다음은 오른쪽 그림과 같은 포물선을 그래프로 하는 이차함수의 식을 구하는 과정이다. □ 안에 알맞은 것을 써넣으시오.

꼭짓점의 좌표가 $(-1,$ □$)$이므로 이차함수의 식을

$y=a(x+1)^2+$□

로 놓을 수 있다. 이 그래프가 점 $(0,$ □$)$를 지나므로 $x=0$, $y=$□를 대입하여 a의 값을 구하면 $a=$□

따라서 구하는 이차함수의 식은 □□□□□□□

핵심문제 🔑 익히기

01 이차함수 $y=a(x-p)^2+q$의 그래프

● 더 다양한 문제는 RPM 중3-1 119쪽

이차함수 $y=-5x^2$의 그래프를 x축의 방향으로 -1만큼, y축의 방향으로 2만큼 평행이동한 그래프를 나타내는 이차함수의 식을 구하고, 꼭짓점의 좌표와 축의 방정식을 차례로 구하시오.

Key Point

이차함수 $y=ax^2$의 그래프를 x축의 방향으로 p만큼, y축의 방향으로 q만큼 평행이동
$\Rightarrow y=a(x-p)^2+q$
  ① 꼭짓점의 좌표: (p, q)
  ② 축의 방정식: $x=p$

풀이 이차함수 $y=-5x^2$의 그래프를 x축의 방향으로 -1만큼, y축의 방향으로 2만큼 평행이동한 그래프를 나타내는 이차함수의 식은 $y=-5(x+1)^2+2$
따라서 꼭짓점의 좌표는 $(-1, 2)$, 축의 방정식은 $x=-1$이다.

확인 1 다음 이차함수의 그래프를 [ ] 안의 수만큼 차례로 x축, y축의 방향으로 평행이동한 그래프를 나타내는 이차함수의 식을 구하고, 꼭짓점의 좌표와 축의 방정식을 차례로 구하시오.

(1) $y=-2x^2$ $[2, -5]$ (2) $y=\dfrac{1}{4}x^2$ $[-1, 3]$

02 이차함수 $y=a(x-p)^2+q$의 그래프의 성질

● 더 다양한 문제는 RPM 중3-1 120쪽

이차함수 $y=-3(x+2)^2+4$의 그래프에 대한 다음 설명 중 옳지 <u>않은</u> 것은?

① 꼭짓점의 좌표는 $(-2, 4)$이다.
② 직선 $x=-2$를 축으로 하는 위로 볼록한 포물선이다.
③ y축과의 교점의 좌표는 $(0, -6)$이다.
④ 제2, 3, 4사분면을 지난다.
⑤ $x<-2$일 때, x의 값이 증가하면 y의 값도 증가한다.

Key Point

이차함수 $y=a(x-p)^2+q$의 그래프에서 증가, 감소의 범위
$\Rightarrow$ 축 $x=p$를 기준으로
  $a>0$일 때

  감소   증가
      축
  $a<0$일 때
  증가   감소
      축

풀이 ③ $x=0$일 때 $y=-3\times(0+2)^2+4=-8$이므로
y축과의 교점의 좌표는 $(0, -8)$이다.
∴ ③

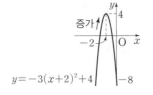

$y=-3(x+2)^2+4$

확인 2 이차함수 $y=\dfrac{1}{2}(x-3)^2-1$의 그래프에 대한 다음 설명 중 옳은 것은?

① 꼭짓점의 좌표는 $(-3, -1)$이다.
② y축과의 교점의 좌표는 $(0, -1)$이다.
③ $y=-\dfrac{1}{2}x^2$의 그래프를 평행이동한 것이다.
④ 제1, 2, 4사분면을 지난다.
⑤ x의 값이 증가할 때 y의 값은 감소하는 x의 값의 범위는 $x>3$이다.

03 **이차함수의 식 구하기 (4)** ⊙ 더 다양한 문제는 RPM 중3–1 121쪽

오른쪽 그림과 같은 포물선이 점 $(6, k)$를 지날 때, k의 값을 구하시오.

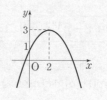

Key Point

꼭짓점의 좌표가 (p, q)인 포물선을 그래프로 하는 이차함수의 식
$\Rightarrow y = a(x-p)^2 + q$

풀이 꼭짓점의 좌표가 $(2, 3)$이므로 이차함수의 식을 $y = a(x-2)^2 + 3$으로 놓으면
이 그래프가 점 $(0, 1)$을 지나므로

$1 = a \times (0-2)^2 + 3$, $1 = 4a + 3$ $\therefore a = -\dfrac{1}{2}$

즉, $y = -\dfrac{1}{2}(x-2)^2 + 3$의 그래프가 점 $(6, k)$를 지나므로

$k = -\dfrac{1}{2} \times (6-2)^2 + 3 = \mathbf{-5}$

확인③ 꼭짓점의 좌표가 $(1, -1)$이고 점 $(0, 2)$를 지나는 이차함수의 그래프가 점 $(3, k)$를 지날 때, k의 값을 구하시오.

---

04 **이차함수 $y = a(x-p)^2 + q$의 그래프에서 a, p, q의 부호** 더 다양한 문제는 RPM 중3–1 122쪽

이차함수 $y = a(x-p)^2 + q$의 그래프가 오른쪽 그림과 같을 때, 상수 a, p, q의 부호는?

① $a > 0,\ p > 0,\ q > 0$ 　　② $a > 0,\ p < 0,\ q > 0$
③ $a < 0,\ p > 0,\ q < 0$ 　　④ $a < 0,\ p < 0,\ q > 0$
⑤ $a < 0,\ p < 0,\ q < 0$

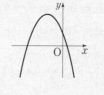

Key Point

이차함수 $y = a(x-p)^2 + q$의 그래프에서 a, p, q의 부호
① 그래프의 모양
　$\Rightarrow a$의 부호 결정
　ㅑ아래로 볼록($\lor$): $a > 0$
　ㄴ위로 볼록($\land$): $a < 0$
② 꼭짓점의 위치
　$\Rightarrow p, q$의 부호 결정
제1사분면: $p > 0, q > 0$
제2사분면: $p < 0, q > 0$
제3사분면: $p < 0, q < 0$
제4사분면: $p > 0, q < 0$

풀이 그래프가 위로 볼록하므로 $a < 0$
꼭짓점 (p, q)가 제2사분면 위에 있으므로 $\mathbf{p < 0, q > 0}$ $\therefore$ ④

확인④ 이차함수 $y = a(x-p)^2 + q$의 그래프가 다음 그림과 같을 때, 상수 a, p, q의 부호를 각각 정하시오.

(1)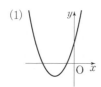

(2)

05 이차함수 $y=a(x-p)^2+q$의 그래프의 평행이동
더 다양한 문제는 **RPM** 중3-1 121쪽

더 다양한 문제는 **RPM** 중3-1 121쪽

이차함수 $y=-(x-2)^2+1$의 그래프를 x축의 방향으로 3만큼, y축의 방향으로 -2만큼 평행이동한 그래프의 축의 방정식은 $x=a$이고 y축과 만나는 점의 y좌표는 b일 때, $a+b$의 값을 구하시오. (단, a는 상수)

풀이 $y=-(x-2)^2+1$의 그래프를 x축의 방향으로 3만큼, y축의 방향으로 -2만큼 평행이동한 그래프를 나타내는 이차함수의 식은
$$y-(-2)=-(x-3-2)^2+1 \qquad \therefore y=-(x-5)^2-1$$
축의 방정식은 $x=5$이므로 $a=5$
$x=0$일 때 $y=-(0-5)^2-1=-26$이므로 $b=-26$
$$\therefore a+b=5+(-26)=\mathbf{-21}$$

확인 5 이차함수 $y=2(x-4)^2+3$의 그래프를 x축의 방향으로 -3만큼, y축의 방향으로 -5만큼 평행이동한 그래프가 점 $(1, k)$를 지날 때, k의 값을 구하시오.

Key Point

이차함수 $y=a(x-p)^2+q$의 그래프를 x축의 방향으로 m만큼, y축의 방향으로 n만큼 평행이동
$\Rightarrow$ x 대신 $x-m$, y 대신 $y-n$을 대입
$\Rightarrow y-n=a(x-m-p)^2+q$
 즉,
 $y=a\{x-(p+m)\}^2+q+n$

06 이차함수 $y=a(x-p)^2+q$의 그래프의 대칭이동
더 다양한 문제는 **RPM** 중3-1 121쪽

이차함수 $y=-2x^2$의 그래프를 x축의 방향으로 2만큼, y축의 방향으로 -5만큼 평행이동한 후, x축에 대칭이동한 그래프를 나타내는 이차함수의 식을 구하시오.

풀이 이차함수 $y=-2x^2$의 그래프를 x축의 방향으로 2만큼, y축의 방향으로 -5만큼 평행이동한 그래프를 나타내는 이차함수의 식은
$$y-(-5)=-2(x-2)^2 \qquad \therefore y=-2(x-2)^2-5$$
이 그래프를 x축에 대칭이동한 그래프를 나타내는 이차함수의 식은
$$-y=-2(x-2)^2-5 \qquad \therefore \mathbf{y=2(x-2)^2+5}$$

확인 6 이차함수 $y=4(x+3)^2-1$의 그래프를 y축에 대칭이동한 그래프의 꼭짓점의 좌표를 구하시오.

확인 7 이차함수 $y=-3(x-1)^2+2$의 그래프를 x축에 대칭이동한 후, x축의 방향으로 3만큼 평행이동하면 점 $(2, k)$를 지난다. 이때 k의 값을 구하시오.

Key Point

• x축에 대칭이동
 $\Rightarrow y$ 대신 $-y$를 대입
• y축에 대칭이동
 $\Rightarrow x$ 대신 $-x$를 대입

☆ 생각해 봅시다

01 다음 중 이차함수 $y=\dfrac{1}{3}(x+2)^2-1$의 그래프로 알맞은 것은?

①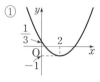
②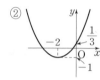
③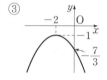

④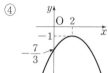
⑤

02 다음 **보기** 중 이차함수 $y=-\dfrac{1}{2}(x+1)^2-2$의 그래프에 대한 설명으로 옳은 것을 모두 고르시오.

보기

ㄱ. 직선 $x=-1$을 축으로 하는 아래로 볼록한 포물선이다.

ㄴ. $y=\dfrac{1}{2}x^2$의 그래프와 폭이 같다.

ㄷ. y축과 점 $\left(0,\ -\dfrac{5}{2}\right)$에서 만난다.

ㄹ. $x>-1$일 때, x의 값이 증가하면 y의 값은 감소한다.

ㅁ. 제2, 3, 4사분면을 지난다.

03 이차함수 $y=a(x-p)^2+2$의 그래프는 직선 $x=-3$을 축으로 하고 점 $(-2, 1)$을 지난다. 이때 상수 a, p에 대하여 $a+p$의 값을 구하시오.

이차함수 $y=a(x-p)^2+q$의 그래프에서 축의 방정식은 $x=p$

04 오른쪽 그림과 같은 포물선을 그래프로 하는 이차함수의 식을 구하시오.

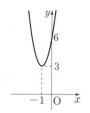

꼭짓점의 좌표가 (p, q)인 포물선을 그래프로 하는 이차함수의 식
⇨ $y=a(x-p)^2+q$

05 이차함수 $y=a(x-p)^2+q$의 그래프가 오른쪽 그림과 같을 때, 다음 중 이차함수 $y=p(x-a)^2+q$의 그래프로 알맞은 것은? (단, a, p, q는 상수)

🟡 생각해 봅시다

이차함수 $y=a(x-p)^2+q$의 그래 프에서
그래프의 모양 ▷ a의 부호 결정
꼭짓점의 위치 ▷ p, q의 부호 결정

①   ② 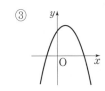   ③

④   ⑤

06 다음 이차함수의 그래프 중 평행이동하여 이차함수 $y=2(x-3)^2-5$의 그래프와 완전히 포갤 수 있는 것은?

① $y=-2x^2$ ② $y=2x^2+3$ ③ $y=\dfrac{1}{2}x^2-3$

④ $y=\dfrac{1}{2}(x-5)^2+1$ ⑤ $y=-2(x+3)^2-5$

이차함수의 그래프를 평행이동하여 완전히 포갤 수 있으려면 x^2의 계수 가 같아야 한다.

07 이차함수 $y=-3(x+2)^2+4$의 그래프를 x축의 방향으로 m만큼, y축의 방향으로 n만큼 평행이동한 그래프를 나타내는 이차함수의 식이 $y=-3(x-2)^2-4$일 때, $m-n$의 값을 구하시오.

x축의 방향으로 m만큼, y축의 방향 으로 n만큼 평행이동
▷ x 대신 $x-m$, y 대신 $y-n$을 대입

08 이차함수 $y=\dfrac{2}{3}(x-3)^2+4$의 그래프를 x축의 방향으로 2만큼 평행이동한 후 x축에 대칭이동한 그래프에서 x의 값이 증가할 때 y의 값은 감소하는 x의 값의 범위를 구하시오.

x축에 대칭이동
▷ y 대신 $-y$ 대입

Step **1** 기본문제

01 다음 중 이차함수인 것은?

① $y=2x+3$

② $y=x(x+4)-4x$

③ $y=x(x+1)(x-1)$

④ $y=x^2-(x-2)(x+3)$

⑤ $y=(x+2)^2-(x-1)^2$

꼭 나와
02 다음 **보기**에서 y가 x에 대한 이차함수인 것을 찾고, 그 이차함수를 식으로 나타내시오.

┌─── 보기 ───

ㄱ. 반지름의 길이가 x cm인 구의 부피 y cm³

ㄴ. 자동차가 시속 80 km로 x시간 동안 달린 거리 y km

ㄷ. 한 모서리의 길이가 x cm인 정육면체의 겉넓이 y cm²

ㄹ. 한 변의 길이가 x cm인 정사각형의 둘레의 길이 y cm

03 $y=3x^2-x(ax+1)-4$가 이차함수일 때, 다음 중 상수 a의 값이 될 수 <u>없는</u> 것은?

① -3 ② -1 ③ 2

④ 3 ⑤ 4

04 이차함수 $f(x)=3x^2-2x+a$에서 $f(-2)=15$일 때, $f(3)$의 값을 구하시오. (단, a는 상수)

꼭 나와
05 세 이차함수 $y=x^2$, $y=ax^2$, $y=\dfrac{1}{4}x^2$의 그래프가 다음 그림과 같을 때, 상수 a의 값의 범위는?

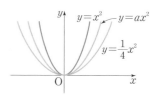

① $a<\dfrac{1}{4}$ ② $a>\dfrac{1}{4}$ ③ $a>1$

④ $\dfrac{1}{4}<a<1$ ⑤ $0<a<1$

06 $a>0$, $q<0$일 때, ㉮~㉭ 중 $y=-ax^2+q$의 그래프로 알맞은 것을 고르시오.

(단, a, q는 상수)

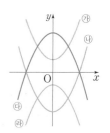

07 다음 이차함수의 그래프 중 축이 y축이 <u>아닌</u> 것은?

① $y=5x^2$ ② $y=-5x^2+1$

③ $y=3x^2-2$ ④ $y=-3(x^2+1)$

⑤ $y=2(x-1)^2$

08 이차함수 $y=\dfrac{1}{3}(x+5)^2$의 그래프에서 x의 값이 증가할 때 y의 값은 감소하는 x의 값의 범위는?

① $x<-5$ ② $x>-5$ ③ $x<0$

④ $x<5$ ⑤ $x>5$

09 다음 이차함수의 그래프 중 모든 사분면을 지나는 것은?

① $y=\dfrac{1}{4}x^2+2$

② $y=-(x-4)^2$

③ $y=-(x-1)^2+2$

④ $y=2(x-3)^2-1$

⑤ $y=3(x-2)^2+1$

꼭 나와
10 이차함수 $y=-\dfrac{1}{4}(x+2)^2-3$의 그래프에 대한 다음 설명 중 옳지 <u>않은</u> 것은?

① 위로 볼록한 포물선이다.

② 꼭짓점은 제3사분면 위에 있다.

③ y축과 만나는 점의 좌표는 $(0,\ -4)$이다.

④ $x>-2$일 때, x의 값이 증가하면 y의 값도 증가한다.

⑤ $y=-\dfrac{1}{4}x^2$의 그래프를 x축의 방향으로 -2만큼, y축의 방향으로 -3만큼 평행이동한 것이다.

11 이차함수 $y=a(x+p)^2+q$의 그래프가 오른쪽 그림과 같을 때, 다음 중 옳은 것은? (단, a, p, q는 상수)

① $ap>0$ ② $aq>0$ ③ $pq<0$

④ $apq<0$ ⑤ $a-p-q>0$

12 이차함수 $y=-2(x-3)^2+5$의 그래프를 x축의 방향으로 2만큼, y축의 방향으로 -1만큼 평행이동한 그래프를 나타내는 이차함수의 식을 $y=a(x-p)^2+q$라 할 때, $a+p+q$의 값을 구하시오. (단, a, p, q는 상수)

13 오른쪽 그림과 같은 이차함수의 그래프와 y축에 서로 대칭인 그래프를 나타내는 이차함수의 식은?

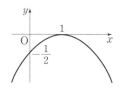

① $y=\dfrac{1}{2}(x-1)^2$

② $y=-\dfrac{1}{3}(x+1)^2$

③ $y=(x-1)^2$

④ $y=-(x+1)^2$

⑤ $y=-2(x+1)^2$

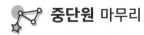
Step **2** 발전문제

14 다음 그림에서 이차함수 $y=ax^2$과 $y=bx^2$, $y=cx^2$과 $y=dx^2$의 그래프는 각각 x축에 서로 대칭이다. 상수 a, b, c, d를 큰 것부터 차례로 나열하시오.

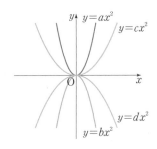

15 이차함수 $y=x^2$의 그래프와 직선 $y=mx+n$이 오른쪽 그림과 같이 두 점 A, B에서 만난다. 두 점 A, B의 y좌표가 각각 1, 4일 때, 상수 m, n에 대하여 $m+n$의 값을 구하시오.

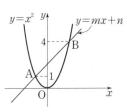

16 오른쪽 그림과 같이 두 이차함수 $y=\dfrac{1}{2}x^2$, $y=-x^2$의 그래프 위에 있는 네 점 A, B, C, D를 꼭짓점으로 하는 사각형 ABCD가 정사각형일 때, 점 D의 x좌표를 구하시오. (단, □ABCD의 각 변은 x축 또는 y축에 평행하다.)

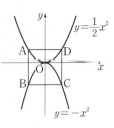

17 오른쪽 그림은 이차함수 $y=-3x^2$의 그래프를 y축의 방향으로 평행이동한 것이다. 이 그래프를 나타내는 식을 $y=f(x)$라 할 때, $f(-1)-f(2)$의 값을 구하시오.

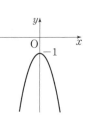

18 다음 그림과 같이 두 이차함수 $y=\dfrac{1}{2}x^2+2$, $y=\dfrac{1}{2}x^2-1$의 그래프와 두 직선 $x=-1$, $x=2$로 둘러싸인 부분의 넓이를 구하시오.

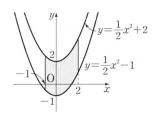

19 오른쪽 그림과 같이 두 이차함수 $y=a(x-b)^2$, $y=x^2+c$의 그래프가 서로의 꼭짓점을 지날 때, 상수 a, b, c에 대하여 abc의 값을 구하시오.

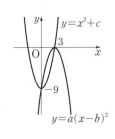

20 다음 중 아래 조건을 모두 만족시키는 포물선을 그래프로 하는 이차함수의 식은?

> ── 조건 ──
> ㈎ 꼭짓점의 좌표가 $(2, 0)$이다.
> ㈏ $y=x^2$의 그래프보다 폭이 좁다.
> ㈐ 제1, 2사분면을 지나지 않는다.

① $y=\dfrac{1}{2}(x-2)^2$　　② $y=2(x-2)^2$

③ $y=3(x+2)^2$　　④ $y=-\dfrac{1}{2}(x-2)^2$

⑤ $y=-4(x-2)^2$

21 이차함수 $y=a(x-p)^2+q$의 그래프는 직선 $x=-3$을 축으로 하고 꼭짓점의 y좌표가 -7이다. 이 그래프가 점 $(0, 2)$를 지날 때, 상수 a, p, q에 대하여 $a+p-q$의 값은?

① -11　　② -4　　③ 0
④ 5　　⑤ 11

⬆Up
22 이차함수 $y=a(x-2)^2+5$의 그래프가 모든 사분면을 지나도록 하는 상수 a의 값의 범위를 구하시오.

23 일차함수 $y=ax+b$의 그래프가 오른쪽 그림과 같을 때, 다음 중 이차함수 $y=a(x+b)^2$의 그래프로 알맞은 것은?

(단, a, b는 상수)

① 　　②

③ 　　④

⑤

24 이차함수 $y=-2x^2+1$의 그래프를 x축의 방향으로 k만큼, y축의 방향으로 $k+1$만큼 평행이동한 그래프의 꼭짓점이 직선 $y=-2x+8$ 위에 있을 때, k의 값을 구하시오.

25 이차함수 $y=a(x-3)^2$의 그래프와 x축에 대칭인 이차함수의 그래프를 x축의 방향으로 -5만큼, y축의 방향으로 2만큼 평행이동하면 점 $(-1, 8)$을 지난다. 이때 상수 a의 값을 구하시오.

서술형 대비 문제

1

원점을 꼭짓점으로 하고 점 $(-2, 3)$을 지나는 이차함수의 그래프를 x축의 방향으로 2만큼, y축의 방향으로 -1만큼 평행이동한 그래프가 점 $(4, k)$를 지날 때, k의 값을 구하시오. [7점]

풀이과정

1단계 처음 주어진 이차함수의 식 구하기 [2점]

원점을 꼭짓점으로 하므로 이차함수의 식을 $y=ax^2$으로 놓으면 이 그래프가 점 $(-2, 3)$을 지나므로

$3=a \times (-2)^2$ $\therefore a=\dfrac{3}{4}$ $\therefore y=\dfrac{3}{4}x^2$

2단계 평행이동한 그래프를 나타내는 이차함수의 식 구하기 [3점]

평행이동한 그래프를 나타내는 이차함수의 식은

$y-(-1)=\dfrac{3}{4}(x-2)^2$ $\therefore y=\dfrac{3}{4}(x-2)^2-1$

3단계 k의 값 구하기 [2점]

이 그래프가 점 $(4, k)$를 지나므로

$k=\dfrac{3}{4} \times (4-2)^2-1=2$

답 2

1-1

원점을 꼭짓점으로 하고 점 $\left(\dfrac{1}{2}, 1\right)$을 지나는 이차함수의 그래프를 x축의 방향으로 1만큼, y축의 방향으로 p만큼 평행이동한 그래프가 점 $(2, 7)$을 지날 때, p의 값을 구하시오. [7점]

풀이과정

1단계 처음 주어진 이차함수의 식 구하기 [2점]

2단계 평행이동한 그래프를 나타내는 이차함수의 식 구하기 [3점]

3단계 p의 값 구하기 [2점]

답

2

이차함수 $y=a(x-p)^2+q$의 그래프가 오른쪽 그림과 같을 때, 이차함수 $y=p(x-q)^2+a$의 그래프가 지나는 사분면을 모두 구하시오. (단, a, p, q는 상수) [8점]

풀이과정

1단계 a, p, q의 부호 판별하기 [4점]

그래프가 아래로 볼록하므로 $a>0$

꼭짓점 (p, q)가 제4사분면 위에 있으므로

$p>0, q<0$

2단계 그래프가 지나는 사분면 구하기 [4점]

$y=p(x-q)^2+a$의 그래프에서 $p>0$이므로 아래로 볼록한 포물선이다.

또 $q<0, a>0$이므로 꼭짓점 (q, a)는 제2사분면 위에 있다.

따라서 이 그래프가 지나는 사분면은 제1, 2사분면이다.

답 제1, 2사분면

2-1

이차함수 $y=a(x+p)^2+q$의 그래프가 오른쪽 그림과 같을 때, 이차함수 $y=-p(x-q)^2-a$의 그래프가 지나는 사분면을 모두 구하시오. (단, a, p, q는 상수) [8점]

풀이과정

1단계 a, p, q의 부호 판별하기 [4점]

2단계 그래프가 지나는 사분면 구하기 [4점]

답

3 이차함수 $y=ax^2+q$의 그래프가 두 점 $(1, -4)$, $(-2, -10)$을 지날 때, 이 그래프의 꼭짓점의 좌표를 구하시오. (단, a, q는 상수) [7점]

풀이과정

답

5 이차함수 $y=a(x+p)^2+q$의 그래프가 오른쪽 그림과 같을 때, 상수 a, p, q에 대하여 apq의 값을 구하시오. [6점]

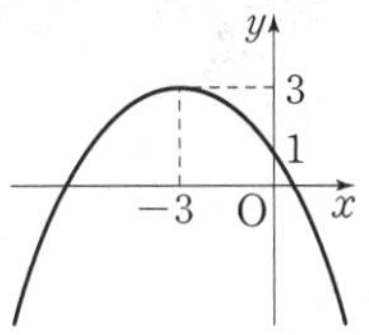

풀이과정

답

4 이차함수 $y=ax^2$의 그래프를 x축의 방향으로 p만큼 평행이동한 그래프의 축의 방정식이 $x=5$이다. 평행이동한 그래프가 점 $(2, 3)$을 지날 때, $p-6a$의 값을 구하시오. (단, a는 상수) [7점]

풀이과정

답

6 이차함수 $y=a(x-p)^2+q$의 그래프가 점 $(4, 2)$를 지나고, 이 그래프와 x축에 서로 대칭인 그래프의 꼭짓점의 좌표가 $(3, -5)$일 때, 상수 a, p, q에 대하여 $a+p+q$의 값을 구하시오. [7점]

풀이과정

답

가난 속의 안식

봄베이라는 도시가 있었습니다. 이 도시가 화산으로 불타자 시민들은 우왕좌왕 했습니다. 그들은 짐과 보석들을 운반하느라 야단법석이었습니다. 사방에서 우는 소리와 고함 소리가 들려왔습니다.

자기가 가진 것들을 다 못 가져가서 발을 구르는 사람, 자식을 잃고 헤매는 사람, 가족을 잃고 통곡하는 사람 등 봄베이는 그야말로 지옥이었습니다.

이 엄청난 재난 속에서 몇몇의 사람들만 가까스로 목숨을 건질 수 있었습니다. 그들은 화산이 터지기 전에 멀리 도망가 새벽 여명 속에서 봄베이 시가지가 타는 것을 지켜보고 있었습니다. 그때 불타는 시가지에서 한 노인이 나타나 조용히 이쪽을 향해 걸어오고 있었습니다.

그가 가진 것은 오직 지팡이 한 개뿐이었고 많은 사람들이 이 모습을 지켜보았습니다. 사람들이 그에게 물어보았습니다.

"당신은 전혀 당황하지 않는군요."

그러자 그가 말했습니다.

"무엇 때문에 내가 당황하겠소. 나는 이 지팡이 하나밖에 가진 것이 없소. 지금 이 시간은 나의 아침 산책 시간이요."

가진 것이 없는 사람은 잃을 것을 걱정하지 않습니다. 소유하는 것이 많아질수록 잃을 것에 대한 걱정도 커지게 되는 것입니다.

IV

이차함수

개념원리 이해

1 이차함수 $y=ax^2+bx+c$의 그래프는 어떻게 그리는가? ◎ 핵심문제 1~6

이차함수 $y=ax^2+bx+c$의 그래프는 $y=a(x-p)^2+q$의 꼴로 고쳐서 그린다.

$$y=ax^2+bx+c \Rightarrow y=a\left(x+\frac{b}{2a}\right)^2-\frac{b^2-4ac}{4a}$$

(1) **꼭짓점의 좌표** : $\left(-\dfrac{b}{2a},\ -\dfrac{b^2-4ac}{4a}\right)$

(2) **축의 방정식** : $x=-\dfrac{b}{2a}$

(3) **y축과의 교점의 좌표** : $(0,\ c)$

▶ ① $y=ax^2+bx+c$의 꼴을 이차함수의 일반형이라 하고, $y=a(x-p)^2+q$의 꼴을 이차함수의 표준형이라 한다.
　② $y=ax^2+bx+c$를 표준형으로 고치기
　　$y=ax^2+bx+c$

　　$=a\left(x^2+\dfrac{b}{a}x\right)+c$ 　　　　← 상수항을 제외한 나머지 항을 x^2의 계수 a로 묶는다.

　　$=a\left\{x^2+\dfrac{b}{a}x+\left(\dfrac{b}{2a}\right)^2-\left(\dfrac{b}{2a}\right)^2\right\}+c$ 　　← 괄호 안에 $\left(\dfrac{x\text{의 계수}}{2}\right)^2$을 더하고 뺀다.

　　$=a\left\{x^2+\dfrac{b}{a}x+\left(\dfrac{b}{2a}\right)^2\right\}-a\times\left(\dfrac{b}{2a}\right)^2+c$ 　　← 완전제곱식을 제외한 수를 괄호 밖으로 뺀다.

　　$=a\left(x+\dfrac{b}{2a}\right)^2-\dfrac{b^2-4ac}{4a}$ 　　← $y=$(완전제곱식)+(상수)의 꼴로 정리한다.

예 이차함수 $y=\dfrac{1}{2}x^2+3x+4$의 그래프의 꼭짓점의 좌표, 축의 방정식, y축과의 교점의 좌표를 각각 구하시오.

$y=\dfrac{1}{2}x^2+3x+4$

$=\dfrac{1}{2}(x^2+6x)+4$ 　　　　← 상수항을 제외한 나머지 항을 x^2의 계수 $\dfrac{1}{2}$로 묶는다.

$=\dfrac{1}{2}\{(x^2+6x+9)-9\}+4$ 　　← 괄호 안에 $\left(\dfrac{x\text{의 계수}}{2}\right)^2$을 더하고 뺀다.

$=\dfrac{1}{2}(x^2+6x+9)-\dfrac{9}{2}+4$ 　　← 완전제곱식을 제외한 수를 괄호 밖으로 뺀다.

$=\dfrac{1}{2}(x+3)^2-\dfrac{1}{2}$ 　　　　← $y=$(완전제곱식)+(상수)의 꼴로 정리한다.

따라서 이차함수 $y=\dfrac{1}{2}x^2+3x+4$의 그래프의 꼭짓점의 좌표는

$\left(-3,\ -\dfrac{1}{2}\right)$, 축의 방정식은 $x=-3$이다.

또 $x=0$일 때 $y=4$이므로 y축과의 교점의 좌표는 $(0,\ 4)$이다.

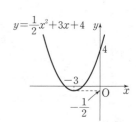

01 다음은 주어진 이차함수의 식을 $y=a(x-p)^2+q$의 꼴로 고쳐서 꼭짓점의 좌표와 y축과의 교점의 좌표를 구하는 과정이다. □ 안에 알맞은 수를 써넣고, 이차함수의 그래프를 그리시오.

◎ 이차함수 $y=ax^2+bx+c$의 그래프는 $y=a(x-p)^2+q$의 꼴로 고쳐서 그린다.
⇨ 꼭짓점의 좌표: (□, □)
  축의 방정식: □
  y축과의 교점의 좌표: (□, □)

(1) $y=2x^2-8x+3=2(x^2-4x)+3$
$\quad =2\{(x^2-4x+□)-□\}+3$
$\quad =2(x^2-4x+□)-□+3$
$\quad =2(x-□)^2-□$
① 꼭짓점의 좌표: (□, □)
② y축과의 교점의 좌표: (□, □)

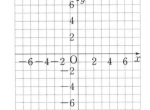

(2) $y=-\dfrac{1}{2}x^2+3x+1=□(x^2-□x)+1$
$\quad =□\{(x^2-□x+□)-□\}+1$
$\quad =□(x^2-□x+□)+□+1$
$\quad =□(x-□)^2+□$
① 꼭짓점의 좌표: (□, □)
② y축과의 교점의 좌표: (□, □)

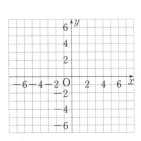

02 다음 이차함수의 그래프의 꼭짓점의 좌표, 축의 방정식, y축과의 교점의 좌표를 구하고, 이차함수의 그래프를 그리시오.

(1) $y=3x^2-6x+2$
① 꼭짓점의 좌표: _____
② 축의 방정식: _____
③ y축과의 교점의 좌표: _____

(2) $y=-\dfrac{1}{3}x^2-2x-1$
① 꼭짓점의 좌표: _____
② 축의 방정식: _____
③ y축과의 교점의 좌표: _____

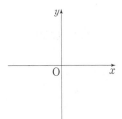

---

01 $y=ax^2+bx+c$를 $y=a(x-p)^2+q$의 꼴로 변형하기 ● 더 다양한 문제는 RPM 중3-1 128쪽

$y=-\dfrac{1}{2}x^2+2x-3$을 $y=a(x-p)^2+q$의 꼴로 나타낼 때, 상수 a, p, q에 대하여 apq의 값을 구하시오.

풀이 $y=-\dfrac{1}{2}x^2+2x-3=-\dfrac{1}{2}\{(x^2-4x+4)-4\}-3$

$\qquad =-\dfrac{1}{2}(x-2)^2-1$

따라서 $a=-\dfrac{1}{2}$, $p=2$, $q=-1$이므로

$apq=\left(-\dfrac{1}{2}\right)\times 2\times(-1)=\mathbf{1}$

확인 1 이차함수 $y=2x^2+4x+1$의 그래프와 이차함수 $y=2(x-p)^2+q$의 그래프가 일치할 때, 상수 p, q에 대하여 $p+q$의 값을 구하시오.

Key Point

상수항을 제외한 나머지 항을 x^2의 계수로 묶는다.
⇩
괄호 안에 $\left(\dfrac{x의 계수}{2}\right)^2$을 더하고 뺀다.
⇩
완전제곱식을 제외한 수를 괄호 밖으로 뺀다.

---

02 이차함수 $y=ax^2+bx+c$의 그래프의 꼭짓점의 좌표와 축의 방정식 ● 더 다양한 문제는 RPM 중3-1 128, 129쪽

이차함수 $y=4x^2-8x+9$의 그래프의 꼭짓점의 좌표와 축의 방정식을 차례로 구하시오.

풀이 $y=4x^2-8x+9=4\{(x^2-2x+1)-1\}+9$
$\qquad =4(x-1)^2+5$
따라서 꼭짓점의 좌표는 $(\mathbf{1, 5})$, 축의 방정식은 $x=\mathbf{1}$이다.

확인 2 이차함수 $y=-3x^2+kx-2$의 그래프가 점 $(-1, -11)$을 지날 때, 이 그래프의 꼭짓점의 좌표를 구하시오. (단, k는 상수)

확인 3 이차함수 $y=\dfrac{1}{2}x^2+ax+1$의 그래프의 축의 방정식이 $x=2$일 때, 상수 a의 값을 구하시오.

Key Point

이차함수 $y=ax^2+bx+c$의 그래프의 꼭짓점의 좌표, 축의 방정식
⇨ $y=a(x-p)^2+q$의 꼴로 고친 후 구한다.
　꼭짓점의 좌표: (p, q)
　축의 방정식: $x=p$

◉ 더 다양한 문제는 **RPM** 중3-1 130쪽

03 이차함수 $y=ax^2+bx+c$의 그래프 그리기

Key Point

이차함수 $y=ax^2+bx+c$의 그래프

⇨ $y=a(x-p)^2+q$의 꼴로 고친 후 꼭짓점의 좌표, y축 과의 교점의 좌표, a의 부호에 따른 그래프의 모양을 이용하여 그린다.

다음 중 이차함수 $y=\dfrac{1}{2}x^2+2x+3$의 그래프는?

①

②

③

④

⑤

풀이 $y=\dfrac{1}{2}x^2+2x+3=\dfrac{1}{2}\{(x^2+4x+4)-4\}+3=\dfrac{1}{2}(x+2)^2+1$

따라서 꼭짓점의 좌표는 $(-2, 1)$, y축과의 교점의 좌표는 $(0, 3)$이고 아래로 볼록하므로
주어진 이차함수의 그래프는 ①이다.

확인 4 이차함수 $y=-x^2+6x-5$의 그래프가 지나지 <u>않는</u> 사분면은?

① 제1사분면 ② 제2사분면 ③ 제3사분면
④ 제4사분면 ⑤ 없다.

04 이차함수 $y=ax^2+bx+c$의 그래프의 증가, 감소

◉ 더 다양한 문제는 **RPM** 중3-1 130쪽

Key Point

이차함수 $y=ax^2+bx+c$의 그래프에서 증가, 감소의 범위

⇨ $y=a(x-p)^2+q$의 꼴로 고친 후, 축 $x=p$를 기준으로 생각한다.

이차함수 $y=3x^2+6x+2$의 그래프에서 x의 값이 증가할 때 y의 값은 감소하는 x의
값의 범위를 구하시오.

풀이 $y=3x^2+6x+2=3\{(x^2+2x+1)-1\}+2=3(x+1)^2-1$

따라서 이차함수 $y=3x^2+6x+2$의 그래프는 오른쪽 그림과 같으
므로 x의 값이 증가할 때 y의 값은 감소하는 x의 값의 범위는
$x<-1$이다.

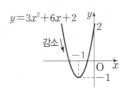

확인 5 이차함수 $y=-\dfrac{1}{2}x^2+ax-4$의 그래프에서 $x<3$일 때 x의 값이 증가하면 y의
값도 증가하고, $x>3$일 때 x의 값이 증가하면 y의 값은 감소한다고 한다. 이때
상수 a의 값을 구하시오.

05 이차함수 $y=ax^2+bx+c$의 그래프의 성질 　더 다양한 문제는 RPM 중3-1 131쪽

더 다양한 문제는 RPM 중3-1 131쪽

이차함수 $y=-3x^2+12x-2$의 그래프에 대한 다음 설명 중 옳지 <u>않은</u> 것은?

① 꼭짓점의 좌표는 $(2, 10)$이다.

② y축과의 교점의 y좌표는 -2이다.

③ $y=-3x^2$의 그래프를 x축의 방향으로 2만큼, y축의 방향으로 10만큼 평행이동한 것이다.

④ x축과 서로 다른 두 점에서 만난다.

⑤ $x<2$일 때, x의 값이 증가하면 y의 값은 감소한다.

Key Point

$y=a(x-p)^2+q$의 꼴로 고친 후 그래프를 그려 본다.

풀이 $y=-3x^2+12x-2=-3\{(x^2-4x+4)-4\}-2$
　　　　$=-3(x-2)^2+10$

따라서 이차함수 $y=-3x^2+12x-2$의 그래프는 오른쪽 그림과 같다.

⑤ $x<2$일 때, x의 값이 증가하면 y의 값도 증가한다.　∴ ⑤

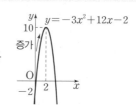

확인 6 이차함수 $y=\dfrac{1}{2}x^2+3x+8$의 그래프에 대한 다음 설명 중 옳은 것은?

① y축과의 교점의 y좌표는 16이다.

② x축과 서로 다른 두 점에서 만난다.

③ 모든 사분면을 지난다.

④ $y=\dfrac{1}{2}x^2$의 그래프를 x축의 방향으로 3만큼, y축의 방향으로 $\dfrac{7}{2}$만큼 평행이동한 것이다.

⑤ $x>-3$일 때, x의 값이 증가하면 y의 값도 증가한다.

06 이차함수 $y=ax^2+bx+c$의 그래프의 평행이동 　더 다양한 문제는 RPM 중3-1 129쪽

더 다양한 문제는 RPM 중3-1 129쪽

이차함수 $y=-\dfrac{1}{3}x^2-2x+1$의 그래프를 x축의 방향으로 -3만큼, y축의 방향으로 3만큼 평행이동한 그래프의 꼭짓점의 좌표를 구하시오.

Key Point

이차함수 $y=ax^2+bx+c$의 그래프를 x축의 방향으로 m만큼, y축의 방향으로 n만큼 평행이동
⇨ $y=a(x-p)^2+q$의 꼴로 고친 후, x 대신 $x-m$, y 대신 $y-n$을 대입한다.

풀이 $y=-\dfrac{1}{3}x^2-2x+1=-\dfrac{1}{3}\{(x^2+6x+9)-9\}+1=-\dfrac{1}{3}(x+3)^2+4$

이 그래프를 x축의 방향으로 -3만큼, y축의 방향으로 3만큼 평행이동한 그래프를 나타내는 이차함수의 식은 $y-3=-\dfrac{1}{3}\{x-(-3)+3\}^2+4$　∴ $y=-\dfrac{1}{3}(x+6)^2+7$

따라서 꼭짓점의 좌표는 $(-6, 7)$이다.

확인 7 이차함수 $y=2x^2-8x+4$의 그래프를 x축의 방향으로 a만큼, y축의 방향으로 b만큼 평행이동하면 이차함수 $y=2x^2-16x+3$의 그래프와 일치한다. 이때 $a-b$의 값을 구하시오.

소단원 📖 핵심문제

생각해 봅시다

01 이차함수 $y=-\dfrac{3}{2}x^2-3x-\dfrac{7}{2}$의 그래프의 꼭짓점의 좌표는?

① $\left(-1, -\dfrac{5}{2}\right)$ ② $(-1, -2)$ ③ $\left(-\dfrac{1}{2}, -2\right)$

④ $(1, -2)$ ⑤ $\left(1, -\dfrac{5}{2}\right)$

02 이차함수 $y=-\dfrac{1}{2}x^2+2x+k$의 그래프의 꼭짓점의 좌표가 $(p, 3)$일 때, $k+p$의 값을 구하시오. (단, k는 상수)

$y=a(x-p)^2+q$의 꼴로 고친 후, 꼭짓점의 좌표가 (p, q)임을 이용한다.

03 다음 중 이차함수 $y=\dfrac{2}{3}x^2-4x+2$의 그래프는?

①   ②   ③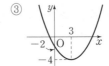

④   ⑤

04 이차함수 $y=ax^2-2x+3$의 그래프가 오른쪽 그림과 같을 때, x의 값이 증가하면 y의 값도 증가하는 x의 값의 범위를 구하시오. (단, a는 상수)

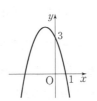

그래프가 지나는 점의 좌표를 주어진 식에 대입하여 이차함수의 식을 구한 후, $y=a(x-p)^2+q$의 꼴로 고쳐서 축 $x=p$를 기준으로 생각한다.

05 이차함수 $y=\dfrac{1}{3}x^2+2x-4$의 그래프를 x축의 방향으로 3만큼, y축의 방향으로 -1만큼 평행이동하면 점 $(3, n)$을 지난다. 이때 n의 값을 구하시오.

개념원리
이해

1 이차함수 $y=ax^2+bx+c$의 그래프와 x축, y축과의 교점은 어떻게 구하는가?

◉ 핵심문제 1~4

(1) **x축과의 교점**: $y=0$일 때의 x의 값을 구한다.

(2) **y축과의 교점**: $x=0$일 때의 y의 값을 구한다.

예 이차함수 $y=x^2-7x-8$의 그래프에서

(1) $y=0$을 대입하면 $x^2-7x-8=0$, $(x+1)(x-8)=0$ ∴ $x=-1$ 또는 $x=8$

따라서 x축과의 교점의 좌표는 $(-1,0)$, $(8,0)$이다.

(2) $x=0$을 대입하면 $y=-8$이므로 y축과의 교점의 좌표는 $(0,-8)$이다.

2 이차함수 $y=ax^2+bx+c$의 그래프에서 a, b, c의 부호는 어떻게 정하는가?

◉ 핵심문제 5

(1) **a의 부호**: 그래프의 모양에 따라 결정된다.

① 아래로 볼록(∨)하면 ⇨ $a>0$

② 위로 볼록(∧)하면 ⇨ $a<0$

(2) **b의 부호**: 축의 위치에 따라 결정된다.

① 축이 y축의 왼쪽에 있으면 ⇨ a와 b의 부호는 같다.

② 축이 y축의 오른쪽에 있으면 ⇨ a와 b의 부호는 다르다.

③ 축이 y축과 일치하면 ⇨ $b=0$

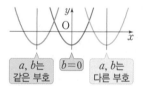

a, b는 같은 부호 | $b=0$ | a, b는 다른 부호

> **참고** 이차함수 $y=ax^2+bx+c$의 그래프의 축의 방정식은 $x=-\dfrac{b}{2a}$이므로
>
> ① 축이 y축의 왼쪽에 있으면 $-\dfrac{b}{2a}<0$, 즉 $ab>0$ ⇨ a, b는 같은 부호
>
> ② 축이 y축의 오른쪽에 있으면 $-\dfrac{b}{2a}>0$, 즉 $ab<0$ ⇨ a, b는 다른 부호

(3) **c의 부호**: y축과의 교점의 위치에 따라 결정된다.

① y축과의 교점이 x축의 위쪽에 있으면 ⇨ $c>0$

② y축과의 교점이 x축의 아래쪽에 있으면 ⇨ $c<0$

③ 원점을 지나면 ⇨ $c=0$

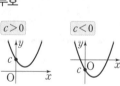

$c>0$　$c<0$

예 오른쪽 그림과 같은 이차함수 $y=ax^2+bx+c$의 그래프에서

그래프가 아래로 볼록하므로 $a>0$

축이 y축의 오른쪽에 있으므로 a와 b의 부호는 다르다. ∴ $b<0$

y축과의 교점이 x축의 위쪽에 있으므로 $c>0$

x축과의 교점에 따른 이차함수 $y=ax^2+bx+c$의 그래프

$y=ax^2+bx+c$를 $y=a(x-p)^2+q$의 꼴로 고치면 그래프의 꼭짓점의 좌표는 $(p,\ q)$이다.

(1) 그래프가 x축과 한 점에서 만난다.

　① $a>0$일 때

 ⇨ (꼭짓점의 y좌표)$=0$, 즉 $q=0$

　② $a<0$일 때

 ⇨ (꼭짓점의 y좌표)$=0$, 즉 $q=0$

(2) 그래프가 x축과 서로 다른 두 점에서 만난다.

　① $a>0$일 때

 ⇨ (꼭짓점의 y좌표)<0, 즉 $q<0$

　② $a<0$일 때

 ⇨ (꼭짓점의 y좌표)>0, 즉 $q>0$

(3) 그래프가 x축과 만나지 않는다.

　① $a>0$일 때

 ⇨ (꼭짓점의 y좌표)>0, 즉 $q>0$ ⎫

　② $a<0$일 때

 ⇨ (꼭짓점의 y좌표)<0, 즉 $q<0$ ⎭

x^2의 계수의 부호와
꼭짓점의 y좌표의 부호가 같다.

예 이차함수 $y=x^2-2x+k-1$의 그래프가

(1) x축과 한 점에서 만날 때

$y=x^2-2x+k-1=(x-1)^2+k-2$에서 꼭짓점의 좌표는 $(1,\ k-2)$이다.

이 그래프가 x축과 한 점에서 만나려면 꼭짓점의 y좌표가 0이어야 하므로

$k-2=0$ ∴ $k=2$

(2) x축과 서로 다른 두 점에서 만날 때

이 그래프가 x축과 서로 다른 두 점에서 만나려면 꼭짓점의 y좌표가 0보다 작아야

하므로

$k-2<0$ ∴ $k<2$

(3) x축과 만나지 않을 때

이 그래프가 x축과 만나지 않으려면 꼭짓점의 y좌표가 0보다 커야 하므로

$k-2>0$ ∴ $k>2$

01 다음은 이차함수 $y=x^2-x-6$의 그래프에서 x축과의 두 교점 A, B와 y축과의 교점 C의 좌표를 구하는 과정이다. □ 안에 알맞은 수를 써넣으시오.

○ x축과의 교점의 좌표
⇨ $y=$□을 대입
y축과의 교점의 좌표
⇨ □$=0$을 대입

(1) x축과의 두 교점 A, B의 좌표

⇨ $y=x^2-x-6$에 $y=0$을 대입하면

$x^2-x-6=$□, $(x+$□$)(x-$□$)=$□

$x=$□ 또는 $x=$□

∴ A(□, □), B(□, □)

(2) y축과의 교점 C의 좌표

⇨ $y=x^2-x-6$에 $x=0$을 대입하면

$y=$□

∴ C(□, □)

02 이차함수 $y=ax^2+bx+c$의 그래프가 다음 그림과 같을 때, □ 안에 알맞은 것을 써넣으시오. (단, a, b, c는 상수)

○ 이차함수 $y=ax^2+bx+c$의 그래프에서
a의 부호는 그래프의 □,
b의 부호는 □의 위치,
c의 부호는 □축과의 교점의 위치로 판단한다.

(1) ① 그래프의 모양이 □로 볼록하므로

a□0

② 축이 y축의 □쪽에 있으므로 a와 b의 부호는 □.

∴ b□0

③ y축과의 교점이 x축의 □쪽에 있으므로

c□0

(2) ① 그래프의 모양이 □로 볼록하므로

a□0

② 축이 y축의 □쪽에 있으므로 a와 b의 부호는 □.

∴ b□0

③ y축과의 교점이 x축의 □쪽에 있으므로

c□0

핵심문제 🔑 익히기

정답과 풀이 **p.82**

01 이차함수의 그래프와 x축, y축과의 교점

● 더 다양한 문제는 **RPM** 중3–1 131쪽

오른쪽 그림과 같이 이차함수 $y=-x^2+5x+6$의 그래프가 x축과 만나는 두 점의 x좌표가 각각 p, q이고, y축과 만나는 점의 y좌표가 r일 때, $p+q+r$의 값을 구하시오. (단, $p<q$)

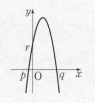

Key Point

x축과의 교점의 좌표
$\Rightarrow y=0$을 대입
y축과의 교점의 좌표
$\Rightarrow x=0$을 대입

풀이 $y=-x^2+5x+6$에 $y=0$을 대입하면 $-x^2+5x+6=0$
$x^2-5x-6=0$, $(x+1)(x-6)=0$ $\quad\therefore x=-1$ 또는 $x=6$
이때 $p<q$이므로 $p=-1$, $q=6$
$y=-x^2+5x+6$에 $x=0$을 대입하면 $y=6$ $\quad\therefore r=6$
$\therefore p+q+r=(-1)+6+6=\mathbf{11}$

확인 1 이차함수 $y=ax^2-3x+7$의 그래프는 x축과 서로 다른 두 점에서 만난다. 두 교점 중 한 점의 좌표가 $(2, 0)$일 때, 다른 한 점의 좌표를 구하시오.
(단, a는 상수)

02 이차함수의 그래프와 삼각형의 넓이

● 더 다양한 문제는 **RPM** 중3–1 136쪽

오른쪽 그림과 같이 이차함수 $y=x^2-2x-3$의 그래프와 x축과의 두 교점을 각각 A, B라 하고, 꼭짓점을 C라 할 때, $\triangle$ABC의 넓이를 구하시오.

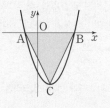

Key Point

x축과의 교점과 꼭짓점의 좌표를 구하여 삼각형의 넓이를 구한다.
$\Rightarrow \triangle\text{ABC}=\dfrac{1}{2}\times\overline{\text{AB}}$
$\qquad\times |(\text{점 C의 } y\text{좌표})|$

풀이 $y=x^2-2x-3$에 $y=0$을 대입하면 $x^2-2x-3=0$
$(x+1)(x-3)=0$ $\quad\therefore x=-1$ 또는 $x=3$
따라서 A$(-1, 0)$, B$(3, 0)$이므로 $\overline{\text{AB}}=3-(-1)=4$
또 $y=x^2-2x-3=(x-1)^2-4$이므로 C$(1, -4)$
$\therefore \triangle\text{ABC}=\dfrac{1}{2}\times 4\times 4=\mathbf{8}$

확인 2 오른쪽 그림과 같이 이차함수 $y=-x^2+x+2$의 그래프와 x축과의 두 교점을 각각 A, B라 하고, y축과의 교점을 C라 할 때, $\triangle$ABC의 넓이를 구하시오.

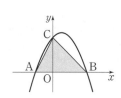

03 이차함수의 그래프와 x축과의 교점의 개수 (1)   ⊕ 더 다양한 문제는 RPM 중3-1 132쪽

이차함수 $y=x^2+6x+k+3$의 그래프가 x축과 한 점에서 만날 때, 상수 k의 값을 구하시오.

풀이 $y=x^2+6x+k+3=(x+3)^2+k-6$이므로 꼭짓점의 좌표는 $(-3, k-6)$이다.

이 그래프가 x축과 한 점에서 만나려면 꼭짓점의 y좌표가 0이어야 하므로 $k-6=0$ $\therefore k=6$

Key Point

그래프가 x축과 한 점에서 만난다.
그래프가 x축에 접한다.
꼭짓점이 x축 위에 있다.
⇨ (꼭짓점의 y좌표)=0

확인❸ 이차함수 $y=2x^2+3x+a-1$의 그래프가 x축에 접할 때, 상수 a의 값을 구하시오.

---

04 이차함수의 그래프와 x축과의 교점의 개수 (2)   ⊕ 더 다양한 문제는 RPM 중3-1 132쪽

이차함수 $y=-2x^2+6x+k$의 그래프가 x축과 서로 다른 두 점에서 만날 때, 상수 k의 값의 범위를 구하시오.

풀이 $y=-2x^2+6x+k=-2\left(x-\dfrac{3}{2}\right)^2+\dfrac{9}{2}+k$이므로 꼭짓점의 좌표는 $\left(\dfrac{3}{2}, \dfrac{9}{2}+k\right)$이다.

이 그래프는 위로 볼록하므로 x축과 서로 다른 두 점에서 만나려면 오른쪽 그림과 같이 꼭짓점의 y좌표가 0보다 커야 한다. 즉,

$\dfrac{9}{2}+k>0$ $\therefore k>-\dfrac{9}{2}$

Key Point

그래프가 x축과 서로 다른 두 점에서 만나거나 만나지 않을 조건을 구할 때
⇨ 그래프를 그린 후 꼭짓점의 y좌표의 부호를 조사한다.

참고 위의 주어진 함수의 그래프가 x축과 만나지 않으려면 $\dfrac{9}{2}+k<0$ $\therefore k<-\dfrac{9}{2}$

확인❹ 이차함수 $y=2x^2-4x-k-2$의 그래프가 x축과 만나지 않을 때, 상수 k의 값의 범위를 구하시오.

확인❺ 이차함수 $y=\dfrac{1}{2}x^2+2x+k$의 그래프가 x축과 서로 다른 두 점에서 만나도록 하는 자연수 k의 값을 구하시오.

05 이차함수 $y=ax^2+bx+c$의 그래프에서 a, b, c의 부호 ▮ 더 다양한 문제는 **RPM** 중3-1 133, 136쪽

이차함수 $y=ax^2+bx+c$의 그래프가 오른쪽 그림과 같을 때, 상수 a, b, c의 부호는?

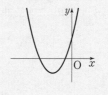

① $a>0, b>0, c>0$ ② $a>0, b<0, c>0$

③ $a>0, b<0, c<0$ ④ $a<0, b>0, c>0$

⑤ $a<0, b<0, c<0$

풀이   그래프가 아래로 볼록하므로 $a>0$

축이 y축의 왼쪽에 있으므로 a와 b의 부호는 같다. $\therefore b>0$

y축과의 교점이 x축의 위쪽에 있으므로 $c>0$

    $\therefore$ ①

이차함수 $y=ax^2+bx+c$의 그래프에서 a, b, c의 부호 판별

① $\bigvee$ $\Rightarrow a>0$

   $\bigwedge$ $\Rightarrow a<0$

② 축이 y축의 왼쪽에 있으면

   $\Rightarrow a$와 b의 부호는 같다.

   축이 y축의 오른쪽에 있으면

   $\Rightarrow a$와 b의 부호는 다르다.

③ y축과의 교점이

   x축의 위쪽에 있으면

   $\Rightarrow c>0$

   x축의 아래쪽에 있으면

   $\Rightarrow c<0$

확인 6   이차함수 $y=ax^2+bx+c$의 그래프가 다음 그림과 같을 때, 상수 a, b, c의 부호를 각각 정하시오.

(1) 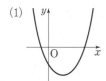   (2)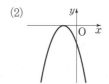

확인 7   이차함수 $y=ax^2+bx+c$의 그래프가 오른쪽 그림과 같을 때, 다음 **보기** 중 옳은 것을 모두 고르시오.

(단, a, b, c는 상수)

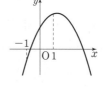

─●보기●─

ㄱ. $b<0$ ㄴ. $c<0$

ㄷ. $a+b+c>0$ ㄹ. $a-b+c<0$

확인 8   이차함수 $y=ax^2+bx+c$에서 $a>0, b<0, c<0$일 때, 그래프의 꼭짓점은 제 몇 사분면 위에 있는지 구하시오. (단, a, b, c는 상수)

소단원 📖 핵심문제

01 이차함수 $y=x^2-6x+8$의 그래프가 x축과 두 점 A, B에서 만날 때, $\overline{AB}$의 길이를 구하시오.

x축과의 교점의 x좌표
$\Rightarrow y=0$일 때의 x의 값

02 오른쪽 그림과 같이 이차함수 $y=-\dfrac{1}{4}x^2+kx+3$의 그래프의 꼭짓점을 A라 하고, x축과의 교점 중 한 점을 B라 하자. B$(-6, 0)$일 때, $\triangle ABO$의 넓이를 구하시오.
(단, O는 원점, k는 상수)

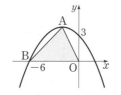

그래프가 점 B$(-6, 0)$을 지나므로 $x=-6$, $y=0$을 대입하여 k의 값을 구한 후, 꼭짓점 A의 좌표를 구한다.

03 이차함수 $y=x^2+6x-1+k$의 그래프가 x축과 만날 때, 상수 k의 값의 범위를 구하시오.

x^2의 계수가 양수인 이차함수의 그래프가 x축과 만날 때
$\Rightarrow$

$\Rightarrow$ (꼭짓점의 y좌표)≤ 0

04 이차함수 $y=ax^2+bx+c$의 그래프가 x축과 두 점에서 만나고 $a<0$, $b>0$, $c<0$일 때, 이 이차함수의 그래프가 지나지 않는 사분면을 구하시오.
(단, a, b, c는 상수)

이차함수 $y=ax^2+bx+c$의 그래프에서
① a의 부호 $\Rightarrow$ 그래프의 모양
② b의 부호 $\Rightarrow$ 축의 위치
③ c의 부호 $\Rightarrow$ y축과의 교점의 위치

05 이차함수 $y=ax^2+bx+c$의 그래프가 오른쪽 그림과 같을 때, 이차함수 $y=cx^2+bx+a$의 그래프의 꼭짓점은 제몇 사분면 위에 있는지 구하시오. (단, a, b, c는 상수)

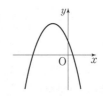

03 | 이차함수의 식 구하기

개념원리
이해

1 꼭짓점과 다른 한 점을 알 때, 이차함수의 식은 어떻게 구하는가? ⊙ 핵심문제 1

꼭짓점 (p, q)와 그래프 위의 다른 한 점 (x_1, y_1)을 알 때,

> ① 이차함수의 식을 $y=a(x-p)^2+q$로 놓는다.
> ② ①의 식에 점 (x_1, y_1)의 좌표를 대입하여 a의 값을 구한다.

▶ 꼭짓점의 좌표에 따른 이차함수의 식
　㉠ $(0, 0) \Rightarrow y=ax^2$ 　　　㉡ $(0, q) \Rightarrow y=ax^2+q$
　㉢ $(p, 0) \Rightarrow y=a(x-p)^2$ 　　㉣ $(p, q) \Rightarrow y=a(x-p)^2+q$

2 축의 방정식과 두 점을 알 때, 이차함수의 식은 어떻게 구하는가? ⊙ 핵심문제 2

축의 방정식 $x=p$와 그래프 위의 두 점 (x_1, y_1), (x_2, y_2)를 알 때,

> ① 이차함수의 식을 $y=a(x-p)^2+q$로 놓는다.
> ② ①의 식에 두 점 (x_1, y_1), (x_2, y_2)의 좌표를 각각 대입하여 a, q의 값을 구한다.

3 서로 다른 세 점을 알 때, 이차함수의 식은 어떻게 구하는가? ⊙ 핵심문제 3

그래프 위의 세 점 (x_1, y_1), (x_2, y_2), (x_3, y_3)을 알 때,

> ① 이차함수의 식을 $y=ax^2+bx+c$로 놓는다.
> ② ①의 식에 세 점 (x_1, y_1), (x_2, y_2), (x_3, y_3)의 좌표를 각각 대입하여 a, b, c의 값을 구한다.

4 x축과의 두 교점과 다른 한 점을 알 때, 이차함수의 식은 어떻게 구하는가? ⊙ 핵심문제 4

x축과의 두 교점 $(\alpha, 0)$, $(\beta, 0)$과 그래프 위의 다른 한 점 (x_1, y_1)을 알 때,

> ① 이차함수의 식을 $y=a(x-\alpha)(x-\beta)$로 놓는다.
> ② ①의 식에 점 (x_1, y_1)의 좌표를 대입하여 a의 값을 구한다.

01 다음은 꼭짓점의 좌표가 $(-1, 3)$이고 점 $(1, 11)$을 지나는 포물선을 그래프로 하는 이차함수의 식을 $y=ax^2+bx+c$의 꼴로 나타내는 과정이다. □ 안에 알맞은 것을 써넣으시오.

> 꼭짓점의 좌표가 $(-1, 3)$이므로 이차함수의 식을
> $y=a(x+1)^2+\boxed{}$
> 으로 놓으면 그래프가 점 $(1, 11)$을 지나므로
> $\boxed{}=a(\boxed{}+1)^2+\boxed{}$ $\therefore a=\boxed{}$
> 따라서 구하는 이차함수의 식은 $y=\boxed{}$

○ 꼭짓점 (p, q)와 다른 한 점을 알 때
⇨ 이차함수의 식을 $y=\boxed{}$
로 놓고 다른 한 점의 좌표를 대입한다.

02 다음은 세 점 $(0, 4)$, $(2, 0)$, $(1, -2)$를 지나는 포물선을 그래프로 하는 이차함수의 식을 $y=ax^2+bx+c$의 꼴로 나타내는 과정이다. □ 안에 알맞은 것을 써넣으시오.

> 이차함수의 식을 $y=ax^2+bx+c$로 놓고
> $x=0$, $y=4$를 대입하면 $\boxed{}=c$ $\therefore y=ax^2+bx+\boxed{}$
> $x=2$, $y=0$을 대입하면 $0=\boxed{}a+\boxed{}b+\boxed{}$ ...... ㉠
> $x=1$, $y=-2$를 대입하면 $\boxed{}=a+b+\boxed{}$ ...... ㉡
> ㉠, ㉡을 연립하여 풀면 $a=\boxed{}$, $b=\boxed{}$
> 따라서 구하는 이차함수의 식은 $y=\boxed{}$

○ 세 점을 알 때
⇨ 이차함수의 식을 $y=\boxed{}$
로 놓고 세 점의 좌표를 대입한다.

03 다음은 x축과 두 점 $(-3, 0)$, $(2, 0)$에서 만나고 점 $(0, 12)$를 지나는 포물선을 그래프로 하는 이차함수의 식을 $y=ax^2+bx+c$의 꼴로 나타내는 과정이다. □ 안에 알맞은 것을 써넣으시오.

> x축과 두 점 $(-3, 0)$, $(2, 0)$에서 만나므로 이차함수의 식을
> $y=a\{x-(\boxed{})\}(x-\boxed{})$
> 로 놓으면 그래프가 점 $(0, 12)$를 지나므로
> $\boxed{}=a(\boxed{}+3)(\boxed{}-2)$ $\therefore a=\boxed{}$
> 따라서 구하는 이차함수의 식은 $y=\boxed{}$

○ x축과의 두 교점 $(\alpha, 0)$, $(\beta, 0)$과 다른 한 점을 알 때
⇨ 이차함수의 식을 $y=\boxed{}$
로 놓고 다른 한 점의 좌표를 대입한다.

핵심문제 🔑 익히기

정답과 풀이 **p.84**

01 이차함수의 식 구하기 – 꼭짓점과 다른 한 점을 알 때
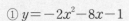 더 다양한 문제는 RPM 중3-1 133쪽

오른쪽 그림과 같이 꼭짓점의 좌표가 $(-2, 3)$인 포물선을 그래프로 하는 이차함수의 식은?

① $y=-2x^2-8x-1$ 　　② $y=-2x^2-8x-2$
③ $y=-2x^2+8x-1$ 　　④ $y=-x^2-4x-1$
⑤ $y=-x^2+4x-2$

풀이 꼭짓점의 좌표가 $(-2, 3)$이므로 이차함수의 식을 $y=a(x+2)^2+3$으로 놓으면
그래프가 점 $(1, -6)$을 지나므로
$-6=a\times(1+2)^2+3$, $-9=9a$ 　　∴ $a=-1$
따라서 구하는 이차함수의 식은 $y=-(x+2)^2+3=-x^2-4x-1$ 　　∴ ④

확인 1 꼭짓점의 좌표가 $(-1, 2)$이고 점 $(1, 6)$을 지나는 포물선을 그래프로 하는 이차함수의 식을 $y=ax^2+bx+c$라 할 때, 상수 a, b, c에 대하여 $a-b+c$의 값을 구하시오.

Key Point

꼭짓점 (p, q)와 다른 한 점을 알 때
⇨ 이차함수의 식을
$y=a(x-p)^2+q$로 놓고 다른 한 점의 좌표를 대입하여 a의 값을 구한다.

02 이차함수의 식 구하기 – 축의 방정식과 두 점을 알 때
더 다양한 문제는 RPM 중3-1 134쪽

직선 $x=-1$을 축으로 하고 두 점 $(-3, 0)$, $(2, -5)$를 지나는 포물선을 그래프로 하는 이차함수의 식은?

① $y=-x^2-2x+3$ 　　② $y=-x^2-2x+5$ 　　③ $y=-x^2+2x+1$
④ $y=x^2+2x-3$ 　　⑤ $y=x^2+2x+5$

풀이 직선 $x=-1$을 축으로 하므로 이차함수의 식을 $y=a(x+1)^2+q$로 놓으면
그래프가 점 $(-3, 0)$을 지나므로 $0=a\times(-3+1)^2+q$ 　　∴ $0=4a+q$　　 ······ ㉠
그래프가 점 $(2, -5)$를 지나므로 $-5=a\times(2+1)^2+q$ 　　∴ $-5=9a+q$　　 ······ ㉡
㉠, ㉡을 연립하여 풀면 $a=-1$, $q=4$
따라서 구하는 이차함수의 식은 $y=-(x+1)^2+4=-x^2-2x+3$ 　　∴ ①

확인 2 오른쪽 그림은 직선 $x=2$를 축으로 하는 이차함수 $y=ax^2+bx+c$의 그래프이다. 이때 상수 a, b, c에 대하여 abc의 값을 구하시오.

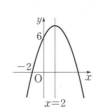

Key Point

축의 방정식 $x=p$와 두 점을 알 때
⇨ 이차함수의 식을
$y=a(x-p)^2+q$로 놓고 두 점의 좌표를 대입하여 a, q의 값을 구한다.

03 **이차함수의 식 구하기 – 서로 다른 세 점을 알 때** ● 더 다양한 문제는 **RPM 중3–1 134쪽**

세 점 $(0, 8)$, $(-2, 0)$, $(2, 8)$을 지나는 포물선을 그래프로 하는 이차함수의 식을
$y=ax^2+bx+c$라 할 때, 상수 a, b, c에 대하여 $a-b+c$의 값을 구하시오.

🔑 Key Point

세 점을 알 때
⇨ 이차함수의 식을
$y=ax^2+bx+c$로 놓고 세
점의 좌표를 대입하여 a, b,
c의 값을 구한다.

풀이 $x=0$, $y=8$을 대입하면 $8=c$
$x=-2$, $y=0$을 대입하면 $0=4a-2b+8$ $\cdots\cdots$ ㉠
$x=2$, $y=8$을 대입하면 $8=4a+2b+8$ $\cdots\cdots$ ㉡
㉠, ㉡을 연립하여 풀면 $a=-1$, $b=2$
∴ $a-b+c=(-1)-2+8=$**5**

확인**3** 세 점 $(0, 1)$, $(1, 2)$, $(-1, 6)$을 지나는 이차함수의 그래프의 꼭짓점의 좌표
를 구하시오.

04 **이차함수의 식 구하기 – x축과의 두 교점과 다른 한 점을 알 때** ● 더 다양한 문제는 **RPM 중3–1 135쪽**

오른쪽 그림과 같은 포물선을 그래프로 하는 이차함수의 식은?

① $y=x^2+3x+4$ ② $y=x^2+5x+4$
③ $y=x^2+7x+4$ ④ $y=2x^2+5x+4$
⑤ $y=2x^2+10x+4$

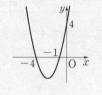

🔑 Key Point

x축과의 두 교점 $(\alpha, 0)$,
$(\beta, 0)$과 다른 한 점을 알 때
⇨ 이차함수의 식을
$y=a(x-\alpha)(x-\beta)$로 놓
고 다른 한 점의 좌표를 대입
하여 a의 값을 구한다.

풀이 x축과 두 점 $(-4, 0)$, $(-1, 0)$에서 만나므로 이차함수의 식을 $y=a(x+4)(x+1)$로 놓
으면 그래프가 점 $(0, 4)$를 지나므로
$4=a\times(0+4)\times(0+1)$, $4=4a$ ∴ $a=1$
따라서 구하는 이차함수의 식은 $y=(x+4)(x+1)=x^2+5x+4$ ∴ ②

확인**4** x축과 두 점 $(-3, 0)$, $(1, 0)$에서 만나고 점 $(2, -5)$를 지나는 이차함수의
그래프가 y축과 만나는 점의 y좌표를 구하시오.

소단원 📖 핵심문제

01 꼭짓점의 좌표가 $(-1, -2)$이고 y축과의 교점의 y좌표가 3인 포물선을 그래프로 하는 이차함수의 식은?

① $y=2x^2-4x+3$ ② $y=2x^2+4x+3$ ③ $y=3x^2+6x+3$

④ $y=5x^2-10x+3$ ⑤ $y=5x^2+10x+3$

⭐ 생각해 봅시다
y축과의 교점의 y좌표가 a이다.
⇨ 점 $(0, a)$를 지난다.

02 오른쪽 그림은 직선 $x=-2$를 축으로 하는 이차함수 $y=ax^2+bx+c$의 그래프이다. 이 그래프가 원점을 지날 때, 상수 a, b, c에 대하여 $a+b+c$의 값을 구하시오.

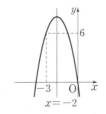

03 이차함수 $y=3x^2$의 그래프와 모양과 폭이 같고 축의 방정식이 $x=-\frac{1}{2}$인 포물선이 점 $(-1, -6)$을 지날 때, 이 포물선을 그래프로 하는 이차함수의 식을 $y=ax^2+bx+c$의 꼴로 나타내시오.

두 이차함수의 그래프의 모양과 폭이 같다.
⇨ x^2의 계수가 같다.

04 세 점 $(0, 3)$, $(-1, 10)$, $(2, -5)$를 지나는 이차함수의 그래프의 축의 방정식을 구하시오.

05 x축과 두 점 $(3, 0)$, $(5, 0)$에서 만나고 점 $(2, 3)$을 지나는 이차함수의 그래프가 점 (k, k^2+7)을 지날 때, k의 값을 구하시오.

먼저 이차함수의 식을 구한 후 점 (k, k^2+7)의 좌표를 대입하여 k의 값을 구한다.

중단원 마무리

Step 1 **기본문제**

꼭 나와

01 다음 이차함수 중 그래프의 축이 가장 왼쪽에 있는 것은?

① $y=3x^2-2$ ② $y=-2(x+1)^2$

③ $y=x^2-x-1$ ④ $y=4x^2+16x+15$

⑤ $y=\dfrac{1}{5}x^2+x+2$

02 두 이차함수 $y=2x^2-4x$, $y=-x^2+ax+b$의 그래프의 꼭짓점이 일치할 때, 상수 a, b에 대하여 $a-b$의 값을 구하시오.

03 오른쪽 그림은 이차함수 $y=-\dfrac{1}{4}x^2+ax+b$의 그래프이다. 이 그래프의 꼭짓점의 좌표는? (단, a, b는 상수)

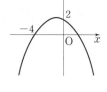

① $\left(-1,\ \dfrac{9}{4}\right)$ ② $\left(-\dfrac{3}{2},\ \dfrac{9}{4}\right)$ ③ $\left(-2,\ \dfrac{9}{4}\right)$

④ $\left(-1,\ \dfrac{5}{2}\right)$ ⑤ $\left(-2,\ \dfrac{5}{2}\right)$

04 이차함수 $y=\dfrac{1}{2}x^2-px-2$의 그래프에서 $x<1$일 때 x의 값이 증가하면 y의 값은 감소하고, $x>1$일 때 x의 값이 증가하면 y의 값도 증가한다. 이때 상수 p의 값을 구하시오.

05 이차함수 $y=3x^2+12x+8$의 그래프를 x축의 방향으로 5만큼, y축의 방향으로 -10만큼 평행이동한 그래프가 점 $(-1, k)$를 지난다. 이때 k의 값을 구하시오.

06 이차함수 $y=2x^2+ax-6$의 그래프는 x축과 두 점에서 만난다. 이 중 한 점의 좌표가 $(-1, 0)$일 때, 다른 한 점의 좌표는? (단, a는 상수)

① $(-3, 0)$ ② $(-2, 0)$ ③ $(2, 0)$

④ $(3, 0)$ ⑤ $(5, 0)$

꼭 나와

07 오른쪽 그림과 같이 이차함수 $y=-\dfrac{3}{4}x^2+3x$의 그래프의 꼭짓점을 A라 하고, x축과의 두 교점을 각각 O, B라 할 때, △AOB의 넓이를 구하시오.

(단, O는 원점)

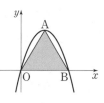

08 이차함수 $y=-\dfrac{2}{3}x^2+4x+k$의 그래프가 x축에 접할 때, 상수 k의 값은?

① -6 ② -3 ③ 3

④ 4 ⑤ 6

09 꼭짓점의 좌표가 $(1, -4)$이고 y축과의 교점의 y좌표가 -3인 이차함수의 그래프에 대한 다음 **보기**의 설명 중 옳은 것을 모두 고른 것은?

─● 보기 ●─

ㄱ. 이차함수의 식은 $y=2x^2-4x-3$이다.

ㄴ. 축의 방정식은 $x=1$이다.

ㄷ. 이차함수 $y=x^2$의 그래프를 평행이동하여 겹칠 수 있다.

ㄹ. x축과 두 점에서 만난다.

① ㄱ, ㄴ   ② ㄱ, ㄹ   ③ ㄴ, ㄷ

④ ㄱ, ㄴ, ㄷ   ⑤ ㄴ, ㄷ, ㄹ

꼭 나와

10 오른쪽 그림은 직선 $x=1$을 축으로 하는 이차함수 $y=ax^2+bx+c$의 그래프이다. 이때 상수 a, b, c에 대하여 abc의 값은?

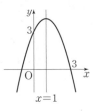

① -6 ② -4 ③ -2

④ 2 ⑤ 6

11 이차함수 $y=f(x)$에 대하여 $f(0)=3$, $f(-1)=8$, $f(1)=0$일 때, 이차함수 $y=f(x)$의 그래프의 꼭짓점의 좌표를 구하시오.

Step 2 발전문제

12 이차함수 $y=x^2-2ax+b$의 그래프가 점 $(3, 4)$를 지나고 꼭짓점이 직선 $y=2x-5$ 위에 있을 때, 상수 a, b에 대하여 $a+b$의 값을 구하시오.

(단, $a>0$)

13 이차함수 $y=x^2-6kx+9k^2+6k+3$의 그래프의 꼭짓점이 제2사분면 위에 있을 때, 상수 k의 값의 범위를 구하시오.

14 이차함수 $y=-x^2+4x+c$의 그래프가 모든 사분면을 지나도록 하는 상수 c의 값의 범위는?

① $c>-4$ ② $c>-3$ ③ $c>-2$

④ $c>-1$ ⑤ $c>0$

15 이차함수 $y=\dfrac{1}{2}x^2-4x+5$의 그래프를 x축에 대칭이동한 후 x축의 방향으로 m만큼, y축의 방향으로 n만큼 평행이동한 그래프를 나타내는 이차함수의 식이 $y=-\dfrac{1}{2}(x-1)^2+6$일 때, $m-n$의 값을 구하시오.

16 두 이차함수 $y=2x^2+12x+15$, $y=2x^2-4x-1$의 그래프가 다음 그림과 같을 때, 색칠한 부분의 넓이를 구하시오.

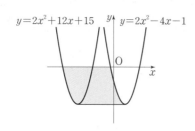

17 이차함수 $y=2x^2-4x+k$의 그래프가 x축과 만나는 두 점 사이의 거리가 6일 때, 상수 k의 값은?

① -16 ② -12 ③ -8

④ -4 ⑤ -2

18 오른쪽 그림과 같이 이차함수 $y=-x^2+2x+8$의 그래프의 꼭짓점을 A라 하고, 이 그래프가 x축과 양의 부분에서 만나는 점을 B, y축과 만나는 점을 C라 할 때, △ACB의 넓이를 구하시오.

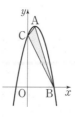

19 이차함수 $y=ax^2+bx+c$의 그래프가 오른쪽 그림과 같을 때, 다음 중 이차함수 $y=acx^2-bcx+bc$의 그래프로 알맞은 것은? (단, a, b, c는 상수)

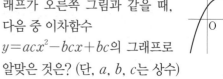

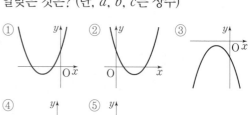

20 이차함수 $y=ax^2+bx+c$의 그래프가 오른쪽 그림과 같을 때, 다음 중 옳지 <u>않은</u> 것은? (단, a, b, c는 상수)

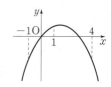

① $a<0$, $b>0$, $c=0$

② $abc=0$

③ $a-b+c>0$

④ $a+b+c>0$

⑤ $16a+4b+c<0$

21 주사위를 세 번 던져서 나오는 눈의 수를 차례로 a, b, c라 할 때, 이차함수 $y=ax^2-bx+c$의 그래프의 축의 방정식이 $x=1$이고 점 $(0, 2)$를 지날 확률을 구하시오.

서술형 대비 문제

1

오른쪽 그림과 같이 이차함수
$y=-x^2+4x+5$의 그래프의 꼭짓점을
A라 하고, x축과의 두 교점을 각각 B,
C라 할 때, △ABC의 넓이를 구하시오.
[8점]

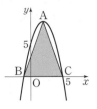

풀이과정

1단계 점 A의 좌표 구하기 [3점]

$y=-x^2+4x+5=-(x-2)^2+9$이므로
A$(2, 9)$

2단계 점 B의 좌표 구하기 [3점]

$y=-x^2+4x+5$에 $y=0$을 대입하면
$-x^2+4x+5=0$, $x^2-4x-5=0$
$(x+1)(x-5)=0$ ∴ $x=-1$ 또는 $x=5$
∴ B$(-1, 0)$

3단계 △ABC의 넓이 구하기 [2점]

∴ △ABC$=\dfrac{1}{2}\times6\times9=27$

답 27

1-1

오른쪽 그림과 같이 이차함수
$y=x^2-2x-15$의 그래프와 x축과의 두
교점을 각각 A, B라 하고, 꼭짓점을 C라
할 때, △ACB의 넓이를 구하시오. [8점]

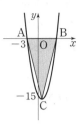

풀이과정

1단계 점 B의 좌표 구하기 [3점]

2단계 점 C의 좌표 구하기 [3점]

3단계 △ACB의 넓이 구하기 [2점]

답

2

이차함수 $y=ax^2+bx+c$의 그래프가
오른쪽 그림과 같을 때, 상수 a, b, c에
대하여 $a+b+3c$의 값을 구하시오.
[7점]

풀이과정

1단계 a의 값 구하기 [4점]

꼭짓점의 좌표가 $(-1, 3)$이므로 이차함수의 식을
$y=a(x+1)^2+3$으로 놓으면 그래프가 점 $(-4, 0)$을 지나
므로 $0=a\times(-4+1)^2+3$, $-3=9a$ ∴ $a=-\dfrac{1}{3}$

2단계 b, c의 값 구하기 [2점]

따라서 $y=-\dfrac{1}{3}(x+1)^2+3=-\dfrac{1}{3}x^2-\dfrac{2}{3}x+\dfrac{8}{3}$이므로
$b=-\dfrac{2}{3}$, $c=\dfrac{8}{3}$

3단계 $a+b+3c$의 값 구하기 [1점]

∴ $a+b+3c=\left(-\dfrac{1}{3}\right)+\left(-\dfrac{2}{3}\right)+3\times\dfrac{8}{3}=7$

답 7

2-1

이차함수 $y=ax^2+bx+c$
의 그래프가 오른쪽 그림과 같을 때, 상
수 a, b, c에 대하여 $3a+b-c$의 값을
구하시오. [7점]

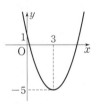

풀이과정

1단계 a의 값 구하기 [4점]

2단계 b, c의 값 구하기 [2점]

3단계 $3a+b-c$의 값 구하기 [1점]

답

3 일차함수 $y=ax+b$의 그래프가 오른쪽 그림과 같을 때, 이차함수 $y=ax^2+bx+1$의 그래프의 꼭짓점은 제몇 사분면 위에 있는지 구하시오.

(단, a, b는 상수) [7점]

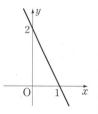

풀이과정 ────────

답

5 이차함수 $y=-x^2+x+6$의 그래프가 x축과 만나는 두 점의 x좌표를 각각 p, q라 하고, y축과 만나는 점의 y좌표를 r라 할 때, $p+q+r$의 값을 구하시오. [6점]

풀이과정 ────────

답

4 이차함수 $y=2x^2-8x+3$의 그래프를 x축의 방향으로 -1만큼, y축의 방향으로 -8만큼 평행이동한 그래프가 점 $(k, 19)$를 지날 때, 모든 k의 값의 합을 구하시오.

[7점]

풀이과정 ────────

답

6 이차함수 $y=ax^2+bx+c$의 그래프가 다음 조건을 모두 만족시킬 때, $a-2b+c$의 값을 구하시오.

(단, a, b, c는 상수) [7점]

─────● 조건 ●─────

㉮ 축의 방정식은 $x=-1$이다.

㉯ 꼭짓점이 x축 위에 있다.

㉰ 점 $(1, -4)$를 지난다.

풀이과정 ────────

답

01 이차함수의 뜻

함수 $y=f(x)$에서 y가 x에 대한 이차식
$$y=ax^2+bx+c \ (a,\ b,\ c는 상수,\ a\neq 0)$$
로 나타내어질 때, 이 함수를 x에 대한 [ ]라 한다.

02 이차함수 $y=ax^2$의 그래프

(1) **꼭짓점의 좌표**: $(0,\ 0)$
(2) **축의 방정식**: $x=\square \ (y$축$)$
(3) **그래프의 모양**
 ① $a>0$일 때, [ ]로 볼록
 ② $a<0$일 때, [ ]로 볼록
(4) **그래프의 폭**: a의 절댓값이 클수록 폭이 [ ].

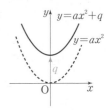

03 이차함수 $y=ax^2+q$의 그래프

(1) 이차함수 $y=ax^2$의 그래프를 [ ]축의 방향으로 [ ]만큼 평행이동한 것이다.
(2) **꼭짓점의 좌표**: $(0,\ \square)$
(3) **축의 방정식**: $x=\square \ (y$축$)$

04 이차함수 $y=a(x-p)^2$의 그래프

(1) 이차함수 $y=ax^2$의 그래프를 [ ]축의 방향으로 [ ]만큼 평행이동한 것이다.
(2) **꼭짓점의 좌표**: $(\square,\ 0)$
(3) **축의 방정식**: $x=\square$

05 이차함수 $y=a(x-p)^2+q$의 그래프

(1) 이차함수 $y=ax^2$의 그래프를 x축의 방향으로 [ ]만큼, y축의 방향으로 [ ]만큼 평행이동한 것이다.
(2) **꼭짓점의 좌표**: $(\square,\ \square)$
(3) **축의 방정식**: $x=\square$

06 이차함수 $y=ax^2+bx+c$의 그래프 (1)

$$y=ax^2+bx+c \Rightarrow y=a\left(x+\frac{b}{2a}\right)^2-\frac{b^2-4ac}{4a}$$

(1) **꼭짓점의 좌표**: $(\boxed{},\ \boxed{})$

(2) **축의 방정식**: $x=\boxed{}$

(3) **y축과의 교점의 좌표**: $(0,\ \square)$

07 이차함수 $y=ax^2+bx+c$의 그래프 (2)

(1) 아래로 볼록 $\Rightarrow a \ \square \ 0$
 위로 볼록 $\Rightarrow a \ \square \ 0$
(2) 축이 y축의 왼쪽 $\Rightarrow a,\ b$의 부호는 [ ].
 축이 y축의 오른쪽 $\Rightarrow a,\ b$의 부호는 [ ].
(3) y축과의 교점이 x축의 위쪽 $\Rightarrow c \ \square \ 0$
 y축과의 교점이 x축의 아래쪽 $\Rightarrow c \ \square \ 0$

답 **01** 이차함수 **02** (2) 0 (3) ① 아래 ② 위 (4) 좁아진다 **03** (1) $y,\ q$ (2) q (3) 0 **04** (1) $x,\ p$ (2) p (3) p **05** (1) $p,\ q$ (2) $p,\ q$ (3) p
06 (1) $-\dfrac{b}{2a},\ -\dfrac{b^2-4ac}{4a}$ (2) $-\dfrac{b}{2a}$ (3) c **07** (1) $>,\ <$ (2) 같다, 다르다 (3) $>,\ <$

제곱근표 (1)

수	0	1	2	3	4	5	6	7	8	9
1.0	1.000	1.005	1.010	1.015	1.020	1.025	1.030	1.034	1.039	1.044
1.1	1.049	1.054	1.058	1.063	1.068	1.072	1.077	1.082	1.086	1.091
1.2	1.095	1.100	1.105	1.109	1.114	1.118	1.122	1.127	1.131	1.136
1.3	1.140	1.145	1.149	1.153	1.158	1.162	1.166	1.170	1.175	1.179
1.4	1.183	1.187	1.192	1.196	1.200	1.204	1.208	1.212	1.217	1.221
1.5	1.225	1.229	1.233	1.237	1.241	1.245	1.249	1.253	1.257	1.261
1.6	1.265	1.269	1.273	1.277	1.281	1.285	1.288	1.292	1.296	1.300
1.7	1.304	1.308	1.311	1.315	1.319	1.323	1.327	1.330	1.334	1.338
1.8	1.342	1.345	1.349	1.353	1.356	1.360	1.364	1.367	1.371	1.375
1.9	1.378	1.382	1.386	1.389	1.393	1.396	1.400	1.404	1.407	1.411
2.0	1.414	1.418	1.421	1.425	1.428	1.432	1.435	1.439	1.442	1.446
2.1	1.449	1.453	1.456	1.459	1.463	1.466	1.470	1.473	1.476	1.480
2.2	1.483	1.487	1.490	1.493	1.497	1.500	1.503	1.507	1.510	1.513
2.3	1.517	1.520	1.523	1.526	1.530	1.533	1.536	1.539	1.543	1.546
2.4	1.549	1.552	1.556	1.559	1.562	1.565	1.568	1.572	1.575	1.578
2.5	1.581	1.584	1.587	1.591	1.594	1.597	1.600	1.603	1.606	1.609
2.6	1.612	1.616	1.619	1.622	1.625	1.628	1.631	1.634	1.637	1.640
2.7	1.643	1.646	1.649	1.652	1.655	1.658	1.661	1.664	1.667	1.670
2.8	1.673	1.676	1.679	1.682	1.685	1.688	1.691	1.694	1.697	1.700
2.9	1.703	1.706	1.709	1.712	1.715	1.718	1.720	1.723	1.726	1.729
3.0	1.732	1.735	1.738	1.741	1.744	1.746	1.749	1.752	1.755	1.758
3.1	1.761	1.764	1.766	1.769	1.772	1.775	1.778	1.780	1.783	1.786
3.2	1.789	1.792	1.794	1.797	1.800	1.803	1.806	1.808	1.811	1.814
3.3	1.817	1.819	1.822	1.825	1.828	1.830	1.833	1.836	1.838	1.841
3.4	1.844	1.847	1.849	1.852	1.855	1.857	1.860	1.863	1.865	1.868
3.5	1.871	1.873	1.876	1.879	1.881	1.884	1.887	1.889	1.892	1.895
3.6	1.897	1.900	1.903	1.905	1.908	1.910	1.913	1.916	1.918	1.921
3.7	1.924	1.926	1.929	1.931	1.934	1.936	1.939	1.942	1.944	1.947
3.8	1.949	1.952	1.954	1.957	1.960	1.962	1.965	1.967	1.970	1.972
3.9	1.975	1.977	1.980	1.982	1.985	1.987	1.990	1.992	1.995	1.997
4.0	2.000	2.002	2.005	2.007	2.010	2.012	2.015	2.017	2.020	2.022
4.1	2.025	2.027	2.030	2.032	2.035	2.037	2.040	2.042	2.045	2.047
4.2	2.049	2.052	2.054	2.057	2.059	2.062	2.064	2.066	2.069	2.071
4.3	2.074	2.076	2.078	2.081	2.083	2.086	2.088	2.090	2.093	2.095
4.4	2.098	2.100	2.102	2.105	2.107	2.110	2.112	2.114	2.117	2.119
4.5	2.121	2.124	2.126	2.128	2.131	2.133	2.135	2.138	2.140	2.142
4.6	2.145	2.147	2.149	2.152	2.154	2.156	2.159	2.161	2.163	2.166
4.7	2.168	2.170	2.173	2.175	2.177	2.179	2.182	2.184	2.186	2.189
4.8	2.191	2.193	2.195	2.198	2.200	2.202	2.205	2.207	2.209	2.211
4.9	2.214	2.216	2.218	2.220	2.223	2.225	2.227	2.229	2.232	2.234
5.0	2.236	2.238	2.241	2.243	2.245	2.247	2.249	2.252	2.254	2.256
5.1	2.258	2.261	2.263	2.265	2.267	2.269	2.272	2.274	2.276	2.278
5.2	2.280	2.283	2.285	2.287	2.289	2.291	2.293	2.296	2.298	2.300
5.3	2.302	2.304	2.307	2.309	2.311	2.313	2.315	2.317	2.319	2.322
5.4	2.324	2.326	2.328	2.330	2.332	2.335	2.337	2.339	2.341	2.343

수	0	1	2	3	4	5	6	7	8	9
5.5	2,345	2,347	2,349	2,352	2,354	2,356	2,358	2,360	2,362	2,364
5.6	2,366	2,369	2,371	2,373	2,375	2,377	2,379	2,381	2,383	2,385
5.7	2,387	2,390	2,392	2,394	2,396	2,398	2,400	2,402	2,404	2,406
5.8	2,408	2,410	2,412	2,415	2,417	2,419	2,421	2,423	2,425	2,427
5.9	2,429	2,431	2,433	2,435	2,437	2,439	2,441	2,443	2,445	2,447
6.0	2,449	2,452	2,454	2,456	2,458	2,460	2,462	2,464	2,466	2,468
6.1	2,470	2,472	2,474	2,476	2,478	2,480	2,482	2,484	2,486	2,488
6.2	2,490	2,492	2,494	2,496	2,498	2,500	2,502	2,504	2,506	2,508
6.3	2,510	2,512	2,514	2,516	2,518	2,520	2,522	2,524	2,526	2,528
6.4	2,530	2,532	2,534	2,536	2,538	2,540	2,542	2,544	2,546	2,548
6.5	2,550	2,551	2,553	2,555	2,557	2,559	2,561	2,563	2,565	2,567
6.6	2,569	2,571	2,573	2,575	2,577	2,579	2,581	2,583	2,585	2,587
6.7	2,588	2,590	2,592	2,594	2,596	2,598	2,600	2,602	2,604	2,606
6.8	2,608	2,610	2,612	2,613	2,615	2,617	2,619	2,621	2,623	2,625
6.9	2,627	2,629	2,631	2,632	2,634	2,636	2,638	2,640	2,642	2,644
7.0	2,646	2,648	2,650	2,651	2,653	2,655	2,657	2,659	2,661	2,663
7.1	2,665	2,666	2,668	2,670	2,672	2,674	2,676	2,678	2,680	2,681
7.2	2,683	2,685	2,687	2,689	2,691	2,693	2,694	2,696	2,698	2,700
7.3	2,702	2,704	2,706	2,707	2,709	2,711	2,713	2,715	2,717	2,718
7.4	2,720	2,722	2,724	2,726	2,728	2,729	2,731	2,733	2,735	2,737
7.5	2,739	2,740	2,742	2,744	2,746	2,748	2,750	2,751	2,753	2,755
7.6	2,757	2,759	2,760	2,762	2,764	2,766	2,768	2,769	2,771	2,773
7.7	2,775	2,777	2,778	2,780	2,782	2,784	2,786	2,787	2,789	2,791
7.8	2,793	2,795	2,796	2,798	2,800	2,802	2,804	2,805	2,807	2,809
7.9	2,811	2,812	2,814	2,816	2,818	2,820	2,821	2,823	2,825	2,827
8.0	2,828	2,830	2,832	2,834	2,835	2,837	2,839	2,841	2,843	2,844
8.1	2,846	2,848	2,850	2,851	2,853	2,855	2,857	2,858	2,860	2,862
8.2	2,864	2,865	2,867	2,869	2,871	2,872	2,874	2,876	2,877	2,879
8.3	2,881	2,883	2,884	2,886	2,888	2,890	2,891	2,893	2,895	2,897
8.4	2,898	2,900	2,902	2,903	2,905	2,907	2,909	2,910	2,912	2,914
8.5	2,915	2,917	2,919	2,921	2,922	2,924	2,926	2,927	2,929	2,931
8.6	2,933	2,934	2,936	2,938	2,939	2,941	2,943	2,944	2,946	2,948
8.7	2,950	2,951	2,953	2,955	2,956	2,958	2,960	2,961	2,963	2,965
8.8	2,966	2,968	2,970	2,972	2,973	2,975	2,977	2,978	2,980	2,982
8.9	2,983	2,985	2,987	2,988	2,990	2,992	2,993	2,995	2,997	2,998
9.0	3,000	3,002	3,003	3,005	3,007	3,008	3,010	3,012	3,013	3,015
9.1	3,017	3,018	3,020	3,022	3,023	3,025	3,027	3,028	3,030	3,032
9.2	3,033	3,035	3,036	3,038	3,040	3,041	3,043	3,045	3,046	3,048
9.3	3,050	3,051	3,053	3,055	3,056	3,058	3,059	3,061	3,063	3,064
9.4	3,066	3,068	3,069	3,071	3,072	3,074	3,076	3,077	3,079	3,081
9.5	3,082	3,084	3,085	3,087	3,089	3,090	3,092	3,094	3,095	3,097
9.6	3,098	3,100	3,102	3,103	3,105	3,106	3,108	3,110	3,111	3,113
9.7	3,114	3,116	3,118	3,119	3,121	3,122	3,124	3,126	3,127	3,129
9.8	3,130	3,132	3,134	3,135	3,137	3,138	3,140	3,142	3,143	3,145
9.9	3,146	3,148	3,150	3,151	3,153	3,154	3,156	3,158	3,159	3,161

제곱근표 (3)

수	0	1	2	3	4	5	6	7	8	9
10	3.162	3.178	3.194	3.209	3.225	3.240	3.256	3.271	3.286	3.302
11	3.317	3.332	3.347	3.362	3.376	3.391	3.406	3.421	3.435	3.450
12	3.464	3.479	3.493	3.507	3.521	3.536	3.550	3.564	3.578	3.592
13	3.606	3.619	3.633	3.647	3.661	3.674	3.688	3.701	3.715	3.728
14	3.742	3.755	3.768	3.782	3.795	3.808	3.821	3.834	3.847	3.860
15	3.873	3.886	3.899	3.912	3.924	3.937	3.950	3.962	3.975	3.987
16	4.000	4.012	4.025	4.037	4.050	4.062	4.074	4.087	4.099	4.111
17	4.123	4.135	4.147	4.159	4.171	4.183	4.195	4.207	4.219	4.231
18	4.243	4.254	4.266	4.278	4.290	4.301	4.313	4.324	4.336	4.347
19	4.359	4.370	4.382	4.393	4.405	4.416	4.427	4.438	4.450	4.461
20	4.472	4.483	4.494	4.506	4.517	4.528	4.539	4.550	4.561	4.572
21	4.583	4.593	4.604	4.615	4.626	4.637	4.648	4.658	4.669	4.680
22	4.690	4.701	4.712	4.722	4.733	4.743	4.754	4.764	4.775	4.785
23	4.796	4.806	4.817	4.827	4.837	4.848	4.858	4.868	4.879	4.889
24	4.899	4.909	4.919	4.930	4.940	4.950	4.960	4.970	4.980	4.990
25	5.000	5.010	5.020	5.030	5.040	5.050	5.060	5.070	5.079	5.089
26	5.099	5.109	5.119	5.128	5.138	5.148	5.158	5.167	5.177	5.187
27	5.196	5.206	5.215	5.225	5.235	5.244	5.254	5.263	5.273	5.282
28	5.292	5.301	5.310	5.320	5.329	5.339	5.348	5.357	5.367	5.376
29	5.385	5.394	5.404	5.413	5.422	5.431	5.441	5.450	5.459	5.468
30	5.477	5.486	5.495	5.505	5.514	5.523	5.532	5.541	5.550	5.559
31	5.568	5.577	5.586	5.595	5.604	5.612	5.621	5.630	5.639	5.648
32	5.657	5.666	5.675	5.683	5.692	5.701	5.710	5.718	5.727	5.736
33	5.745	5.753	5.762	5.771	5.779	5.788	5.797	5.805	5.814	5.822
34	5.831	5.840	5.848	5.857	5.865	5.874	5.882	5.891	5.899	5.908
35	5.916	5.925	5.933	5.941	5.950	5.958	5.967	5.975	5.983	5.992
36	6.000	6.008	6.017	6.025	6.033	6.042	6.050	6.058	6.066	6.075
37	6.083	6.091	6.099	6.107	6.116	6.124	6.132	6.140	6.148	6.156
38	6.164	6.173	6.181	6.189	6.197	6.205	6.213	6.221	6.229	6.237
39	6.245	6.253	6.261	6.269	6.277	6.285	6.293	6.301	6.309	6.317
40	6.325	6.332	6.340	6.348	6.356	6.364	6.372	6.380	6.387	6.395
41	6.403	6.411	6.419	6.427	6.434	6.442	6.450	6.458	6.465	6.473
42	6.481	6.488	6.496	6.504	6.512	6.519	6.527	6.535	6.542	6.550
43	6.557	6.565	6.573	6.580	6.588	6.595	6.603	6.611	6.618	6.626
44	6.633	6.641	6.648	6.656	6.663	6.671	6.678	6.686	6.693	6.701
45	6.708	6.716	6.723	6.731	6.738	6.745	6.753	6.760	6.768	6.775
46	6.782	6.790	6.797	6.804	6.812	6.819	6.826	6.834	6.841	6.848
47	6.856	6.863	6.870	6.877	6.885	6.892	6.899	6.907	6.914	6.921
48	6.928	6.935	6.943	6.950	6.957	6.964	6.971	6.979	6.986	6.993
49	7.000	7.007	7.014	7.021	7.029	7.036	7.043	7.050	7.057	7.064
50	7.071	7.078	7.085	7.092	7.099	7.106	7.113	7.120	7.127	7.134
51	7.141	7.148	7.155	7.162	7.169	7.176	7.183	7.190	7.197	7.204
52	7.211	7.218	7.225	7.232	7.239	7.246	7.253	7.259	7.266	7.273
53	7.280	7.287	7.294	7.301	7.308	7.314	7.321	7.328	7.335	7.342
54	7.348	7.355	7.362	7.369	7.376	7.382	7.389	7.396	7.403	7.409

제곱근표 (4)

수	0	1	2	3	4	5	6	7	8	9
55	7.416	7.423	7.430	7.436	7.443	7.450	7.457	7.463	7.470	7.477
56	7.483	7.490	7.497	7.503	7.510	7.517	7.523	7.530	7.537	7.543
57	7.550	7.556	7.563	7.570	7.576	7.583	7.589	7.596	7.603	7.609
58	7.616	7.622	7.629	7.635	7.642	7.649	7.655	7.662	7.668	7.675
59	7.681	7.688	7.694	7.701	7.707	7.714	7.720	7.727	7.733	7.740
60	7.746	7.752	7.759	7.765	7.772	7.778	7.785	7.791	7.797	7.804
61	7.810	7.817	7.823	7.829	7.836	7.842	7.849	7.855	7.861	7.868
62	7.874	7.880	7.887	7.893	7.899	7.906	7.912	7.918	7.925	7.931
63	7.937	7.944	7.950	7.956	7.962	7.969	7.975	7.981	7.987	7.994
64	8.000	8.006	8.012	8.019	8.025	8.031	8.037	8.044	8.050	8.056
65	8.062	8.068	8.075	8.081	8.087	8.093	8.099	8.106	8.112	8.118
66	8.124	8.130	8.136	8.142	8.149	8.155	8.161	8.167	8.173	8.179
67	8.185	8.191	8.198	8.204	8.210	8.216	8.222	8.228	8.234	8.240
68	8.246	8.252	8.258	8.264	8.270	8.276	8.283	8.289	8.295	8.301
69	8.307	8.313	8.319	8.325	8.331	8.337	8.343	8.349	8.355	8.361
70	8.367	8.373	8.379	8.385	8.390	8.396	8.402	8.408	8.414	8.420
71	8.426	8.432	8.438	8.444	8.450	8.456	8.462	8.468	8.473	8.479
72	8.485	8.491	8.497	8.503	8.509	8.515	8.521	8.526	8.532	8.538
73	8.544	8.550	8.556	8.562	8.567	8.573	8.579	8.585	8.591	8.597
74	8.602	8.608	8.614	8.620	8.626	8.631	8.637	8.643	8.649	8.654
75	8.660	8.666	8.672	8.678	8.683	8.689	8.695	8.701	8.706	8.712
76	8.718	8.724	8.729	8.735	8.741	8.746	8.752	8.758	8.764	8.769
77	8.775	8.781	8.786	8.792	8.798	8.803	8.809	8.815	8.820	8.826
78	8.832	8.837	8.843	8.849	8.854	8.860	8.866	8.871	8.877	8.883
79	8.888	8.894	8.899	8.905	8.911	8.916	8.922	8.927	8.933	8.939
80	8.944	8.950	8.955	8.961	8.967	8.972	8.978	8.983	8.989	8.994
81	9.000	9.006	9.011	9.017	9.022	9.028	9.033	9.039	9.044	9.050
82	9.055	9.061	9.066	9.072	9.077	9.083	9.088	9.094	9.099	9.105
83	9.110	9.116	9.121	9.127	9.132	9.138	9.143	9.149	9.154	9.160
84	9.165	9.171	9.176	9.182	9.187	9.192	9.198	9.203	9.209	9.214
85	9.220	9.225	9.230	9.236	9.241	9.247	9.252	9.257	9.263	9.268
86	9.274	9.279	9.284	9.290	9.295	9.301	9.306	9.311	9.317	9.322
87	9.327	9.333	9.338	9.343	9.349	9.354	9.359	9.365	9.370	9.375
88	9.381	9.386	9.391	9.397	9.402	9.407	9.413	9.418	9.423	9.429
89	9.434	9.439	9.445	9.450	9.455	9.460	9.466	9.471	9.476	9.482
90	9.487	9.492	9.497	9.503	9.508	9.513	9.518	9.524	9.529	9.534
91	9.539	9.545	9.550	9.555	9.560	9.566	9.571	9.576	9.581	9.586
92	9.592	9.597	9.602	9.607	9.612	9.618	9.623	9.628	9.633	9.638
93	9.644	9.649	9.654	9.659	9.664	9.670	9.675	9.680	9.685	9.690
94	9.695	9.701	9.706	9.711	9.716	9.721	9.726	9.731	9.737	9.742
95	9.747	9.752	9.757	9.762	9.767	9.772	9.778	9.783	9.788	9.793
96	9.798	9.803	9.808	9.813	9.818	9.823	9.829	9.834	9.839	9.844
97	9.849	9.854	9.859	9.864	9.869	9.874	9.879	9.884	9.889	9.894
98	9.899	9.905	9.910	9.915	9.920	9.925	9.930	9.935	9.940	9.945
99	9.950	9.955	9.960	9.965	9.970	9.975	9.980	9.985	9.990	9.995

개념원리와 만나는 모든 방법

다양한 이벤트, 동기부여 콘텐츠 등
공부 자극에 필요한 모든 콘텐츠를 보고 싶다면?

 개념원리 공식 인스타그램
@wonri_with

교재 속 QR코드 문제 풀이 영상 공부법까지
수학 공부에 필요한 모든 것

개념원리 공식 유튜브 채널
youtube.com/개념원리2022

개념원리에서 만들어지는 모든 콘텐츠를
정기적으로 받고 싶다면?

 개념원리 공식
카카오뷰 채널

개념원리

교재 소개

문제 난이도

개념	**개념원리**	하 30 / 중 50 / 상 20	
유형	**RPM**	하 20 / 중 60 / 상 20	
고난도	**HighQ**	하 10 / 중 30 / 상 60	
특강	**9교시**	하 35 / 중 55 / 상 10	

고등

개념원리 | 수학의 시작 　　　　　　`개념`

하나를 알면 10개, 20개를 풀 수 있는 개념원리 수학
수학(상), 수학(하), 수학Ⅰ, 수학Ⅱ, 확률과 통계, 미적분, 기하

RPM | 유형의 완성 　　　　　　`유형`

다양한 유형의 문제를 통해 수학의 문제 해결력을 높일 수 있는 RPM
수학(상), 수학(하), 수학Ⅰ, 수학Ⅱ, 확률과 통계, 미적분, 기하

High Q | 고난도 정복 (고1 내신 대비) 　`고난도`

최고를 향한 핵심 고난도 문제서 High Q
수학(상), 수학(하)

9교시 | 학교 안 개념원리 　　　　　`특강`

쉽고 빠르게 정리하는 9종 교과서 시크릿
수학(상), 수학(하), 수학Ⅰ

중등

개념원리 | 수학의 시작 　　　　　　`개념`

하나를 알면 10개, 20개를 풀 수 있는 개념원리 수학
중학수학 1-1, 1-2, 2-1, 2-2, 3-1, 3-2

RPM | 유형의 완성 　　　　　　`유형`

다양한 유형의 문제를 통해 수학의 문제 해결력을 높일 수 있는 RPM
중학수학 1-1, 1-2, 2-1, 2-2, 3-1, 3-2

개념원리

중학 수학 3-1

개념원리

중학 수학 3-1

정답과 풀이

개념원리 수학연구소

개념원리 중학수학 3-1

정답과 풀이

친절한 풀이	정확하고 이해하기 쉬운 친절한 풀이
다른 풀이	수학적 사고력을 키우는 다양한 해결 방법 제시
서술형 분석	모범 답안과 단계별 배점 제시로 서술형 문제 완벽 대비

개념원리

중학 수학 3-1
정답과 풀이

I | 실수와 그 연산

1 제곱근과 실수

01 제곱근의 뜻과 표현

개념원리 ☑ 확인하기 본문 9쪽

01 (1) 100, 100 (2) 12, −12, 12, −12 (3) 0 (4) 없다

02 (1) 1, −1 (2) 6, −6 (3) $\dfrac{2}{3}$, $-\dfrac{2}{3}$ (4) 0.1, −0.1

03 (1) $\pm\sqrt{5}$ (2) $\pm\sqrt{21}$ (3) $\pm\sqrt{0.3}$ (4) $\pm\sqrt{\dfrac{3}{2}}$

04 (1) $\pm\sqrt{6}$ (2) $\sqrt{8}$ (3) $-\sqrt{\dfrac{5}{7}}$ (4) $\sqrt{0.2}$

05 (1) 4 (2) −0.5 (3) $\dfrac{121}{49}$의 양의 제곱근, $\dfrac{11}{7}$
 (4) 900의 음의 제곱근, −30

이렇게 풀어요

01 (2) $12^2=144$, $(-12)^2=144$에서 제곱하여 144가 되는
  수는 $\boxed{12}$, $\boxed{-12}$이므로 144의 제곱근은 $\boxed{12}$, $\boxed{-12}$
  이다.
  (4) 제곱하여 −9가 되는 수는 없으므로 −9의 제곱근은
  $\boxed{없다}$.

  閏 (1) **100, 100** (2) **12, −12, 12, −12**
  (3) **0** (4) **없다**

02 (1) $1^2=1$, $(-1)^2=1$이므로 1의 제곱근은 1, −1이다.
  (2) $6^2=36$, $(-6)^2=36$이므로 36의 제곱근은 6, −6이다.
  (3) $\left(\dfrac{2}{3}\right)^2=\dfrac{4}{9}$, $\left(-\dfrac{2}{3}\right)^2=\dfrac{4}{9}$이므로 $\dfrac{4}{9}$의 제곱근은 $\dfrac{2}{3}$,
  $-\dfrac{2}{3}$이다.
  (4) $0.1^2=0.01$, $(-0.1)^2=0.01$이므로 0.01의 제곱근은
  0.1, −0.1이다.

  閏 (1) **1, −1** (2) **6, −6** (3) $\dfrac{2}{3}$, $-\dfrac{2}{3}$ (4) **0.1, −0.1**

03 **閏** (1) $\pm\sqrt{5}$ (2) $\pm\sqrt{21}$ (3) $\pm\sqrt{0.3}$ (4) $\pm\sqrt{\dfrac{3}{2}}$

04 **閏** (1) $\pm\sqrt{6}$ (2) $\sqrt{8}$ (3) $-\sqrt{\dfrac{5}{7}}$ (4) $\sqrt{0.2}$

---

05 (1) $\sqrt{16}=$(16의 양의 제곱근)
  $=$(제곱하여 16이 되는 수 중 양수)
  $=4$
  (2) $-\sqrt{0.25}=$(0.25의 음의 제곱근)
  $=$(제곱하여 0.25가 되는 수 중 음수)
  $=-0.5$
  (3) $\sqrt{\dfrac{121}{49}}=\left(\dfrac{121}{49}\text{의 양의 제곱근}\right)$
  $=\left(\text{제곱하여 }\dfrac{121}{49}\text{이 되는 수 중 양수}\right)$
  $=\dfrac{11}{7}$
  (4) $-\sqrt{900}=$(900의 음의 제곱근)
  $=$(제곱하여 900이 되는 수 중 음수)
  $=-30$

  閏 (1) **4** (2) **−0.5** (3) $\dfrac{121}{49}$의 양의 제곱근, $\dfrac{11}{7}$
  (4) **900의 음의 제곱근, −30**

핵심문제 익히기 🔑 확인문제 본문 10~11쪽

1 (1) $\dfrac{4}{5}$, $-\dfrac{4}{5}$ (2) 0.3, −0.3 (3) 8, −8 (4) 0.5, −0.5

2 (1) $\pm\sqrt{7}$ (2) $\sqrt{13}$ (3) $\sqrt{0.6}$ (4) $-\sqrt{\dfrac{7}{3}}$

3 (1) $\sqrt{13}$ cm (2) $\sqrt{58}$ cm

4 (1) ± 8 (2) $\pm\dfrac{1}{4}$ (3) $\pm\dfrac{5}{3}$ (4) ± 0.7

5 3개 **6** 5

이렇게 풀어요

1 (1) $\left(\dfrac{4}{5}\right)^2=\dfrac{16}{25}$, $\left(-\dfrac{4}{5}\right)^2=\dfrac{16}{25}$이므로 $\dfrac{16}{25}$의 제곱근은 $\dfrac{4}{5}$,
  $-\dfrac{4}{5}$이다.
  (2) $0.3^2=0.09$, $(-0.3)^2=0.09$이므로 0.09의 제곱근은
  0.3, −0.3이다.
  (3) $8^2=64$이고 $8^2=64$, $(-8)^2=64$이므로 8^2의 제곱근은
  8, −8이다.
  (4) $(-0.5)^2=0.25$이고 $0.5^2=0.25$, $(-0.5)^2=0.25$이
  므로 $(-0.5)^2$의 제곱근은 0.5, −0.5이다.

  閏 (1) $\dfrac{4}{5}$, $-\dfrac{4}{5}$ (2) **0.3, −0.3**
  (3) **8, −8** (4) **0.5, −0.5**

2　🔘 (1) $\pm\sqrt{7}$　(2) $\sqrt{13}$　(3) $\sqrt{0.6}$　(4) $-\sqrt{\dfrac{7}{3}}$

3　(1) 주어진 직각삼각형의 빗변의 길이를 x cm라 하면
피타고라스 정리에 의하여
$$x^2=3^2+2^2=13$$
이때 x는 13의 제곱근이고 $x>0$이므로
$$x=\sqrt{13}$$
따라서 빗변의 길이는 $\sqrt{13}$ cm이다.
(2) 주어진 직각삼각형의 빗변의 길이를 x cm라 하면
피타고라스 정리에 의하여
$$x^2=7^2+3^2=58$$
이때 x는 58의 제곱근이고 $x>0$이므로
$$x=\sqrt{58}$$
따라서 빗변의 길이는 $\sqrt{58}$ cm이다.

🔘 (1) $\sqrt{13}$ **cm**　(2) $\sqrt{58}$ **cm**

4　(1) $\pm\sqrt{64}=\pm8$
(2) $\pm\sqrt{\dfrac{1}{16}}=\pm\dfrac{1}{4}$
(3) $\pm\sqrt{\dfrac{25}{9}}=\pm\dfrac{5}{3}$
(4) $\pm\sqrt{0.49}=\pm0.7$

🔘 (1) ±8　(2) $\pm\dfrac{1}{4}$　(3) $\pm\dfrac{5}{3}$　(4) ±0.7

5　$\pm\sqrt{400}$은 400의 제곱근이므로
$$\pm\sqrt{400}=\pm20$$
$\sqrt{0.01}$은 0.01의 양의 제곱근이므로
$$\sqrt{0.01}=0.1$$
$-\sqrt{\dfrac{169}{4}}$는 $\dfrac{169}{4}$의 음의 제곱근이므로
$$-\sqrt{\dfrac{169}{4}}=-\dfrac{13}{2}$$
따라서 근호를 사용하지 않고 나타낼 수 있는 것은
$$\pm\sqrt{400},\ \sqrt{0.01},\ -\sqrt{\dfrac{169}{4}}$$
의 3개이다.

🔘 **3개**

6　제곱근 $\dfrac{49}{25}$는 $\dfrac{49}{25}$의 양의 제곱근이므로 $A=\dfrac{7}{5}$
$\sqrt{16}=4$의 음의 제곱근은 -2이므로 $B=-2$
$$\therefore 5A+B=5\times\dfrac{7}{5}+(-2)=7-2=5$$

🔘 **5**

소단원 🔘 **핵심문제**　　본문 12쪽

01 ①　　**02** ④　　**03** ⑤　　**04** ③
05 1

이렇게 풀어요

01　a의 제곱근은 제곱하여 a가 되는 수이므로
$$x^2=a$$
🔘 ①

02　① 1의 제곱근은 1, -1의 2개이다.
② 7의 음의 제곱근은 $-\sqrt{7}$이다.
③ 0의 제곱근은 0이다.
④ $(-3)^2=9$의 제곱근은 ±3이다.
⑤ 음수의 제곱근은 없으므로 -4의 제곱근은 없다.　🔘 ④

03　$0.\dot{4}=\dfrac{4}{9}$의 음의 제곱근은 $-\dfrac{2}{3}$이다.　🔘 ⑤

04　①, ② 4, -4
③ (제곱근 16)$=\sqrt{16}=4$
④ $\sqrt{256}=16$의 제곱근은 4, -4이다.
⑤ $(-4)^2=16$의 제곱근은 4, -4이다.
따라서 그 값이 나머지 넷과 다른 하나는 ③이다.　🔘 ③

05　$\dfrac{25}{4}$의 양의 제곱근은 $\dfrac{5}{2}$이므로 $A=\dfrac{5}{2}$
$(-0.3)^2=0.09$의 음의 제곱근은 -0.3이므로 $B=-0.3$
$$\therefore A+5B=\dfrac{5}{2}+5\times\left(-\dfrac{3}{10}\right)=\dfrac{5}{2}-\dfrac{3}{2}=1$$
🔘 **1**

02　**제곱근의 성질**

개념원리 🔘 **확인하기**　　본문 15쪽

01 (1) 3　(2) 5　(3) -13　(4) $\dfrac{3}{5}$　(5) $\dfrac{2}{7}$　(6) -0.5

02 (1) 8　(2) 6　(3) -11　(4) $\dfrac{7}{9}$　(5) $\dfrac{3}{5}$　(6) -0.3

03 (1) 12　(2) 5　(3) 2　(4) $\dfrac{1}{2}$

04 (1) $<$　(2) $<$　(3) $>$　(4) $>$　(5) $<$　(6) $<$

이렇게 풀어요

01　🔘 (1) **3**　(2) **5**　(3) $-\mathbf{13}$　(4) $\dfrac{3}{5}$　(5) $\dfrac{2}{7}$　(6) $-\mathbf{0.5}$

02 (2) $\sqrt{(-6)^2}=\sqrt{36}=\sqrt{6^2}=6$

(3) $-\sqrt{121}=-\sqrt{11^2}=-11$

(4) $\sqrt{\dfrac{49}{81}}=\sqrt{\left(\dfrac{7}{9}\right)^2}=\dfrac{7}{9}$

(5) $\sqrt{\left(-\dfrac{3}{5}\right)^2}=\sqrt{\dfrac{9}{25}}=\sqrt{\left(\dfrac{3}{5}\right)^2}=\dfrac{3}{5}$

(6) $-\sqrt{(-0.3)^2}=-\sqrt{0.09}=-\sqrt{0.3^2}=-0.3$

답 (1) 8 (2) 6 (3) -11 (4) $\dfrac{7}{9}$ (5) $\dfrac{3}{5}$ (6) -0.3

03 (1) $(-\sqrt{10})^2=10$, $\sqrt{(-2)^2}=2$이므로

$(-\sqrt{10})^2+\sqrt{(-2)^2}=10+2=12$

(2) $\sqrt{169}=\sqrt{13^2}=13$, $\sqrt{64}=\sqrt{8^2}=8$이므로

$\sqrt{169}-\sqrt{64}=13-8=5$

(3) $\sqrt{7^2}=7$, $\sqrt{\dfrac{4}{49}}=\sqrt{\left(\dfrac{2}{7}\right)^2}=\dfrac{2}{7}$이므로

$\sqrt{7^2}\times\sqrt{\dfrac{4}{49}}=7\times\dfrac{2}{7}=2$

(4) $\left(\sqrt{\dfrac{3}{8}}\right)^2=\dfrac{3}{8}$, $\sqrt{\left(-\dfrac{3}{4}\right)^2}=\dfrac{3}{4}$이므로

$\left(\sqrt{\dfrac{3}{8}}\right)^2\div\sqrt{\left(-\dfrac{3}{4}\right)^2}=\dfrac{3}{8}\div\dfrac{3}{4}=\dfrac{3}{8}\times\dfrac{4}{3}=\dfrac{1}{2}$

답 (1) 12 (2) 5 (3) 2 (4) $\dfrac{1}{2}$

04 (1) $10<12$이므로 $\sqrt{10}\boxed{<}\sqrt{12}$

(2) $\dfrac{2}{3}=\dfrac{4}{6}$, $\dfrac{3}{2}=\dfrac{9}{6}$이므로 $\dfrac{2}{3}<\dfrac{3}{2}$

$\therefore \sqrt{\dfrac{2}{3}}\boxed{<}\sqrt{\dfrac{3}{2}}$

(3) $5<7$에서 $\sqrt{5}<\sqrt{7}$이므로 $-\sqrt{5}\boxed{>}-\sqrt{7}$

(4) $6=\sqrt{36}$이고 $40>36$이므로 $\sqrt{40}\boxed{>}6$

(5) $\dfrac{1}{8}=\sqrt{\dfrac{1}{64}}$이고 $\dfrac{1}{64}<\dfrac{1}{8}$이므로 $\dfrac{1}{8}\boxed{<}\sqrt{\dfrac{1}{8}}$

(6) $3=\sqrt{9}$이고 $9>6$이므로 $3>\sqrt{6}$

$\therefore -3\boxed{<}-\sqrt{6}$

답 (1) $<$ (2) $<$ (3) $>$ (4) $>$ (5) $<$ (6) $<$

핵심문제 익히기 🔎 **확인문제** 본문 16~19쪽

1 ②	**2** (1) -1 (2) 18 (3) -3 (4) -17
3 ㄴ, ㄹ	**4** $2b$　　**5** (1) 5 (2) 15 (3) 10
6 95	**7** $\sqrt{5}$, 2, $\sqrt{2}$, 0, -3, $-\sqrt{10}$, $-\sqrt{12}$
8 (1) 3개 (2) 7개	

1 ① $-\sqrt{64}=-\sqrt{8^2}=-8$

② $\sqrt{(-8)^2}=8$

③ $-(\sqrt{8})^2=-8$

④ $-(-\sqrt{8})^2=-8$

⑤ $-\sqrt{8^2}=-8$

따라서 그 값이 나머지 넷과 다른 하나는 ②이다.　　답 ②

2 (1) (주어진 식)$=3\times2-7=6-7=-1$

(2) (주어진 식)$=20-8+6=18$

(3) (주어진 식)$=11-5\div\dfrac{5}{4}-10=11-4-10=-3$

(4) (주어진 식)$=15\div3-11\times2=5-22=-17$

답 (1) -1 (2) 18 (3) -3 (4) -17

3 ㄱ. $a<0$에서 $\sqrt{a^2}=-a$이므로

$-\sqrt{a^2}=-(-a)=a$

ㄴ. $3a<0$이므로 $\sqrt{(3a)^2}=-3a$

ㄷ. $-2a>0$이므로 $\sqrt{(-2a)^2}=-2a$

ㄹ. $\sqrt{16a^2}=\sqrt{(4a)^2}$이고 $4a<0$이므로 $\sqrt{16a^2}=-4a$

$\therefore -\sqrt{16a^2}=-(-4a)=4a$　　답 ㄴ, ㄹ

4 $a<0$에서 $-a>0$이므로

$\sqrt{(-a)^2}=-a$

$a<0$, $b>0$에서 $a-b<0$이므로

$\sqrt{(a-b)^2}=-(a-b)=-a+b$

$\sqrt{9b^2}=\sqrt{(3b)^2}$이고 $b>0$에서 $3b>0$이므로

$\sqrt{9b^2}=3b$

$\therefore$ (주어진 식)$=(-a)-(-a+b)+3b$

$=-a+a-b+3b$

$=2b$　　답 $2b$

5 (1) $\sqrt{45x}=\sqrt{3^2\times5\times x}$가 자연수가 되려면 소인수의 지수가 모두 짝수이어야 하므로 $x=5\times(\text{자연수})^2$의 꼴이어야 한다.

따라서 가장 작은 자연수 x의 값은 5이다.

(2) $\sqrt{\dfrac{240}{x}}=\sqrt{\dfrac{2^4\times3\times5}{x}}$가 자연수가 되려면 분자의 소인수의 지수가 모두 짝수이어야 하므로

$x=3\times5\times(\text{자연수})^2$의 꼴이어야 한다.

이때 x는 240의 약수이므로 가장 작은 자연수 x의 값은 $3\times5=15$

(3) $\sqrt{\dfrac{18}{5}x}=\sqrt{\dfrac{2\times 3^2}{5}\times x}$ 가 자연수가 되려면 분자의 소인수의 지수가 모두 짝수이고 분모의 5가 약분되어야 하므로 $x=2\times 5\times$(자연수)^{2}의 꼴이어야 한다.

따라서 가장 작은 자연수 x의 값은

$2\times 5=10$

탑 (1) **5** (2) **15** (3) **10**

6 $\sqrt{30-x}$ 가 자연수가 되려면 $30-x$는 제곱수이어야 한다.

이때 x는 자연수이므로 $30-x<30$에서

$30-x=1,\ 4,\ 9,\ 16,\ 25$

$\therefore x=29,\ 26,\ 21,\ 14,\ 5$

따라서 모든 자연수 x의 값의 합은

$29+26+21+14+5=95$ **탑 95**

7 양수 $\sqrt{2},\ \sqrt{5},\ 2$의 대소를 비교하면

$\sqrt{5}>2(=\sqrt{4})>\sqrt{2}$

음수 $-\sqrt{10},\ -3,\ -\sqrt{12}$의 대소를 비교하면

$-3(=-\sqrt{9})>-\sqrt{10}>-\sqrt{12}$

따라서 주어진 수를 큰 것부터 차례로 나열하면

$\sqrt{5},\ 2,\ \sqrt{2},\ 0,\ -3,\ -\sqrt{10},\ -\sqrt{12}$

탑 $\sqrt{5},\ 2,\ \sqrt{2},\ 0,\ -3,\ -\sqrt{10},\ -\sqrt{12}$

8 (1) $\sqrt{2}<x<\sqrt{20}$에서 $\sqrt{2}<\sqrt{x^2}<\sqrt{20}$이므로

$2<x^2<20$

이때 2와 20 사이의 수 중 제곱수는 4, 9, 16이므로 자연수 x는 2, 3, 4의 3개이다.

(2) $3<\sqrt{x-1}\leq 4$에서 $\sqrt{9}<\sqrt{x-1}\leq\sqrt{16}$이므로

$9<x-1\leq 16$ $\therefore 10<x\leq 17$

따라서 자연수 x는 11, 12, 13, 14, 15, 16, 17의 7개이다.

탑 (1) **3개** (2) **7개**

본문 20~21쪽

소단원 圓 핵심문제

01 ⑤

02 (1) $\dfrac{9}{2}$ (2) 3 (3) -19 (4) -7 (5) -3 (6) -5

03 ④, ⑤ **04** ③ **05** 0 **06** ②

07 24 **08** 16 **09** ③

10 (1) 18개 (2) 5개

이렇게 풀어요

01 ① $-\sqrt{5^2}=-5$ ② $(-\sqrt{5})^2=5$

③ $\sqrt{(-5)^2}=5$ ④ $(-\sqrt{6})^2=6$

⑤ $-\sqrt{(-6)^2}=-6$

따라서 그 값이 가장 작은 것은 ⑤이다. **탑 ⑤**

02 (1) (주어진 식)$=\dfrac{3}{4}\times\dfrac{3}{2}\div\dfrac{1}{4}=\dfrac{3}{4}\times\dfrac{3}{2}\times 4=\dfrac{9}{2}$

(2) (주어진 식)$=3+3-3=3$

(3) (주어진 식)$=5+8\times(-3)=5-24=-19$

(4) (주어진 식)$=2\times 4-15=8-15=-7$

(5) (주어진 식)$=14\div(-2)+4=-7+4=-3$

(6) (주어진 식)$=7-9+12\div(-4)=7-9-3=-5$

탑 (1) $\dfrac{9}{2}$ (2) **3** (3) -19 (4) -7 (5) -3 (6) -5

03 ① $-a>0$이므로 $\sqrt{(-a)^2}=-a$

② $3a<0$이므로 $-\sqrt{(3a)^2}=-(-3a)=3a$

③ $-2a>0$이므로 $\sqrt{(-2a)^2}=-2a$

④ $-\sqrt{4a^2}=-\sqrt{(2a)^2}$이고 $2a<0$이므로

$-\sqrt{4a^2}=-(-2a)=2a$

⑤ $-5a>0$이므로 $-\sqrt{(-5a)^2}=-(-5a)=5a$

탑 ④, ⑤

04 $2<a<3$에서 $a-2>0,\ a-3<0,\ -2a<0$이므로

(주어진 식)$=(a-2)-\{-(a-3)\}-\{-(-2a)\}$

$=a-2+a-3-2a$

$=-5$ **탑 ③**

05 $0<a<1$에서 $\dfrac{1}{a}>1$이므로

$a-\dfrac{1}{a}<0,\ a+\dfrac{1}{a}>0,\ -2a<0$

$\therefore$ (주어진 식)

$=-\left(a-\dfrac{1}{a}\right)-\left(a+\dfrac{1}{a}\right)+\{-(-2a)\}$

$=-a+\dfrac{1}{a}-a-\dfrac{1}{a}+2a=0$ **탑 0**

06 $\sqrt{2^3\times 3^2\times x}$ 가 자연수가 되려면 소인수의 지수가 모두 짝수이어야 하므로 $x=2\times$(자연수)^{2}의 꼴이어야 한다.

① $2=2\times 1^2$ ② $6=2\times 3$ ③ $8=2\times 2^2$

④ $18=2\times 3^2$ ⑤ $50=2\times 5^2$

따라서 x의 값으로 옳지 않은 것은 ②이다. **탑 ②**

07 넓이가 $150x$인 정사각형의 한 변의 길이는 $\sqrt{150x}$이다.

이때 $\sqrt{150x}=\sqrt{2\times3\times5^2\times x}$가 자연수가 되려면 소인수의 지수가 모두 짝수이어야 하므로 $x=2\times3\times(\text{자연수})^2$의 꼴이어야 한다.

따라서 가장 작은 두 자리 자연수 x의 값은

$2\times3\times2^2=24$ 　　　　　　　　**답 24**

08 $\sqrt{25-x}$가 정수가 되려면 $25-x$는 제곱수 또는 0이어야 한다.

이때 x는 자연수이므로 $25-x<25$에서

$25-x=0,\ 1,\ 4,\ 9,\ 16$

$\therefore x=25,\ 24,\ 21,\ 16,\ 9$

따라서 $A=25$, $B=9$이므로

$A-B=25-9=16$ 　　　　　　　　**답 16**

09 ① $4=\sqrt{16}$이고 $16<20$이므로
　　$4<\sqrt{20}$

② $5=\sqrt{25}$이고 $27>25$이므로
　　$\sqrt{27}>5$ 　　$\therefore -\sqrt{27}<-5$

③ $\dfrac{1}{3}=\sqrt{\dfrac{1}{9}}$이고 $\dfrac{1}{3}>\dfrac{1}{9}$이므로
　　$\sqrt{\dfrac{1}{3}}>\dfrac{1}{3}$ 　　$\therefore -\sqrt{\dfrac{1}{3}}<-\dfrac{1}{3}$

④ $3=\sqrt{9}$이고 $7<9$이므로
　　$\sqrt{7}<3$

⑤ $0.5=\sqrt{0.25}$이고 $0.25>0.2$이므로
　　$0.5>\sqrt{0.2}$ 　　　　　　　　**답 ③**

10 (1) $4<\dfrac{\sqrt{2x+1}}{2}<5$에서

　　$8<\sqrt{2x+1}<10$

　　즉, $\sqrt{64}<\sqrt{2x+1}<\sqrt{100}$이므로

　　$64<2x+1<100,\ 63<2x<99$

　　$\therefore \dfrac{63}{2}<x<\dfrac{99}{2}$

　　따라서 자연수 x는 $32,\ 33,\ 34,\ \cdots,\ 49$의 18개이다.

(2) $-4\le-\sqrt{3x-2}<-1$에서

　　$1<\sqrt{3x-2}\le4$

　　즉, $\sqrt{1}<\sqrt{3x-2}\le\sqrt{16}$이므로

　　$1<3x-2\le16,\ 3<3x\le18$

　　$\therefore 1<x\le6$

　　따라서 자연수 x는 $2,\ 3,\ 4,\ 5,\ 6$의 5개이다.

　　　　　　　　답 (1) 18개　(2) 5개

개념원리 ☑ 확인하기 　　　　　　　본문 24쪽

01 (1) 유　(2) 무　(3) 유　(4) 유　(5) 유　(6) 무

02 (1) ○　(2) ×　(3) ○　(4) ×

03 (1) $\sqrt{9}$　(2) $\sqrt{9}$, $0.1\dot{5}$, $\dfrac{1}{3}$　(3) $\dfrac{\pi}{2}$, $\sqrt{3}-\sqrt{2}$

　　(4) $\dfrac{\pi}{2}$, $\sqrt{9}$, $\sqrt{3}-\sqrt{2}$, $0.1\dot{5}$, $\dfrac{1}{3}$

04 (1) ×　(2) ×　(3) ○　　**05** $>$, $>$

이렇게 풀어요

01 (1) $\sqrt{4}=2$ ⇨ 유리수

(2) $-\sqrt{7}$ ⇨ 무리수

(3) $-\sqrt{0.49}=-0.7$ ⇨ 유리수

(4) $0.313131\cdots=0.\dot{3}\dot{1}=\dfrac{31}{99}$ ⇨ 유리수

(5) $\sqrt{9}+2=3+2=5$ ⇨ 유리수

(6) $\sqrt{10}-1$ ⇨ 무리수

　　답 (1) 유　(2) 무　(3) 유　(4) 유　(5) 유　(6) 무

02 (2) 무한소수 중 순환소수는 유리수이다.

(4) 무리수는 $\dfrac{(\text{정수})}{(0\text{이 아닌 정수})}$의 꼴로 나타낼 수 없다.

　　답 (1) ○　(2) ×　(3) ○　(4) ×

03 (1) $\sqrt{9}=3$이므로 정수는 $\sqrt{9}$

(2) $0.1\dot{5}=\dfrac{15}{99}=\dfrac{5}{33}$이므로 유리수는

　　$\sqrt{9}$, $0.1\dot{5}$, $\dfrac{1}{3}$

(3) 무리수는 $\dfrac{\pi}{2}$, $\sqrt{3}-\sqrt{2}$

(4) 실수는 $\dfrac{\pi}{2}$, $\sqrt{9}$, $\sqrt{3}-\sqrt{2}$, $0.1\dot{5}$, $\dfrac{1}{3}$

　　답 (1) $\sqrt{9}$　(2) $\sqrt{9}$, $0.1\dot{5}$, $\dfrac{1}{3}$　(3) $\dfrac{\pi}{2}$, $\sqrt{3}-\sqrt{2}$

　　(4) $\dfrac{\pi}{2}$, $\sqrt{9}$, $\sqrt{3}-\sqrt{2}$, $0.1\dot{5}$, $\dfrac{1}{3}$

04 (1) $\sqrt{3}$과 $\sqrt{5}$ 사이에는 무수히 많은 유리수가 있다.

(2) $1+\sqrt{2}$는 무리수이고, 무리수에 대응하는 점은 수직선 위에 나타낼 수 있다.

　　답 (1) ×　(2) ×　(3) ○

05 **답 $>$, $>$**

핵심문제 익히기 🔑 **확인문제**

1 4개   **2** ④, ⑤

3 점 P에 대응하는 수: $2-\sqrt{5}$,

    점 Q에 대응하는 수: $2+\sqrt{5}$

4 ㄱ, ㄷ, ㅁ   **5** $c<a<b$ **6** ④

이렇게 풀어요

1 $\sqrt{1.21}=1.1 \Rightarrow$ 유리수

    $(-\sqrt{0.5})^2=0.5 \Rightarrow$ 유리수

    $\sqrt{0.\dot{4}}=\sqrt{\dfrac{4}{9}}=\dfrac{2}{3} \Rightarrow$ 유리수

    따라서 순환소수가 아닌 무한소수, 즉 무리수인 것은

    $\sqrt{2}+1$, $\sqrt{\dfrac{1}{2}}$, $\sqrt{48}$, π의 4개이다.   답 **4개**

2   ① 무한소수 중 순환소수는 유리수이다.

    ② 근호를 없앨 수 없는 수만 무리수이다.

    ③ 순환소수가 아닌 무한소수는 모두 무리수이다.

               답 ④, ⑤

3 $\overline{AB}=\sqrt{2^2+1^2}=\sqrt{5}$이므로

    $\overline{AP}=\overline{AB}=\sqrt{5}$

    따라서 점 P에 대응하는 수는 $2-\sqrt{5}$이다.

    또 $\overline{AC}=\sqrt{1^2+2^2}=\sqrt{5}$이므로

    $\overline{AQ}=\overline{AC}=\sqrt{5}$

    따라서 점 Q에 대응하는 수는 $2+\sqrt{5}$이다.

          답 **점 P에 대응하는 수: $2-\sqrt{5}$,**

              점 Q에 대응하는 수: $2+\sqrt{5}$

4   ㄴ. $\dfrac{1}{3}$과 $\dfrac{1}{2}$ 사이에는 무수히 많은 무리수가 있다.

    ㄹ. 두 무리수 사이에는 무수히 많은 유리수와 무리수가

       있다.   답 **ㄱ, ㄷ, ㅁ**

5 $a-b=(3-\sqrt{8})-(3-\sqrt{7})$

             $=-\sqrt{8}+\sqrt{7}<0$

    $\therefore a<b$

    $b-c=(3-\sqrt{7})-(-2)$

             $=5-\sqrt{7}=\sqrt{25}-\sqrt{7}>0$

    $\therefore b>c$

    $a-c=(3-\sqrt{8})-(-2)$

             $=5-\sqrt{8}=\sqrt{25}-\sqrt{8}>0$

    $\therefore a>c$

    $\therefore c<a<b$ 답 $c<a<b$

6   ④ $\dfrac{\sqrt{6}+\sqrt{7}}{2}$은 $\sqrt{6}$과 $\sqrt{7}$의 평균이므로 $\sqrt{6}$과 $\sqrt{7}$ 사이에

    있다.   답 ④

소단원 📑 **핵심문제**

01 ③, ⑤   **02** 점 A   **03** ④   **04** ③

05 ④

이렇게 풀어요

01   ① $0.1\dot{2}=\dfrac{11}{90} \Rightarrow$ 유리수

    ② $-\sqrt{0.01}=-0.1 \Rightarrow$ 유리수

    ④ $\dfrac{\sqrt{25}}{3}=\dfrac{5}{3} \Rightarrow$ 유리수   답 ③, ⑤

02   한 변의 길이가 1인 정사각형의 대각선의 길이는

    $\sqrt{1^2+1^2}=\sqrt{2}$이므로 $2-\sqrt{2}$는 2에 대응하는 점에서 왼쪽

    으로 $\sqrt{2}$만큼 떨어진 점 A에 대응한다.   답 **점 A**

03   ④ 자연수 9의 제곱근은 ±3이므로 유리수이다.   답 ④

04   ① $(\sqrt{3}+1)-3=\sqrt{3}-2$

                    $=\sqrt{3}-\sqrt{4}<0$

      $\therefore \sqrt{3}+1\boxed{<}3$

    ② $(\sqrt{2}+1)-(\sqrt{3}+1)=\sqrt{2}-\sqrt{3}<0$

      $\therefore \sqrt{2}+1\boxed{<}\sqrt{3}+1$

    ③ $(\sqrt{15}+1)-4=\sqrt{15}-3$

                    $=\sqrt{15}-\sqrt{9}>0$

      $\therefore \sqrt{15}+1\boxed{>}4$

    ④ $(4-\sqrt{7})-(\sqrt{17}-\sqrt{7})=4-\sqrt{17}$

                            $=\sqrt{16}-\sqrt{17}<0$

      $\therefore 4-\sqrt{7}\boxed{<}\sqrt{17}-\sqrt{7}$

    ⑤ $(\sqrt{11}-\sqrt{6})-(5-\sqrt{6})=\sqrt{11}-5$

                            $=\sqrt{11}-\sqrt{25}<0$

      $\therefore \sqrt{11}-\sqrt{6}\boxed{<}5-\sqrt{6}$

    따라서 부등호의 방향이 나머지 넷과 다른 하나는 ③이다.

                         답 ③

05   ④ $\sqrt{2}+1=1.414+1=2.414$이므로 $\sqrt{2}+1$은 $\sqrt{2}$와 $\sqrt{3}$

    사이에 있는 수가 아니다.   답 ④

중단원 마무리

01 ③	02 1	03 ④	04 11
05 ④	06 ⑤	07 ⑤	08 ④
09 P($-1-\sqrt{5}$), Q($1+\sqrt{2}$)			10 ②, ⑤
11 ④	12 2개	13 -6	14 ③
15 ①	16 19	17 36	18 ④
19 0	20 ④	21 54	
22 $c<a<b$	23 $\sqrt{3}+\sqrt{2}$	24 점 B, 점 D, 점 A, 점 C	

이렇게 풀어요

01 ① 4는 16의 양의 제곱근이다.

② 제곱근 36은 $\sqrt{36}=6$이다.

③ $\left(-\dfrac{1}{2}\right)^3=-\dfrac{1}{8}$은 음수이므로 제곱근이 없다.

④ $\sqrt{(-16)^2}=16$의 제곱근은 ± 4이다.

⑤ -5는 음수이므로 제곱근이 없다. **답 ③**

02 $\sqrt{(-49)^2}=49$의 음의 제곱근은 -7이므로

$A=-7$

$(-8)^2=64$의 양의 제곱근은 8이므로

$B=8$

$\therefore A+B=(-7)+8=1$ **답 1**

03 ① $\sqrt{2^2}=2$ ② $(\sqrt{2})^2=2$

③ $(-\sqrt{2})^2=2$ ④ $-(-\sqrt{2})^2=-2$

⑤ $\sqrt{(-2)^2}=2$

따라서 그 값이 나머지 넷과 다른 하나는 ④이다. **답 ④**

04 (주어진 식)$=\dfrac{2}{3}\times 9+2\div\dfrac{2}{5}=\dfrac{2}{3}\times 9+2\times\dfrac{5}{2}$

$\qquad\qquad\qquad =6+5=11$ **답 11**

05 ① $2a>0$이므로

$-\sqrt{(2a)^2}=-2a$

② $-5a<0$이므로

$\sqrt{(-5a)^2}=-(-5a)=5a$

③ $-a<0$이므로

$\sqrt{(-a)^2}=-(-a)=a$

④ $-\sqrt{9a^2}=-\sqrt{(3a)^2}$이고 $3a>0$이므로

$-\sqrt{9a^2}=-3a$

⑤ $-8a<0$이므로

$-\sqrt{(-8a)^2}=-\{-(-8a)\}=-8a$ **답 ④**

06 $\sqrt{20x}=\sqrt{2^2\times 5\times x}$가 자연수가 되려면 소인수의 지수가 모두 짝수이어야 하므로 $x=5\times$ (자연수)^{2}의 꼴이어야 한다.

① $9=3^2$ ② $10=5\times 2$ ③ $15=5\times 3$

④ $40=5\times 2^3$ ⑤ $45=5\times 3^2$

따라서 자연수 x의 값으로 알맞은 것은 ⑤이다. **답 ⑤**

07 ① $5=\sqrt{25}$이고 $5<25$이므로 $\sqrt{5}<5$

$\therefore -\sqrt{5}>-5$

② $\dfrac{4}{7}>\dfrac{1}{3}$이므로 $\sqrt{\dfrac{4}{7}}>\sqrt{\dfrac{1}{3}}$

③ $\sqrt{2^2}=2$, $\sqrt{(-3)^2}=3$이고 $2<3$이므로

$\sqrt{2^2}<\sqrt{(-3)^2}$

④ $0.4=\sqrt{0.16}$이고 $0.4>0.16$이므로 $\sqrt{0.4}>0.4$

⑤ $\dfrac{1}{3}=\sqrt{\dfrac{1}{9}}$이고 $\dfrac{1}{9}<3$이므로 $\dfrac{1}{3}<\sqrt{3}$

$\therefore -\dfrac{1}{3}>-\sqrt{3}$ **답 ⑤**

08 □ 안의 수는 무리수이다.

① 3.7 ⇨ 유리수

② $0.2\dot{3}=\dfrac{21}{90}=\dfrac{7}{30}$ ⇨ 유리수

③ $\sqrt{144}=12$ ⇨ 유리수

⑤ $\sqrt{(-4)^2}=4$ ⇨ 유리수 **답 ④**

09 $\overline{AD}=\sqrt{1^2+2^2}=\sqrt{5}$이므로 $\overline{AP}=\overline{AD}=\sqrt{5}$

$\therefore$ P($-1-\sqrt{5}$)

$\overline{EF}=\sqrt{1^2+1^2}=\sqrt{2}$이므로 $\overline{EQ}=\overline{EF}=\sqrt{2}$

$\therefore$ Q($1+\sqrt{2}$) **답 P($-1-\sqrt{5}$), Q($1+\sqrt{2}$)**

10 ① -2와 $\sqrt{2}$ 사이의 정수는 -1, 0, 1의 3개이다.

② $\sqrt{5}$와 $\sqrt{7}$ 사이에는 무수히 많은 무리수가 있다.

⑤ 수직선 위의 모든 점에 대응하는 수는 유리수와 무리수, 즉 실수로 나타낼 수 있다. **답 ②, ⑤**

11 ① $3-(\sqrt{3}+1)=2-\sqrt{3}=\sqrt{4}-\sqrt{3}>0$

$\therefore 3>\sqrt{3}+1$

② $4-(-\sqrt{2}+5)=-1+\sqrt{2}=-\sqrt{1}+\sqrt{2}>0$

$\therefore 4>-\sqrt{2}+5$

③ $(5-\sqrt{2})-(4-\sqrt{2})=1>0$

$\therefore 5-\sqrt{2}>4-\sqrt{2}$

④ $(1-\sqrt{7})-(1-\sqrt{5})=-\sqrt{7}+\sqrt{5}<0$

$\therefore 1-\sqrt{7}<1-\sqrt{5}$

⑤ $(\sqrt{2}+\sqrt{3})-(2+\sqrt{3})=\sqrt{2}-2=\sqrt{2}-\sqrt{4}<0$

$\therefore \sqrt{2}+\sqrt{3}<2+\sqrt{3}$ **답 ④**

12 $2=\sqrt{4}$이므로 $\sqrt{2}<2$

$3>\sqrt{5}$

$2-\sqrt{5}=2-2.236=-0.236$이므로 $2-\sqrt{5}<2$

$-0.1+\sqrt{5}=-0.1+2.236=2.136$이므로

$2<-0.1+\sqrt{5}<\sqrt{5}$

$\dfrac{2+\sqrt{5}}{2}$는 2와 $\sqrt{5}$의 평균이므로 $2<\dfrac{2+\sqrt{5}}{2}<\sqrt{5}$

따라서 2와 $\sqrt{5}$ 사이에 있는 수는 $-0.1+\sqrt{5}$, $\dfrac{2+\sqrt{5}}{2}$의

2개이다. **답 2개**

13 $A=13-0.5\div\dfrac{1}{50}=13-\dfrac{1}{2}\times50$

$\qquad =13-25=-12$

$B=-6+4\times3=-6+12=6$

$\therefore A+B=(-12)+6=-6$ **답 -6**

14 $-3<a<2$에서 $a-2<0$, $3-a>0$이므로

$\sqrt{(a-2)^2}-\sqrt{(3-a)^2}=-(a-2)-(3-a)$

$\qquad\qquad\qquad\qquad\qquad =-a+2-3+a$

$\qquad\qquad\qquad\qquad\qquad =-1$ **답 ③**

15 ① $2-x>0$이므로

$\quad \sqrt{(2-x)^2}=2-x$

② $x-2<0$이므로

$\quad -\sqrt{(x-2)^2}=-\{-(x-2)\}=x-2$

③ $2+y>0$이므로

$\quad \sqrt{(2+y)^2}=2+y$

④ $-y>0$이므로

$\quad -\sqrt{(-y)^2}=-(-y)=y$

⑤ $y-2<0$이므로

$\quad -\sqrt{(y-2)^2}=-\{-(y-2)\}=y-2$

이때 $-2<x<y<0$에서

$x-2<y-2<y<2+y<2-x$

따라서 가장 큰 수는 ①이다. **답 ①**

16 $\sqrt{72+x}-\sqrt{110-y}$의 값이 가장 작은 정수가 되려면

$\sqrt{72+x}$가 가장 작은 자연수가 되고 $\sqrt{110-y}$가 가장 큰

자연수가 되어야 한다.

$\sqrt{72+x}$가 자연수가 되려면 $72+x$는 72보다 큰 제곱수

이어야 하므로

$72+x=81,\ 100,\ 121,\ \cdots$

이때 $\sqrt{72+x}$가 가장 작은 자연수가 되는 것은

$72+x=81$ $\therefore x=9$

또 $\sqrt{110-y}$가 자연수가 되려면 $110-y$는 110보다 작은

제곱수이어야 하므로

$110-y=1,\ 4,\ 9,\ \cdots,\ 100$

이때 $\sqrt{110-y}$가 가장 큰 자연수가 되는 것은

$110-y=100$ $\therefore y=10$

$\therefore x+y=9+10=19$ **답 19**

17 A, B의 넓이가 각각 $15n$, $24-n$이므로 한 변의 길이는

각각 $\sqrt{15n}$, $\sqrt{24-n}$이다.

이때 각 변의 길이가 자연수이므로 $\sqrt{15n}=\sqrt{3\times5\times n}$에

서 $n=3\times5\times$(자연수)^{2}의 꼴이어야 한다.

즉, $n=\textcircled{15}$, 60, 135, $\cdots$ $\cdots\cdots$ ㉠

또 $24-n$은 24보다 작은 제곱수이어야 한다.

즉, $24-n=1,\ 4,\ 9,\ 16$에서

$n=23,\ 20,\ \textcircled{15},\ 8$ $\cdots\cdots$ ㉡

㉠, ㉡에서 자연수 n의 값은 15이다.

따라서 A의 한 변의 길이는

$\sqrt{15n}=\sqrt{15\times15}=15$

B의 한 변의 길이는

$\sqrt{24-n}=\sqrt{24-15}=\sqrt{9}=3$

이므로 C의 넓이는

$(15-3)\times3=12\times3=36$ **답 36**

18 주어진 식에 $a=\dfrac{1}{4}$을 대입하면

① $a=\dfrac{1}{4}$ ② $\sqrt{a}=\sqrt{\dfrac{1}{4}}=\dfrac{1}{2}$

③ $a^2=\left(\dfrac{1}{4}\right)^2=\dfrac{1}{16}$ ④ $\dfrac{1}{a}=\dfrac{1}{\frac{1}{4}}=4$

⑤ $\dfrac{1}{\sqrt{a}}=\dfrac{1}{\frac{1}{2}}=2$

따라서 그 값이 가장 큰 것은 ④이다. **답 ④**

19 $4=\sqrt{16}$이고 $\sqrt{15}<\sqrt{16}$이므로

$\sqrt{15}-4<0$, $4-\sqrt{15}>0$

$\therefore$ (주어진 식)$=-(\sqrt{15}-4)-(4-\sqrt{15})$

$\qquad\qquad\qquad =-\sqrt{15}+4-4+\sqrt{15}$

$\qquad\qquad\qquad =0$ **답 0**

20 $2<\sqrt{\dfrac{x}{5}}<\dfrac{5}{2}$에서 $\sqrt{4}<\sqrt{\dfrac{x}{5}}<\sqrt{\dfrac{25}{4}}$이므로

$4<\dfrac{x}{5}<\dfrac{25}{4}$ $\therefore 20<x<\dfrac{125}{4}$

따라서 자연수 x는 21, 22, 23, $\cdots$, 30, 31의 11개이다.

답 ④

21 $\sqrt{1}=1$, $\sqrt{4}=2$, $\sqrt{9}=3$, $\sqrt{16}=4$이므로

$N(1)=N(2)=N(3)=1$,

$N(4)=N(5)=N(6)=N(7)=N(8)=2$,

$N(9)=N(10)=N(11)=\cdots=N(15)=3$,

$N(16)=N(17)=N(18)=N(19)=N(20)=4$

$\therefore N(1)+N(2)+N(3)+\cdots+N(20)$

$=1\times3+2\times5+3\times7+4\times5$

$=3+10+21+20=54$

📋 **54**

22 $a-b=(-3+\sqrt{2})-(-3+\sqrt{5})$

$\qquad\ =\sqrt{2}-\sqrt{5}<0$

$\therefore a<b$

$b-c=(-3+\sqrt{5})-(-2)$

$\qquad\ =-1+\sqrt{5}=-\sqrt{1}+\sqrt{5}>0$

$\therefore b>c$

$c-a=(-2)-(-3+\sqrt{2})$

$\qquad\ =1-\sqrt{2}=\sqrt{1}-\sqrt{2}<0$

$\therefore c<a$

$\therefore c<a<b$

📋 $c<a<b$

23 (i) 양수: $\sqrt{3}+3$, $2+\sqrt{2}$, $\sqrt{3}+\sqrt{2}$의 대소를 비교하면

$(\sqrt{3}+3)-(2+\sqrt{2})=\sqrt{3}-\sqrt{2}+1>0$이므로

$\sqrt{3}+3>2+\sqrt{2}$

$(2+\sqrt{2})-(\sqrt{3}+\sqrt{2})=2-\sqrt{3}=\sqrt{4}-\sqrt{3}>0$이므로

$2+\sqrt{2}>\sqrt{3}+\sqrt{2}$

$\therefore \sqrt{3}+\sqrt{2}<2+\sqrt{2}<\sqrt{3}+3$

(ii) 음수: $-\sqrt{3}-1$, $-\sqrt{2}$의 대소를 비교하면

$(-\sqrt{3}-1)-(-\sqrt{2})=-\sqrt{3}+\sqrt{2}-1<0$

$\therefore -\sqrt{3}-1<-\sqrt{2}$

따라서 $-\sqrt{3}-1<-\sqrt{2}<\sqrt{3}+\sqrt{2}<2+\sqrt{2}<\sqrt{3}+3$이므로 작은 것부터 차례로 나열할 때, 세 번째에 오는 수는 $\sqrt{3}+\sqrt{2}$이다.

📋 $\sqrt{3}+\sqrt{2}$

24 (i) $\sqrt{1}<\sqrt{3}<\sqrt{4}$에서 $1<\sqrt{3}<2$이므로

$-2<-\sqrt{3}<-1$

⇨ $-\sqrt{3}$에 대응하는 점은 점 B

(ii) $\sqrt{1}<\sqrt{2}<\sqrt{4}$에서 $1<\sqrt{2}<2$이므로

$2<\sqrt{2}+1<3$

⇨ $\sqrt{2}+1$에 대응하는 점은 점 D

(iii) $\sqrt{4}<\sqrt{8}<\sqrt{9}$에서 $2<\sqrt{8}<3$이므로

$-3<-\sqrt{8}<-2$

⇨ $-\sqrt{8}$에 대응하는 점은 점 A

(iv) $1<\sqrt{2}<2$에서 $-2<-\sqrt{2}<-1$이므로

$1<3-\sqrt{2}<2$

⇨ $3-\sqrt{2}$에 대응하는 점은 점 C

따라서 $-\sqrt{3}$, $\sqrt{2}+1$, $-\sqrt{8}$, $3-\sqrt{2}$에 대응하는 점은 차례로 점 B, 점 D, 점 A, 점 C이다.

📋 **점 B, 점 D, 점 A, 점 C**

📋 서술형 대비 문제

본문 32~33쪽

1-1 $-3x+11$	**2**-1 3	**3** -3
4 $2a-\dfrac{2}{a}$	**5** 30개	**6** $6-\sqrt{2}$

이렇게 풀어요

1-1 **1단계** $x-5<0$, $-x+5>0$, $1-x<0$이므로

2단계 $\sqrt{(x-5)^2}+\sqrt{(-x+5)^2}-\sqrt{(1-x)^2}$

$=-(x-5)+(-x+5)-\{-(1-x)\}$

3단계 $=-x+5-x+5+1-x$

$=-3x+11$

📋 $-3x+11$

2-1 **1단계** $-5\le-\sqrt{4-3x}\le-4$에서 $4\le\sqrt{4-3x}\le5$

즉, $\sqrt{16}\le\sqrt{4-3x}\le\sqrt{25}$이므로

$16\le4-3x\le25$, $12\le-3x\le21$

$\therefore -7\le x\le-4$

2단계 따라서 주어진 부등식을 만족시키는 정수 x의 값은 -7, -6, -5, -4이므로

$A=-4$, $B=-7$

3단계 $\therefore A-B=(-4)-(-7)=3$

📋 **3**

3 **1단계** $\sqrt{256}=16$의 음의 제곱근은

$-\sqrt{16}=-4$ $\quad\therefore A=-4$

2단계 $\left(-\sqrt{\dfrac{9}{16}}\right)^2=\dfrac{9}{16}$의 양의 제곱근은

$\sqrt{\dfrac{9}{16}}=\dfrac{3}{4}$ $\quad\therefore B=\dfrac{3}{4}$

3단계 $\therefore AB=(-4)\times\dfrac{3}{4}=-3$

📋 -3

단계	채점 요소	배점
1	A의 값 구하기	2점
2	B의 값 구하기	2점
3	AB의 값 구하기	1점

4 **1단계** $-1 < a < 0$일 때 $\frac{1}{a} < -1$이므로

$$a - \frac{1}{a} > 0, \ a + \frac{1}{a} < 0, \ 2a < 0$$

2단계 $\therefore \sqrt{\left(a - \frac{1}{a}\right)^2} + \sqrt{\left(a + \frac{1}{a}\right)^2} - \sqrt{4a^2}$

$$= \sqrt{\left(a - \frac{1}{a}\right)^2} + \sqrt{\left(a + \frac{1}{a}\right)^2} - \sqrt{(2a)^2}$$

$$= \left(a - \frac{1}{a}\right) - \left(a + \frac{1}{a}\right) - (-2a)$$

3단계 $= a - \frac{1}{a} - a - \frac{1}{a} + 2a$

$$= 2a - \frac{2}{a} \qquad \qquad \text{답 } 2a - \frac{2}{a}$$

단계	채점 요소	배점
❶	$a - \frac{1}{a}$, $a + \frac{1}{a}$, $2a$의 부호 판단하기	2점
❷	주어진 식을 근호를 사용하지 않고 나타내기	3점
❸	식 간단히 하기	2점

5 **1단계** $\sqrt{x}$에서 x가 제곱수이면 $\sqrt{x}$는 유리수가 되므로 (가)에서 $\sqrt{x}$가 무리수이려면 x가 제곱수가 아니어야 한다.

2단계 35 이하의 자연수 중 제곱수는 1, 4, 9, 16, 25의 5개이다.

3단계 따라서 주어진 조건을 모두 만족시키는 자연수 x의 개수는

$35 - 5 = 30$(개) 　　　　　　　　　 **답 30개**

단계	채점 요소	배점
❶	$\sqrt{x}$가 무리수가 될 조건 알기	2점
❷	$\sqrt{x}$가 유리수가 되는 자연수 x의 개수 구하기	3점
❸	주어진 조건을 만족시키는 자연수 x의 개수 구하기	2점

6 **1단계** $\overline{BQ} = \overline{BD} = \sqrt{1^2 + 1^2} = \sqrt{2}$이고 점 Q에 대응하는 수가 $5 + \sqrt{2}$이므로 점 B에 대응하는 수는 5이다.

2단계 정사각형 ABCD의 한 변의 길이가 1이므로 점 C에 대응하는 수는 6이다.

3단계 $\overline{CP} = \overline{CA} = \sqrt{1^2 + 1^2} = \sqrt{2}$이므로 점 P에 대응하는 수는 $6 - \sqrt{2}$이다. 　　　　 **답 $6 - \sqrt{2}$**

단계	채점 요소	배점
❶	점 B에 대응하는 수 구하기	3점
❷	점 C에 대응하는 수 구하기	1점
❸	점 P에 대응하는 수 구하기	2점

2 근호를 포함한 식의 계산

01 제곱근의 곱셈과 나눗셈

개념원리 📖 확인하기 본문 37쪽

01 (1) $\sqrt{14}$ (2) $\sqrt{105}$ (3) $-\sqrt{2}$ (4) $15\sqrt{6}$

02 (1) $\sqrt{5}$ (2) $2\sqrt{7}$ (3) $4\sqrt{5}$ (4) $\sqrt{7}$

03 (1) 3, $3\sqrt{6}$ (2) $2\sqrt{7}$ (3) $2\sqrt{11}$ (4) $-7\sqrt{2}$

　 (5) 6, $\frac{\sqrt{7}}{6}$ (6) $\frac{\sqrt{11}}{10}$

04 (1) $\sqrt{63}$ (2) $-\sqrt{48}$ (3) $\sqrt{\frac{8}{3}}$ (4) $\sqrt{\frac{2}{25}}$

05 (1) $\sqrt{2}$, $\sqrt{2}$, $\frac{\sqrt{10}}{2}$ (2) $\frac{4\sqrt{3}}{3}$ (3) $-\frac{\sqrt{15}}{3}$ (4) $\frac{\sqrt{30}}{2}$

이렇게 풀어요

01 (1) $\sqrt{2}\sqrt{7} = \sqrt{2 \times 7} = \sqrt{14}$

　 (2) $\sqrt{3}\sqrt{5}\sqrt{7} = \sqrt{3 \times 5 \times 7} = \sqrt{105}$

　 (3) $-\sqrt{\frac{10}{9}} \times \sqrt{\frac{9}{5}} = -\sqrt{\frac{10}{9} \times \frac{9}{5}} = -\sqrt{2}$

　 (4) $3\sqrt{2} \times 5\sqrt{3} = (3 \times 5) \times \sqrt{2 \times 3} = 15\sqrt{6}$

　　 답 (1) $\sqrt{14}$ (2) $\sqrt{105}$ (3) $-\sqrt{2}$ (4) $15\sqrt{6}$

02 (1) $\frac{\sqrt{30}}{\sqrt{6}} = \sqrt{\frac{30}{6}} = \sqrt{5}$

　 (2) $2\sqrt{42} \div \sqrt{6} = \frac{2\sqrt{42}}{\sqrt{6}} = 2\sqrt{\frac{42}{6}} = 2\sqrt{7}$

　 (3) $24\sqrt{10} \div 6\sqrt{2} = \frac{24\sqrt{10}}{6\sqrt{2}} = 4\sqrt{\frac{10}{2}} = 4\sqrt{5}$

　 (4) $\frac{\sqrt{35}}{\sqrt{2}} \cdot \frac{\sqrt{5}}{\sqrt{2}} = \frac{\sqrt{35}}{\sqrt{2}} \times \frac{\sqrt{2}}{\sqrt{5}}$

$$= \sqrt{\frac{35}{2} \times \frac{2}{5}} = \sqrt{7}$$

　　 답 (1) $\sqrt{5}$ (2) $2\sqrt{7}$ (3) $4\sqrt{5}$ (4) $\sqrt{7}$

03 (2) $\sqrt{28} = \sqrt{2^2 \times 7} = 2\sqrt{7}$

　 (3) $\sqrt{44} = \sqrt{2^2 \times 11} = 2\sqrt{11}$

　 (4) $-\sqrt{98} = -\sqrt{7^2 \times 2} = -7\sqrt{2}$

　 (6) $\sqrt{0.11} = \sqrt{\frac{11}{100}} = \sqrt{\frac{11}{10^2}} = \frac{\sqrt{11}}{10}$

　　 답 (1) 3, $3\sqrt{6}$ (2) $2\sqrt{7}$ (3) $2\sqrt{11}$

　　 (4) $-7\sqrt{2}$ (5) 6, $\frac{\sqrt{7}}{6}$ (6) $\frac{\sqrt{11}}{10}$

04
(1) $3\sqrt{7}=\sqrt{3^2\times7}=\sqrt{63}$

(2) $-4\sqrt{3}=-\sqrt{4^2\times3}=-\sqrt{48}$

(3) $2\sqrt{\dfrac{2}{3}}=\sqrt{2^2\times\dfrac{2}{3}}=\sqrt{\dfrac{8}{3}}$

(4) $\dfrac{\sqrt{2}}{5}=\sqrt{\dfrac{2}{5^2}}=\sqrt{\dfrac{2}{25}}$

답 (1) $\sqrt{63}$ (2) $-\sqrt{48}$ (3) $\sqrt{\dfrac{8}{3}}$ (4) $\sqrt{\dfrac{2}{25}}$

05
(2) $\dfrac{4}{\sqrt{3}}=\dfrac{4\times\sqrt{3}}{\sqrt{3}\times\sqrt{3}}=\dfrac{4\sqrt{3}}{3}$

(3) $-\dfrac{5}{\sqrt{15}}=-\dfrac{5\times\sqrt{15}}{\sqrt{15}\times\sqrt{15}}=-\dfrac{5\sqrt{15}}{15}=-\dfrac{\sqrt{15}}{3}$

(4) $\dfrac{5\sqrt{6}}{2\sqrt{5}}=\dfrac{5\sqrt{6}\times\sqrt{5}}{2\sqrt{5}\times\sqrt{5}}=\dfrac{5\sqrt{30}}{10}=\dfrac{\sqrt{30}}{2}$

답 (1) $\sqrt{2},\ \sqrt{2},\ \dfrac{\sqrt{10}}{2}$ (2) $\dfrac{4\sqrt{3}}{3}$ (3) $-\dfrac{\sqrt{15}}{3}$ (4) $\dfrac{\sqrt{30}}{2}$

핵심문제 익히기 🔑 **확인문제**　　본문 38~41쪽

1 ②	**2** ㄱ, ㄷ	**3** 15	**4** 30
5 72	**6** 25	**7** ②	**8** ④
9 (1) $2\sqrt{15}$ (2) $\dfrac{3\sqrt{3}}{2}$ (3) 4 (4) $\dfrac{2\sqrt{3}}{3}$		**10** $4\sqrt{15}$	

이렇게 풀어요

1　① $\sqrt{3}\sqrt{12}=\sqrt{3\times12}=\sqrt{36}=\sqrt{6^2}=6$

② $3\sqrt{5}\sqrt{20}=3\sqrt{5\times20}=3\sqrt{100}=3\sqrt{10^2}$
$=3\times10=30$

③ $\sqrt{2}\sqrt{3}\sqrt{7}=\sqrt{2\times3\times7}=\sqrt{42}$

④ $5\sqrt{6}\times2\sqrt{\dfrac{2}{3}}=(5\times2)\times\sqrt{6\times\dfrac{2}{3}}$
$=10\sqrt{4}=10\sqrt{2^2}=10\times2=20$

⑤ $-\sqrt{\dfrac{12}{7}}\times\sqrt{\dfrac{5}{6}}\times\left(-\sqrt{\dfrac{7}{2}}\right)=\sqrt{\dfrac{12}{7}\times\dfrac{5}{6}\times\dfrac{7}{2}}=\sqrt{5}$

따라서 그 값이 가장 큰 것은 ②이다.　답 ②

2　ㄱ. $4\sqrt{2}\div3\sqrt{8}=\dfrac{4\sqrt{2}}{3\sqrt{8}}=\dfrac{4}{3}\sqrt{\dfrac{2}{8}}=\dfrac{4}{3}\sqrt{\dfrac{1}{4}}$
$=\dfrac{4}{3}\sqrt{\left(\dfrac{1}{2}\right)^2}=\dfrac{4}{3}\times\dfrac{1}{2}=\dfrac{2}{3}$

ㄴ. $\dfrac{\sqrt{15}}{\sqrt{6}}\div\dfrac{\sqrt{5}}{\sqrt{18}}=\dfrac{\sqrt{15}}{\sqrt{6}}\times\dfrac{\sqrt{18}}{\sqrt{5}}=\sqrt{\dfrac{15}{6}\times\dfrac{18}{5}}$
$=\sqrt{9}=\sqrt{3^2}=3$

ㄷ. $2\sqrt{7}\div\sqrt{\dfrac{5}{2}}\div\left(-\dfrac{1}{\sqrt{15}}\right)=2\sqrt{7}\times\sqrt{\dfrac{2}{5}}\times(-\sqrt{15})$
$=-2\sqrt{7\times\dfrac{2}{5}\times15}$
$=-2\sqrt{42}$

ㄹ. $\dfrac{\sqrt{14}}{\sqrt{2}}\div\dfrac{\sqrt{6}}{\sqrt{5}}\div\dfrac{\sqrt{7}}{3\sqrt{12}}=\dfrac{\sqrt{14}}{\sqrt{2}}\times\dfrac{\sqrt{5}}{\sqrt{6}}\times\dfrac{3\sqrt{12}}{\sqrt{7}}$
$=3\sqrt{\dfrac{14}{2}\times\dfrac{5}{6}\times\dfrac{12}{7}}$
$=3\sqrt{10}$　　답 ㄱ, ㄷ

3　$\sqrt{150}=\sqrt{2\times3\times5^2}=5\sqrt{6}$
$\therefore a=5,\ b=6$
$\sqrt{1.25}=\sqrt{\dfrac{125}{100}}=\sqrt{\dfrac{5}{4}}=\sqrt{\dfrac{5}{2^2}}=\dfrac{\sqrt{5}}{2}$
$\therefore c=\dfrac{1}{2}$
$\therefore abc=5\times6\times\dfrac{1}{2}=15$　　답 15

4　$\sqrt{5}\times\sqrt{18}\times\sqrt{30}=\sqrt{5\times18\times30}$
$=\sqrt{5\times(2\times3^2)\times(2\times3\times5)}$
$=\sqrt{2^2\times3^3\times5^2}=\sqrt{(2\times3\times5)^2\times3}$
$=30\sqrt{3}$
$\therefore k=30$　　답 30

5　$-3\sqrt{5}=-\sqrt{3^2\times5}=-\sqrt{45}$　$\therefore a=45$
$2\sqrt{\dfrac{2}{5}}=\sqrt{2^2\times\dfrac{2}{5}}=\sqrt{\dfrac{8}{5}}$　$\therefore b=\dfrac{8}{5}$
$\therefore ab=45\times\dfrac{8}{5}=72$　　답 72

6　$5\sqrt{5}=\sqrt{5^2\times5}=\sqrt{125}$이므로
$100+k=125$　$\therefore k=25$　　답 25

7　$\sqrt{315}=\sqrt{3^2\times5\times7}=3\sqrt{5}\sqrt{7}=3ab$　　답 ②

8　① $\dfrac{10}{\sqrt{7}}=\dfrac{10\times\sqrt{7}}{\sqrt{7}\times\sqrt{7}}=\dfrac{10\sqrt{7}}{7}$

② $\dfrac{4}{\sqrt{5}}=\dfrac{4\times\sqrt{5}}{\sqrt{5}\times\sqrt{5}}=\dfrac{4\sqrt{5}}{5}$

③ $\dfrac{2}{\sqrt{6}}=\dfrac{2\times\sqrt{6}}{\sqrt{6}\times\sqrt{6}}=\dfrac{2\sqrt{6}}{6}=\dfrac{\sqrt{6}}{3}$

④ $\dfrac{\sqrt{2}}{4\sqrt{3}}=\dfrac{\sqrt{2}\times\sqrt{3}}{4\sqrt{3}\times\sqrt{3}}=\dfrac{\sqrt{6}}{12}$

⑤ $\dfrac{6\sqrt{3}}{\sqrt{8}}=\dfrac{6\sqrt{3}}{2\sqrt{2}}=\dfrac{3\sqrt{3}}{\sqrt{2}}=\dfrac{3\sqrt{3}\times\sqrt{2}}{\sqrt{2}\times\sqrt{2}}=\dfrac{3\sqrt{6}}{2}$　　답 ④

9 (1) (주어진 식)$=4\sqrt{5}\times\dfrac{1}{6\sqrt{2}}\times3\sqrt{6}$

$\qquad\qquad\qquad=2\sqrt{\dfrac{5\times6}{2}}$

$\qquad\qquad\qquad=2\sqrt{15}$

(2) (주어진 식)$=\dfrac{\sqrt{3}}{2}\times\dfrac{\sqrt{10}}{\sqrt{2}}\times\dfrac{3}{\sqrt{5}}$

$\qquad\qquad\qquad=\dfrac{3}{2}\sqrt{3\times\dfrac{10}{2}\times\dfrac{1}{5}}$

$\qquad\qquad\qquad=\dfrac{3\sqrt{3}}{2}$

(3) (주어진 식)$=\dfrac{3\sqrt{3}}{\sqrt{2}}\times\dfrac{\sqrt{5}}{\sqrt{6}}\times\dfrac{8}{3\sqrt{5}}$

$\qquad\qquad\qquad=8\sqrt{\dfrac{3}{2}\times\dfrac{5}{6}\times\dfrac{1}{5}}$

$\qquad\qquad\qquad=8\sqrt{\dfrac{1}{4}}=8\times\dfrac{1}{2}=4$

(4) (주어진 식)$=\dfrac{2\sqrt{2}}{3}\times\dfrac{\sqrt{15}}{2\sqrt{2}}\times\dfrac{2}{\sqrt{5}}$

$\qquad\qquad\qquad=\dfrac{2}{3}\sqrt{2\times\dfrac{15}{2}\times\dfrac{1}{5}}$

$\qquad\qquad\qquad=\dfrac{2\sqrt{3}}{3}$

目 (1) $2\sqrt{15}$ (2) $\dfrac{3\sqrt{3}}{2}$ (3) 4 (4) $\dfrac{2\sqrt{3}}{3}$

10 원뿔의 높이를 h라 하면

$\dfrac{1}{3}\times\pi\times(\sqrt{27})^2\times h=36\sqrt{15}\pi$

$9\pi h=36\sqrt{15}\pi$

$\therefore h=\dfrac{36\sqrt{15}}{9}=4\sqrt{15}$

目 $4\sqrt{15}$

본문 42쪽

계산력 ⏱ 강화하기

01 (1) $\sqrt{35}$ (2) 6 (3) $\sqrt{110}$ (4) $-2\sqrt{6}$

02 (1) $\sqrt{3}$ (2) $\sqrt{5}$ (3) -4 (4) $2\sqrt{10}$

03 (1) $3\sqrt{3}$ (2) $-8\sqrt{3}$ (3) $\dfrac{\sqrt{5}}{8}$ (4) $\dfrac{3\sqrt{2}}{2}$

04 (1) $\sqrt{150}$ (2) $-\sqrt{108}$ (3) $-\sqrt{\dfrac{20}{9}}$ (4) $\sqrt{\dfrac{18}{7}}$

05 (1) $\dfrac{5\sqrt{7}}{7}$ (2) $\dfrac{\sqrt{22}}{2}$ (3) $\dfrac{3\sqrt{5}}{10}$ (4) $\dfrac{\sqrt{10}}{18}$

06 (1) $6\sqrt{2}$ (2) $\dfrac{5}{3}$

이렇게 풀어요

01 (2) $\sqrt{2}\sqrt{18}=\sqrt{36}=\sqrt{6^2}=6$

(4) $-\sqrt{\dfrac{3}{7}}\times2\sqrt{14}=-2\sqrt{\dfrac{3}{7}\times14}$

$\qquad\qquad\qquad\qquad=-2\sqrt{6}$

目 (1) $\sqrt{35}$ (2) 6 (3) $\sqrt{110}$ (4) $-2\sqrt{6}$

02 (3) $\sqrt{28}\div\left(-\dfrac{\sqrt{7}}{2}\right)=\sqrt{28}\times\left(-\dfrac{2}{\sqrt{7}}\right)$

$\qquad\qquad\qquad=-2\times\sqrt{\dfrac{28}{7}}$

$\qquad\qquad\qquad=-2\sqrt{4}=-2\sqrt{2^2}$

$\qquad\qquad\qquad=-2\times2=-4$

(4) $2\sqrt{6}\div\sqrt{\dfrac{3}{5}}=2\sqrt{6}\times\sqrt{\dfrac{5}{3}}$

$\qquad\qquad\qquad=2\sqrt{6\times\dfrac{5}{3}}=2\sqrt{10}$

目 (1) $\sqrt{3}$ (2) $\sqrt{5}$ (3) -4 (4) $2\sqrt{10}$

03 (1) $\sqrt{27}=\sqrt{3^2\times3}=3\sqrt{3}$

(2) $-\sqrt{192}=-\sqrt{8^2\times3}=-8\sqrt{3}$

(3) $\sqrt{\dfrac{5}{64}}=\dfrac{\sqrt{5}}{\sqrt{64}}=\dfrac{\sqrt{5}}{\sqrt{8^2}}=\dfrac{\sqrt{5}}{8}$

(4) $\sqrt{\dfrac{18}{4}}=\dfrac{\sqrt{18}}{\sqrt{4}}=\dfrac{\sqrt{3^2\times2}}{\sqrt{2^2}}=\dfrac{3\sqrt{2}}{2}$

目 (1) $3\sqrt{3}$ (2) $-8\sqrt{3}$ (3) $\dfrac{\sqrt{5}}{8}$ (4) $\dfrac{3\sqrt{2}}{2}$

04 (1) $5\sqrt{6}=\sqrt{5^2\times6}=\sqrt{150}$

(2) $-6\sqrt{3}=-\sqrt{6^2\times3}=-\sqrt{108}$

(3) $-\dfrac{2\sqrt{5}}{3}=-\dfrac{\sqrt{2^2\times5}}{\sqrt{3^2}}=-\dfrac{\sqrt{20}}{\sqrt{9}}=-\sqrt{\dfrac{20}{9}}$

(4) $3\sqrt{\dfrac{2}{7}}=\sqrt{\dfrac{3^2\times2}{7}}=\sqrt{\dfrac{18}{7}}$

目 (1) $\sqrt{150}$ (2) $-\sqrt{108}$ (3) $-\sqrt{\dfrac{20}{9}}$ (4) $\sqrt{\dfrac{18}{7}}$

05 (1) $\dfrac{5}{\sqrt{7}}=\dfrac{5\times\sqrt{7}}{\sqrt{7}\times\sqrt{7}}=\dfrac{5\sqrt{7}}{7}$

(2) $\dfrac{\sqrt{11}}{\sqrt{2}}=\dfrac{\sqrt{11}\times\sqrt{2}}{\sqrt{2}\times\sqrt{2}}=\dfrac{\sqrt{22}}{2}$

(3) $\dfrac{3}{\sqrt{20}}=\dfrac{3}{2\sqrt{5}}=\dfrac{3\times\sqrt{5}}{2\sqrt{5}\times\sqrt{5}}=\dfrac{3\sqrt{5}}{10}$

(4) $\dfrac{\sqrt{5}}{\sqrt{162}}=\dfrac{\sqrt{5}}{9\sqrt{2}}=\dfrac{\sqrt{5}\times\sqrt{2}}{9\sqrt{2}\times\sqrt{2}}=\dfrac{\sqrt{10}}{18}$

目 (1) $\dfrac{5\sqrt{7}}{7}$ (2) $\dfrac{\sqrt{22}}{2}$ (3) $\dfrac{3\sqrt{5}}{10}$ (4) $\dfrac{\sqrt{10}}{18}$

06 (1) (주어진 식)$=\dfrac{4\sqrt{3}}{\sqrt{2}}\times\dfrac{2\sqrt{5}}{\sqrt{6}}\times\dfrac{3\sqrt{3}}{\sqrt{30}}$

$\qquad\qquad=24\sqrt{\dfrac{3}{2}\times\dfrac{5}{6}\times\dfrac{3}{30}}$

$\qquad\qquad=24\sqrt{\dfrac{1}{8}}=24\times\dfrac{1}{2\sqrt{2}}$

$\qquad\qquad=\dfrac{12}{\sqrt{2}}=\dfrac{12\times\sqrt{2}}{\sqrt{2}\times\sqrt{2}}=6\sqrt{2}$

(2) (주어진 식)$=\dfrac{6\sqrt{2}}{7}\div\dfrac{12}{14}\div\dfrac{3\sqrt{2}}{5}$

$\qquad\qquad=\dfrac{6\sqrt{2}}{7}\times\dfrac{14}{12}\times\dfrac{5}{3\sqrt{2}}=\dfrac{5}{3}$

답 (1) $6\sqrt{2}$ (2) $\dfrac{5}{3}$

소단원 📖 **핵심문제**　　　　　　　　본문 43~44쪽

01 ③	**02** ④	**03** $\dfrac{2}{5}$	**04** ④
05 ⑤	**06** $\dfrac{2\sqrt{2}}{3}$	**07** ①	**08** $\sqrt{6}\,\mathrm{cm}$

이렇게 풀어요

01 ① $\sqrt{6}\sqrt{18}=\sqrt{6}\times3\sqrt{2}=3\sqrt{12}=6\sqrt{3}$

② $\sqrt{\dfrac{5}{3}}\sqrt{\dfrac{27}{5}}=\sqrt{\dfrac{5}{3}\times\dfrac{27}{5}}=\sqrt{9}=3$

③ $\sqrt{54}\div2\sqrt{3}=\sqrt{54}\times\dfrac{1}{2\sqrt{3}}=\dfrac{1}{2}\sqrt{\dfrac{54}{3}}$

$\qquad\qquad=\dfrac{\sqrt{18}}{2}=\dfrac{3\sqrt{2}}{2}$

④ $\sqrt{\dfrac{5}{2}}\div\sqrt{\dfrac{10}{3}}=\sqrt{\dfrac{5}{2}\times\dfrac{3}{10}}=\sqrt{\dfrac{3}{4}}=\dfrac{\sqrt{3}}{2}$

⑤ $\dfrac{\sqrt{20}}{\sqrt{3}}\div\dfrac{\sqrt{2}}{3\sqrt{15}}=\dfrac{\sqrt{20}}{\sqrt{3}}\times\dfrac{3\sqrt{15}}{\sqrt{2}}$

$\qquad\qquad=3\sqrt{\dfrac{20}{3}\times\dfrac{15}{2}}$

$\qquad\qquad=3\sqrt{50}=15\sqrt{2}$

답 ③

02 ① $5\sqrt{2}=\sqrt{5^2\times2}=\sqrt{\boxed{50}}$

② $\sqrt{98}=\sqrt{7^2\times2}=\boxed{7}\sqrt{2}$

③ $-\sqrt{80}=-\sqrt{4^2\times5}=-4\sqrt{\boxed{5}}$

④ $\sqrt{54}=\sqrt{3^2\times6}=\boxed{3}\sqrt{6}$

⑤ $\dfrac{\sqrt{3}}{7}=\sqrt{\dfrac{3}{\boxed{49}}}$

따라서 □ 안에 알맞은 수가 가장 작은 것은 ④이다.

답 ④

03 $\dfrac{2}{\sqrt{5}}=\sqrt{\dfrac{4}{5}},\ \dfrac{\sqrt{2}}{\sqrt{5}}=\sqrt{\dfrac{2}{5}},\ \dfrac{\sqrt{2}}{5}=\sqrt{\dfrac{2}{25}},\ \dfrac{2}{5}=\sqrt{\dfrac{4}{25}}$

이고 $\dfrac{4}{5}>\dfrac{2}{5}>\dfrac{4}{25}>\dfrac{2}{25}$이므로 큰 수부터 차례로 나열하면

$\dfrac{2}{\sqrt{5}},\ \dfrac{\sqrt{2}}{\sqrt{5}},\ \dfrac{2}{5},\ \dfrac{\sqrt{2}}{5}$

따라서 세 번째에 오는 수는 $\dfrac{2}{5}$이다.　　답 $\dfrac{2}{5}$

04 $\sqrt{2.88}=\sqrt{\dfrac{288}{100}}=\sqrt{\dfrac{72}{25}}=\sqrt{\dfrac{6^2\times2}{5^2}}$

$\qquad\qquad=\dfrac{6\sqrt{2}}{(\sqrt{5})^2}=\dfrac{6a}{b^2}$　　答 ④

05 ① $\sqrt{50}=\sqrt{0.5\times100}=10\sqrt{0.5}=10a$

② $\sqrt{0.005}=\sqrt{\dfrac{0.5}{100}}=\dfrac{\sqrt{0.5}}{10}=\dfrac{a}{10}$

③ $\sqrt{500}=\sqrt{5\times100}=10\sqrt{5}=10b$

④ $\sqrt{0.05}=\sqrt{\dfrac{5}{100}}=\dfrac{\sqrt{5}}{10}=\dfrac{b}{10}$

⑤ $\sqrt{0.00005}=\sqrt{\dfrac{0.5}{10000}}=\dfrac{\sqrt{0.5}}{100}=\dfrac{a}{100}$　　答 ⑤

06 $\dfrac{2\sqrt{5}}{\sqrt{3}}=\dfrac{2\sqrt{5}\times\sqrt{3}}{\sqrt{3}\times\sqrt{3}}=\dfrac{2\sqrt{15}}{3}$

$\therefore a=\dfrac{2}{3}$

$\dfrac{20}{\sqrt{45}}=\dfrac{20}{3\sqrt{5}}=\dfrac{20\times\sqrt{5}}{3\sqrt{5}\times\sqrt{5}}=\dfrac{20\sqrt{5}}{15}=\dfrac{4\sqrt{5}}{3}$

$\therefore b=\dfrac{4}{3}$

$\therefore \sqrt{ab}=\sqrt{\dfrac{2}{3}\times\dfrac{4}{3}}=\sqrt{\dfrac{8}{9}}=\dfrac{2\sqrt{2}}{3}$　　答 $\dfrac{2\sqrt{2}}{3}$

07 $a=\dfrac{14}{\sqrt{2}}\times\dfrac{1}{2\sqrt{3}}\times\sqrt{\dfrac{6}{7}}$

$\qquad=7\sqrt{\dfrac{6}{2\times3\times7}}$

$\qquad=7\times\sqrt{\dfrac{1}{7}}=\sqrt{7}$

$b=\dfrac{2\sqrt{2}}{3}\times\sqrt{\dfrac{2}{21}}\times\dfrac{3\sqrt{3}}{4}$

$\qquad=\dfrac{1}{2}\sqrt{\dfrac{2\times2\times3}{21}}$

$\qquad=\dfrac{1}{2}\times\sqrt{\dfrac{4}{7}}=\dfrac{1}{\sqrt{7}}=\dfrac{\sqrt{7}}{7}$

$\therefore ab=\sqrt{7}\times\dfrac{\sqrt{7}}{7}=1$　　答 ①

08 (삼각형의 넓이)$=\dfrac{1}{2}\times\sqrt{20}\times\sqrt{18}$

$\qquad\qquad\qquad\qquad=\dfrac{1}{2}\times2\sqrt{5}\times3\sqrt{2}=3\sqrt{10}\,(\mathrm{cm}^2)$

직사각형의 가로의 길이를 x cm라 하면

(직사각형의 넓이)$=\sqrt{15}x\,(\mathrm{cm}^2)$

즉, $3\sqrt{10}=\sqrt{15}x$이므로 $x=\dfrac{3\sqrt{10}}{\sqrt{15}}=\dfrac{3\sqrt{2}}{\sqrt{3}}=\sqrt{6}$

따라서 직사각형의 가로의 길이는 $\sqrt{6}$ cm이다.

> 탑 $\sqrt{6}$ **cm**

02 제곱근의 덧셈과 뺄셈

개념원리 ✓ 확인하기

본문 46쪽

01 (1) 8, 3, 1, $10\sqrt{2}$ (2) $-6\sqrt{5}$ (3) $-\sqrt{3}$

02 (1) 1, 2, 4, 5, $-\sqrt{5}-\sqrt{3}$ (2) $-3\sqrt{6}+4\sqrt{2}$

    (3) $-\sqrt{2}-2\sqrt{3}$ (4) $\sqrt{5}-2\sqrt{2}$

03 (1) $\sqrt{6}+2\sqrt{3}$ (2) $3\sqrt{2}-3\sqrt{6}$ (3) $7\sqrt{3}-2\sqrt{15}$

04 (1) $\sqrt{6}$, $\sqrt{6}$, $\sqrt{18}$, $\sqrt{12}$, $\dfrac{3\sqrt{2}-2\sqrt{3}}{6}$ (2) $\dfrac{\sqrt{10}-4}{2}$

    (3) $\dfrac{5\sqrt{2}-3\sqrt{5}}{15}$ (4) $\dfrac{1+3\sqrt{6}}{2}$

이렇게 풀어요

01 (2) (주어진 식)$=(6-3-9)\sqrt{5}=-6\sqrt{5}$

    (3) (주어진 식)$=(2-7+4)\sqrt{3}=-\sqrt{3}$

> 탑 (1) **8, 3, 1, $10\sqrt{2}$** (2) $-6\sqrt{5}$ (3) $-\sqrt{3}$

02 (2) (주어진 식)$=(2-5)\sqrt{6}+(-3+7)\sqrt{2}$

                    $=-3\sqrt{6}+4\sqrt{2}$

    (3) (주어진 식)$=2\sqrt{2}+2\sqrt{3}-3\sqrt{2}-4\sqrt{3}$

                    $=(2-3)\sqrt{2}+(2-4)\sqrt{3}$

                    $=-\sqrt{2}-2\sqrt{3}$

    (4) (주어진 식)$=3\sqrt{5}-2\sqrt{5}+4\sqrt{2}-6\sqrt{2}$

                    $=(3-2)\sqrt{5}+(4-6)\sqrt{2}$

                    $=\sqrt{5}-2\sqrt{2}$

> 탑 (1) **1, 2, 4, 5, $-\sqrt{5}-\sqrt{3}$** (2) $-3\sqrt{6}+4\sqrt{2}$
> (3) $-\sqrt{2}-2\sqrt{3}$ (4) $\sqrt{5}-2\sqrt{2}$

03 (2) (주어진 식)$=\sqrt{6}\sqrt{3}-3\sqrt{2}\sqrt{3}=\sqrt{18}-3\sqrt{6}$

                    $=3\sqrt{2}-3\sqrt{6}$

    (3) (주어진 식)

      $=\sqrt{5}\sqrt{15}+\sqrt{5}\sqrt{3}-\sqrt{3}\times3\sqrt{5}+\sqrt{3}\times2$

      $=\sqrt{75}+\sqrt{15}-3\sqrt{15}+2\sqrt{3}$

      $=5\sqrt{3}+\sqrt{15}-3\sqrt{15}+2\sqrt{3}=7\sqrt{3}-2\sqrt{15}$

> 탑 (1) $\sqrt{6}+2\sqrt{3}$ (2) $3\sqrt{2}-3\sqrt{6}$ (3) $7\sqrt{3}-2\sqrt{15}$

04 (2) (주어진 식)$=\dfrac{(\sqrt{5}-\sqrt{8})\times\sqrt{2}}{\sqrt{2}\times\sqrt{2}}=\dfrac{\sqrt{10}-\sqrt{16}}{2}$

                 $=\dfrac{\sqrt{10}-4}{2}$

    (3) (주어진 식)$=\dfrac{(\sqrt{10}-3)\times\sqrt{5}}{3\sqrt{5}\times\sqrt{5}}=\dfrac{\sqrt{50}-3\sqrt{5}}{15}$

                 $=\dfrac{5\sqrt{2}-3\sqrt{5}}{15}$

    (4) (주어진 식)$=\dfrac{(\sqrt{3}+9\sqrt{2})\times\sqrt{3}}{2\sqrt{3}\times\sqrt{3}}=\dfrac{3+9\sqrt{6}}{6}$

                 $=\dfrac{1+3\sqrt{6}}{2}$

> 탑 (1) $\sqrt{6}$, $\sqrt{6}$, $\sqrt{18}$, $\sqrt{12}$, $\dfrac{3\sqrt{2}-2\sqrt{3}}{6}$ (2) $\dfrac{\sqrt{10}-4}{2}$
> (3) $\dfrac{5\sqrt{2}-3\sqrt{5}}{15}$ (4) $\dfrac{1+3\sqrt{6}}{2}$

핵심문제 익히기 🔑 확인문제

본문 47~50쪽

1 ㄷ, ㄹ   **2** (1) $-3\sqrt{6}+2$ (2) $8\sqrt{3}$

3 $7\sqrt{6}-2$ **4** 3   **5** $-2+3\sqrt{2}$ **6** -2

7 $(16+6\sqrt{15})\,\mathrm{cm}^2$ **8** ③

이렇게 풀어요

1 ㄱ. $\sqrt{12}-2\sqrt{3}=2\sqrt{3}-2\sqrt{3}=0$

    ㄴ. $2\sqrt{5}-3\sqrt{2}+\sqrt{5}+4\sqrt{20}$

        $=2\sqrt{5}-3\sqrt{2}+\sqrt{5}+8\sqrt{5}$

        $=(2+1+8)\sqrt{5}-3\sqrt{2}$

        $=11\sqrt{5}-3\sqrt{2}$

    ㄷ. $\sqrt{32}+5\sqrt{12}-\sqrt{18}-\sqrt{27}$

        $=4\sqrt{2}+10\sqrt{3}-3\sqrt{2}-3\sqrt{3}$

        $=(4-3)\sqrt{2}+(10-3)\sqrt{3}$

        $=\sqrt{2}+7\sqrt{3}$

    ㄹ. $\dfrac{\sqrt{50}}{2}-4\sqrt{8}-\dfrac{3}{\sqrt{2}}=\dfrac{5\sqrt{2}}{2}-8\sqrt{2}-\dfrac{3\sqrt{2}}{2}$

                      $=\left(\dfrac{5}{2}-8-\dfrac{3}{2}\right)\sqrt{2}$

                      $=-7\sqrt{2}$

    ㅁ. $\dfrac{1}{\sqrt{2}}+\dfrac{1}{\sqrt{3}}-\dfrac{\sqrt{2}}{2}+\dfrac{2\sqrt{3}}{3}$

        $=\dfrac{\sqrt{2}}{2}+\dfrac{\sqrt{3}}{3}-\dfrac{\sqrt{2}}{2}+\dfrac{2\sqrt{3}}{3}$

        $=\left(\dfrac{1}{2}-\dfrac{1}{2}\right)\sqrt{2}+\left(\dfrac{1}{3}+\dfrac{2}{3}\right)\sqrt{3}$

        $=\sqrt{3}$

> 탑 ㄷ, ㄹ

2 (1) (주어진 식)$=2\sqrt6+2-5\sqrt6=-3\sqrt6+2$

(2) (주어진 식)$=\sqrt2(\sqrt3+\sqrt6)-(1-3\sqrt2)\sqrt6$

$\quad=\sqrt6+\sqrt{12}-\sqrt6+3\sqrt{12}$

$\quad=\sqrt6+2\sqrt3-\sqrt6+6\sqrt3$

$\quad=8\sqrt3$

답 (1) $-3\sqrt6+2$ (2) $8\sqrt3$

3 $\sqrt2 a+2\sqrt3 b=\sqrt2(\sqrt3+2\sqrt2)+2\sqrt3(3\sqrt2-\sqrt3)$

$\quad=\sqrt6+4+6\sqrt6-6$

$\quad=7\sqrt6-2$

답 $7\sqrt6-2$

4 $\dfrac{\sqrt5-\sqrt2}{3\sqrt2}-\dfrac{2\sqrt6-\sqrt{15}}{\sqrt6}$

$=\dfrac{(\sqrt5-\sqrt2)\times\sqrt2}{3\sqrt2\times\sqrt2}-\dfrac{(2\sqrt6-\sqrt{15})\times\sqrt6}{\sqrt6\times\sqrt6}$

$=\dfrac{\sqrt{10}-2}{6}-\dfrac{12-\sqrt{90}}{6}$

$=\dfrac{\sqrt{10}-2-12+3\sqrt{10}}{6}$

$=\dfrac{4\sqrt{10}-14}{6}=\dfrac{2\sqrt{10}-7}{3}$

$=-\dfrac73+\dfrac23\sqrt{10}$

$\therefore a=-\dfrac73,\ b=10$

$\therefore 3a+b=3\times\left(-\dfrac73\right)+10=3$

답 3

5 (주어진 식)$=\dfrac{10-2\sqrt5}{\sqrt5}-\sqrt{20}+3\sqrt2$

$=\dfrac{10\sqrt5-10}{5}-2\sqrt5+3\sqrt2$

$=2\sqrt5-2-2\sqrt5+3\sqrt2$

$=-2+3\sqrt2$

답 $-2+3\sqrt2$

6 (주어진 식)$=2\sqrt6\left(\dfrac{1}{\sqrt3}-\sqrt6\right)-\dfrac{a\sqrt2}{2}(4\sqrt2-2)$

$=2\sqrt2-12-4a+a\sqrt2$

$=(-12-4a)+(2+a)\sqrt2$

따라서 $2+a=0$이므로 $a=-2$

답 -2

7 (직육면체의 겉넓이)

$=2\{\sqrt3\times(\sqrt3+\sqrt5)+\sqrt5\times(\sqrt3+\sqrt5)+\sqrt3\times\sqrt5\}$

$=2(3+\sqrt{15}+\sqrt{15}+5+\sqrt{15})$

$=2(8+3\sqrt{15})$

$=16+6\sqrt{15}(\mathrm{cm}^2)$

답 $(16+6\sqrt{15})\,\mathrm{cm}^2$

8 ① $(1+\sqrt{12})-(2+\sqrt3)=1+2\sqrt3-2-\sqrt3$

$\qquad\qquad\qquad\qquad\qquad=-1+\sqrt3=-\sqrt1+\sqrt3>0$

$\therefore 1+\sqrt{12}>2+\sqrt3$

② $(2\sqrt2+3)-(\sqrt2+3)=\sqrt2>0$

$\therefore 2\sqrt2+3>\sqrt2+3$

③ $(3\sqrt2-1)-(2\sqrt3-1)=3\sqrt2-2\sqrt3$

$\qquad\qquad\qquad\qquad\qquad=\sqrt{18}-\sqrt{12}>0$

$\therefore 3\sqrt2-1>2\sqrt3-1$

④ $(2+\sqrt6)-(\sqrt6+\sqrt3)=2-\sqrt3=\sqrt4-\sqrt3>0$

$\therefore 2+\sqrt6>\sqrt6+\sqrt3$

⑤ $(\sqrt2-1)-(2-\sqrt2)=2\sqrt2-3=\sqrt8-\sqrt9<0$

$\therefore \sqrt2-1<2-\sqrt2$

답 ③

계산력 🕙 강화하기   본문 51쪽

01 (1) $2\sqrt2$ (2) $-4\sqrt5$ (3) $-2\sqrt3+\dfrac{\sqrt7}{2}$ (4) $\dfrac{7\sqrt2}{4}-\dfrac{5\sqrt6}{3}$

02 (1) $4\sqrt2$ (2) $5\sqrt3$ (3) $\dfrac{13\sqrt2}{2}$ (4) $-\sqrt5+4\sqrt{10}$

03 (1) $5\sqrt2-2\sqrt{10}$ (2) $5\sqrt3-6$ (3) $-\sqrt5-10$

04 (1) $8-7\sqrt3$ (2) $5\sqrt3-\sqrt2$ (3) $-\sqrt3+4$

이렇게 풀어요

01 (3) (주어진 식)$=\left(\dfrac12-\dfrac52\right)\sqrt3+\left(-1+\dfrac32\right)\sqrt7$

$\qquad\qquad=-2\sqrt3+\dfrac{\sqrt7}{2}$

(4) (주어진 식)$=\left(\dfrac34+1\right)\sqrt2+\left(-2+\dfrac13\right)\sqrt6$

$\qquad\qquad=\dfrac{7\sqrt2}{4}-\dfrac{5\sqrt6}{3}$

답 (1) $2\sqrt2$ (2) $-4\sqrt5$ (3) $-2\sqrt3+\dfrac{\sqrt7}{2}$
(4) $\dfrac{7\sqrt2}{4}-\dfrac{5\sqrt6}{3}$

02 (1) (주어진 식)$=\sqrt2+3\sqrt2=4\sqrt2$

(2) (주어진 식)$=4\sqrt3-2\sqrt3+3\sqrt3=5\sqrt3$

(3) (주어진 식)$=\dfrac{5\sqrt2}{2}-2\sqrt2+6\sqrt2=\dfrac{13\sqrt2}{2}$

(4) (주어진 식)$=2\sqrt{5}+3\sqrt{10}-3\sqrt{5}+\sqrt{10}$
$\qquad\qquad\quad=-\sqrt{5}+4\sqrt{10}$

目 (1) $4\sqrt{2}$　(2) $5\sqrt{3}$　(3) $\dfrac{13\sqrt{2}}{2}$　(4) $-\sqrt{5}+4\sqrt{10}$

03 (1) (주어진 식)$=\sqrt{50}-2\sqrt{10}=5\sqrt{2}-2\sqrt{10}$

(2) (주어진 식)$=5\sqrt{3}-6$

(3) (주어진 식)$=4\sqrt{5}-\sqrt{5}(3+2\sqrt{5})-2\sqrt{5}$
$\qquad\qquad\quad=4\sqrt{5}-3\sqrt{5}-10-2\sqrt{5}$
$\qquad\qquad\quad=-\sqrt{5}-10$

目 (1) $5\sqrt{2}-2\sqrt{10}$　(2) $5\sqrt{3}-6$　(3) $-\sqrt{5}-10$

04 (1) (주어진 식)$=6-6\sqrt{3}-\dfrac{3\sqrt{3}-6}{3}$
$\qquad\qquad\quad=6-6\sqrt{3}-\sqrt{3}+2$
$\qquad\qquad\quad=8-7\sqrt{3}$

(2) (주어진 식)$=\dfrac{9\sqrt{2}+4\sqrt{3}}{\sqrt{6}}+2\sqrt{3}-\sqrt{18}$
$\qquad\qquad\quad=\dfrac{9\sqrt{12}+4\sqrt{18}}{6}+2\sqrt{3}-3\sqrt{2}$
$\qquad\qquad\quad=3\sqrt{3}+2\sqrt{2}+2\sqrt{3}-3\sqrt{2}$
$\qquad\qquad\quad=5\sqrt{3}-\sqrt{2}$

(3) (주어진 식)$=\dfrac{2\sqrt{6}-\sqrt{12}}{2}-\dfrac{3\sqrt{6}-2\sqrt{36}}{3}$
$\qquad\qquad\quad=\sqrt{6}-\sqrt{3}-\sqrt{6}+4$
$\qquad\qquad\quad=-\sqrt{3}+4$

目 (1) $8-7\sqrt{3}$　(2) $5\sqrt{3}-\sqrt{2}$　(3) $-\sqrt{3}+4$

본문 52쪽

소단원 핵심문제

01 ②, ④	**02** 2	**03** 9
04 $(4+\sqrt{6})\,\text{cm}^2$		**05** $c<b<a$

이렇게 풀어요

01 ② $5\sqrt{13}-4\sqrt{13}=\sqrt{13}$
③ $2\sqrt{45}-\sqrt{20}=6\sqrt{5}-2\sqrt{5}=4\sqrt{5}$
④ $\dfrac{\sqrt{24}}{2}-\sqrt{3}+2\sqrt{6}=\sqrt{6}-\sqrt{3}+2\sqrt{6}=3\sqrt{6}-\sqrt{3}$
⑤ $-\sqrt{8}-\sqrt{63}+5\sqrt{2}+\sqrt{7}=-2\sqrt{2}-3\sqrt{7}+5\sqrt{2}+\sqrt{7}$
$\qquad\qquad\qquad\qquad\qquad\quad=3\sqrt{2}-2\sqrt{7}$

目 ②, ④

02 $4a\sqrt{3}-b\sqrt{54}-a\sqrt{27}-b\sqrt{24}$
$=4a\sqrt{3}-3b\sqrt{6}-3a\sqrt{3}-2b\sqrt{6}$
$=a\sqrt{3}-5b\sqrt{6}$
즉, $a\sqrt{3}-5b\sqrt{6}=5\sqrt{3}-2\sqrt{6}$이므로 $a=5$, $b=\dfrac{2}{5}$
$\therefore ab=5\times\dfrac{2}{5}=2$　　目 2

03 $A=3\sqrt{6}(\sqrt{3}-\sqrt{6})-\dfrac{a\sqrt{2}}{2}(4\sqrt{2}-2)$
$\quad=9\sqrt{2}-18-4a+a\sqrt{2}$
$\quad=(-18-4a)+(9+a)\sqrt{2}$
따라서 $9+a=0$이므로 $a=-9$
$\therefore A=-18+36=18$
$\therefore a+A=(-9)+18=9$　　目 9

04 (사다리꼴의 넓이)
$=\dfrac{1}{2}\times\{(\sqrt{2}+\sqrt{3})+(3\sqrt{2}+\sqrt{3})\}\times\sqrt{2}$
$=\dfrac{1}{2}\times(4\sqrt{2}+2\sqrt{3})\times\sqrt{2}$
$=4+\sqrt{6}\,(\text{cm}^2)$　　目 $(4+\sqrt{6})\,\text{cm}^2$

05 $a-b=(2\sqrt{2}-1)-(4-2\sqrt{2})$
$\qquad\quad=4\sqrt{2}-5=\sqrt{32}-\sqrt{25}>0$
$\therefore a>b$
$b-c=(4-2\sqrt{2})-(4-\sqrt{10})$
$\qquad\quad=-2\sqrt{2}+\sqrt{10}=-\sqrt{8}+\sqrt{10}>0$
$\therefore b>c$
$\therefore c<b<a$　　目 $c<b<a$

03 제곱근의 값

본문 54쪽

개념원리 확인하기

01 (1) 2.345　(2) 2.392

02 (1) 100, 10, 10, 17.32　(2) 54.77　(3) 173.2

03 (1) 100, 10, 10, 0.1414　(2) 0.4472　(3) 0.04472

04 (1) 2, 3, 2, 2　(2) 3, 4, 3, $\sqrt{10}-3$

01 답 (1) **2.345** (2) **2.392**

02 (2) $\sqrt{3000}=\sqrt{30\times100}=10\sqrt{30}$
$=10\times5.477$
$=54.77$

(3) $\sqrt{30000}=\sqrt{3\times10000}=100\sqrt{3}$
$=100\times1.732$
$=173.2$

답 (1) **100, 10, 10, 17.32** (2) **54.77** (3) **173.2**

03 (2) $\sqrt{0.2}=\sqrt{\dfrac{20}{100}}=\dfrac{\sqrt{20}}{10}$
$=\dfrac{4.472}{10}=0.4472$

(3) $\sqrt{0.002}=\sqrt{\dfrac{20}{10000}}=\dfrac{\sqrt{20}}{100}$
$=\dfrac{4.472}{100}=0.04472$

답 (1) **100, 10, 10, 0.1414**
(2) **0.4472** (3) **0.04472**

04 답 (1) **2, 3, 2, 2** (2) **3, 4, 3, $\sqrt{10}-3$**

핵심문제 익히기 🔍 확인문제
본문 55쪽

1 ②, ⑤ **2** (1) $20-5\sqrt{7}$ (2) $2-\sqrt{6}$

이렇게 풀어요

1 ① $\sqrt{1.03}=1.015$
③ $\sqrt{403}=\sqrt{4.03\times100}$
$=10\sqrt{4.03}$
$=10\times2.007$
$=20.07$
④ $\sqrt{0.0302}=\sqrt{\dfrac{3.02}{100}}=\dfrac{\sqrt{3.02}}{10}$
$=\dfrac{1.738}{10}=0.1738$

답 ②, ⑤

---

2 (1) $2<\sqrt{7}<3$이므로 $5<3+\sqrt{7}<6$
따라서 $3+\sqrt{7}$의 정수 부분은 5, 소수 부분은
$(3+\sqrt{7})-5=\sqrt{7}-2$이므로
$a=5$, $b=\sqrt{7}-2$
$\therefore 2a-5b=2\times5-5(\sqrt{7}-2)$
$=20-5\sqrt{7}$

(2) $2<\sqrt{6}<3$이므로 $1<\sqrt{6}-1<2$
즉, $\sqrt{6}-1$의 정수 부분은 1이므로 소수 부분은
$a=(\sqrt{6}-1)-1=\sqrt{6}-2$
또 $4<\sqrt{24}<5$에서 $\sqrt{24}$의 정수 부분은 4이므로 소수
부분은 $b=\sqrt{24}-4=2\sqrt{6}-4$
$\therefore 3a-2b=3(\sqrt{6}-2)-2(2\sqrt{6}-4)$
$=3\sqrt{6}-6-4\sqrt{6}+8$
$=2-\sqrt{6}$

답 (1) $20-5\sqrt{7}$ (2) $2-\sqrt{6}$

소단원 📖 **핵심문제**
본문 56쪽

01 168.6 **02** ⑤ **03** ③ **04** $2\sqrt{2}$

이렇게 풀어요

01 $\sqrt{4.71}=2.170$이므로 $a=2.170$
$\sqrt{4.84}=2.200$이므로 $b=4.84$
$\therefore 100a-10b=100\times2.170-10\times4.84$
$=217-48.4=168.6$ 답 **168.6**

02 ① $\sqrt{623}=\sqrt{6.23\times100}=10\sqrt{6.23}$
$=10\times2.496=24.96$
② $\sqrt{6230}=\sqrt{62.3\times100}=10\sqrt{62.3}$
$=10\times7.893=78.93$
③ $\sqrt{0.623}=\sqrt{\dfrac{62.3}{100}}=\dfrac{\sqrt{62.3}}{10}$
$=\dfrac{7.893}{10}=0.7893$
④ $\sqrt{0.0623}=\sqrt{\dfrac{6.23}{100}}=\dfrac{\sqrt{6.23}}{10}$
$=\dfrac{2.496}{10}=0.2496$
⑤ $\sqrt{62300}=\sqrt{6.23\times10000}=100\sqrt{6.23}$
$=100\times2.496=249.6$ 답 ⑤

03 ① $\sqrt{0.02}=\sqrt{\dfrac{2}{100}}=\dfrac{\sqrt{2}}{10}=\dfrac{1.414}{10}=0.1414$

② $\sqrt{0.5}=\sqrt{\dfrac{1}{2}}=\dfrac{\sqrt{2}}{2}=\dfrac{1.414}{2}=0.707$

③ $\sqrt{12}=2\sqrt{3}$

④ $\sqrt{18}=3\sqrt{2}=3\times1.414=4.242$

⑤ $\sqrt{32}=4\sqrt{2}=4\times1.414=5.656$

따라서 $\sqrt{2}$의 값을 이용하여 그 값을 구할 수 없는 것은 ③ 이다.　　　　　　　　　　　　　　　　　　　　　**답** ③

04 $2<2\sqrt{2}\,(=\sqrt{8})<3$에서 $-3<-2\sqrt{2}<-2$

$\therefore 1<4-2\sqrt{2}<2$

따라서 $4-2\sqrt{2}$의 정수 부분은 1, 소수 부분은

$(4-2\sqrt{2})-1=3-2\sqrt{2}$이므로

$a=1,\ b=3-2\sqrt{2}$

$\therefore \dfrac{3a-b}{a}=\dfrac{3\times1-(3-2\sqrt{2})}{1}=2\sqrt{2}$　　**답** $2\sqrt{2}$

중단원 마무리
본문 57~59쪽

01 ⑤	**02** ②	**03** ④	**04** ④
05 ④	**06** 9	**07** 2	**08** $32\sqrt{6}$ cm
09 ⑤	**10** ⑤	**11** $6\sqrt{2}$	**12** ④
13 ②	**14** ④	**15** $\dfrac{19\sqrt{2}}{3}$	**16** ④, ⑤
17 $-2\sqrt{5}+3$		**18** $26\sqrt{2}$ cm	**19** $a<c<b$
20 $3\sqrt{2}-4$	**21** 7개		

이렇게 풀어요

01 ① $\sqrt{32}=4\sqrt{2}$　　$\therefore a=4$

② $\sqrt{3}\sqrt{15}=\sqrt{45}=3\sqrt{5}$　　$\therefore a=3$

③ $\dfrac{\sqrt{24}}{\sqrt{2}}=\sqrt{\dfrac{24}{2}}=\sqrt{12}=2\sqrt{3}$　　$\therefore a=3$

④ $\dfrac{\sqrt{5}}{\sqrt{3}}=\dfrac{\sqrt{15}}{3}$　　$\therefore a=15$

⑤ $\sqrt{12}\sqrt{6}=\sqrt{72}=6\sqrt{2}$　　$\therefore a=2$

따라서 a의 값이 가장 작은 것은 ⑤이다.　　**답** ⑤

02 $\sqrt{0.125}=\sqrt{\dfrac{125}{1000}}=\dfrac{5\sqrt{5}}{10\sqrt{10}}=\dfrac{\sqrt{5}}{2\sqrt{10}}=\dfrac{a}{2b}$　**답** ②

---

03 ② $\dfrac{6}{\sqrt{8}}=\dfrac{6}{2\sqrt{2}}=\dfrac{3}{\sqrt{2}}=\dfrac{3\sqrt{2}}{2}$

④ $\dfrac{3}{4\sqrt{7}}=\dfrac{3\sqrt{7}}{28}$

⑤ $\dfrac{2\sqrt{7}}{\sqrt{2}\sqrt{6}}=\dfrac{2\sqrt{7}}{\sqrt{12}}=\dfrac{2\sqrt{7}}{2\sqrt{3}}=\dfrac{\sqrt{7}}{\sqrt{3}}=\dfrac{\sqrt{21}}{3}$　　**답** ④

04 ③ $2\sqrt{27}-\sqrt{3}=6\sqrt{3}-\sqrt{3}=5\sqrt{3}$

④ $\sqrt{48}\div\sqrt{6}\times\sqrt{2}=\sqrt{\dfrac{48\times2}{6}}=\sqrt{16}=4$

⑤ $\sqrt{5}(\sqrt{20}-\sqrt{10})=\sqrt{100}-\sqrt{50}=10-5\sqrt{2}$　　**답** ④

05 $\sqrt{5}x+\sqrt{3}y=\sqrt{5}(2\sqrt{3}+\sqrt{5})+\sqrt{3}(3\sqrt{5}-5\sqrt{3})$

$=2\sqrt{15}+5+3\sqrt{15}-15$

$=5\sqrt{15}-10$　　　　　　　　　　**답** ④

06 $\sqrt{96}-2\sqrt{2}(\sqrt{27}-\sqrt{18})-\dfrac{12}{\sqrt{24}}$

$=4\sqrt{6}-2\sqrt{2}(3\sqrt{3}-3\sqrt{2})-\dfrac{12}{2\sqrt{6}}$

$=4\sqrt{6}-6\sqrt{6}+12-\sqrt{6}$

$=12-3\sqrt{6}$

즉, $a=12,\ b=-3$이므로

$a+b=12+(-3)=9$　　　　　　　　**답** 9

07 (주어진 식)$=\sqrt{2}\left(\sqrt{6}-\dfrac{1}{3\sqrt{2}}\right)+\dfrac{a\sqrt{3}}{3}(3\sqrt{3}-3)$

$=2\sqrt{3}-\dfrac{1}{3}+3a-a\sqrt{3}$

$=\left(-\dfrac{1}{3}+3a\right)+(2-a)\sqrt{3}$

따라서 $2-a=0$이므로

$a=2$　　　　　　　　　　　　　　　**답** 2

08 그림의 세로의 길이를 x cm라 하면

$10\sqrt{6}\times x=360$

$\therefore x=\dfrac{360}{10\sqrt{6}}=\dfrac{36}{\sqrt{6}}$

$=\dfrac{36\sqrt{6}}{6}=6\sqrt{6}$

$\therefore$ (둘레의 길이)$=2\times(10\sqrt{6}+6\sqrt{6})$

$=2\times16\sqrt{6}$

$=32\sqrt{6}$ (cm)　　　　**답** $32\sqrt{6}$ **cm**

09 ① $(5-\sqrt{6})-\sqrt{6}=5-2\sqrt{6}=\sqrt{25}-\sqrt{24}>0$

    $\therefore 5-\sqrt{6}>\sqrt{6}$

② $3-(4\sqrt{5}-6)=9-4\sqrt{5}=\sqrt{81}-\sqrt{80}>0$

    $\therefore 3>4\sqrt{5}-6$

③ $(2\sqrt{2}+\sqrt{3})-3\sqrt{3}$

    $=2\sqrt{2}-2\sqrt{3}=\sqrt{8}-\sqrt{12}<0$

    $\therefore 2\sqrt{2}+\sqrt{3}<3\sqrt{3}$

④ $(5\sqrt{5}-3)-(8\sqrt{2}-3)$

    $=5\sqrt{5}-8\sqrt{2}=\sqrt{125}-\sqrt{128}<0$

    $\therefore 5\sqrt{5}-3<8\sqrt{2}-3$

⑤ $(2\sqrt{3}-3\sqrt{2})-(-\sqrt{18}+\sqrt{3})$

    $=2\sqrt{3}-3\sqrt{2}+3\sqrt{2}-\sqrt{3}=\sqrt{3}>0$

    $\therefore 2\sqrt{3}-3\sqrt{2}>-\sqrt{18}+\sqrt{3}$ 目 ⑤

10 ① $\sqrt{728}=\sqrt{7.28\times100}$

    $=10\sqrt{7.28}$

    $=10\times2.698=26.98$

② $\sqrt{728000}=\sqrt{72.8\times10000}$

    $=100\sqrt{72.8}$

    $=100\times8.532=853.2$

③ $\sqrt{0.728}=\sqrt{\dfrac{72.8}{100}}=\dfrac{\sqrt{72.8}}{10}$

    $=\dfrac{8.532}{10}=0.8532$

④ $\sqrt{0.0728}=\sqrt{\dfrac{7.28}{100}}=\dfrac{\sqrt{7.28}}{10}$

    $=\dfrac{2.698}{10}=0.2698$

⑤ $\sqrt{0.00728}=\sqrt{\dfrac{72.8}{10000}}=\dfrac{\sqrt{72.8}}{100}$

    $=\dfrac{8.532}{100}=0.08532$ 目 ⑤

11 $1<\sqrt{2}<2$이므로 $6<5+\sqrt{2}<7$

따라서 $5+\sqrt{2}$의 정수 부분은 6, 소수 부분은

$(5+\sqrt{2})-6=\sqrt{2}-1$이므로

$a=6$, $b=\sqrt{2}-1$

$\therefore a+6b=6+6(\sqrt{2}-1)=6\sqrt{2}$ 目 $6\sqrt{2}$

12 目 ④

13 ① $\sqrt{a}\times\sqrt{8}=4$에서 $\sqrt{8a}=\sqrt{16}$

    즉, $8a=16$이므로 $a=2$

② $2\sqrt{3}-\sqrt{6}\div\sqrt{2}=2\sqrt{3}-\sqrt{3}=\sqrt{3}$

    즉, $a\sqrt{3}=\sqrt{3}$이므로 $a=1$

③ $a\sqrt{3}\times\sqrt{6}=6\sqrt{2}$에서 $3a\sqrt{2}=6\sqrt{2}$

    즉, $3a=6$이므로 $a=2$

④ $\sqrt{3}\times\sqrt{10}\times\sqrt{15}=\sqrt{450}=15\sqrt{2}$

    즉, $15\sqrt{a}=15\sqrt{2}$이므로 $a=2$

⑤ $\dfrac{a}{\sqrt{5}}+\dfrac{3}{\sqrt{5}}=\sqrt{5}$에서 $\dfrac{\sqrt{5}(a+3)}{5}=\sqrt{5}$

    즉, $\dfrac{a+3}{5}=1$이므로 $a=2$

따라서 a의 값이 나머지 넷과 다른 하나는 ②이다.   目 ②

14 (주어진 식)$=\sqrt{100\times\dfrac{1}{2}\times\dfrac{2}{3}\times\dfrac{3}{4}\times\cdots\times\dfrac{9}{10}}$

    $=\sqrt{\dfrac{100}{10}}=\sqrt{10}$ 目 ④

15 $a\sqrt{\dfrac{8b}{a}}+\dfrac{1}{b}\sqrt{\dfrac{2b}{a}}=\sqrt{a^2\times\dfrac{8b}{a}}+\sqrt{\dfrac{1}{b^2}\times\dfrac{2b}{a}}$

    $=\sqrt{8ab}+\sqrt{\dfrac{2}{ab}}$

    $=\sqrt{8\times9}+\sqrt{\dfrac{2}{9}}$

    $=6\sqrt{2}+\dfrac{\sqrt{2}}{3}$

    $=\dfrac{19\sqrt{2}}{3}$ 目 $\dfrac{19\sqrt{2}}{3}$

16 ① $\dfrac{4}{\sqrt{2}}(\sqrt{2}-2\sqrt{3})+\sqrt{8}(\sqrt{3}+3\sqrt{2})$

    $=4-\dfrac{8\sqrt{3}}{\sqrt{2}}+\sqrt{24}+3\sqrt{16}$

    $=4-4\sqrt{6}+2\sqrt{6}+12$

    $=16-2\sqrt{6}$

② $\sqrt{8}\left(\dfrac{3\sqrt{3}}{4}-\dfrac{2}{\sqrt{2}}\right)+\sqrt{3}\left(\dfrac{2}{\sqrt{3}}-\dfrac{1}{\sqrt{2}}\right)$

    $=\dfrac{3\sqrt{24}}{4}-4+2-\dfrac{\sqrt{3}}{\sqrt{2}}$

    $=\dfrac{3\sqrt{6}}{2}-2-\dfrac{\sqrt{6}}{2}$

    $=\sqrt{6}-2$

③ $\sqrt{\dfrac{3}{8}}\div\sqrt{\dfrac{1}{2}}+\sqrt{24}\times\dfrac{\sqrt{2}}{8}$

    $=\dfrac{\sqrt{3}}{2\sqrt{2}}\times\sqrt{2}+2\sqrt{6}\times\dfrac{\sqrt{2}}{8}$

    $=\dfrac{\sqrt{3}}{2}+\dfrac{\sqrt{12}}{4}=\dfrac{\sqrt{3}}{2}+\dfrac{\sqrt{3}}{2}=\sqrt{3}$

④ $\sqrt{32}-2\sqrt{24}-\sqrt{2}(1+2\sqrt{3})$

    $=4\sqrt{2}-4\sqrt{6}-\sqrt{2}-2\sqrt{6}$

    $=3\sqrt{2}-6\sqrt{6}$

⑤ $\sqrt{10}\left(1-\dfrac{2\sqrt{2}}{\sqrt{5}}\right)-(\sqrt{54}+2\sqrt{15})\div\sqrt{6}$

$=\sqrt{10}\left(1-\dfrac{2\sqrt{10}}{5}\right)-(3\sqrt{6}+2\sqrt{15})\times\dfrac{1}{\sqrt{6}}$

$=\sqrt{10}-4-\left(3+\dfrac{2\sqrt{15}}{\sqrt{6}}\right)$

$=\sqrt{10}-4-3-\sqrt{10}=-7$

답 ④, ⑤

17 $A=4\sqrt{3}-\sqrt{5}$이므로

$B=\sqrt{3}(4\sqrt{3}-\sqrt{5})-3\sqrt{5}-2$

$=12-\sqrt{15}-3\sqrt{5}-2$

$=10-\sqrt{15}-3\sqrt{5}$

$\therefore C=-\sqrt{3}-\dfrac{10-\sqrt{15}-3\sqrt{5}}{\sqrt{5}}$

$=-\sqrt{3}-\dfrac{10}{\sqrt{5}}+\sqrt{3}+3$

$=-2\sqrt{5}+3$

답 $-2\sqrt{5}+3$

18 넓이가 각각 $8\,\text{cm}^2$, $18\,\text{cm}^2$, $32\,\text{cm}^2$인 정사각형의 한 변의 길이는 각각 $\sqrt{8}\,\text{cm}$, $\sqrt{18}\,\text{cm}$, $\sqrt{32}\,\text{cm}$, 즉 $2\sqrt{2}\,\text{cm}$, $3\sqrt{2}\,\text{cm}$, $4\sqrt{2}\,\text{cm}$이다.

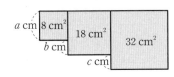

따라서 위의 그림에서 $a+b+c=4\sqrt{2}$이므로 이어 붙인 도형의 둘레의 길이는

$(a+b+c)+2\times2\sqrt{2}+2\times3\sqrt{2}+3\times4\sqrt{2}$

$=4\sqrt{2}+4\sqrt{2}+6\sqrt{2}+12\sqrt{2}$

$=26\sqrt{2}\,(\text{cm})$

답 $26\sqrt{2}\,\text{cm}$

19 $a-b=(2\sqrt{3}-1)-(2\sqrt{5}+\sqrt{3}-1)$

$=\sqrt{3}-2\sqrt{5}$

$=\sqrt{3}-\sqrt{20}<0$

$\therefore a<b$

$b-c=(2\sqrt{5}+\sqrt{3}-1)-(\sqrt{3}+1)$

$=2\sqrt{5}-2$

$=\sqrt{20}-\sqrt{4}>0$

$\therefore b>c$

$a-c=(2\sqrt{3}-1)-(\sqrt{3}+1)$

$=\sqrt{3}-2$

$=\sqrt{3}-\sqrt{4}<0$

$\therefore a<c$

$\therefore a<c<b$

답 $a<c<b$

20 $8<\sqrt{72}<9$에서 $\sqrt{72}$의 정수 부분은 8이므로 소수 부분은

$f(72)=\sqrt{72}-8=6\sqrt{2}-8$

$4<\sqrt{18}<5$에서 $\sqrt{18}$의 정수 부분은 4이므로 소수 부분은

$f(18)=\sqrt{18}-4=3\sqrt{2}-4$

$\therefore f(72)-f(18)=(6\sqrt{2}-8)-(3\sqrt{2}-4)$

$=3\sqrt{2}-4$

답 $3\sqrt{2}-4$

21 $\langle a\rangle=3$에서 $\sqrt{a}$의 정수 부분은 3이므로

$3\le\sqrt{a}<4$에서 $\sqrt{9}\le\sqrt{a}<\sqrt{16}$ $\quad\therefore 9\le a<16$

따라서 주어진 조건을 만족시키는 자연수 a는 9, 10, 11, $\cdots$, 15의 7개이다.

답 **7개**

서술형 대비 문제　　　본문 60~61쪽

| 1-1 -16 | 2-1 $6\sqrt{2}-7$ | 3 $2\sqrt{5}$ | 4 $-\dfrac{5}{2}$ |
| 5 $10\sqrt{3}$ | 6 $16+\sqrt{2}$ | | |

이렇게 풀어요

1-1 1단계 $\sqrt{5}(4-\sqrt{5})-\dfrac{5(\sqrt{5}-2)}{\sqrt{5}}$

$=4\sqrt{5}-5-\dfrac{5\sqrt{5}-10}{\sqrt{5}}=4\sqrt{5}-5-5+2\sqrt{5}$

$=-10+6\sqrt{5}$

2단계 따라서 $p=-10$, $q=6$이므로

3단계 $p-q=(-10)-6=-16$

답 -16

2-1 1단계 $3\sqrt{2}=\sqrt{18}$이고 $\sqrt{16}<\sqrt{18}<\sqrt{25}$이므로

$4<3\sqrt{2}<5$에서 $-5<-3\sqrt{2}<-4$

즉, $1<6-3\sqrt{2}<2$이므로 $6-3\sqrt{2}$의 정수 부분은 1이다.

$\therefore a=1$

2단계 $\sqrt{49}<\sqrt{50}<\sqrt{64}$이므로 $7<\sqrt{50}<8$

$\sqrt{50}$의 정수 부분은 7이므로 소수 부분은

$\sqrt{50}-7=5\sqrt{2}-7$

$\therefore b=5\sqrt{2}-7$

3단계 $\therefore b+\dfrac{10}{7a+b}=(5\sqrt{2}-7)+\dfrac{10}{7\times1+(5\sqrt{2}-7)}$

$=5\sqrt{2}-7+\dfrac{10}{5\sqrt{2}}$

$=5\sqrt{2}-7+\sqrt{2}$

$=6\sqrt{2}-7$

답 $6\sqrt{2}-7$

3 【1단계】 $\overline{AP}=\overline{AD}=\sqrt{2^2+1^2}=\sqrt{5}$이므로 점 P는 점 A(3)
에서 왼쪽으로 $\sqrt{5}$만큼 떨어져 있다.
$\therefore P(3-\sqrt{5})$

【2단계】 $\overline{AQ}=\overline{AB}=\sqrt{1^2+2^2}=\sqrt{5}$이므로 점 Q는 점 A(3)
에서 오른쪽으로 $\sqrt{5}$만큼 떨어져 있다.
$\therefore Q(3+\sqrt{5})$

【3단계】 $\therefore \overline{PQ}=(3+\sqrt{5})-(3-\sqrt{5})=2\sqrt{5}$ **冒 $2\sqrt{5}$**

단계	채점 요소	배점
❶	점 P의 좌표 구하기	3점
❷	점 Q의 좌표 구하기	3점
❸	$\overline{PQ}$의 길이 구하기	2점

4 【1단계】 $\sqrt{75}(2\sqrt{3}+1)-a(3-\sqrt{12})$
$=5\sqrt{3}(2\sqrt{3}+1)-a(3-2\sqrt{3})$
$=30+5\sqrt{3}-3a+2a\sqrt{3}$
$=(30-3a)+(5+2a)\sqrt{3}$

【2단계】 따라서 $5+2a=0$이므로

【3단계】 $a=-\dfrac{5}{2}$ **冒 $-\dfrac{5}{2}$**

단계	채점 요소	배점
❶	주어진 식 간단히 하기	4점
❷	유리수가 될 조건 알기	2점
❸	a의 값 구하기	1점

5 【1단계】 □AEFB는 넓이가 12인 정사각형이므로
한 변의 길이는
$\sqrt{12}=2\sqrt{3}$
$\therefore \overline{AB}=2\sqrt{3}$

【2단계】 □ADGH는 넓이가 27인 정사각형이므로
한 변의 길이는
$\sqrt{27}=3\sqrt{3}$
$\therefore \overline{AD}=3\sqrt{3}$

【3단계】 $\therefore$ (직사각형 ABCD의 둘레의 길이)
$=2\times(2\sqrt{3}+3\sqrt{3})$
$=2\times5\sqrt{3}=10\sqrt{3}$ **冒 $10\sqrt{3}$**

단계	채점 요소	배점
❶	$\overline{AB}$의 길이 구하기	3점
❷	$\overline{AD}$의 길이 구하기	3점
❸	직사각형 ABCD의 둘레의 길이 구하기	2점

6 【1단계】 $(2+\sqrt{32})-(13-\sqrt{8})=2+4\sqrt{2}-13+2\sqrt{2}$
$=-11+6\sqrt{2}$
$=-\sqrt{121}+\sqrt{72}<0$
$\therefore 2+\sqrt{32}<13-\sqrt{8}$
$(13-\sqrt{8})-(\sqrt{18}+3)=13-2\sqrt{2}-3\sqrt{2}-3$
$=10-5\sqrt{2}$
$=\sqrt{100}-\sqrt{50}>0$
$\therefore 13-\sqrt{8}>\sqrt{18}+3$
$(2+\sqrt{32})-(\sqrt{18}+3)=2+4\sqrt{2}-3\sqrt{2}-3$
$=-1+\sqrt{2}$
$=-\sqrt{1}+\sqrt{2}>0$
$\therefore 2+\sqrt{32}>\sqrt{18}+3$
$\therefore \sqrt{18}+3<2+\sqrt{32}<13-\sqrt{8}$

【2단계】 따라서 $M=13-\sqrt{8}$, $m=\sqrt{18}+3$이므로

【3단계】 $M+m=(13-\sqrt{8})+(\sqrt{18}+3)$
$=13-2\sqrt{2}+3\sqrt{2}+3$
$=16+\sqrt{2}$ **冒 $16+\sqrt{2}$**

단계	채점 요소	배점
❶	세 수의 대소 관계 구하기	5점
❷	M, m의 값 구하기	1점
❸	$M+m$의 값 구하기	2점

II 다항식의 곱셈과 인수분해

1 다항식의 곱셈

01 다항식의 곱셈

개념원리 ☑ 확인하기   본문 66쪽

01 (1) -3, -3, $2ab-3a+12b-18$

(2) $3a^2+ad-24ab-8bd$　(3) $2x^2+5xy-3y^2$

02 (1) x, 5, 5, $x^2-10x+25$

(2) $a^2+14a+49$　(3) $4x^2-12x+9$

03 (1) x, 7, x^2-49　(2) $4b^2-9$　(3) $25x^2-4y^2$

04 (1) 2, -7, 2, -7, $x^2-5x-14$

(2) $y^2+4y-45$　(3) $x^2-10x+24$

05 (1) 4, 1, 3, 1, 4, $6x^2+11x+4$

(2) $12x^2-16x-3$　(3) $10x^2-31x+15$

이렇게 풀어요

01 (2) $(a-8b)(3a+d)$

$=a\times3a+a\times d+(-8b)\times3a+(-8b)\times d$

$=3a^2+ad-24ab-8bd$

(3) $(x+3y)(2x-y)$

$=x\times2x+x\times(-y)+3y\times2x+3y\times(-y)$

$=2x^2-xy+6xy-3y^2$

$=2x^2+5xy-3y^2$

　　　🔑 (1) -3, -3, $2ab-3a+12b-18$

　　　　　(2) $3a^2+ad-24ab-8bd$

　　　　　(3) $2x^2+5xy-3y^2$

02 (2) $(a+7)^2=a^2+2\times a\times7+7^2$

$=a^2+14a+49$

(3) $(2x-3)^2=(2x)^2-2\times2x\times3+3^2$

$=4x^2-12x+9$

　　　🔑 (1) x, 5, 5, $x^2-10x+25$

　　　　　(2) $a^2+14a+49$　(3) $4x^2-12x+9$

03 (2) $(2b+3)(2b-3)=(2b)^2-3^2=4b^2-9$

(3) $(5x-2y)(5x+2y)=(5x)^2-(2y)^2$

$=25x^2-4y^2$

　　　🔑 (1) x, 7, x^2-49　(2) $4b^2-9$　(3) $25x^2-4y^2$

04 (2) $(y+9)(y-5)$

$=y^2+\{9+(-5)\}y+9\times(-5)$

$=y^2+4y-45$

(3) $(x-6)(x-4)$

$=x^2+\{(-6)+(-4)\}x+(-6)\times(-4)$

$=x^2-10x+24$

　　　🔑 (1) 2, -7, 2, -7, $x^2-5x-14$

　　　　　(2) $y^2+4y-45$　(3) $x^2-10x+24$

05 (2) $(6x+1)(2x-3)$

$=(6\times2)x^2+\{6\times(-3)+1\times2\}x+1\times(-3)$

$=12x^2-16x-3$

(3) $(2x-5)(5x-3)$

$=(2\times5)x^2+\{2\times(-3)+(-5)\times5\}x$

$+(-5)\times(-3)$

$=10x^2-31x+15$

　　　🔑 (1) 4, 1, 3, 1, 4, $6x^2+11x+4$

　　　　　(2) $12x^2-16x-3$　(3) $10x^2-31x+15$

핵심문제 익히기 🔑 확인문제   본문 67~70쪽

1 (1) $-6y^2+7y+20$　(2) $-4x^2+13xy-3y^2$

(3) $6x^2+5xy-12x-6y^2+8y$

(4) $2x^2+7xy-4y^2+2x-y$

2 ③, ④

3 (1) $25a^2-9b^2$　(2) $16a^2-9b^2$

(3) y^2-9x^2　(4) $4x^2-\dfrac{1}{9}y^2$

4 4　　　　**5** $-x^2-23x-25$　　　　**6** 3

7 $40x^2+7x-3$

8 (1) $x^2+2xy+y^2-4$　(2) $4a^2-4ab+b^2-2a+b-2$

9 11

이렇게 풀어요

1 (1) $(2y-5)(-3y-4)$

$=2y\times(-3y)+2y\times(-4)+(-5)\times(-3y)$

$+(-5)\times(-4)$

$=-6y^2-8y+15y+20$

$=-6y^2+7y+20$

(2) $(x-3y)(-4x+y)$
$$=x\times(-4x)+x\times y+(-3y)\times(-4x)$$
$$+(-3y)\times y$$
$$=-4x^2+xy+12xy-3y^2$$
$$=-4x^2+13xy-3y^2$$
(3) $(3x-2y)(2x+3y-4)$
$$=3x\times2x+3x\times3y+3x\times(-4)+(-2y)\times2x$$
$$+(-2y)\times3y+(-2y)\times(-4)$$
$$=6x^2+9xy-12x-4xy-6y^2+8y$$
$$=6x^2+5xy-12x-6y^2+8y$$
(4) $(x+4y+1)(2x-y)$
$$=x\times2x+x\times(-y)+4y\times2x+4y\times(-y)$$
$$+1\times2x+1\times(-y)$$
$$=2x^2-xy+8xy-4y^2+2x-y$$
$$=2x^2+7xy-4y^2+2x-y$$

閏 (1) $-6y^2+7y+20$
(2) $-4x^2+13xy-3y^2$
(3) $6x^2+5xy-12x-6y^2+8y$
(4) $2x^2+7xy-4y^2+2x-y$

2 ① $(x+4)^2=x^2+2\times x\times4+4^2=x^2+8x+16$
② $(3x+5)^2=(3x)^2+2\times3x\times5+5^2$
$$=9x^2+30x+25$$
③ $(4x-3y)^2=(4x)^2-2\times4x\times3y+(3y)^2$
$$=16x^2-24xy+9y^2$$
④ $(-x+7)^2=(-x)^2+2\times(-x)\times7+7^2$
$$=x^2-14x+49$$
⑤ $\left(-2x-\dfrac{1}{5}\right)^2=(-2x)^2-2\times(-2x)\times\dfrac{1}{5}+\left(\dfrac{1}{5}\right)^2$
$$=4x^2+\dfrac{4}{5}x+\dfrac{1}{25}$$ 閏 ③, ④

3 (1) $(5a+3b)(5a-3b)=(5a)^2-(3b)^2=25a^2-9b^2$
(2) $(-4a+3b)(-4a-3b)=(-4a)^2-(3b)^2$
$$=16a^2-9b^2$$
(3) $(-3x+y)(3x+y)=(y-3x)(y+3x)$
$$=y^2-(3x)^2=y^2-9x^2$$
(4) $\left(-2x+\dfrac{1}{3}y\right)\left(-2x-\dfrac{1}{3}y\right)=(-2x)^2-\left(\dfrac{1}{3}y\right)^2$
$$=4x^2-\dfrac{1}{9}y^2$$

閏 (1) $25a^2-9b^2$ (2) $16a^2-9b^2$
(3) y^2-9x^2 (4) $4x^2-\dfrac{1}{9}y^2$

4 $(x-1)(x+1)(x^2+1)=(x^2-1)(x^2+1)$
$$=(x^2)^2-1$$
$$=x^4-1$$
$\therefore a=4$ 閏 **4**

5 (주어진 식)
$$=x^2+(3-5)x+3\times(-5)$$
$$-2\left\{x^2+\left(\dfrac{1}{2}+10\right)x+\dfrac{1}{2}\times10\right\}$$
$$=x^2-2x-15-2\left(x^2+\dfrac{21}{2}x+5\right)$$
$$=x^2-2x-15-2x^2-21x-10$$
$$=-x^2-23x-25$$ 閏 $-x^2-23x-25$

6 $(2x+3)(5x+A)$
$$=(2\times5)x^2+(2\times A+3\times5)x+3\times A$$
$$=10x^2+(2A+15)x+3A$$
$$=10x^2+Bx-12$$
따라서 $2A+15=B$, $3A=-12$이므로
$A=-4$, $B=7$
$\therefore A+B=(-4)+7=3$ 閏 **3**

7 새로 만든 직사각형의 가로의 길이는 $8x+3$, 세로의 길이는 $5x-1$이므로
(직사각형의 넓이)$=(8x+3)(5x-1)$
$$=40x^2+7x-3$$
閏 $40x^2+7x-3$

8 (1) $x+y=A$로 놓으면
$(x+y+2)(x+y-2)=(A+2)(A-2)$
$$=A^2-4$$
$$=(x+y)^2-4$$
$$=x^2+2xy+y^2-4$$
(2) $2a-b=A$로 놓으면
$(2a-b+1)(2a-b-2)$
$$=(A+1)(A-2)$$
$$=A^2-A-2$$
$$=(2a-b)^2-(2a-b)-2$$
$$=4a^2-4ab+b^2-2a+b-2$$
閏 (1) $x^2+2xy+y^2-4$
(2) $4a^2-4ab+b^2-2a+b-2$

9 (주어진 식)$=\{(x+3)(x-4)\}\{(x-2)(x+1)\}$
$\qquad = (x^2-x-12)(x^2-x-2)$

이때 $x^2-x=A$로 놓으면

(주어진 식)$=(A-12)(A-2)$
$\qquad = A^2-14A+24$
$\qquad = (x^2-x)^2-14(x^2-x)+24$
$\qquad = x^4-2x^3+x^2-14x^2+14x+24$
$\qquad = x^4-2x^3-13x^2+14x+24$

따라서 x^2의 계수는 -13, 상수항은 24이므로

$a=-13$, $b=24$

$\therefore a+b=(-13)+24=11$　　　　　　　　　🔲 **11**

계산력 ⏱ 강화하기　　　　　본문 71쪽

01 (1) $2x^2-xy+2x-y^2+y$

　(2) $-3x^2+5xy-2y^2+12x-8y$

02 (1) $9a^2+12a+4$　(2) $25x^2-30xy+9y^2$

　(3) $4p^2+4pq+q^2$　(4) $9x^2+3xy+\dfrac{1}{4}y^2$

03 (1) $100x^2-9y^2$　(2) $9a^2-16b^2$

　(3) $\dfrac{1}{4}-x^2$　(4) a^4-b^4

04 (1) $x^2-2x-35$　(2) $9a^2-18ab+8b^2$

　(3) $3a^2+\dfrac{37}{2}a+3$　(4) $-8x^2+2xy+\dfrac{3}{8}y^2$

05 (1) $-x+7$　(2) -3　(3) $14x^2-21xy$　(4) $10xy$

이렇게 풀어요

01 (1) $(2x+y)(x-y+1)$

$= 2x\times x+2x\times(-y)+2x\times 1+y\times x$
$\qquad\qquad\qquad\qquad +y\times(-y)+y\times 1$
$= 2x^2-2xy+2x+xy-y^2+y$
$= 2x^2-xy+2x-y^2+y$

(2) $(-x+y+4)(3x-2y)$

$= (-x)\times 3x+(-x)\times(-2y)+y\times 3x$
$\qquad +y\times(-2y)+4\times 3x+4\times(-2y)$
$= -3x^2+2xy+3xy-2y^2+12x-8y$
$= -3x^2+5xy-2y^2+12x-8y$

🔲 (1) $\mathbf{2x^2-xy+2x-y^2+y}$

(2) $\mathbf{-3x^2+5xy-2y^2+12x-8y}$

---

02 (1) $(3a+2)^2=(3a)^2+2\times 3a\times 2+2^2$
$\qquad\qquad\quad = 9a^2+12a+4$

(2) $(5x-3y)^2=(5x)^2-2\times 5x\times 3y+(3y)^2$
$\qquad\qquad\quad\ = 25x^2-30xy+9y^2$

(3) $(-2p-q)^2$
$\quad = (-2p)^2-2\times(-2p)\times q+q^2$
$\quad = 4p^2+4pq+q^2$

(4) $\left(3x+\dfrac{1}{2}y\right)^2=(3x)^2+2\times 3x\times\dfrac{1}{2}y+\left(\dfrac{1}{2}y\right)^2$
$\qquad\qquad\qquad = 9x^2+3xy+\dfrac{1}{4}y^2$

🔲 (1) $\mathbf{9a^2+12a+4}$　(2) $\mathbf{25x^2-30xy+9y^2}$

(3) $\mathbf{4p^2+4pq+q^2}$　(4) $\mathbf{9x^2+3xy+\dfrac{1}{4}y^2}$

---

03 (1) $(10x-3y)(10x+3y)=(10x)^2-(3y)^2$
$\qquad\qquad\qquad\qquad\quad = 100x^2-9y^2$

(2) $(3a-4b)(4b+3a)=(3a-4b)(3a+4b)$
$\qquad\qquad\qquad\quad = (3a)^2-(4b)^2$
$\qquad\qquad\qquad\quad = 9a^2-16b^2$

(3) $\left(-x+\dfrac{1}{2}\right)\left(x+\dfrac{1}{2}\right)=\left(\dfrac{1}{2}-x\right)\left(\dfrac{1}{2}+x\right)$
$\qquad\qquad\qquad\qquad = \left(\dfrac{1}{2}\right)^2-x^2$
$\qquad\qquad\qquad\qquad = \dfrac{1}{4}-x^2$

(4) $(a-b)(a+b)(a^2+b^2)=(a^2-b^2)(a^2+b^2)$
$\qquad\qquad\qquad\qquad = (a^2)^2-(b^2)^2$
$\qquad\qquad\qquad\qquad = a^4-b^4$

🔲 (1) $\mathbf{100x^2-9y^2}$　(2) $\mathbf{9a^2-16b^2}$

(3) $\mathbf{\dfrac{1}{4}-x^2}$　(4) $\mathbf{a^4-b^4}$

---

04 (1) $(x-7)(x+5)$
$\quad = x^2+(-7+5)x+(-7)\times 5$
$\quad = x^2-2x-35$

(2) $(3a-2b)(3a-4b)$
$\quad = (3\times 3)a^2+\{3\times(-4b)+(-2b)\times 3\}a$
$\qquad\qquad\qquad\qquad +(-2b)\times(-4b)$
$\quad = 9a^2-18ab+8b^2$

(3) $\left(3a+\dfrac{1}{2}\right)(a+6)$
$\quad = (3\times 1)a^2+\left(3\times 6+\dfrac{1}{2}\times 1\right)a+\dfrac{1}{2}\times 6$
$\quad = 3a^2+\dfrac{37}{2}a+3$

(4) $\left(-2x+\dfrac{3}{4}y\right)\left(4x+\dfrac{1}{2}y\right)$

$=\{(-2)\times4\}x^2+\left\{(-2)\times\dfrac{1}{2}y+\dfrac{3}{4}y\times4\right\}x$

$\qquad\qquad\qquad\qquad\qquad+\dfrac{3}{4}y\times\dfrac{1}{2}y$

$=-8x^2+2xy+\dfrac{3}{8}y^2$

目 (1) $x^2-2x-35$ (2) $9a^2-18ab+8b^2$

(3) $3a^2+\dfrac{37}{2}a+3$ (4) $-8x^2+2xy+\dfrac{3}{8}y^2$

05 (1) (주어진 식)

$=x^2-2\times x\times1+1^2-\{x^2+(-3+2)x+(-3)\times2\}$

$=x^2-2x+1-(x^2-x-6)$

$=x^2-2x+1-x^2+x+6$

$=-x+7$

(2) (주어진 식)

$=a^2+(1+3)a+1\times3+a^2-2^2$

$\qquad\qquad\qquad\qquad-2(a^2+2\times a\times1+1^2)$

$=a^2+4a+3+a^2-4-2(a^2+2a+1)$

$=a^2+4a+3+a^2-4-2a^2-4a-2$

$=-3$

(3) (주어진 식)

$=(1\times5)x^2+\{1\times(-y)+(-4y)\times5\}x$

$\qquad\qquad\qquad+(-4y)\times(-y)+(3x)^2-(2y)^2$

$=5x^2-21xy+4y^2+9x^2-4y^2$

$=14x^2-21xy$

(4) (주어진 식)

$=(2\times3)x^2+\{2\times(-2y)+3y\times3\}x+3y\times(-2y)$

$\qquad\quad-[(2\times3)x^2+\{2\times2y+(-3y)\times3\}x$

$\qquad\qquad\qquad\qquad\qquad+(-3y)\times2y]$

$=6x^2+5xy-6y^2-(6x^2-5xy-6y^2)$

$=6x^2+5xy-6y^2-6x^2+5xy+6y^2$

$=10xy$

目 (1) $-x+7$ (2) -3

(3) $14x^2-21xy$ (4) $10xy$

소단원 图 **핵심문제** 본문 72쪽

| **01** -14 | **02** ③ | **03** ② | **04** -10 |
| **05** $(15x^2-x-2)$ m^2 | **06** -2 | | |

이렇게 풀어요

01 xy의 계수는

$2\times(-1)+(-3)\times4=-14$ 目 -14

다른 풀이

$(2x-3y+5)(4x-y)$

$=8x^2-2xy-12xy+3y^2+20x-5y$

$=8x^2-14xy+3y^2+20x-5y$

따라서 xy의 계수는 -14이다.

02 ① $(2x-3y)^2=4x^2-12xy+9y^2$

② $(-a+10)(10+a)=(10-a)(10+a)$

$\qquad\qquad\qquad\qquad\qquad=100-a^2$

④ $(-x+5)(-x-5)=x^2-25$

⑤ $\left(y+\dfrac{1}{3}\right)\left(y-\dfrac{1}{3}\right)=y^2-\dfrac{1}{9}$ 目 ③

03 $\left(-\dfrac{1}{3}a-b\right)^2=\dfrac{1}{9}a^2+\dfrac{2}{3}ab+b^2$

① $\left(\dfrac{1}{3}a-b\right)^2=\dfrac{1}{9}a^2-\dfrac{2}{3}ab+b^2$

② $\left(\dfrac{1}{3}a+b\right)^2=\dfrac{1}{9}a^2+\dfrac{2}{3}ab+b^2$

③ $-\left(\dfrac{1}{3}a+b\right)^2=-\dfrac{1}{9}a^2-\dfrac{2}{3}ab-b^2$

④ $\left(b-\dfrac{1}{3}a\right)^2=b^2-\dfrac{2}{3}ab+\dfrac{1}{9}a^2$

⑤ $(-a-3b)^2=a^2+6ab+9b^2$ 目 ②

04 $(Ax-15)(x+3)=Ax^2+(3A-15)x-45$

즉, x의 계수는 $3A-15$, 상수항은 -45이므로

$3A-15=-45$

$\therefore A=-10$ 目 -10

05

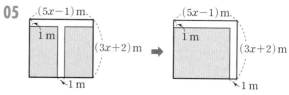

위의 그림에서

(길을 제외한 화단의 넓이)

$=\{(5x-1)-1\}\{(3x+2)-1\}$

$=(5x-2)(3x+1)$

$=15x^2-x-2$ (m^2)

目 $(15x^2-x-2)$ m^2

06 $2x-3y=A$로 놓으면

$$(2x-3y+1)^2=(A+1)^2=A^2+2A+1$$
$$=(2x-3y)^2+2(2x-3y)+1$$
$$=4x^2-12xy+9y^2+4x-6y+1$$

따라서 $a=-12$, $b=4$, $c=-6$이므로

$$a+b-c=(-12)+4-(-6)=-2$$

目 **-2**

---

02 다항식의 곱셈의 응용

개념원리 ☑ 확인하기
본문 74쪽

01 (1) ㄱ, 1, 50, 1, 2601   (2) ㄷ, 896

02 (1) $9-4\sqrt{5}$ (2) 1

03 (1) $\sqrt{2}-1$, $\sqrt{2}-1$, $\sqrt{2}-1$ (2) $\sqrt{5}+\sqrt{3}$ (3) $\dfrac{\sqrt{6}-\sqrt{2}}{2}$

04 (1) $2xy$, -4, 40   (2) $4xy$, -8, 44

이렇게 풀어요

01 (2) $32\times 28=(30+2)(30-2)$
$$=30^2-2^2=896$$

目 (1) **ㄱ, 1, 50, 1, 2601**   (2) **ㄷ, 896**

02 (1) $(\sqrt{5}-2)^2=(\sqrt{5})^2-2\times\sqrt{5}\times 2+2^2$
$$=5-4\sqrt{5}+4$$
$$=9-4\sqrt{5}$$

(2) $(2+\sqrt{3})(2-\sqrt{3})=2^2-(\sqrt{3})^2$
$$=4-3=1$$

目 (1) **$9-4\sqrt{5}$**   (2) **1**

03 (2) $\dfrac{2}{\sqrt{5}-\sqrt{3}}=\dfrac{2(\sqrt{5}+\sqrt{3})}{(\sqrt{5}-\sqrt{3})(\sqrt{5}+\sqrt{3})}$

$$=\dfrac{2(\sqrt{5}+\sqrt{3})}{5-3}$$
$$=\dfrac{2(\sqrt{5}+\sqrt{3})}{2}$$
$$=\sqrt{5}+\sqrt{3}$$

(3) $\dfrac{\sqrt{2}}{\sqrt{3}+1}=\dfrac{\sqrt{2}(\sqrt{3}-1)}{(\sqrt{3}+1)(\sqrt{3}-1)}$

$$=\dfrac{\sqrt{6}-\sqrt{2}}{3-1}=\dfrac{\sqrt{6}-\sqrt{2}}{2}$$

目 (1) **$\sqrt{2}-1$, $\sqrt{2}-1$, $\sqrt{2}-1$**

(2) **$\sqrt{5}+\sqrt{3}$**   (3) **$\dfrac{\sqrt{6}-\sqrt{2}}{2}$**

---

04 (1) $x^2+y^2=(x+y)^2-\boxed{2xy}$
$$=6^2-(\boxed{-4})=36+4=\boxed{40}$$

(2) $(x-y)^2=(x+y)^2-\boxed{4xy}$
$$=6^2-(\boxed{-8})=36+8=\boxed{44}$$

目 (1) **$2xy$, -4, 40**   (2) **$4xy$, -8, 44**

핵심문제 익히기 🔑 확인문제
본문 75~76쪽

1 (1) 7744   (2) 35.99   (3) 10506

2 $13-17\sqrt{2}$

3 (1) $2\sqrt{7}+2\sqrt{5}$ (2) $5-2\sqrt{5}$ (3) $5-2\sqrt{6}$

4 (1) 19   (2) 29   (3) $\dfrac{19}{5}$

5 (1) 18   (2) 20

이렇게 풀어요

1 (1) $88^2=(90-2)^2$
$$=90^2-2\times 90\times 2+2^2$$
$$=8100-360+4$$
$$=7744$$

(2) $6.1\times 5.9=(6+0.1)(6-0.1)$
$$=6^2-0.1^2$$
$$=36-0.01=35.99$$

(3) $102\times 103=(100+2)(100+3)$
$$=100^2+(2+3)\times 100+2\times 3$$
$$=10000+500+6$$
$$=10506$$

目 (1) **7744**   (2) **35.99**   (3) **10506**

2 (주어진 식)
$$=(\sqrt{2})^2-2\times\sqrt{2}\times 3+3^2+6\times(\sqrt{2})^2+(4-15)\sqrt{2}-10$$
$$=2-6\sqrt{2}+9+12-11\sqrt{2}-10$$
$$=13-17\sqrt{2}$$

目 **$13-17\sqrt{2}$**

3 (1) 분모와 분자에 각각 $\sqrt{7}+\sqrt{5}$를 곱하면

$$\dfrac{4}{\sqrt{7}-\sqrt{5}}=\dfrac{4(\sqrt{7}+\sqrt{5})}{(\sqrt{7}-\sqrt{5})(\sqrt{7}+\sqrt{5})}$$
$$=\dfrac{4\sqrt{7}+4\sqrt{5}}{7-5}=\dfrac{4\sqrt{7}+4\sqrt{5}}{2}$$
$$=2\sqrt{7}+2\sqrt{5}$$

(2) 분모와 분자에 각각 $\sqrt{5}-2$를 곱하면

$$\frac{\sqrt{5}}{\sqrt{5}+2}=\frac{\sqrt{5}(\sqrt{5}-2)}{(\sqrt{5}+2)(\sqrt{5}-2)}$$

$$=\frac{5-2\sqrt{5}}{5-4}=5-2\sqrt{5}$$

(3) 분모와 분자에 각각 $3\sqrt{2}-2\sqrt{3}$을 곱하면

$$\frac{3\sqrt{2}-2\sqrt{3}}{3\sqrt{2}+2\sqrt{3}}=\frac{(3\sqrt{2}-2\sqrt{3})^2}{(3\sqrt{2}+2\sqrt{3})(3\sqrt{2}-2\sqrt{3})}$$

$$=\frac{18-12\sqrt{6}+12}{18-12}=\frac{30-12\sqrt{6}}{6}$$

$$=5-2\sqrt{6}$$

답 (1) $2\sqrt{7}+2\sqrt{5}$ (2) $5-2\sqrt{5}$ (3) $5-2\sqrt{6}$

4 (1) $x^2+y^2=(x-y)^2+2xy=3^2+2\times5$

$$=9+10=19$$

(2) $(x+y)^2=(x-y)^2+4xy=3^2+4\times5$

$$=9+20=29$$

(3) $\dfrac{y}{x}+\dfrac{x}{y}=\dfrac{x^2+y^2}{xy}$

이때 $x^2+y^2=19$, $xy=5$이므로 $\dfrac{y}{x}+\dfrac{x}{y}=\dfrac{19}{5}$

답 (1) $\mathbf{19}$ (2) $\mathbf{29}$ (3) $\dfrac{\mathbf{19}}{\mathbf{5}}$

5 (1) $x^2+\dfrac{1}{x^2}=\left(x-\dfrac{1}{x}\right)^2+2=4^2+2$

$$=16+2=18$$

(2) $\left(x+\dfrac{1}{x}\right)^2=\left(x-\dfrac{1}{x}\right)^2+4=4^2+4$

$$=16+4=20$$

답 (1) $\mathbf{18}$ (2) $\mathbf{20}$

소단원 📋 **핵심문제**　　　　　본문 77쪽

| 01 ③ | 02 (1) 2317 (2) 1009 | 03 -2 |
| 04 $2\sqrt{10}$ | 05 16 | 06 35 |

이렇게 풀어요

01 ① $104^2=(100+4)^2 \Rightarrow (a+b)^2=a^2+2ab+b^2$

② $399^2=(400-1)^2 \Rightarrow (a-b)^2=a^2-2ab+b^2$

③ $53+47=(50+3)(50-3)$

$\Rightarrow (a+b)(a-b)=a^2-b^2$

④ $203\times207=(200+3)(200+7)$

$\Rightarrow (x+a)(x+b)=x^2+(a+b)x+ab$

⑤ $997^2=(1000-3)^2 \Rightarrow (a-b)^2=a^2-2ab+b^2$

답 ③

02 (1) $61^2-36\times39$

$$=(60+1)^2-(40-4)(40-1)$$

$$=60^2+2\times60\times1+1^2$$

$$\qquad -\{40^2+(-4-1)\times40+(-4)\times(-1)\}$$

$$=3600+120+1-(1600-200+4)$$

$$=3721-1404=2317$$

(2) $\dfrac{1008\times1010+1}{1009}=\dfrac{(1009-1)(1009+1)+1}{1009}$

$$=\dfrac{1009^2-1+1}{1009}$$

$$=\dfrac{1009^2}{1009}=1009$$

답 (1) $\mathbf{2317}$　(2) $\mathbf{1009}$

03 $(3\sqrt{3}-2)(2\sqrt{3}+a)=6\times(\sqrt{3})^2+(3a-4)\sqrt{3}-2a$

$$=18+3a\sqrt{3}-4\sqrt{3}-2a$$

$$=(18-2a)+(3a-4)\sqrt{3}$$

$$=12+b\sqrt{3}$$

따라서 $18-2a=12$, $3a-4=b$이므로

$a=3$, $b=5$

$\therefore a-b=3-5=-2$　　　답 $\mathbf{-2}$

04 $x=\dfrac{1}{\sqrt{10}+3}=\dfrac{\sqrt{10}-3}{(\sqrt{10}+3)(\sqrt{10}-3)}=\dfrac{\sqrt{10}-3}{10-9}$

$$=\sqrt{10}-3$$

$y=\dfrac{1}{\sqrt{10}-3}=\dfrac{\sqrt{10}+3}{(\sqrt{10}-3)(\sqrt{10}+3)}=\dfrac{\sqrt{10}+3}{10-9}$

$$=\sqrt{10}+3$$

$\therefore x+y=(\sqrt{10}-3)+(\sqrt{10}+3)=2\sqrt{10}$　　답 $\mathbf{2\sqrt{10}}$

05 $a^2+b^2-ab=(a^2+b^2)-ab=\{(a+b)^2-2ab\}-ab$

$$=(a+b)^2-3ab=5^2-3\times3$$

$$=25-9=16$$

답 $\mathbf{16}$

06 $x^2-3+\dfrac{1}{x^2}=\left(x^2+\dfrac{1}{x^2}\right)-3=\left\{\left(x-\dfrac{1}{x}\right)^2+2\right\}-3$

$$=\left(x-\dfrac{1}{x}\right)^2-1=6^2-1$$

$$=36-1=35$$

답 $\mathbf{35}$

01 6	**02** ㄱ과 ㅁ, ㄷ과 ㄹ	**03** ②
04 ①	**05** ② **06** ③	**07** 11
08 $(16a-64)\,\mathrm{m}^2$	**09** ③	**10** ②
11 3	**12** ③	**13** 3
14 $-2a^2+7ab-6b^2$	**15** -12	
16 $x^4+14x^3+41x^2-56x-180$		**17** 32
18 6	**19** 5 **20** 3	**21** 34
22 (1) 14 (2) 194	**23** 40	

이렇게 풀어요

01 ab의 계수는 $-1+6=5$이므로 $p=5$
b의 계수는 1이므로 $q=1$
$\therefore p+q=5+1=6$ **답 6**
다른 풀이
$(a+2b-1)(3a-b)$
$=3a^2-ab+6ab-2b^2-3a+b$
$=3a^2+5ab-2b^2-3a+b$
따라서 ab의 계수는 5, b의 계수는 1이므로
$p=5$, $q=1$
$\therefore p+q=5+1=6$

02 ㄱ, ㅁ. $(x+4y)^2=(-x-4y)^2$
$\qquad\qquad\qquad =x^2+8xy+16y^2$
ㄷ, ㄹ. $(-x+4y)^2=(x-4y)^2$
$\qquad\qquad\qquad =x^2-8xy+16y^2$
따라서 식을 전개한 결과가 서로 같은 것끼리 짝 지으면
ㄱ과 ㅁ, ㄷ과 ㄹ이다.   **답 ㄱ과 ㅁ, ㄷ과 ㄹ**

03 $\left(mx+\dfrac{1}{4}\right)^2=m^2x^2+\dfrac{m}{2}x+\dfrac{1}{16}$
$\qquad\qquad\qquad\quad =4x^2-x+\dfrac{1}{n}$
즉, $\dfrac{m}{2}=-1$, $\dfrac{1}{16}=\dfrac{1}{n}$이므로
$m=-2$, $n=16$
$\therefore m+n=(-2)+16=14$ **답 ②**

04 $(2x-1)^2-(3x+1)(3x-1)$
$=4x^2-4x+1-(9x^2-1)$
$=4x^2-4x+1-9x^2+1$
$=-5x^2-4x+2$ **답 ①**

05 ① $(x-5y)^2=x^2-10xy+25y^2$
③ $(-x+1)(-x-1)=x^2-1$
④ $(x+3)(x-5)=x^2-2x-15$
⑤ $(3a+2)(2a-5)=6a^2-11a-10$ **답 ②**

06 ① $(x+3)^2=x^2+6x+9$
$\quad \therefore \square=6$
② $\left(\dfrac{1}{2}x-\square\right)^2=\dfrac{1}{4}x^2-6x+36$에서
$\quad \square=6$
③ $(-2x-3)(2x-3)=-(2x+3)(2x-3)$
$\qquad\qquad\qquad\qquad\quad =-(4x^2-9)$
$\qquad\qquad\qquad\qquad\quad =-4x^2+9$
$\quad \therefore \square=9$
④ $(x+3)(x-9)=x^2-6x-27$
$\quad \therefore \square=6$
⑤ $(x+1)(2x-\square)=2x^2-4x-6$에서 $\square=6$
따라서 $\square$ 안에 알맞은 수가 나머지 넷과 다른 하나는 ③이다.   **답 ③**

07 $(ax+1)(ax-5)=a^2x^2-4ax-5$에서 x의 계수가 12이므로
$-4a=12$ $\therefore a=-3$
$(x-a)(3x+b)=3x^2+(b-3a)x-ab$에서 x의 계수가 -5이므로
$b-3a=b+9=-5$ $\therefore b=-14$
$\therefore a-b=(-3)-(-14)=11$ **답 11**

08 (산책로의 넓이)$=a^2-(a-8)^2$
$\qquad\qquad\qquad =a^2-(a^2-16a+64)$
$\qquad\qquad\qquad =16a-64(\mathrm{m}^2)$ **답 $(16a-64)\,\mathrm{m}^2$**

09 $3.9\times4.1=(4-0.1)(4+0.1)$
$\Rightarrow (a+b)(a-b)=a^2-b^2$ **답 ③**

10 ① $(2\sqrt{3}+5)^2=12+20\sqrt{3}+25=37+20\sqrt{3}$
② $(-2\sqrt{5}-3)^2=20+12\sqrt{5}+9=29+12\sqrt{5}$
③ $(2\sqrt{2}-3)(2\sqrt{2}+3)=8-9=-1$
④ $(3\sqrt{2}-2\sqrt{6})(3\sqrt{2}+2\sqrt{6})=18-24=-6$
⑤ $(\sqrt{3}-\sqrt{2})^2-(\sqrt{6}+1)(\sqrt{6}-1)$
$\quad =3-2\sqrt{6}+2-(6-1)$
$\quad =5-2\sqrt{6}-5=-2\sqrt{6}$ **답 ②**

11
$$\frac{2\sqrt{2}-\sqrt{6}}{2\sqrt{2}+\sqrt{6}}=\frac{(2\sqrt{2}-\sqrt{6})^2}{(2\sqrt{2}+\sqrt{6})(2\sqrt{2}-\sqrt{6})}$$
$$=\frac{8-8\sqrt{3}+6}{8-6}=\frac{14-8\sqrt{3}}{2}=7-4\sqrt{3}$$

따라서 $a=7$, $b=-4$이므로
$a+b=7+(-4)=3$ 답 **3**

12 $(x+A)(x+B)=x^2+(A+B)x+AB$이므로
$A+B=C$, $AB=8$
이때 $AB=8$을 만족시키는 정수 A, B의 순서쌍
(A, B)는
$(1, 8)$, $(2, 4)$, $(4, 2)$, $(8, 1)$,
$(-1, -8)$, $(-2, -4)$, $(-4, -2)$, $(-8, -1)$
즉, C의 값은
$(1, 8)$, $(8, 1)$일 때, $C=1+8=9$
$(2, 4)$, $(4, 2)$일 때, $C=2+4=6$
$(-1, -8)$, $(-8, -1)$일 때,
$C=(-1)+(-8)=-9$
$(-2, -4)$, $(-4, -2)$일 때,
$C=(-2)+(-4)=-6$
따라서 C의 값이 될 수 없는 것은 ③ -3이다.   답 **③**

13 $(3x+2y)(-6x+ay)$
$=-18x^2+(3a-12)xy+2ay^2$
$=-18x^2+Axy+By^2$
즉, $A=3a-12$, $B=2a$이고 $A+B=3$이므로
$A+B=(3a-12)+2a=5a-12=3$
$5a=15$ $\therefore a=3$ 답 **3**

14 $\overline{AH}=\overline{AB}=b$이므로
$\overline{HD}=\overline{AD}-\overline{AH}=a-b$
$\overline{DG}=\overline{HI}=\overline{HD}=a-b$이므로
$\overline{GC}=\overline{DC}-\overline{DG}$
   $=b-(a-b)$
   $=-a+2b$
$\therefore \overline{IE}=\overline{GC}=-a+2b$
또 $\overline{EF}=\overline{EC}-\overline{FC}=\overline{HD}-\overline{JG}=\overline{HD}-\overline{GC}$
    $=(a-b)-(-a+2b)$
    $=2a-3b$
$\therefore \square IEFJ=\overline{IE}\times\overline{EF}$
      $=(-a+2b)(2a-3b)$
      $=-2a^2+7ab-6b^2$
답 $-2a^2+7ab-6b^2$

15 $3x-Ay=X$로 놓으면
$(3x-Ay+2)^2=(X+2)^2$
             $=X^2+4X+4$
             $=(3x-Ay)^2+4(3x-Ay)+4$
             $=9x^2-6Axy+A^2y^2+12x-4Ay+4$
이때 xy의 계수가 -24이므로
$-6A=-24$
$\therefore A=4$
y의 계수가 B이므로
$-4A=B$에서
$B=-4\times4=-16$
$\therefore A+B=4+(-16)=-12$ 답 -12

16 (주어진 식)
$=\{(x-2)(x+9)\}\{(x+2)(x+5)\}$
$=(x^2+7x-18)(x^2+7x+10)$
이때 $x^2+7x=A$로 놓으면
(주어진 식)
$=(A-18)(A+10)$
$=A^2-8A-180$
$=(x^2+7x)^2-8(x^2+7x)-180$
$=x^4+14x^3+49x^2-8x^2-56x-180$
$=x^4+14x^3+41x^2-56x-180$
답 $x^4+14x^3+41x^2-56x-180$

17 주어진 식의 좌변에 $(2-1)$을 곱해도 식의 값에는 변함이 없다.
$(2+1)(2^2+1)(2^4+1)(2^8+1)(2^{16}+1)$
$=(2-1)(2+1)(2^2+1)(2^4+1)(2^8+1)(2^{16}+1)$
$=(2^2-1)(2^2+1)(2^4+1)(2^0+1)(2^{16}+1)$
$=(2^4-1)(2^4+1)(2^8+1)(2^{16}+1)$
$=(2^8-1)(2^8+1)(2^{16}+1)$
$=(2^{16}-1)(2^{16}+1)$
$=2^{32}-1$
$\therefore \square=32$ 답 **32**

18 $A=(3+\sqrt{3})(a-2\sqrt{3})$
   $=3a+(-6+a)\sqrt{3}-6$
   $=3a-6+(-6+a)\sqrt{3}$
A가 유리수가 되려면
$-6+a=0$
$\therefore a=6$ 답 **6**

19 $(2\sqrt{2}+3)^{100}(2\sqrt{2}-3)^{102}$

$=\{(2\sqrt{2}+3)(2\sqrt{2}-3)\}^{100}(2\sqrt{2}-3)^2$

$=(8-9)^{100}(8-12\sqrt{2}+9)$

$=(-1)^{100}(17-12\sqrt{2})$

$=17-12\sqrt{2}$

따라서 $a=17$, $b=-12$이므로

$a+b=17+(-12)=5$ 답 **5**

20 $a^2+b^2=(a-b)^2+2ab$이므로

$15=3^2+2ab$, $2ab=6$

$\therefore ab=3$ 답 **3**

21 $x=\dfrac{\sqrt{2}-1}{\sqrt{2}+1}=\dfrac{(\sqrt{2}-1)^2}{(\sqrt{2}+1)(\sqrt{2}-1)}$

$=(\sqrt{2}-1)^2=3-2\sqrt{2}$

$y=\dfrac{\sqrt{2}+1}{\sqrt{2}-1}=\dfrac{(\sqrt{2}+1)^2}{(\sqrt{2}-1)(\sqrt{2}+1)}$

$=(\sqrt{2}+1)^2=3+2\sqrt{2}$

이므로

$x+y=(3-2\sqrt{2})+(3+2\sqrt{2})=6$

$xy=(3-2\sqrt{2})(3+2\sqrt{2})=9-8=1$

$\therefore \dfrac{y}{x}+\dfrac{x}{y}=\dfrac{x^2+y^2}{xy}$

$=\dfrac{(x+y)^2-2xy}{xy}$

$=\dfrac{6^2-2\times1}{1}=34$ 답 **34**

22 (1) $x^2+\dfrac{1}{x^2}=\left(x+\dfrac{1}{x}\right)^2-2$

$=4^2-2=14$

(2) $x^4+\dfrac{1}{x^4}=\left(x^2+\dfrac{1}{x^2}\right)^2-2$

이때 $x^2+\dfrac{1}{x^2}=14$이므로 $x^4+\dfrac{1}{x^4}=14^2-2=194$

답 (1) **14**   (2) **194**

23 $x^2-6x+1=0$의 양변을 x로 나누면

$x-6+\dfrac{1}{x}=0$

$\therefore x+\dfrac{1}{x}=6$

$\therefore x^2+x+\dfrac{1}{x}+\dfrac{1}{x^2}=\left(x^2+\dfrac{1}{x^2}\right)+\left(x+\dfrac{1}{x}\right)$

$=\left(x+\dfrac{1}{x}\right)^2-2+\left(x+\dfrac{1}{x}\right)$

$=6^2-2+6=40$ 답 **40**

📋 **서술형 대비 문제**   본문 81~82쪽

1-1 6	2-1 $15x^2-22x+8$	3 -4
4 -14	5 2	6 8

이렇게 풀어요

1-1 1단계 $\left(3x-\dfrac{1}{2}a\right)\left(x+\dfrac{1}{4}\right)=3x^2+\left(\dfrac{3}{4}-\dfrac{1}{2}a\right)x-\dfrac{1}{8}a$

2단계 x의 계수가 상수항의 3배이므로

$\dfrac{3}{4}-\dfrac{1}{2}a=3\times\left(-\dfrac{1}{8}a\right)$

3단계 $-\dfrac{1}{8}a=-\dfrac{3}{4}$

$\therefore a=6$ 답 **6**

2-1 1단계

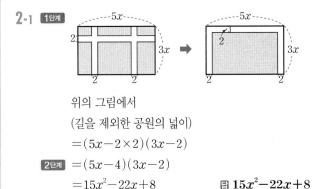

위의 그림에서

(길을 제외한 공원의 넓이)

$=(5x-2\times2)(3x-2)$

2단계 $=(5x-4)(3x-2)$

$=15x^2-22x+8$ 답 **$15x^2-22x+8$**

3 1단계 $(x+2)(x-3)$에서 2를 A로 잘못 보고 전개하였으므로

$(x+A)(x-3)=x^2-2x+B$에서

$x^2+(A-3)x-3A=x^2-2x+B$

즉, $A-3=-2$, $-3A=B$이므로

$A=1$, $B=-3$

2단계 $(2x+1)(x-3)$에서 2를 C로 잘못 보고 전개하였으므로

$(Cx+1)(x-3)=Cx^2+7x-3$에서

$Cx^2+(1-3C)x-3=Cx^2+7x-3$

즉, $1-3C=7$이므로

$C=-2$

3단계 $\therefore A+B+C=1+(-3)+(-2)=-4$

답 **-4**

단계	채점 요소	배점
1	A, B의 값 구하기	3점
2	C의 값 구하기	3점
3	$A+B+C$의 값 구하기	1점

4 〔1단계〕 $2x-y=X$로 놓으면

〔2단계〕 $(2x-y+3)(2x-y-3)$
$$=(X+3)(X-3)=X^2-9$$
$$=(2x-y)^2-9=4x^2-4xy+y^2-9$$
$$\therefore A=-4,\ B=1,\ C=-9$$

〔3단계〕 $\therefore A-B+C=(-4)-1+(-9)=-14$

閏 -14

단계	채점 요소	배점
❶	공통부분을 한 문자로 놓기	2점
❷	A, B, C의 값 구하기	4점
❸	$A-B+C$의 값 구하기	1점

5 〔1단계〕 $3000=x$라 하면

$$(주어진\ 식)=\frac{(x+1)^2-(x-3)(x+3)-10}{x}$$

〔2단계〕
$$=\frac{x^2+2x+1-(x^2-9)-10}{x}$$
$$=\frac{x^2+2x+1-x^2+9-10}{x}$$
$$=\frac{2x}{x}=2$$

閏 2

단계	채점 요소	배점
❶	$3000=x$로 놓고 식 변형하기	4점
❷	식 계산하기	4점

6 〔1단계〕 $x=\dfrac{2}{\sqrt{3}-\sqrt{2}}=\dfrac{2(\sqrt{3}+\sqrt{2})}{(\sqrt{3}-\sqrt{2})(\sqrt{3}+\sqrt{2})}$

$$=\frac{2\sqrt{3}+2\sqrt{2}}{3-2}=2\sqrt{3}+2\sqrt{2}$$

$$y=\frac{2}{\sqrt{3}+\sqrt{2}}=\frac{2(\sqrt{3}-\sqrt{2})}{(\sqrt{3}+\sqrt{2})(\sqrt{3}-\sqrt{2})}$$

$$=\frac{2\sqrt{3}-2\sqrt{2}}{3-2}=2\sqrt{3}-2\sqrt{2}$$

이므로

〔2단계〕 $x+y=(2\sqrt{3}+2\sqrt{2})+(2\sqrt{3}-2\sqrt{2})=4\sqrt{3}$
$$xy=(2\sqrt{3}+2\sqrt{2})(2\sqrt{3}-2\sqrt{2})$$
$$=12-8=4$$

〔3단계〕 $\therefore x^2+y^2-8xy=(x+y)^2-10xy$
$$=(4\sqrt{3})^2-10\times4$$
$$=48-40=8$$

閏 8

단계	채점 요소	배점
❶	x, y를 간단히 하기	3점
❷	$x+y$, xy의 값 구하기	2점
❸	x^2+y^2-8xy의 값 구하기	3점

---

2 인수분해

01 인수분해

개념원리 ☑ 확인하기 본문 86쪽

01 (1) a, $a(x-y)$ (2) $3xy^2$, $3xy^2(y-3x)$

02 (1) 2, 2, 2 (2) 3, $5a$, 3 (3) $(x+5y)^2$ (4) $(3a-7)^2$

03 (1) 6, 6 (2) $(3a+2b)(3a-2b)$ (3) $\left(b+\dfrac{a}{2}\right)\left(b-\dfrac{a}{2}\right)$

04 (1) $(x-2)(x-5)$, 11, -11, 7, -7
(2) $(x-1)(x+6)$, -5, 5, -1, 1
(3) $(x+3)(x+6)$ (4) $(x+4y)(x-10y)$

05 (1) 풀이 참조 (2) 풀이 참조
(3) $(x-1)(3x+10)$ (4) $(x-7y)(5x-y)$

이렇게 풀어요

01 (1) $ax-ay$에서 공통인 인수는 a이므로 인수분해하면
$a(x-y)$
(2) $3xy^3-9x^2y^2$에서 공통인 인수는 $3xy^2$이므로 인수분해하면
$3xy^2(y-3x)$

閏 (1) $\boldsymbol{a}$, $\boldsymbol{a(x-y)}$
(2) $\boldsymbol{3xy^2}$, $\boldsymbol{3xy^2(y-3x)}$

02 (3) $x^2+10xy+25y^2=x^2+2\times x\times5y+(5y)^2$
$$=(x+5y)^2$$
(4) $9a^2-42a+49=(3a)^2-2\times3a\times7+7^2$
$$=(3a-7)^2$$

閏 (1) $\boldsymbol{2,\ 2,\ 2}$ (2) $\boldsymbol{3,\ 5a,\ 3}$
(3) $\boldsymbol{(x+5y)^2}$ (4) $\boldsymbol{(3a-7)^2}$

03 (2) $9a^2-4b^2=(3a)^2-(2b)^2$
$$=(3a+2b)(3a-2b)$$
(3) $b^2-\dfrac{a^2}{4}=b^2-\left(\dfrac{a}{2}\right)^2$
$$=\left(b+\dfrac{a}{2}\right)\left(b-\dfrac{a}{2}\right)$$

閏 (1) $\boldsymbol{6,\ 6}$ (2) $\boldsymbol{(3a+2b)(3a-2b)}$
(3) $\boldsymbol{\left(b+\dfrac{a}{2}\right)\left(b-\dfrac{a}{2}\right)}$

04

(1)

곱이 10인 두 정수		합
1	10	11
-1	-10	-11
2	5	7
-2	-5	-7

곱이 10, 합이 -7인 두 정수는 -2, -5이므로
$x^2-7x+10=(x-2)(x-5)$

(2)

곱이 -6인 두 정수		합
1	-6	-5
-1	6	5
2	-3	-1
-2	3	1

곱이 -6, 합이 5인 두 정수는 -1, 6이므로
$x^2+5x-6=(x-1)(x+6)$

(3) 곱이 18, 합이 9인 두 정수는 3, 6이므로
$x^2+9x+18=(x+3)(x+6)$

(4) 곱이 -40, 합이 -6인 두 정수는 4, -10이므로
$x^2-6xy-40y^2=(x+4y)(x-10y)$

답 (1) $(x-2)(x-5)$, 11, -11, 7, -7
(2) $(x-1)(x+6)$, -5, 5, -1, 1
(3) $(x+3)(x+6)$
(4) $(x+4y)(x-10y)$

05

(1) $2x^2-x-3=(x+1)(2x-3)$

$\begin{array}{ccc} 1 & \quad \boxed{1} \rightarrow & \boxed{2} \\ 2 & \quad \boxed{-3} \rightarrow & \boxed{-3}\,(+ \\ & & \overline{-1} \end{array}$

(2) $4x^2-8x+3=(2x-1)(2x-3)$

$\begin{array}{ccc} 2 & \quad \boxed{-1} \rightarrow & \boxed{-2} \\ 2 & \quad \boxed{-3} \rightarrow & \boxed{-6}\,(+ \\ & & \overline{-8} \end{array}$

(3) $3x^2+7x-10=(x-1)(3x+10)$

$\begin{array}{ccc} 1 & \quad -1 \rightarrow & -3 \\ 3 & \quad 10 \rightarrow & 10\,(+ \\ & & \overline{7} \end{array}$

(4) $5x^2-36xy+7y^2=(x-7y)(5x-y)$

$\begin{array}{ccc} 1 & \quad -7 \rightarrow & -35 \\ 5 & \quad -1 \rightarrow & -1\,(+ \\ & & \overline{-36} \end{array}$

답 (1) 풀이 참조 (2) 풀이 참조
(3) $(x-1)(3x+10)$ (4) $(x-7y)(5x-y)$

1 ③

2 (1) $2a(a+4)$ (2) $xy(x-y)$
(3) $(a+5)(b-3)$ (4) $(x-1)(x-2)$

3 (1) $(x+7)^2$ (2) $(4x-3y)^2$
(3) $\left(x-\dfrac{1}{4}\right)^2$ (4) $a(2x+7y)^2$

4 ③　　　　**5** ㄱ, ㄴ, ㄷ

6 (1) $(4x+9y)(4x-9y)$ (2) $-2(x+7)(x-7)$
(3) $2b(2a+1)(2a-1)$ (4) $\left(x+\dfrac{1}{x}\right)\left(x-\dfrac{1}{x}\right)$

7 ③

8 (1) $(x+4)(x+5)$ (2) $2(y-2)(y+3)$
(3) $(x+5y)(x-6y)$ (4) $(x-3y)(x-5y)$

9 (1) $(x+1)(5x+3)$ (2) $(3a-5)(4a+1)$
(3) $(3x-y)(3x-4y)$ (4) $(2a-3b)(3a-2b)$

10 -7　　**11** ②　　**12** 7

13 $(x-4)(x+6)$

이렇게 풀어요

1 $2x^2y-10xy^2=2xy(x-5y)$
따라서 인수가 아닌 것은 ③ x^2y이다.　　답 ③

2 (4) (주어진 식) $=(2x+1)(x-1)-(x-1)(x+3)$
$=(x-1)\{(2x+1)-(x+3)\}$
$=(x-1)(x-2)$

답 (1) $2a(a+4)$ (2) $xy(x-y)$
(3) $(a+5)(b-3)$ (4) $(x-1)(x-2)$

3 (1) $x^2+14x+49$
$=x^2+2\times x\times 7+7^2$
$=(x+7)^2$

(2) $16x^2-24xy+9y^2$
$=(4x)^2-2\times 4x\times 3y+(3y)^2$
$=(4x-3y)^2$

(3) $x^2-\dfrac{1}{2}x+\dfrac{1}{16}$
$=x^2-2\times x\times \dfrac{1}{4}+\left(\dfrac{1}{4}\right)^2$
$=\left(x-\dfrac{1}{4}\right)^2$

(4) $4ax^2+28axy+49ay^2$
$=a(4x^2+28xy+49y^2)$
$=a\{(2x)^2+2\times 2x\times 7y+(7y)^2\}$
$=a(2x+7y)^2$

$\boxed{\small 답}$ (1) $(x+7)^2$　(2) $(4x-3y)^2$

(3) $\left(x-\dfrac{1}{4}\right)^2$　(4) $a(2x+7y)^2$

4　① $x^2-16x+\square=x^2-2\times x\times 8+\square$ 에서
$\square=8^2=64$
② $4x^2+\square x+25=(2x)^2+\square x+5^2$ 에서
$\square=\pm 2\times 2\times 5=\pm 20$
③ $x^2+18x+\square=x^2+2\times x\times 9+\square$ 에서
$\square=9^2=81$
④ $x^2+\square x+100=x^2+\square x+10^2$ 에서
$\square=\pm 2\times 10=\pm 20$
⑤ $36x^2+\square x+1=(6x)^2+\square x+1^2$ 에서
$\square=\pm 2\times 6\times 1=\pm 12$
따라서 $\square$ 안에 알맞은 수 중 그 절댓값이 가장 큰 것은 ③
이다.　$\boxed{\small 답}$ ③

5　$A=\sqrt{a^2+2a+1}-\sqrt{a^2-6a+9}$
$=\sqrt{(a+1)^2}-\sqrt{(a-3)^2}$
ㄱ. $a<-1$이면 $a+1<0$, $a-3<0$이므로
$A=-(a+1)-\{-(a-3)\}$
$=-a-1+a-3=-4$
ㄴ. $-1\leq a<3$이면 $a+1\geq 0$, $a-3<0$이므로
$A=(a+1)-\{-(a-3)\}$
$=a+1+a-3=2a-2$
ㄷ. $a\geq 3$이면 $a+1>0$, $a-3>0$이므로
$A=(a+1)-(a-3)$
$=a+1-a+3=4$　$\boxed{\small 답}$ ㄱ, ㄴ, ㄷ

6　(1) $16x^2-81y^2=(4x)^2-(9y)^2=(4x+9y)(4x-9y)$
(2) $-2x^2+98=-2(x^2-49)=-2(x^2-7^2)$
$=-2(x+7)(x-7)$
(3) $8a^2b-2b=2b(4a^2-1)=2b\{(2a)^2-1^2\}$
$=2b(2a+1)(2a-1)$
(4) $x^2-\dfrac{1}{x^2}=x^2-\left(\dfrac{1}{x}\right)^2=\left(x+\dfrac{1}{x}\right)\left(x-\dfrac{1}{x}\right)$

$\boxed{\small 답}$ (1) $(4x+9y)(4x-9y)$　(2) $-2(x+7)(x-7)$

(3) $2b(2a+1)(2a-1)$　(4) $\left(x+\dfrac{1}{x}\right)\left(x-\dfrac{1}{x}\right)$

7　$x^4-16=(x^2)^2-4^2=(x^2+4)(x^2-4)$
$=(x^2+4)(x^2-2^2)$
$=(x^2+4)(x+2)(x-2)$　$\boxed{\small 답}$ ③

8　(1) 곱이 20, 합이 9인 두 정수는 4, 5이므로
$x^2+9x+20=(x+4)(x+5)$
(2) $2y^2+2y-12=2(y^2+y-6)$이고
곱이 -6, 합이 1인 두 정수는 -2, 3이므로
$2y^2+2y-12=2(y-2)(y+3)$
(3) 곱이 -30, 합이 -1인 두 정수는 5, -6이므로
$x^2-xy-30y^2=(x+5y)(x-6y)$
(4) 곱이 15, 합이 -8인 두 정수는 -3, -5이므로
$x^2-8xy+15y^2=(x-3y)(x-5y)$

$\boxed{\small 답}$ (1) $(x+4)(x+5)$　(2) $2(y-2)(y+3)$

(3) $(x+5y)(x-6y)$　(4) $(x-3y)(x-5y)$

9　(1) $5x^2+8x+3=(x+1)(5x+3)$

$\begin{array}{ccc} 1 & \diagdown\diagup & 1 \longrightarrow 5 \\ 5 & \diagup\diagdown & 3 \longrightarrow \underline{3}\,(+ \\ & & 8 \end{array}$

(2) $12a^2-17a-5=(3a-5)(4a+1)$

$\begin{array}{ccc} 3 & \diagdown\diagup & -5 \longrightarrow -20 \\ 4 & \diagup\diagdown & 1 \longrightarrow \underline{3}\,(+ \\ & & -17 \end{array}$

(3) $9x^2-15xy+4y^2=(3x-y)(3x-4y)$

$\begin{array}{ccc} 3 & \diagdown\diagup & -1 \longrightarrow -3 \\ 3 & \diagup\diagdown & -4 \longrightarrow \underline{-12}\,(+ \\ & & -15 \end{array}$

(4) $6a^2-13ab+6b^2=(2a-3b)(3a-2b)$

$\begin{array}{ccc} 2 & \diagdown\diagup & -3 \longrightarrow -9 \\ 3 & \diagup\diagdown & -2 \longrightarrow \underline{-4}\,(+ \\ & & -13 \end{array}$

$\boxed{\small 답}$ (1) $(x+1)(5x+3)$　(2) $(3a-5)(4a+1)$

(3) $(3x-y)(3x-4y)$　(4) $(2a-3b)(3a-2b)$

10　$6x^2-23x+21=(2x-3)(3x-7)$

$\begin{array}{ccc} 2 & \diagdown\diagup & -3 \longrightarrow -9 \\ 3 & \diagup\diagdown & -7 \longrightarrow \underline{-14}\,(+ \\ & & -23 \end{array}$

따라서 $A=-3$, $B=3$, $C=-7$이므로
$A+B+C=(-3)+3+(-7)=-7$　$\boxed{\small 답}$ -7

11 $3x^2-8x-3=(x-3)(3x+1)$

$$\begin{array}{ccc} 1 & \diagdown & -3 \rightarrow -9 \\ 3 & \diagup & 1 \rightarrow \underline{1}\,(+ \\ & & -8 \end{array}$$

$2x^2-x-15=(x-3)(2x+5)$

$$\begin{array}{ccc} 1 & \diagdown & -3 \rightarrow -6 \\ 2 & \diagup & 5 \rightarrow \underline{5}\,(+ \\ & & -1 \end{array}$$

따라서 두 다항식의 공통인 인수는 ② $x-3$이다.　　**❷ ②**

12 $10x^2+axy-12y^2$이 $2x+3y$로 나누어떨어지므로
$2x+3y$는 $10x^2+axy-12y^2$의 인수이다.
즉, $10x^2+axy-12y^2=(2x+3y)(5x+ky)$로 놓으면
$10x^2+axy-12y^2=10x^2+(2k+15)xy+3ky^2$
$\therefore a=2k+15,\ -12=3k$
이때 $k=-4$이므로 $a=7$　　**❷ 7**

13 지우는 x의 계수를 잘못 보았으므로 상수항은 바르게 보
았다. 즉, $(x+3)(x-8)=x^2-5x-24$에서 처음 이차
식의 상수항은 -24이다.
또 은서는 상수항을 잘못 보았으므로 x의 계수는 바르게
보았다. 즉, $(x+4)(x-2)=x^2+2x-8$에서 처음 이차
식의 x의 계수는 2이다.
따라서 처음 이차식은 $x^2+2x-24$이므로 바르게 인수분
해하면
$x^2+2x-24=(x-4)(x+6)$　　**❷ $(x-4)(x+6)$**

계산력 ⏱ 강화하기　　　　　　　　　　　본문 92쪽

> **01** (1) $5a(a-2b)$　(2) $2xy(x-3y)$
> 　　(3) $x(2a-5b-3c)$　(4) $3x(x+2y-3z)$
> **02** (1) $\left(x-\dfrac{1}{2}\right)^2$　(2) $(5x-2)^2$　(3) $(2x+y)^2$
> 　　(4) $xz(y-3)^2$　(5) $2y(x-4)^2$　(6) $3x^2(x+2y)^2$
> **03** (1) $(5x+4y)(5x-4y)$　(2) $\left(3a+\dfrac{1}{7}b\right)\left(3a-\dfrac{1}{7}b\right)$
> 　　(3) $6(3x+2y)(3x-2y)$　(4) $(9+x^2)(3+x)(3-x)$
> **04** (1) $(x-2)(x-7)$　(2) $(x-3y)(x+7y)$
> 　　(3) $3(x+2)(x+3)$　(4) $2y(x+2)(x-3)$
> **05** (1) $(x+3)(3x+2)$　(2) $(3x+1)(3x-2)$
> 　　(3) $(2x-1)(3x+4)$　(4) $(x-2y)(2x+11y)$
> 　　(5) $3(x-2)(x+6)$　(6) $2(x+y)(3x-5y)$

이렇게 풀어요

01　**❷** (1) $5a(a-2b)$　(2) $2xy(x-3y)$
　　(3) $x(2a-5b-3c)$　(4) $3x(x+2y-3z)$

02　(4) $xy^2z-6xyz+9xz$
　　　$=xz(y^2-6y+9)$
　　　$=xz(y-3)^2$
　　(5) $2x^2y-16xy+32y$
　　　$=2y(x^2-8x+16)$
　　　$=2y(x-4)^2$
　　(6) $3x^4+12x^3y+12x^2y^2$
　　　$=3x^2(x^2+4xy+4y^2)$
　　　$=3x^2(x+2y)^2$
　　❷ (1) $\left(x-\dfrac{1}{2}\right)^2$　(2) $(5x-2)^2$　(3) $(2x+y)^2$
　　　(4) $xz(y-3)^2$　(5) $2y(x-4)^2$　(6) $3x^2(x+2y)^2$

03　(3) $54x^2-24y^2=6(9x^2-4y^2)$
　　　　　　　　　　$=6(3x+2y)(3x-2y)$
　　(4) $81-x^4=9^2-(x^2)^2$
　　　　　$=(9+x^2)(9-x^2)$
　　　　　$=(9+x^2)(3^2-x^2)$
　　　　　$=(9+x^2)(3+x)(3-x)$
　　　　　❷ (1) $(5x+4y)(5x-4y)$
　　　　　(2) $\left(3a+\dfrac{1}{7}b\right)\left(3a-\dfrac{1}{7}b\right)$
　　　　　(3) $6(3x+2y)(3x-2y)$
　　　　　(4) $(9+x^2)(3+x)(3-x)$

04　(3) $3x^2+15x+18=3(x^2+5x+6)$
　　　　　　　　　　　$=3(x+2)(x+3)$
　　(4) $2x^2y-2xy-12y=2y(x^2-x-6)$
　　　　　　　　　　$=2y(x+2)(x-3)$
　　❷ (1) $(x-2)(x-7)$　(2) $(x-3y)(x+7y)$
　　　(3) $3(x+2)(x+3)$　(4) $2y(x+2)(x-3)$

05　(5) $3x^2+12x-36=3(x^2+4x-12)$
　　　　　　　　　　$=3(x-2)(x+6)$
　　(6) $6x^2-4xy-10y^2=2(3x^2-2xy-5y^2)$
　　　　　　　　　　$=2(x+y)(3x-5y)$
　　❷ (1) $(x+3)(3x+2)$　(2) $(3x+1)(3x-2)$
　　　(3) $(2x-1)(3x+4)$　(4) $(x-2y)(2x+11y)$
　　　(5) $3(x-2)(x+6)$　(6) $2(x+y)(3x-5y)$

01 ④	**02** ⑤	**03** 12	**04** $a+2$
05 ①	**06** ④	**07** $4x-10$	**08** $6x+8$
09 -3	**10** $(x+3)(x-8)$		

이렇게 풀어요

01 $x(x+1)(x-1)$의 인수가 아닌 것은 ④ $(x+1)^2$이다.

$\qquad\qquad\qquad\qquad\qquad\qquad\qquad$ 답 ④

02 ① $4a^2+12a+9=(2a+3)^2$

② $\dfrac{4}{25}x^2+2x+\dfrac{25}{4}=\left(\dfrac{2}{5}x+\dfrac{5}{2}\right)^2$

③ $2a^2-4ab+2b^2=2(a^2-2ab+b^2)=2(a-b)^2$

④ $\dfrac{1}{9}a^2+\dfrac{1}{2}ab+\dfrac{9}{16}b^2=\left(\dfrac{1}{3}a+\dfrac{3}{4}b\right)^2$

⑤ $16x^2+12xy+36y^2=4(4x^2+3xy+9y^2)$

따라서 완전제곱식이 아닌 것은 ⑤이다. 답 ⑤

03 $4x^2-12x+a=(2x)^2-2\times2x\times3+a$에서

$a=3^2=9$

$\dfrac{1}{9}x^2+bx+4=\left(\dfrac{1}{3}x\right)^2+bx+2^2$에서

$b=\pm2\times\dfrac{1}{3}\times2=\pm\dfrac{4}{3}$

그런데 $b>0$이므로 $b=\dfrac{4}{3}$

$\therefore ab=9\times\dfrac{4}{3}=12$ 답 **12**

04 $-2<a<0$에서 $a+3>0$, $a<0$, $a-1<0$이므로

(주어진 식)$=\sqrt{(a+3)^2}+\sqrt{a^2}-\sqrt{(a-1)^2}$

$\qquad\qquad=(a+3)-a-\{-(a-1)\}$

$\qquad\qquad=a+3-a+a-1$

$\qquad\qquad=a+2$ 답 $a+2$

05 $x^2+Ax-6=(x+B)(x+C)$

$\qquad\qquad\qquad=x^2+(B+C)x+BC$

에서 $A=B+C$, $-6=BC$

이때 곱이 -6인 두 정수 B, C를 순서쌍 (B, C)로 나타
내면

$(-1, 6)$, $(1, -6)$, $(-2, 3)$, $(2, -3)$,

$(-3, 2)$, $(3, -2)$, $(-6, 1)$, $(6, -1)$

이고 $A=B+C$이므로

$A=5$, -5, 1, -1

따라서 A의 값이 될 수 없는 것은 ① -7이다. 답 ①

06 ① $3x^2-16x+5=(x-5)(3x-1)$

② $a^2-12ab+36b^2=(a-6b)^2$

③ $-75x^2+27y^2=-3(25x^2-9y^2)$

$\qquad\qquad\qquad\qquad=-3(5x+3y)(5x-3y)$

④ $xy^2-4x=x(y^2-4)$

$\qquad\qquad=x(y+2)(y-2)$

⑤ $a^4-1=(a^2+1)(a^2-1)$

$\qquad\qquad=(a^2+1)(a+1)(a-1)$ 답 ④

07 $3x^2-26x+16=(x-8)(3x-2)$

따라서 두 일차식의 합은

$(x-8)+(3x-2)=4x-10$ 답 $4x-10$

08 $\dfrac{1}{2}\times$(밑변의 길이)$\times$(높이)$=9x^2+9x-4$이므로

$\dfrac{1}{2}\times(3x-1)\times$(높이)$=(3x-1)(3x+4)$

$\therefore$ (높이)$=2(3x+4)=6x+8$ 답 $6x+8$

09 $x^2-ax+2=(x-2)(x+m)$으로 놓으면

$x^2-ax+2=x^2+(m-2)x-2m$이므로

$-a=m-2$, $2=-2m$

이때 $m=-1$이므로

$a=3$

또 $2x^2-7x+b=(x-2)(2x+n)$으로 놓으면

$2x^2-7x+b=2x^2+(n-4)x-2n$이므로

$-7=n-4$, $b=-2n$

이때 $n=-3$이므로

$b=6$

$\therefore a-b=3-6=-3$ 답 -3

10 레나는 x의 계수를 잘못 보았으므로 상수항은 바르게 보
았다. 즉, $(x-4)(x+6)=x^2+2x-24$에서 처음 이차
식의 상수항은 -24이다.

또 은사는 상수항을 잘못 보았으므로 x의 계수는 바르게
보았다. 즉, $(x+2)(x-7)=x^2-5x-14$에서 처음 이
차식의 x의 계수는 -5이다.

따라서 처음 이차식은 $x^2-5x-24$이므로 바르게 인수분
해하면

$x^2-5x-24=(x+3)(x-8)$

$\qquad\qquad\qquad\qquad\qquad\qquad$ 답 $(x+3)(x-8)$

02 인수분해의 응용

개념원리 ☑ 확인하기

01 (1) A^2-2A-8, $(A+2)(A-4)$,
$\{(x-3)+2\}\{(x-3)-4\}$, $(x-1)(x-7)$

(2) $A(A-1)-56$, A^2-A-56,
$(A+7)(A-8)$, $(x+y+7)(x+y-8)$

(3) $(2x+9)(2x+1)$

(4) $(x+y+1)(x+y-4)$

02 (1) $4y-1$, $4y-1$, $4y-1$, $x+2$

(2) $x-3$, $x-3+y$, $x-3-y$

(3) $(x-4)(x+1)(x-1)$

(4) $(2x+y-1)(2x-y+1)$

03 $a-6$, $a-6$, $a-6$, $a-6$, b

04 (1) 64, 36, 100, 2700

(2) 3, 100, 10000

(3) 38, 38, 80, 320

05 (1) 235　(2) 105　(3) 400　(4) 5000

06 (1) 2, 102, 2, 10000

(2) 1, 5, $2-\sqrt{5}$, $-2-\sqrt{5}$, 1

(3) $5\sqrt{5}+5$　(4) $-8\sqrt{3}$

이렇게 풀어요

01 (3) $x+4=A$로 놓으면
(주어진 식)$=4A^2-12A-7$
$=(2A+1)(2A-7)$
$=\{2(x+4)+1\}\{2(x+4)-7\}$
$=(2x+9)(2x+1)$

(4) $x+y=A$로 놓으면
(주어진 식)$=A(A-3)-4$
$=A^2-3A-4$
$=(A+1)(A-4)$
$=(x+y+1)(x+y-4)$

🖪 (1) A^2-2A-8, $(A+2)(A-4)$,
$\{(x-3)+2\}\{(x-3)-4\}$, $(x-1)(x-7)$

(2) $A(A-1)-56$, A^2-A-56,
$(A+7)(A-8)$, $(x+y+7)(x+y-8)$

(3) $(2x+9)(2x+1)$

(4) $(x+y+1)(x+y-4)$

02 (3) (주어진 식)$=x^2(x-4)-(x-4)$
$=(x-4)(x^2-1)$
$=(x-4)(x+1)(x-1)$

(4) (주어진 식)$=4x^2-(y^2-2y+1)$
$=(2x)^2-(y-1)^2$
$=\{2x+(y-1)\}\{2x-(y-1)\}$
$=(2x+y-1)(2x-y+1)$

🖪 (1) $4y-1$, $4y-1$, $4y-1$, $x+2$

(2) $x-3$, $x-3+y$, $x-3-y$

(3) $(x-4)(x+1)(x-1)$

(4) $(2x+y-1)(2x-y+1)$

03 $a^2+ab-8a-6b+12$
$=(\boxed{a-6})b+a^2-8a+12$
$=(\boxed{a-6})b+(a-2)(\boxed{a-6})$
$=(\boxed{a-6})(a+\boxed{b}-2)$

🖪 $a-6$, $a-6$, $a-6$, $a-6$, b

04 🖪 (1) 64, 36, 100, 2700　(2) 3, 100, 10000

(3) 38, 38, 80, 320

05 (1) (주어진 식)$=2.35\times(37+63)=2.35\times100=235$

(2) (주어진 식)$=35\times(97-94)=35\times3=105$

(3) (주어진 식)$=(25-5)^2=20^2=400$

(4) (주어진 식)$=5\times(55^2-45^2)$
$=5\times(55+45)(55-45)$
$=5\times100\times10=5000$

🖪 (1) 235　(2) 105　(3) 400　(4) 5000

06 (3) $x^2-3x-4=(x+1)(x-4)$
$=(4+\sqrt{5}+1)(4+\sqrt{5}-4)$
$=(5+\sqrt{5})\times\sqrt{5}$
$=5\sqrt{5}+5$

(4) x^2-y^2
$=(x+y)(x-y)$
$=\{(2-\sqrt{3})+(2+\sqrt{3})\}\{(2-\sqrt{3})-(2+\sqrt{3})\}$
$=4\times(-2\sqrt{3})$
$=-8\sqrt{3}$

🖪 (1) 2, 102, 2, 10000

(2) 1, 5, $2-\sqrt{5}$, $-2-\sqrt{5}$, 1

(3) $5\sqrt{5}+5$　(4) $-8\sqrt{3}$

1 (1) $(3a+3b+1)^2$ (2) $(x-y+1)(x-y-6)$

(3) $-12(x+1)(x+6)$

2 (1) $(a+b)(ab+1)$ (2) $(x+4)(y-2)$

(3) $(3x+5y)(2z-1)$ (4) $(a-5)(a+1)(a-1)$

3 (1) $(x-2y+1)(-x+2y+1)$

(2) $(x+y-z)(x-y-z)$

(3) $(x-3y+8)(-x+3y+8)$

(4) $(2x+y-2z)(2x-y+2z)$

4 (1) $(x^2-2x-4)(x^2-2x-7)$

(2) $(a^2-8a+10)(a-2)(a-6)$

5 (1) $(x-2)(x+y-3)$

(2) $(x-y)(x-y-2z)$

(3) $(a-2b)(a-2b-3)$

(4) $(x-y+2)(x+2y-3)$

6 $2x+y+5$　　　　**7** 385

8 12　　　　**9** $5+4\sqrt{5}$

이렇게 풀어요

1 (1) $a+b=A$로 놓으면

(주어진 식)$=9A^2+6A+1$

$=(3A+1)^2$

$=\{3(a+b)+1\}^2$

$=(3a+3b+1)^2$

(2) $x-y=A$로 놓으면

(주어진 식)$=A(A-5)-6$

$=A^2-5A-6$

$=(A+1)(A-6)$

$=(x-y+1)(x-y-6)$

(3) $x-3=A$, $x+3=B$로 놓으면

(주어진 식)

$=2A^2-2AB-12B^2$

$=2(A^2-AB-6B^2)$

$=2(A+2B)(A-3B)$

$=2\{(x-3)+2(x+3)\}\{(x-3)-3(x+3)\}$

$=2(3x+3)(-2x-12)$

$=2\times3(x+1)\times\{-2(x+6)\}$

$=-12(x+1)(x+6)$

📖 (1) $(3a+3b+1)^2$ (2) $(x-y+1)(x-y-6)$

(3) $-12(x+1)(x+6)$

2 (1) (주어진 식)$=ab(a+b)+a+b$

$=(a+b)(ab+1)$

(2) (주어진 식)$=y(x+4)-2(x+4)$

$=(x+4)(y-2)$

(3) (주어진 식)$=3x(2z-1)-5y(1-2z)$

$=3x(2z-1)+5y(2z-1)$

$=(3x+5y)(2z-1)$

(4) (주어진 식)$=a^2(a-5)-(a-5)$

$=(a-5)(a^2-1)$

$=(a-5)(a+1)(a-1)$

📖 (1) $(a+b)(ab+1)$ (2) $(x+4)(y-2)$

(3) $(3x+5y)(2z-1)$ (4) $(a-5)(a+1)(a-1)$

3 (1) (주어진 식)$=1-(x^2-4xy+4y^2)$

$=1^2-(x-2y)^2$

$=\{1+(x-2y)\}\{1-(x-2y)\}$

$=(x-2y+1)(-x+2y+1)$

(2) (주어진 식)$=(x^2-2xz+z^2)-y^2$

$=(x-z)^2-y^2$

$=(x-z+y)(x-z-y)$

$=(x+y-z)(x-y-z)$

(3) (주어진 식)$=64-(x^2-6xy+9y^2)$

$=8^2-(x-3y)^2$

$=\{8+(x-3y)\}\{8-(x-3y)\}$

$=(x-3y+8)(-x+3y+8)$

(4) (주어진 식)$=4x^2-(y^2-4yz+4z^2)$

$=(2x)^2-(y-2z)^2$

$=\{2x+(y-2z)\}\{2x-(y-2z)\}$

$=(2x+y-2z)(2x-y+2z)$

📖 (1) $(x-2y+1)(-x+2y+1)$

(2) $(x+y-z)(x-y-z)$

(3) $(x-3y+8)(-x+3y+8)$

(4) $(2x+y-2z)(2x-y+2z)$

4 (1) (주어진 식)

$=\{(x+1)(x-3)\}\{(x+2)(x-4)\}+4$

$=(x^2-2x-3)(x^2-2x-8)+4$

이때 $x^2-2x=A$로 놓으면

(주어진 식)$=(A-3)(A-8)+4$

$=A^2-11A+28$

$=(A-4)(A-7)$

$=(x^2-2x-4)(x^2-2x-7)$

(2) (주어진 식)
$$= \{(a-1)(a-7)\}\{(a-3)(a-5)\}+15$$
$$= (a^2-8a+7)(a^2-8a+15)+15$$
이때 $a^2-8a=A$로 놓으면
(주어진 식) $= (A+7)(A+15)+15$
$$= A^2+22A+120=(A+10)(A+12)$$
$$= (a^2-8a+10)(a^2-8a+12)$$
$$= (a^2-8a+10)(a-2)(a-6)$$

📋 (1) $(x^2-2x-4)(x^2-2x-7)$

(2) $(a^2-8a+10)(a-2)(a-6)$

5 (1) y에 대하여 내림차순으로 정리하면
(주어진 식) $= (x-2)y+x^2-5x+6$
$$= (x-2)y+(x-2)(x-3)$$
$$= (x-2)(y+x-3)$$
$$= (x-2)(x+y-3)$$

(2) z에 대하여 내림차순으로 정리하면
(주어진 식) $= (-2x+2y)z+x^2+y^2-2xy$
$$= -2z(x-y)+(x-y)^2$$
$$= (x-y)(-2z+x-y)$$
$$= (x-y)(x-y-2z)$$

(3) a에 대하여 내림차순으로 정리하면
(주어진 식)
$$= a^2-(4b+3)a+4b^2+6b$$
$$= a^2-(4b+3)a+2b(2b+3)$$

$$\begin{array}{ccc} 1 & \searrow & -2b & \longrightarrow & -2b \\ 1 & \nearrow & -(2b+3) & \longrightarrow & \underline{-2b-3} \big(+ \\ & & & & -4b-3 \end{array}$$

$$= (a-2b)\{a-(2b+3)\}$$
$$= (a-2b)(a-2b-3)$$

(4) x에 대하여 내림차순으로 정리하면
(주어진 식)
$$= x^2+(y-1)x-(2y^2-7y+6)$$
$$= x^2+(y-1)x-(y-2)(2y-3)$$

$$\begin{array}{ccc} 1 & \searrow & -(y-2) & \longrightarrow & -y+2 \\ 1 & \nearrow & +(2y-3) & \longrightarrow & \underline{2y-3} \big(+ \\ & & & & y-1 \end{array}$$

$$= \{x-(y-2)\}\{x+(2y-3)\}$$
$$= (x-y+2)(x+2y-3)$$

📋 (1) $(x-2)(x+y-3)$

(2) $(x-y)(x-y-2z)$

(3) $(a-2b)(a-2b-3)$

(4) $(x-y+2)(x+2y-3)$

6 x에 대하여 내림차순으로 정리하면
(주어진 식)
$$= x^2+(y+5)x-2y^2+10y$$
$$= x^2+(y+5)x-2y(y-5)$$

$$\begin{array}{ccc} 1 & \searrow & +2y & \longrightarrow & 2y \\ 1 & \nearrow & -(y-5) & \longrightarrow & \underline{-y+5} \big(+ \\ & & & & y+5 \end{array}$$

$$= (x+2y)\{x-(y-5)\}$$
$$= (x+2y)(x-y+5)$$
따라서 두 일차식의 합은
$(x+2y)+(x-y+5)=2x+y+5$ 📋 $2x+y+5$

7 $A=101^2-6\times101+5$
$$= (101-1)(101-5)$$
$$= 100\times96=9600$$
$B=7.5^2\times11.5-2.5^2\times11.5$
$$= (7.5^2-2.5^2)\times11.5$$
$$= (7.5+2.5)(7.5-2.5)\times11.5$$
$$= 10\times5\times11.5=575$$
$$\therefore \frac{1}{10}A-B=\frac{1}{10}\times9600-575=385$$ 📋 **385**

8 $x=\dfrac{1}{\sqrt{3}-\sqrt{2}}=\dfrac{\sqrt{3}+\sqrt{2}}{(\sqrt{3}-\sqrt{2})(\sqrt{3}+\sqrt{2})}=\sqrt{3}+\sqrt{2}$

$y=\dfrac{1}{\sqrt{3}+\sqrt{2}}=\dfrac{\sqrt{3}-\sqrt{2}}{(\sqrt{3}+\sqrt{2})(\sqrt{3}-\sqrt{2})}=\sqrt{3}-\sqrt{2}$

$$\therefore x^2+2xy+y^2=(x+y)^2$$
$$= \{(\sqrt{3}+\sqrt{2})+(\sqrt{3}-\sqrt{2})\}^2$$
$$= (2\sqrt{3})^2=12$$ 📋 **12**

9 $x^2-y^2+4x+4=(x^2+4x+4)-y^2$
$$= (x+2)^2-y^2$$
$$= (x+2+y)(x+2-y)$$
$$= (x+y+2)(x-y+2)$$
$$= (\sqrt{5}-2+2)(\sqrt{5}+2+2)$$
$$= \sqrt{5}(\sqrt{5}+4)$$
$$= 5+4\sqrt{5}$$ 📋 $5+4\sqrt{5}$

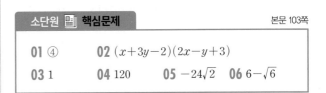

소단원 📘 **핵심문제**			본문 103쪽
01 ④	**02** $(x+3y-2)(2x-y+3)$		
03 1	**04** 120	**05** $-24\sqrt{2}$	**06** $6-\sqrt{6}$

01 ① $a(x-y)+b(y-x)=a(x-y)-b(x-y)$
$$=(a-b)(x-y)$$

② $x+y=A$로 놓으면
$$6(x+y)^2+7(x+y)-3$$
$$=6A^2+7A-3$$
$$=(2A+3)(3A-1)$$
$$=\{2(x+y)+3\}\{3(x+y)-1\}$$
$$=(2x+2y+3)(3x+3y-1)$$

③ $x+y=A$로 놓으면
$$(x+y)(x+y-4)-5$$
$$=A(A-4)-5$$
$$=A^2-4A-5$$
$$=(A+1)(A-5)$$
$$=(x+y+1)(x+y-5)$$

④ $1-a^2+2ab-b^2=1-(a^2-2ab+b^2)$
$$=1^2-(a-b)^2$$
$$=\{1+(a-b)\}\{1-(a-b)\}$$
$$=(a-b+1)(-a+b+1)$$

⑤ $a^2-ab-ac+bc=a(a-b)-c(a-b)$
$$=(a-b)(a-c)$$
目 ④

02 x에 대하여 내림차순으로 정리하면
(주어진 식)
$$=2x^2+(5y-1)x-(3y^2-11y+6)$$
$$=2x^2+(5y-1)x-(y-3)(3y-2)$$

$$
\begin{array}{ccc}
1 & \quad +(3y-2) \quad\to\quad & 6y-4 \\
2 & \quad -(y-3) \quad\to\quad & \underline{-y+3}\,(+ \\
& & 5y-1
\end{array}
$$

$$=\{x+(3y-2)\}\{2x-(y-3)\}$$
$$=(x+3y-2)(2x-y+3)$$
目 $(x+3y-2)(2x-y+3)$

03 (주어진 식)$=\dfrac{1000(1001+1)}{(1001+1)(1001-1)}$
$$=\dfrac{1000\times1002}{1002\times1000}=1$$
目 **1**

04 (주어진 식)$=(15+13)(15-13)+(11+9)(11-9)$
$$+(7+5)(7-5)$$
$$=(15+13+11+9+7+5)\times2$$
$$=60\times2$$
$$=120$$
目 **120**

05 a^2-b^2
$$=(a+b)(a-b)$$
$$=\{(3-2\sqrt{2})+(3+2\sqrt{2})\}\{(3-2\sqrt{2})-(3+2\sqrt{2})\}$$
$$=6\times(-4\sqrt{2})=-24\sqrt{2}$$
目 $-24\sqrt{2}$

06 $2<\sqrt{6}<3$에서 $\sqrt{6}$의 정수 부분은 2이므로
소수 부분은 $a=\sqrt{6}-2$
$$\therefore a^2+3a+2=(a+1)(a+2)$$
$$=(\sqrt{6}-2+1)(\sqrt{6}-2+2)$$
$$=(\sqrt{6}-1)\times\sqrt{6}$$
$$=6-\sqrt{6}$$
目 $6-\sqrt{6}$

중단원 마무리
본문 104~106쪽

01 ④	02 ㄱ, ㄷ, ㄹ	03 4	04 3
05 2	06 ③	07 $3x+3$	08 -7
09 $(x^2-x-1)(x+1)(x-2)$			10 ②
11 0.01	12 8	13 $-x$	14 21
15 $(3x-4)(2x+19)$		16 $4x$	
17 (1, 4), (2, 3), (5, 2)		18 ①	19 9
20 -3	21 $\dfrac{101}{200}$	22 64	23 ①
24 ③			

01 ④ $4a^2b-9ab=ab(4a-9)$이므로 $4a^2b$, $-9ab$는
$4a^2b-9ab$의 인수가 아니다.
目 ④

02 ㄱ. $\dfrac{1}{4}a^2-a+1=\left(\dfrac{1}{2}a-1\right)^2$

ㄴ. $x^2+10x+16=(x+2)(x+8)$

ㄷ. $x^2+12x+36=(x+6)^2$

ㄹ. $3a^2-12ab+12b^2=3(a^2-4ab+4b^2)$
$$=3(a-2b)^2$$

ㅁ. $9x^2+30xy+16y^2=(3x+2y)(3x+8y)$

따라서 완전제곱식인 것은 ㄱ, ㄷ, ㄹ이다. 目 ㄱ, ㄷ, ㄹ

03 $(2x-1)(2x+3)+k=4x^2+4x-3+k$
$$=(2x)^2+2\times2x\times1-3+k$$
이므로 $-3+k=1^2=1$
$$\therefore k=4$$
目 **4**

04 $2<x<5$에서 $x-2>0$, $x-5<0$이므로
$$\text{(주어진 식)}=\sqrt{(x-2)^2}+\sqrt{(x-5)^2}$$
$$=(x-2)-(x-5)$$
$$=x-2-x+5=3 \qquad \text{달 } \mathbf{3}$$

05 $6x^2+x-12=(2x+3)(3x-4)$이므로
$a=3$, $b=3$, $c=-4$
$\therefore a+b+c=3+3+(-4)=2 \qquad \text{달 } \mathbf{2}$

06 ① $-16x^2+y^2=y^2-16x^2$
$$=(y+4x)(y-4x)$$
③ $5x^2+7x-6=(5x-3)(x+2)$
⑤ $3x^2y^2-6x^2y-9x^2=3x^2(y^2-2y-3)$
$$=3x^2(y+1)(y-3) \qquad \text{달 } ③$$

07 주어진 직사각형의 넓이의 총합은
$$x^2+x^2+x+x+x+x+x+1+1$$
$$=2x^2+5x+2$$
이 식을 인수분해하면 $2x^2+5x+2=(x+2)(2x+1)$
따라서 새로 만든 직사각형의 가로의 길이와 세로의 길이
는 $x+2$, $2x+1$이므로 구하는 합은
$(x+2)+(2x+1)=3x+3 \qquad \text{달 } \mathbf{3x+3}$

08 $6x^2-x+A=(2x-3)(3x+a)$로 놓으면
$6x^2-x+A=6x^2+(2a-9)x-3a$이므로
$-1=2a-9$, $A=-3a$
이때 $a=4$이므로
$A=-12$
$2x^2+Bx+3=(2x-3)(x+b)$로 놓으면
$2x^2+Bx+3=2x^2+(2b-3)x-3b$이므로
$B=2b-3$, $3=-3b$
이때 $b=-1$이므로
$B=-5$
$\therefore A-B=(-12)-(-5)=-7 \qquad \text{달 } \mathbf{-7}$

09 $x^2-x=A$로 놓으면
$$\text{(주어진 식)}=(A+2)(A-5)+12$$
$$=A^2-3A+2$$
$$=(A-1)(A-2)$$
$$=(x^2-x-1)(x^2-x-2)$$
$$=(x^2-x-1)(x+1)(x-2)$$
$$\text{달 } \mathbf{(x^2-x-1)(x+1)(x-2)}$$

10 $92.5^2-5\times92.5+2.5^2=92.5^2-2\times92.5\times2.5+2.5^2$
$$=(92.5-2.5)^2$$
$$=90^2$$
즉, 인수분해 공식 $a^2-2ab+b^2=(a-b)^2$을 이용하였다.
$$\text{달 } ②$$

11 $\text{(주어진 식)}=\dfrac{32\times(0.62^2-0.38^2)}{(13+19)\times24}$
$$=\dfrac{32\times(0.62+0.38)(0.62-0.38)}{32\times24}$$
$$=\dfrac{1\times0.24}{24}=0.01 \qquad \text{달 } \mathbf{0.01}$$

12 $x=\dfrac{1}{3-2\sqrt{2}}$
$$=\dfrac{3+2\sqrt{2}}{(3-2\sqrt{2})(3+2\sqrt{2})}$$
$$=3+2\sqrt{2}$$
$\therefore x^2-6x+9=(x-3)^2=\{(3+2\sqrt{2})-3\}^2$
$$=(2\sqrt{2})^2=8 \qquad \text{달 } \mathbf{8}$$

13 $0<x<1$에서 $\dfrac{1}{x}>1$이므로
$-x<0$, $x+\dfrac{1}{x}>0$, $x-\dfrac{1}{x}<0$
$\therefore$ (주어진 식)
$$=\sqrt{(-x)^2}-\sqrt{x^2-2+\dfrac{1}{x^2}+4}+\sqrt{x^2+2+\dfrac{1}{x^2}-4}$$
$$=\sqrt{(-x)^2}-\sqrt{x^2+2+\dfrac{1}{x^2}}+\sqrt{x^2-2+\dfrac{1}{x^2}}$$
$$=\sqrt{(-x)^2}-\sqrt{\left(x+\dfrac{1}{x}\right)^2}+\sqrt{\left(x-\dfrac{1}{x}\right)^2}$$
$$=-(-x)-\left(x+\dfrac{1}{x}\right)+\left\{-\left(x-\dfrac{1}{x}\right)\right\}$$
$$=x-x-\dfrac{1}{x}-x+\dfrac{1}{x}$$
$$=-x \qquad \text{달 } \mathbf{-x}$$

14 $4x^2+kx+5=(x+a)(4x+b)$
$$=4x^2+(4a+b)x+ab$$
에서 $k=4a+b$, $5=ab$
이때 $ab=5$에서 곱이 5인 두 정수 a, b를 순서쌍 (a, b)
로 나타내면
$(1, 5)$, $(5, 1)$, $(-1, -5)$, $(-5, -1)$
이고 $k=4a+b$이므로
$k=9$, 21, -9, -21
따라서 k의 값 중 가장 큰 값은 21이다. $\qquad \text{달 } \mathbf{21}$

15 $x+2=A$, $x-3=B$로 놓으면

(주어진 식)
$=5A^2+7AB-6B^2$
$=(A+2B)(5A-3B)$
$=\{(x+2)+2(x-3)\}\{5(x+2)-3(x-3)\}$
$=(3x-4)(2x+19)$

$\quad\qquad\qquad\qquad\qquad\qquad$ 目 $(3x-4)(2x+19)$

16 $x^2=A$로 놓으면

$x^4-13x^2+36=A^2-13A+36$
$\qquad\qquad\qquad=(A-4)(A-9)$
$\qquad\qquad\qquad=(x^2-4)(x^2-9)$
$\qquad\qquad\qquad=(x+2)(x-2)(x+3)(x-3)$

따라서 구하는 합은
$(x+2)+(x-2)+(x+3)+(x-3)=4x$ $\quad$ 目 $4x$

17 $ab+b-a-1=b(a+1)-(a+1)$
$\qquad\qquad\qquad=(a+1)(b-1)$

이때 a, b는 주사위를 던져서 나오는 눈의 수이므로
$(a+1)(b-1)=6$을 만족시키는 a, b를 순서쌍 (a, b)
로 나타내면
$(1, 4), (2, 3), (5, 2)$ $\qquad$ 目 $(1, 4), (2, 3), (5, 2)$

18 (주어진 식)$=\{x(x+3)\}\{(x+1)(x+2)\}-24$
$\qquad\qquad\quad=(x^2+3x)(x^2+3x+2)-24$

이때 $x^2+3x=A$로 놓으면
(주어진 식)$=A(A+2)-24$
$\qquad\qquad=A^2+2A-24$
$\qquad\qquad=(A-4)(A+6)$
$\qquad\qquad=(x^2+3x-4)(x^2+3x+6)$
$\qquad\qquad=(x-1)(x+4)(x^2+3x+6)$

따라서 인수가 아닌 것은 ① $x-3$이다. $\qquad$ 目 ①

19 (주어진 식)$=\{(x-1)(x+4)\}\{(x-2)(x+5)\}+k$
$\qquad\qquad\quad=(x^2+3x-4)(x^2+3x-10)+k$

이때 $x^2+3x=A$로 놓으면
(주어진 식)$=(A-4)(A-10)+k$
$\qquad\qquad=A^2-14A+40+k$
$\qquad\qquad=A^2-2\times A\times 7+40+k$

이 식이 완전제곱식이 되려면
$40+k=7^2=49$ $\quad$ ∴ $k=9$ $\qquad$ 目 9

20 $x^2+xy-2x-3y-3=(x-3)y+x^2-2x-3$
$\qquad\qquad\qquad\qquad\quad=(x-3)y+(x+1)(x-3)$
$\qquad\qquad\qquad\qquad\quad=(x-3)(y+x+1)$
$\qquad\qquad\qquad\qquad\quad=(x-3)(x+y+1)$

따라서 $a=-3$, $b=1$, $c=1$이므로
$abc=(-3)\times 1\times 1=-3$ $\qquad$ 目 -3

21 $\left(1-\dfrac{1}{2^2}\right)\left(1-\dfrac{1}{3^2}\right)\left(1-\dfrac{1}{4^2}\right)\times \cdots \times\left(1-\dfrac{1}{99^2}\right)\left(1-\dfrac{1}{100^2}\right)$

$=\left(1-\dfrac{1}{2}\right)\left(1+\dfrac{1}{2}\right)\left(1-\dfrac{1}{3}\right)\left(1+\dfrac{1}{3}\right)\left(1-\dfrac{1}{4}\right)\left(1+\dfrac{1}{4}\right)$

$\quad\times \cdots \times\left(1-\dfrac{1}{99}\right)\left(1+\dfrac{1}{99}\right)\left(1-\dfrac{1}{100}\right)\left(1+\dfrac{1}{100}\right)$

$=\dfrac{1}{2}\times\dfrac{3}{2}\times\dfrac{2}{3}\times\dfrac{4}{3}\times\dfrac{3}{4}\times\dfrac{5}{4}$

$\qquad\qquad\qquad\times \cdots \times\dfrac{98}{99}\times\dfrac{100}{99}\times\dfrac{99}{100}\times\dfrac{101}{100}$

$=\dfrac{1}{2}\times\dfrac{101}{100}=\dfrac{101}{200}$ $\qquad$ 目 $\dfrac{101}{200}$

22 $2^{40}-1=(2^{20}+1)(2^{20}-1)$
$\qquad\quad=(2^{20}+1)(2^{10}+1)(2^{10}-1)$
$\qquad\quad=(2^{20}+1)(2^{10}+1)(2^5+1)(2^5-1)$
$\qquad\quad=(2^{20}+1)(2^{10}+1)\times 33\times 31$

따라서 $2^{40}-1$은 30과 40 사이의 두 자연수 31과 33으로
나누어떨어지므로 구하는 합은
$31+33=64$ $\qquad$ 目 64

23 $a^3+a^2b+ab^2+b^3=a^2(a+b)+b^2(a+b)$
$\qquad\qquad\qquad\qquad=(a+b)(a^2+b^2)$

이때 $a^2+b^2=(a+b)^2-2ab$
$\qquad\qquad=(\sqrt{2}+1)^2-2\times(-1)$
$\qquad\qquad-3+2\sqrt{2}+2=5+2\sqrt{2}$

∴ (주어진 식)$=(a+b)(a^2+b^2)$
$\qquad\qquad\quad=(\sqrt{2}+1)(5+2\sqrt{2})$
$\qquad\qquad\quad=9+7\sqrt{2}$ $\qquad$ 目 ①

24 $ax-ay-bx+by=a(x-y)-b(x-y)$
$\qquad\qquad\qquad\quad=(x-y)(a-b)$

즉, $(x-y)(a-b)=-8$
이때 $a-b=2$이므로
$(x-y)\times 2=-8$
∴ $x-y=-4$
∴ $x^2-2xy+y^2=(x-y)^2=(-4)^2=16$ $\qquad$ 目 ③

📋 서술형 대비 문제

1-1 $(x-3)(x+8)$	**2**-1 90	**3** 5
4 $12x+28$	**5** $y-2$	**6** -5500

이렇게 풀어요

1-1 **1단계** $(x-4)(x+6)=x^2+2x-24$에서 처음 이차식의 상수항은 -24이다.

2단계 $(x+1)(x+4)=x^2+5x+4$에서 처음 이차식의 x의 계수는 5이다.

3단계 따라서 처음 이차식은 $x^2+5x-24$이므로 인수분해하면
$$x^2+5x-24=(x-3)(x+8)$$
🖃 $(x-3)(x+8)$

2-1 **1단계** $x=\dfrac{\sqrt{3}+\sqrt{2}}{\sqrt{3}-\sqrt{2}}=\dfrac{(\sqrt{3}+\sqrt{2})^2}{(\sqrt{3}-\sqrt{2})(\sqrt{3}+\sqrt{2})}$
$$=(\sqrt{3}+\sqrt{2})^2=5+2\sqrt{6}$$
$y=\dfrac{\sqrt{3}-\sqrt{2}}{\sqrt{3}+\sqrt{2}}=\dfrac{(\sqrt{3}-\sqrt{2})^2}{(\sqrt{3}+\sqrt{2})(\sqrt{3}-\sqrt{2})}$
$$=(\sqrt{3}-\sqrt{2})^2=5-2\sqrt{6}$$

2단계 $x^2+y^2+2xy-x-y$
$$=(x^2+2xy+y^2)-(x+y)$$
$$=(x+y)^2-(x+y)$$
$$=(x+y)(x+y-1)$$

3단계 $x+y=(5+2\sqrt{6})+(5-2\sqrt{6})=10$이므로
(주어진 식)$=(x+y)(x+y-1)$
$$=10\times(10-1)=10\times9=90$$
🖃 90

3 **1단계** $9x^2+ax+1=(3x)^2+ax+1^2$에서
$$a=\pm2\times3\times1=\pm6$$
그런데 $a>0$이므로 $a=6$

2단계 $(2x+1)(2x+3)+b$
$$=4x^2+8x+3+b$$
$$=(2x)^2+2\times2x\times2+3+b$$
에서 $3+b=2^2=4$
$$\therefore b=1$$

3단계 $\therefore a-b=6-1=5$
🖃 5

단계	채점 요소	배점
1	a의 값 구하기	3점
2	b의 값 구하기	3점
3	$a-b$의 값 구하기	1점

4 **1단계** (도형 A의 넓이)
$$=(3x+7)^2-5^2$$
$$=\{(3x+7)+5\}\{(3x+7)-5\}$$
$$=(3x+12)(3x+2)$$

2단계 이때 두 도형 A, B의 넓이가 같고 도형 B의 가로의 길이가 $3x+12$이므로 세로의 길이는 $3x+2$이다.

3단계 $\therefore$ (도형 B의 둘레의 길이)
$$=2\times\{(3x+12)+(3x+2)\}$$
$$=2(6x+14)$$
$$=12x+28$$
🖃 $12x+28$

단계	채점 요소	배점
1	도형 A의 넓이 구하기	3점
2	도형 B의 세로의 길이 구하기	2점
3	도형 B의 둘레의 길이 구하기	2점

5 **1단계** $(y-1)^2-y+1=(y-1)^2-(y-1)$
$$=(y-1)(y-1-1)$$
$$=(y-1)(y-2)$$

2단계 $xy-2x+3y^2-5y-2$
$$=(y-2)x+(3y^2-5y-2)$$
$$=(y-2)x+(y-2)(3y+1)$$
$$=(y-2)(x+3y+1)$$

3단계 따라서 두 다항식의 일차 이상의 공통인 인수는 $y-2$이다.
🖃 $y-2$

단계	채점 요소	배점
1	$(y-1)^2-y+1$ 인수분해하기	3점
2	$xy-2x+3y^2-5y-2$ 인수분해하기	3점
3	공통인 인수 구하기	2점

6 **1단계** (주어진 식)
$$=(10^2-20^2)+(30^2-40^2)+\cdots+(90^2-100^2)$$
$$=(10+20)(10-20)+(30+40)(30-40)$$
$$+\cdots+(90+100)(90-100)$$

2단계 $=(10+20)\times(-10)+(30+40)\times(-10)$
$$+\cdots+(90+100)\times(-10)$$
$$=-10\times(10+20+30+40+\cdots+90+100)$$
$$=-10\times550$$
$$=-5500$$
🖃 -5500

단계	채점 요소	배점
1	인수분해 공식을 이용하여 주어진 식 변형하기	4점
2	식 계산하기	3점

1 이차방정식의 풀이

01 이차방정식과 그 해

본문 113쪽

01 (1) ○ (2) ○ (3) × (4) × (5) ○ (6) ×

02 $a \neq 0$

03 (1) =, 해이다. (2) $\neq$, 해가 아니다.

04 (1) $x=0$ 또는 $x=2$ (2) $x=1$

이렇게 풀어요

01 (1) $x^2=5x-3$에서 $x^2-5x+3=0$
　　⇨ 이차방정식
(2) $x(x-1)=0$에서 $x^2-x=0$
　　⇨ 이차방정식
(3) $x^2+x=2x^3$에서 $-2x^3+x^2+x=0$
　　⇨ 이차방정식이 아니다.
(4) $x^2-6x=x^2$에서 $-6x=0$
　　⇨ 일차방정식
(5) $x^2-9x+2=0$ ⇨ 이차방정식
(6) $(x-1)(x+2)=x^2-2$에서 $x^2+x-2=x^2-2$
　　$\therefore x=0$ ⇨ 일차방정식
　　　　　🖺 (1) ○ (2) ○ (3) × (4) × (5) ○ (6) ×

02 🖺 $a \neq 0$

03 🖺 (1) =, 해이나. (2) $\neq$, 해가 아니다.

04 (1) $x=-1$일 때, $(-1)^2-2\times(-1)\neq0$
　$x=0$일 때, $0^2-2\times0=0$
　$x=1$일 때, $1^2-2\times1\neq0$
　$x=2$일 때, $2^2-2\times2=0$
　따라서 주어진 방정식의 해는 $x=0$ 또는 $x=2$이다.
(2) $x=-1$일 때, $2\times(-1)^2+(-1)-3\neq0$
　$x=0$일 때, $2\times0^2+0-3\neq0$
　$x=1$일 때, $2\times1^2+1-3=0$
　$x=2$일 때, $2\times2^2+2-3\neq0$
　따라서 주어진 방정식의 해는 $x=1$이다.
　　　　🖺 (1) $x=0$ 또는 $x=2$ (2) $x=1$

본문 114~115쪽

1 3개　　**2** $a\neq4$　　**3** ②, ④　　**4** -4
5 (1) 6 (2) 3

이렇게 풀어요

1 ㄱ. $-2x+1=x^2$에서 $-x^2-2x+1=0$ ⇨ 이차방정식
ㄴ. $3x^2-4x-2x^2=x$에서 $x^2-5x=0$ ⇨ 이차방정식
ㄷ. $(x^2+1)^2=x$에서 $x^4+2x^2+1=x$
　$\therefore x^4+2x^2-x+1=0$ ⇨ 이차방정식이 아니다.
ㄹ. $-(x+2)^2=-3x^2$에서 $-x^2-4x-4=-3x^2$
　$2x^2-4x-4=0$ ⇨ 이차방정식
ㅁ. $2(x-3)^2=5+x+2x^2$에서
　$2(x^2-6x+9)=5+x+2x^2$
　$2x^2-12x+18=5+x+2x^2$
　$\therefore -13x+13=0$ ⇨ 일차방정식
따라서 이차방정식은 ㄱ, ㄴ, ㄹ의 3개이다. 　🖺 **3개**

2 $(2x+1)^2=ax^2+3x-2$에서
$4x^2+4x+1=ax^2+3x-2$
$(4-a)x^2+x+3=0$
이 방정식이 x에 대한 이차방정식이 되려면 $4-a\neq0$이어
야 한다.
$\therefore a\neq4$ 　🖺 $a\neq4$

3 각 이차방정식에 주어진 수를 대입하면
① $2^2-2-6\neq0$
② $(-2)^2-4\times(-2)-12=0$
③ $3^2+4\times3+3\neq0$
④ $2\times1^2-3\times1+1=0$
⑤ $3\times(-1)^2+4\times(-1)-1\neq0$
따라서 [ ] 안의 수가 주어진 이차방정식의 해인 것은
②, ④이다. 　🖺 ②, ④

4 $x=-1$을 $x^2-2x+a=0$에 대입하면
$(-1)^2-2\times(-1)+a=0$
$3+a=0$ 　$\therefore a=-3$
$x=\dfrac{4}{3}$를 $3x^2-bx-4=0$에 대입하면
$3\times\left(\dfrac{4}{3}\right)^2-b\times\dfrac{4}{3}-4=0$
$\dfrac{4}{3}-\dfrac{4}{3}b=0$ 　$\therefore b=1$
$\therefore a-b=(-3)-1=-4$ 　🖺 -4

5 (1) $x=a$를 $2x^2-3x-5=0$에 대입하면

$2a^2-3a-5=0$에서

$2a^2-3a=5$

$\therefore 2a^2-3a+1=5+1=6$

(2) $2x(x-3)+4=2$에서

$2x^2-6x+4=2$

$2x^2-6x+2=0$

$x^2-3x+1=0$

$x=a$를 위 식에 대입하면

$a^2-3a+1=0$

$a\neq0$이므로 양변을 a로 나누면

$a-3+\dfrac{1}{a}=0$

$\therefore a+\dfrac{1}{a}=3$

답 (1) **6** (2) **3**

소단원 핵심문제   본문 116쪽

01 ⑤   **02** ⑤   **03** ④   **04** 2

05 14

이렇게 풀어요

01 ③ $3x+4=x^2$에서 $-x^2+3x+4=0$

➾ 이차방정식

④ $x^3+2x^2-1=x^3+2x$에서 $2x^2-2x-1=0$

➾ 이차방정식

⑤ $x^2-x=(x-1)(x+1)$에서

$x^2-x=x^2-1$

$\therefore -x+1=0$ ➾ 일차방정식

답 ⑤

02 $2ax^2-x+3=6x^2-8x+4$에서

$(2a-6)x^2+7x-1=0$

이 방정식이 x에 대한 이차방정식이 되려면

$2a-6\neq0$이어야 한다.

$\therefore a\neq3$

따라서 a의 값이 될 수 없는 것은 ⑤ 3이다.

답 ⑤

03 각 이차방정식에 $x=-3$을 대입하면

① $(-3)\times(-3-4)\neq0$

② $(-3)^2+7\times(-3)+10\neq0$

③ $2\times(-3)^2+8\times(-3)\neq0$

④ $4\times(-3)^2+11\times(-3)-3=0$

⑤ $6\times(-3)^2-(-3)-1\neq0$

따라서 $x=-3$을 해로 갖는 것은 ④이다.

답 ④

04 $x=\dfrac{3}{2}$을 $6x^2-13x+a=0$에 대입하면

$6\times\left(\dfrac{3}{2}\right)^2-13\times\dfrac{3}{2}+a=0$

$-6+a=0$

$\therefore a=6$

$x=-\dfrac{1}{2}$을 $4x^2+bx-3=0$에 대입하면

$4\times\left(-\dfrac{1}{2}\right)^2+b\times\left(-\dfrac{1}{2}\right)-3=0$

$-2-\dfrac{1}{2}b=0$

$\therefore b=-4$

$\therefore a+b=6+(-4)=2$

답 2

05 $x=a$를 $x^2-4x+1=0$에 대입하면

$a^2-4a+1=0$

$a\neq0$이므로 양변을 a로 나누면

$a-4+\dfrac{1}{a}=0$ $\therefore a+\dfrac{1}{a}=4$

$\therefore a^2+\dfrac{1}{a^2}=\left(a+\dfrac{1}{a}\right)^2-2$

$=4^2-2=14$

답 14

---

02 인수분해를 이용한 이차방정식의 풀이

개념원리 확인하기   본문 118쪽

01 (1) 0, 5   (2) $x=-3$ 또는 $x=2$ (3) $x=3$ 또는 $x=6$

(4) $x=-6$ 또는 $x=-\dfrac{2}{3}$

02 (1) 0, -3 (2) $x=-2$ 또는 $x=2$

(3) $x=4$ 또는 $x=7$ (4) $x=-\dfrac{3}{2}$ 또는 $x=4$

03 (1) 7   (2) $x=\dfrac{1}{3}$

(3) $x=-\dfrac{1}{2}$ (4) $x=\dfrac{3}{2}$

04 (1) 10, 25   (2) 9   (3) 9

01 (2) $(x+3)(x-2)=0$에서

　　$x+3=0$ 또는 $x-2=0$

　　$\therefore x=-3$ 또는 $x=2$

(3) $(x-3)(x-6)=0$에서

　　$x-3=0$ 또는 $x-6=0$

　　$\therefore x=3$ 또는 $x=6$

(4) $(x+6)(3x+2)=0$에서

　　$x+6=0$ 또는 $3x+2=0$

　　$\therefore x=-6$ 또는 $x=-\dfrac{2}{3}$

　　　目 (1) **0, 5**　(2) $x=-3$ 또는 $x=2$

　　　　　(3) $x=3$ 또는 $x=6$　(4) $x=-6$ 또는 $x=-\dfrac{2}{3}$

02 (2) $x^2-4=0$에서

　　$(x+2)(x-2)=0$

　　$\therefore x=-2$ 또는 $x=2$

(3) $x^2-11x+28=0$에서

　　$(x-4)(x-7)=0$

　　$\therefore x=4$ 또는 $x=7$

(4) $2x^2-5x-12=0$에서

　　$(2x+3)(x-4)=0$

　　$\therefore x=-\dfrac{3}{2}$ 또는 $x=4$

　　　目 (1) **0, −3**　(2) $x=-2$ 또는 $x=2$

　　　　　(3) $x=4$ 또는 $x=7$　(4) $x=-\dfrac{3}{2}$ 또는 $x=4$

03 (2) $9x^2-6x+1=0$에서

　　$(3x-1)^2=0$

　　$\therefore x=\dfrac{1}{3}$

(3) $x^2+x+\dfrac{1}{4}=0$에서

　　$\left(x+\dfrac{1}{2}\right)^2=0$

　　$\therefore x=-\dfrac{1}{2}$

(4) $4x^2-12x+9=0$에서

　　$(2x-3)^2=0$

　　$\therefore x=\dfrac{3}{2}$

　　　目 (1) **7**　(2) $x=\dfrac{1}{3}$

　　　　　(3) $x=-\dfrac{1}{2}$　(4) $x=\dfrac{3}{2}$

04 (2) $x^2+6x+k=0$이 중근을 가지므로

　　$k=\left(\dfrac{6}{2}\right)^2=9$

(3) $x^2-8x+7+k=0$이 중근을 가지므로

　　$7+k=\left(\dfrac{-8}{2}\right)^2=16$

　　$\therefore k=9$

　　　目 (1) **10, 25**　(2) **9**　(3) **9**

핵심문제 익히기 🔑 확인문제

본문 119~121쪽

1 (1) $x=-4$ 또는 $x=6$　(2) $x=1$ 또는 $x=9$

　　(3) $x=-3$ 또는 $x=2$　(4) $x=\dfrac{3}{4}$ 또는 $x=1$

2 4　　**3** −1　　**4** $x=-2$　　**5** 2

6 ④　　**7** 10

1 (1) $x^2=2x+24$에서

　　$x^2-2x-24=0$, $(x+4)(x-6)=0$

　　$\therefore x=-4$ 또는 $x=6$

(2) $x^2-6x+9=4x$에서

　　$x^2-10x+9=0$, $(x-1)(x-9)=0$

　　$\therefore x=1$ 또는 $x=9$

(3) $x(x+2)=x+6$에서

　　$x^2+2x=x+6$

　　$x^2+x-6=0$, $(x+3)(x-2)=0$

　　$\therefore x=-3$ 또는 $x=2$

(4) $(2x-3)(3x+1)=2x^2-6$에서

　　$6x^2-7x-3=2x^2-6$

　　$4x^2-7x+3=0$, $(4x-3)(x-1)=0$

　　$\therefore x=\dfrac{3}{4}$ 또는 $x=1$

　　　目 (1) $x=-4$ 또는 $x=6$　(2) $x=1$ 또는 $x=9$

　　　　　(3) $x=-3$ 또는 $x=2$　(4) $x=\dfrac{3}{4}$ 또는 $x=1$

2 $6x^2-17x+5=0$에서 $(3x-1)(2x-5)=0$

　　$\therefore x=\dfrac{1}{3}$ 또는 $x=\dfrac{5}{2}$

　　이때 $a>b$이므로 $a=\dfrac{5}{2}$, $b=\dfrac{1}{3}$

　　$\therefore 2a-3b=2\times\dfrac{5}{2}-3\times\dfrac{1}{3}=5-1=4$　　目 **4**

3 $x^2+5x-6=0$에서 $(x+6)(x-1)=0$

∴ $x=-6$ 또는 $x=1$

이 중 큰 근 $x=1$이 $3x^2+ax-2=0$의 한 근이므로

$3\times1^2+a\times1-2=0$

$1+a=0$ ∴ $a=-1$ **답 -1**

4 $x^2-x-6=0$에서 $(x+2)(x-3)=0$

∴ $x=-2$ 또는 $x=3$

$2x^2+5x+2=0$에서 $(x+2)(2x+1)=0$

∴ $x=-2$ 또는 $x=-\dfrac{1}{2}$

따라서 공통인 근은 $x=-2$이다. **답 $x=-2$**

5 $x=-2$를 $x^2+ax-14=0$에 대입하면

$(-2)^2+a\times(-2)-14=0$

$-10-2a=0$ ∴ $a=-5$

즉, $x^2-5x-14=0$에서 $(x+2)(x-7)=0$

∴ $x=-2$ 또는 $x=7$

∴ $p=7$

$x=-2$를 $7x^2+12x+b=0$에 대입하면

$7\times(-2)^2+12\times(-2)+b=0$

$4+b=0$ ∴ $b=-4$

즉, $7x^2+12x-4=0$에서 $(x+2)(7x-2)=0$

∴ $x=-2$ 또는 $x=\dfrac{2}{7}$

∴ $q=\dfrac{2}{7}$

∴ $pq=7\times\dfrac{2}{7}=2$ **답 2**

6 ① $x^2-9=0$에서 $(x+3)(x-3)=0$

∴ $x=-3$ 또는 $x=3$

② $x^2-2x-3=0$에서 $(x+1)(x-3)=0$

∴ $x=-1$ 또는 $x=3$

③ $2x^2+8x=0$에서 $2x(x+4)=0$

∴ $x=0$ 또는 $x=-4$

④ $(x+1)(x-1)=2x-2$에서 $x^2-1=2x-2$

$x^2-2x+1=0$, $(x-1)^2=0$

∴ $x=1$

⑤ $4x-15=x(2-x)$에서 $4x-15=2x-x^2$

$x^2+2x-15=0$, $(x+5)(x-3)=0$

∴ $x=-5$ 또는 $x=3$

따라서 중근을 갖는 것은 ④이다. **답 ④**

7 $x^2-8x+2+a=0$이 중근을 가지므로

$2+a=\left(\dfrac{-8}{2}\right)^2=16$

∴ $a=14$

즉, $x^2-8x+16=0$에서

$(x-4)^2=0$ ∴ $x=4$

∴ $b=4$

∴ $a-b=14-4=10$ **답 10**

계산력 강화하기 본문 122쪽

01 (1) $x=0$ 또는 $x=-2$ (2) $x=-3$ 또는 $x=5$

(3) $x=-9$ 또는 $x=2$ (4) $x=-5$ 또는 $x=\dfrac{1}{3}$

(5) $x=-2$ 또는 $x=-\dfrac{3}{2}$ (6) $x=-\dfrac{1}{4}$ 또는 $x=\dfrac{1}{2}$

(7) $x=\dfrac{3}{2}$ 또는 $x=\dfrac{5}{3}$ (8) $x=-4$ 또는 $x=-\dfrac{1}{5}$

02 (1) $x=-5$ 또는 $x=-1$ (2) $x=1$

(3) $x=-6$ 또는 $x=1$ (4) $x=0$ 또는 $x=-3$

03 (1) -8 (2) 6 (3) $\dfrac{9}{8}$ (4) 2

이렇게 풀어요

01 (1) $3x^2+6x=0$에서

$3x(x+2)=0$

∴ $x=0$ 또는 $x=-2$

(2) $x^2-2x-15=0$에서

$(x+3)(x-5)=0$

∴ $x=-3$ 또는 $x=5$

(3) $x^2+7x-18=0$에서

$(x+9)(x-2)=0$

∴ $x=-9$ 또는 $x=2$

(4) $3x^2+14x-5=0$에서

$(x+5)(3x-1)=0$

∴ $x=-5$ 또는 $x=\dfrac{1}{3}$

(5) $2x^2+7x+6=0$에서

$(x+2)(2x+3)=0$

∴ $x=-2$ 또는 $x=-\dfrac{3}{2}$

(6) $8x^2-2x-1=0$에서

$\qquad (4x+1)(2x-1)=0$

$\qquad \therefore x=-\dfrac{1}{4}$ 또는 $x=\dfrac{1}{2}$

(7) $6x^2-19x+15=0$에서

$\qquad (2x-3)(3x-5)=0$

$\qquad \therefore x=\dfrac{3}{2}$ 또는 $x=\dfrac{5}{3}$

(8) $5x^2+21x+4=0$에서

$\qquad (x+4)(5x+1)=0$

$\qquad \therefore x=-4$ 또는 $x=-\dfrac{1}{5}$

답 (1) $x=0$ 또는 $x=-2$ (2) $x=-3$ 또는 $x=5$

(3) $x=-9$ 또는 $x=2$ (4) $x=-5$ 또는 $x=\dfrac{1}{3}$

(5) $x=-2$ 또는 $x=-\dfrac{3}{2}$ (6) $x=-\dfrac{1}{4}$ 또는 $x=\dfrac{1}{2}$

(7) $x=\dfrac{3}{2}$ 또는 $x=\dfrac{5}{3}$ (8) $x=-4$ 또는 $x=-\dfrac{1}{5}$

02 (1) $x^2+7x=x-5$에서

$\qquad x^2+6x+5=0,\ (x+5)(x+1)=0$

$\qquad \therefore x=-5$ 또는 $x=-1$

(2) $x(x+3)=5x-1$에서

$\qquad x^2+3x=5x-1,\ x^2-2x+1=0$

$\qquad (x-1)^2=0 \quad \therefore x=1$

(3) $2x^2=(x-2)(x-3)$에서

$\qquad 2x^2=x^2-5x+6,\ x^2+5x-6=0$

$\qquad (x+6)(x-1)=0 \quad \therefore x=-6$ 또는 $x=1$

(4) $x(3x+2)=x(x-4)$에서

$\qquad 3x^2+2x=x^2-4x,\ 2x^2+6x=0$

$\qquad 2x(x+3)=0 \quad \therefore x=0$ 또는 $x=-3$

답 (1) $x=-5$ 또는 $x=-1$ (2) $x=1$

(3) $x=-6$ 또는 $x=1$ (4) $x=0$ 또는 $x=-3$

03 (1) $-2k=\left(\dfrac{8}{2}\right)^2=16$이므로 $k=-8$

(2) $k+3=\left(\dfrac{-6}{2}\right)^2=9$이므로 $k=6$

(3) $2k=\left(\dfrac{-3}{2}\right)^2=\dfrac{9}{4}$이므로 $k=\dfrac{9}{8}$

(4) $x^2+3x+k=x+1$에서 $x^2+2x+k-1=0$

$\qquad k-1=\left(\dfrac{2}{2}\right)^2=1$이므로 $k=2$

답 (1) -8 (2) 6 (3) $\dfrac{9}{8}$ (4) 2

01 ②　　**02** $x=-\dfrac{2}{5}$ 또는 $x=1$　　**03** -12

04 8　　**05** ⑤　　**06** -5

이렇게 풀어요

01 ① $(1+2x)(1-3x)=0$에서

$\qquad x=-\dfrac{1}{2}$ 또는 $x=\dfrac{1}{3}$

② $(5x+10)(3x-6)=0$에서

$\qquad x=-2$ 또는 $x=2$

③ $\left(\dfrac{1}{2}+x\right)(6x-2)=0$에서

$\qquad x=-\dfrac{1}{2}$ 또는 $x=\dfrac{1}{3}$

④ $\left(x+\dfrac{1}{2}\right)\left(x-\dfrac{1}{3}\right)=0$에서

$\qquad x=-\dfrac{1}{2}$ 또는 $x=\dfrac{1}{3}$

⑤ $6x^2+x-1=0$에서

$\qquad (2x+1)(3x-1)=0$

$\qquad \therefore x=-\dfrac{1}{2}$ 또는 $x=\dfrac{1}{3}$

따라서 해가 나머지 넷과 다른 하나는 ②이다.　답 ②

02 $x(x-2)=15$에서

$\qquad x^2-2x=15$

$\qquad x^2-2x-15=0$

$\qquad (x+3)(x-5)=0$

$\qquad \therefore x=-3$ 또는 $x=5$

이때 $a>b$이므로 $a=5,\ b=-3$

즉, $ax^2+bx-2=0$에서

$\qquad 5x^2-3x-2=0$

$\qquad (5x+2)(x-1)=0$

$\qquad \therefore x=-\dfrac{2}{5}$ 또는 $x=1$　　답 $x=-\dfrac{2}{5}$ 또는 $x=1$

03 $x=2$를 $x^2+3x-2a=0$에 대입하면

$\qquad 2^2+3\times2-2a=0$

$\qquad 10-2a=0$

$\qquad \therefore a=5$

즉, $x^2+3x-2a=0$에서

$\qquad x^2+3x-10=0$

$\qquad (x+5)(x-2)=0$

$\qquad \therefore x=-5$ 또는 $x=2$

따라서 $x=-5$가 $3x^2-2x+5b=0$의 근이므로
$3\times(-5)^2-2\times(-5)+5b=0$
$85+5b=0$
$\therefore b=-17$
$\therefore a+b=5+(-17)=-12$ 답 -12

04 $x=-3$을 $x^2+mx-1=0$에 대입하면
$(-3)^2+m\times(-3)-1=0$
$8-3m=0$ $\therefore m=\dfrac{8}{3}$

$x=-3$을 $\dfrac{1}{3}x^2+2x+n=0$에 대입하면
$\dfrac{1}{3}\times(-3)^2+2\times(-3)+n=0$
$-3+n=0$ $\therefore n=3$
$\therefore mn=\dfrac{8}{3}\times3=8$ 답 8

05 ① $x^2-49=0$에서
$(x+7)(x-7)=0$
$\therefore x=-7$ 또는 $x=7$
② $(x+2)^2=4$에서
$x^2+4x=0,\ x(x+4)=0$
$\therefore x=0$ 또는 $x=-4$
③ $2x^2-7x+3=0$에서
$(2x-1)(x-3)=0$
$\therefore x=\dfrac{1}{2}$ 또는 $x=3$
④ $2x^2-9x+10=0$에서
$(x-2)(2x-5)=0$
$\therefore x=2$ 또는 $x=\dfrac{5}{2}$
⑤ $16x^2-8x+1=0$에서
$(4x-1)^2=0$
$\therefore x=\dfrac{1}{4}$
따라서 중근을 갖는 것은 ⑤이다.   답 ⑤

06 $x^2-6x+k=0$이 중근을 가지므로
$k=\left(\dfrac{-6}{2}\right)^2=9$
즉, $x^2+(k-4)x-14=0$에서
$x^2+5x-14=0,\ (x+7)(x-2)=0$
$\therefore x=-7$ 또는 $x=2$
따라서 두 근의 합은
$(-7)+2=-5$ 답 -5

개념원리 ✅ 확인하기   본문 125쪽

01 (1) 16, ±4 (2) $x=\pm3$ (3) $x=\pm2\sqrt{6}$
(4) $x=\pm\dfrac{\sqrt{2}}{3}$ (5) $x=\pm\dfrac{\sqrt{7}}{5}$

02 (1) 5, -3 (2) $x=12$ 또는 $x=-2$
(3) $x=-3\pm3\sqrt{3}$ (4) $x=-2\pm\sqrt{3}$
(5) $x=1$ 또는 $x=-\dfrac{5}{3}$

03 (1) 9, 9, 3, 11, $-3\pm\sqrt{11}$
(2) 2, 2, 16, 2, 16, 4, 18, $4\pm3\sqrt{2}$
(3) $x=-5\pm\sqrt{26}$ (4) $x=\dfrac{5\pm\sqrt{41}}{2}$

이렇게 풀어요

01 (2) $3x^2=27$에서 $x^2=9$ $\therefore x=\pm3$
(3) $2x^2-48=0$에서 $2x^2=48,\ x^2=24$
$\therefore x=\pm\sqrt{24}=\pm2\sqrt{6}$
(4) $9x^2-2=0$에서 $9x^2=2,\ x^2=\dfrac{2}{9}$
$\therefore x=\pm\sqrt{\dfrac{2}{9}}=\pm\dfrac{\sqrt{2}}{3}$
(5) $25x^2-7=0$에서 $25x^2=7,\ x^2=\dfrac{7}{25}$
$\therefore x=\pm\sqrt{\dfrac{7}{25}}=\pm\dfrac{\sqrt{7}}{5}$
답 (1) **16, ±4**   (2) $x=\pm3$ (3) $x=\pm2\sqrt{6}$
(4) $x=\pm\dfrac{\sqrt{2}}{3}$ (5) $x=\pm\dfrac{\sqrt{7}}{5}$

02 (2) $(x-5)^2=49$에서 $x-5=\pm7$
$\therefore x=12$ 또는 $x=-2$
(3) $2(x+3)^2=54$에서 $(x+3)^2=27$
$x+3=\pm\sqrt{27}=\pm3\sqrt{3}$ $\therefore x=-3\pm3\sqrt{3}$
(4) $3(x+2)^2-9=0$에서 $3(x+2)^2=9$
$(x+2)^2=3,\ x+2=\pm\sqrt{3}$
$\therefore x=-2\pm\sqrt{3}$
(5) $(3x+1)^2=16$에서 $3x+1=\pm4$
$3x=3$ 또는 $3x=-5$
$\therefore x=1$ 또는 $x=-\dfrac{5}{3}$
답 (1) **5, -3**   (2) $x=12$ 또는 $x=-2$
(3) $x=-3\pm3\sqrt{3}$ (4) $x=-2\pm\sqrt{3}$
(5) $x=1$ 또는 $x=-\dfrac{5}{3}$

03 (3) $x^2+10x-1=0$에서

$x^2+10x=1$, $x^2+10x+25=1+25$

$(x+5)^2=26$, $x+5=\pm\sqrt{26}$

$\therefore x=-5\pm\sqrt{26}$

(4) $4x^2-20x-16=0$에서

$x^2-5x-4=0$, $x^2-5x=4$

$x^2-5x+\left(-\dfrac{5}{2}\right)^2=4+\left(-\dfrac{5}{2}\right)^2$

$\left(x-\dfrac{5}{2}\right)^2=\dfrac{41}{4}$, $x-\dfrac{5}{2}=\pm\dfrac{\sqrt{41}}{2}$

$\therefore x=\dfrac{5\pm\sqrt{41}}{2}$

답 (1) **9, 9, 3, 11, $-3\pm\sqrt{11}$**

(2) **2, 2, 16, 2, 16, 4, 18, $4\pm3\sqrt{2}$**

(3) $x=-5\pm\sqrt{26}$ (4) $x=\dfrac{5\pm\sqrt{41}}{2}$

핵심문제 익히기 🔑 **확인문제**

1 ⑤   **2** ⑤   **3** 11

4 (1) $x=-4\pm\sqrt{3}$ (2) $x=1\pm\dfrac{3\sqrt{2}}{2}$ **5** 3

이렇게 풀어요

1 ① $x^2-36=0$에서 $x^2=36$

$\therefore x=\pm6$

② $9-16x^2=0$에서

$-16x^2=-9$, $x^2=\dfrac{9}{16}$

$\therefore x=\pm\dfrac{3}{4}$

③ $(x-3)^2=9$에서 $x-3=\pm3$

$\therefore x=6$ 또는 $x=0$

④ $2(x+2)^2=50$에서

$(x+2)^2=25$, $x+2=\pm5$

$\therefore x=3$ 또는 $x=-7$

⑤ $3(2x-3)^2-15=0$에서

$3(2x-3)^2=15$, $(2x-3)^2=5$

$2x-3=\pm\sqrt{5}$

$\therefore x=\dfrac{3\pm\sqrt{5}}{2}$

답 ⑤

2 $(x+1)^2=2-k$가 근을 가지려면

$2-k\geq0$ $\therefore k\leq2$

따라서 k의 값으로 알맞지 않은 것은 ⑤ 3이다.   답 ⑤

3 $1+2x^2=x^2-6x$에서

$x^2+6x=-1$

양변에 $\left(\dfrac{6}{2}\right)^2$, 즉 9를 더하면

$x^2+6x+9=-1+9$

$\therefore (x+3)^2=8$

따라서 $p=3$, $q=8$이므로

$p+q=3+8=11$ 답 **11**

4 (1) $x^2+8x+13=0$에서

$x^2+8x=-13$

양변에 $\left(\dfrac{8}{2}\right)^2$, 즉 16을 더하면

$x^2+8x+16=-13+16$

$(x+4)^2=3$, $x+4=\pm\sqrt{3}$

$\therefore x=-4\pm\sqrt{3}$

(2) $2x^2-4x-7=0$의 양변을 2로 나누면

$x^2-2x-\dfrac{7}{2}=0$, $x^2-2x=\dfrac{7}{2}$

양변에 $\left(\dfrac{-2}{2}\right)^2$, 즉 1을 더하면

$x^2-2x+1=\dfrac{7}{2}+1$

$(x-1)^2=\dfrac{9}{2}$, $x-1=\pm\sqrt{\dfrac{9}{2}}=\pm\dfrac{3\sqrt{2}}{2}$

$\therefore x=1\pm\dfrac{3\sqrt{2}}{2}$

답 (1) $x=-4\pm\sqrt{3}$ (2) $x=1\pm\dfrac{3\sqrt{2}}{2}$

5 $3x^2-12x-k=0$의 양변을 3으로 나누면

$x^2-4x-\dfrac{k}{3}=0$, $x^2-4x=\dfrac{k}{3}$

양변에 $\left(\dfrac{-4}{2}\right)^2$, 즉 4를 더하면

$x^2-4x+4=\dfrac{k}{3}+4$

$(x-2)^2=\dfrac{k+12}{3}$

$x-2=\pm\sqrt{\dfrac{k+12}{3}}$

$\therefore x=2\pm\sqrt{\dfrac{k+12}{3}}$

따라서 $\dfrac{k+12}{3}=5$이므로

$k=3$ 답 **3**

01 (1) $x=\pm 2$ (2) $x=\pm\sqrt{5}$

(3) $x=3$ 또는 $x=-1$ (4) $x=3$ 또는 $x=-\dfrac{3}{2}$

(5) $x=4\pm\sqrt{2}$ (6) $x=-6\pm\sqrt{5}$

(7) $x=5$ 또는 $x=-9$ (8) $x=\dfrac{11}{2}$ 또는 $x=-\dfrac{9}{2}$

02 (1) $x=\dfrac{-1\pm\sqrt{5}}{2}$ (2) $x=\dfrac{3\pm\sqrt{5}}{2}$

(3) $x=5\pm\sqrt{6}$ (4) $x=-1\pm\sqrt{5}$

(5) $x=1\pm\dfrac{\sqrt{10}}{2}$ (6) $x=-1\pm\dfrac{\sqrt{7}}{2}$

(7) $x=\dfrac{1}{3}$ 또는 $x=-1$ (8) $x=\dfrac{2\pm\sqrt{7}}{3}$

이렇게 풀어요

01 (1) $2x^2=8$에서 $x^2=4$

$\therefore x=\pm 2$

(2) $3x^2-15=0$에서 $3x^2=15$, $x^2=5$

$\therefore x=\pm\sqrt{5}$

(3) $(x-1)^2=4$에서 $x-1=\pm 2$

$\therefore x=3$ 또는 $x=-1$

(4) $\left(x-\dfrac{3}{4}\right)^2=\dfrac{81}{16}$에서 $x-\dfrac{3}{4}=\pm\dfrac{9}{4}$

$\therefore x=3$ 또는 $x=-\dfrac{3}{2}$

(5) $3(x-4)^2=6$에서 $(x-4)^2=2$

$x-4=\pm\sqrt{2}$ $\therefore x=4\pm\sqrt{2}$

(6) $4(x+6)^2-20=0$에서 $4(x+6)^2=20$

$(x+6)^2=5$, $x+6=\pm\sqrt{5}$

$\therefore x=-6\pm\sqrt{5}$

(7) $3(x+2)^2-147=0$에서 $3(x+2)^2=147$

$(x+2)^2=49$, $x+2=\pm 7$

$\therefore x=5$ 또는 $x=-9$

(8) $5\left(x-\dfrac{1}{2}\right)^2-125=0$에서 $5\left(x-\dfrac{1}{2}\right)^2=125$

$\left(x-\dfrac{1}{2}\right)^2=25$, $x-\dfrac{1}{2}=\pm 5$

$\therefore x=\dfrac{11}{2}$ 또는 $x=-\dfrac{9}{2}$

📋 (1) $x=\pm 2$ (2) $x=\pm\sqrt{5}$

(3) $x=3$ 또는 $x=-1$ (4) $x=3$ 또는 $x=-\dfrac{3}{2}$

(5) $x=4\pm\sqrt{2}$ (6) $x=-6\pm\sqrt{5}$

(7) $x=5$ 또는 $x=-9$ (8) $x=\dfrac{11}{2}$ 또는 $x=-\dfrac{9}{2}$

02 (1) $x^2+x-1=0$에서 $x^2+x=1$

양변에 $\left(\dfrac{1}{2}\right)^2$, 즉 $\dfrac{1}{4}$을 더하면

$x^2+x+\dfrac{1}{4}=1+\dfrac{1}{4}$

$\left(x+\dfrac{1}{2}\right)^2=\dfrac{5}{4}$, $x+\dfrac{1}{2}=\pm\dfrac{\sqrt{5}}{2}$

$\therefore x=\dfrac{-1\pm\sqrt{5}}{2}$

(2) $x^2-3x+1=0$에서 $x^2-3x=-1$

양변에 $\left(\dfrac{-3}{2}\right)^2$, 즉 $\dfrac{9}{4}$를 더하면

$x^2-3x+\dfrac{9}{4}=-1+\dfrac{9}{4}$

$\left(x-\dfrac{3}{2}\right)^2=\dfrac{5}{4}$, $x-\dfrac{3}{2}=\pm\dfrac{\sqrt{5}}{2}$

$\therefore x=\dfrac{3\pm\sqrt{5}}{2}$

(3) $x^2-10x+19=0$에서 $x^2-10x=-19$

양변에 $\left(\dfrac{-10}{2}\right)^2$, 즉 25를 더하면

$x^2-10x+25=-19+25$

$(x-5)^2=6$, $x-5=\pm\sqrt{6}$

$\therefore x=5\pm\sqrt{6}$

(4) $x^2+2x-4=0$에서 $x^2+2x=4$

양변에 $\left(\dfrac{2}{2}\right)^2$, 즉 1을 더하면

$x^2+2x+1=4+1$

$(x+1)^2=5$, $x+1=\pm\sqrt{5}$

$\therefore x=-1\pm\sqrt{5}$

(5) $2x^2-4x-3=0$의 양변을 2로 나누면

$x^2-2x-\dfrac{3}{2}=0$, $x^2-2x=\dfrac{3}{2}$

양변에 $\left(\dfrac{-2}{2}\right)^2$, 즉 1을 더하면

$x^2-2x+1=\dfrac{3}{2}+1$

$(x-1)^2=\dfrac{5}{2}$, $x-1=\pm\sqrt{\dfrac{5}{2}}=\pm\dfrac{\sqrt{10}}{2}$

$\therefore x=1\pm\dfrac{\sqrt{10}}{2}$

(6) $4x^2+8x-3=0$의 양변을 4로 나누면

$x^2+2x-\dfrac{3}{4}=0$, $x^2+2x=\dfrac{3}{4}$

양변에 $\left(\dfrac{2}{2}\right)^2$, 즉 1을 더하면

$x^2+2x+1=\dfrac{3}{4}+1$

$(x+1)^2=\dfrac{7}{4}$, $x+1=\pm\dfrac{\sqrt{7}}{2}$

$\therefore x=-1\pm\dfrac{\sqrt{7}}{2}$

(7) $9x^2+6x-3=0$의 양변을 9로 나누면

$$x^2+\frac{2}{3}x-\frac{1}{3}=0, \quad x^2+\frac{2}{3}x=\frac{1}{3}$$

양변에 $\left(\frac{1}{3}\right)^2$, 즉 $\frac{1}{9}$을 더하면

$$x^2+\frac{2}{3}x+\frac{1}{9}=\frac{1}{3}+\frac{1}{9}$$

$$\left(x+\frac{1}{3}\right)^2=\frac{4}{9}, \quad x+\frac{1}{3}=\pm\frac{2}{3}$$

$$\therefore x=\frac{1}{3} \text{ 또는 } x=-1$$

(8) $3x^2-4x-1=0$의 양변을 3으로 나누면

$$x^2-\frac{4}{3}x-\frac{1}{3}=0, \quad x^2-\frac{4}{3}x=\frac{1}{3}$$

양변에 $\left(-\frac{2}{3}\right)^2$, 즉 $\frac{4}{9}$를 더하면

$$x^2-\frac{4}{3}x+\frac{4}{9}=\frac{1}{3}+\frac{4}{9}$$

$$\left(x-\frac{2}{3}\right)^2=\frac{7}{9}, \quad x-\frac{2}{3}=\pm\frac{\sqrt{7}}{3}$$

$$\therefore x=\frac{2\pm\sqrt{7}}{3}$$

답 (1) $x=\dfrac{-1\pm\sqrt{5}}{2}$　(2) $x=\dfrac{3\pm\sqrt{5}}{2}$

(3) $x=5\pm\sqrt{6}$　(4) $x=-1\pm\sqrt{5}$

(5) $x=1\pm\dfrac{\sqrt{10}}{2}$　(6) $x=-1\pm\dfrac{\sqrt{7}}{2}$

(7) $x=\dfrac{1}{3}$ 또는 $x=-1$　(8) $x=\dfrac{2\pm\sqrt{7}}{3}$

소단원 📖 핵심문제

본문 129쪽

01 ④	02 1	03 1	04 9
05 2			

이렇게 풀어요

01 $3x^2-5=0$에서 $3x^2=5$, $x^2=\dfrac{5}{3}$

$$\therefore x=\pm\sqrt{\frac{5}{3}}=\pm\frac{\sqrt{15}}{3}$$

답 ④

02 $(2x-1)^2-9=0$에서

$(2x-1)^2=9$, $2x-1=\pm3$

$2x=4$ 또는 $2x=-2$

$\therefore x=2$ 또는 $x=-1$

따라서 두 근의 합은

$2+(-1)=1$

답 1

---

03 $3(x-2)^2=k+1$이 중근을 가지므로

$k+1=0$

$\therefore k=-1$

즉, $3(x-2)^2=0$에서 $(x-2)^2=0$

$\therefore x=2$

$\therefore a=2$

$\therefore k+a=(-1)+2=1$

답 1

04 $x^2-4x+1=0$에서

$x^2-4x=-1$

양변에 $\left(\dfrac{-4}{2}\right)^2$, 즉 4를 더하면

$x^2-4x+4=-1+4$

$(x-2)^2=3$, $x-2=\pm\sqrt{3}$

$\therefore x=2\pm\sqrt{3}$

따라서 $A=4$, $B=2$, $C=3$이므로

$A+B+C=4+2+3=9$

답 9

05 $x^2-10x+22=0$에서

$x^2-10x=-22$

양변에 $\left(\dfrac{-10}{2}\right)^2$, 즉 25를 더하면

$x^2-10x+25=-22+25$

$(x-5)^2=3$

$x-5=\pm\sqrt{3}$

$\therefore x=5\pm\sqrt{3}$

따라서 $a=5$, $b=3$이므로

$a-b=5-3=2$

답 2

중단원 마무리

본문 130~132쪽

01 ㄱ, ㄹ	02 $x=2$	03 8	04 ④
05 $x=-5$	06 ②, ④	07 $a=7$, $x=\dfrac{1}{2}$	
08 ②	09 3	10 ①	11 -3
12 ⑤	13 $a\neq-4$	14 59	15 ③
16 8	17 ④	18 -2	19 ③
20 $a=2$, $x=2$		21 $x=-2$	22 64
23 ③	24 -1		

01
ㄴ. $5x^2-4x-1 \Rightarrow$ 이차식
ㄷ. $(x-3)(x+2)=x^2+x+3$에서
$x^2-x-6=x^2+x+3$
$\therefore -2x-9=0 \Rightarrow$ 일차방정식
ㄹ. $x^2+3x=2x(x-2)$에서
$x^2+3x=2x^2-4x$
$\therefore -x^2+7x=0 \Rightarrow$ 이차방정식
ㅁ. $(x-1)^2=x^2+3$에서
$x^2-2x+1=x^2+3$
$\therefore -2x-2=0 \Rightarrow$ 일차방정식

답 ㄱ, ㄹ

02 $-2 \le x \le 2$인 정수 x는 $-2, -1, 0, 1, 2$이므로
$x^2-5x+6=0$에
$x=-2$를 대입하면 $(-2)^2-5\times(-2)+6 \ne 0$
$x=-1$을 대입하면 $(-1)^2-5\times(-1)+6 \ne 0$
$x=0$을 대입하면 $0^2-5\times0+6 \ne 0$
$x=1$을 대입하면 $1^2-5\times1+6 \ne 0$
$x=2$를 대입하면 $2^2-5\times2+6 = 0$
따라서 주어진 이차방정식의 해는 $x=2$이다.　답 $x=2$

03 $x=a$를 $x^2+5x-10=0$에 대입하면
$a^2+5a-10=0$에서 $a^2+5a=10$
$\therefore a^2+5a-2=10-2=8$　답 8

04 ① $x=-3$ 또는 $x=2$　　② $x=3$ 또는 $x=-2$
③ $x=3$ 또는 $x=2$　　④ $x=-\dfrac{1}{3}$ 또는 $x=\dfrac{1}{2}$
⑤ $x=\dfrac{1}{3}$ 또는 $x=-\dfrac{1}{2}$　　答 ④

05 $x^2+3x-10=0$에서 $(x+5)(x-2)=0$
$\therefore x=-5$ 또는 $x=2$
$2x^2+7x-15=0$에서 $(x+5)(2x-3)=0$
$\therefore x=-5$ 또는 $x=\dfrac{3}{2}$
따라서 공통인 근은 $x=-5$이다.　답 $x=-5$

06 ① $3x^2=9$에서 $x^2=3$　$\therefore x=\pm\sqrt{3}$
② $x^2-2x+1=0$에서 $(x-1)^2=0$
$\therefore x=1$
③ $x^2-10x+9=0$에서 $(x-1)(x-9)=0$
$\therefore x=1$ 또는 $x=9$
④ $4x^2+12x+9=0$에서 $(2x+3)^2=0$
$\therefore x=-\dfrac{3}{2}$

⑤ $(x-1)^2=25$에서 $x-1=\pm5$
$\therefore x=6$ 또는 $x=-4$
따라서 중근을 갖는 것은 ②, ④이다.　답 ②, ④

07 $x^2-6x+9=0$에서 $(x-3)^2=0$
$\therefore x=3$
$x=3$을 $2x^2-ax+3=0$에 대입하면
$2\times3^2-a\times3+3=0$
$21-3a=0$　$\therefore a=7$
$a=7$을 $2x^2-ax+3=0$에 대입하면
$2x^2-7x+3=0$
$(2x-1)(x-3)=0$
$\therefore x=\dfrac{1}{2}$ 또는 $x=3$
따라서 다른 한 근은 $x=\dfrac{1}{2}$이다.　답 $a=7, x=\dfrac{1}{2}$

08 $3(2x-1)^2=9$에서 $(2x-1)^2=3$
$2x-1=\pm\sqrt{3}, 2x=1\pm\sqrt{3}$
$\therefore x=\dfrac{1\pm\sqrt{3}}{2}$　答 ②

09 $2(x+a)^2=b$에서 $(x+a)^2=\dfrac{b}{2}$
$x+a=\pm\sqrt{\dfrac{b}{2}}$
$\therefore x=-a\pm\sqrt{\dfrac{b}{2}}$
따라서 $-a=3, \dfrac{b}{2}=3$이므로
$a=-3, b=6$
$\therefore a+b=(-3)+6=3$　答 3

다른 풀이
$x=3\pm\sqrt{3}$에서 $x-3=\pm\sqrt{3}$
양변을 제곱하면 $(x-3)^2=3$
$\therefore 2(x-3)^2=6$
따라서 $a=-3, b=6$이므로
$a+b=(-3)+6=3$

10 $\left(x+\dfrac{1}{2}\right)^2-k+3=0$에서
$\left(x+\dfrac{1}{2}\right)^2=k-3$
이 이차방정식이 근을 가지려면
$k-3 \ge 0$　$\therefore k \ge 3$
따라서 k의 값으로 알맞지 않은 것은 ① 1이다.　답 ①

11 $2x^2-8x+5=0$의 양변을 2로 나누면

$x^2-4x+\dfrac{5}{2}=0$, $x^2-4x=-\dfrac{5}{2}$

양변에 $\left(\dfrac{-4}{2}\right)^2$, 즉 4를 더하면

$x^2-4x+4=-\dfrac{5}{2}+4$

$(x-2)^2=\dfrac{3}{2}$

따라서 $a=-2$, $b=\dfrac{3}{2}$이므로

$ab=(-2)\times\dfrac{3}{2}=-3$ 🖺 -3

12 $2x^2-4x=-1$의 양변을 2로 나누면

$x^2-2x=-\dfrac{1}{2}$

양변에 $\left(\dfrac{-2}{2}\right)^2$, 즉 1을 더하면

$x^2-2x+1=-\dfrac{1}{2}+1$

$(x-1)^2=\dfrac{1}{2}$, $x-1=\pm\sqrt{\dfrac{1}{2}}=\pm\dfrac{\sqrt{2}}{2}$

$\therefore x=\dfrac{2\pm\sqrt{2}}{2}$

따라서 $a=2$, $b=2$이므로

$a+b=2+2=4$ 🖺 ⑤

13 $-2ax^2+ax-2=x(8x+1)$에서

$-2ax^2+ax-2=8x^2+x$

$(-2a-8)x^2+(a-1)x-2=0$

이 방정식이 이차방정식이 되려면

$-2a-8\neq0$, $-2(a+4)\neq0$

$\therefore a\neq-4$ 🖺 $a\neq-4$

14 $x=a$를 $x^2-6x+1=0$에 대입하면

$a^2-6a+1=0$

$a\neq0$이므로 양변을 a로 나누면

$a-6+\dfrac{1}{a}=0$ $\therefore a+\dfrac{1}{a}=6$

$\therefore a^2+5a-5+\dfrac{5}{a}+\dfrac{1}{a^2}$

$=\left(a^2+\dfrac{1}{a^2}\right)+5\left(a+\dfrac{1}{a}\right)-5$

$=\left\{\left(a+\dfrac{1}{a}\right)^2-2\right\}+5\left(a+\dfrac{1}{a}\right)-5$

$=6^2-2+5\times6-5$

$=59$ 🖺 59

15 $x(x+2)=15$에서 $x^2+2x-15=0$

$(x+5)(x-3)=0$ $\therefore x=-5$ 또는 $x=3$

이때 $a>b$이므로 $a=3$, $b=-5$

$a=3$, $b=-5$를 $ax^2+bx-2=0$에 대입하면

$3x^2-5x-2=0$, $(3x+1)(x-2)=0$

$\therefore x=-\dfrac{1}{3}$ 또는 $x=2$

따라서 두 근의 차는 $2-\left(-\dfrac{1}{3}\right)=\dfrac{7}{3}$ 🖺 ③

16 $3A=2B$에서 $3(x^2-3x-18)=2(x^2-2x-15)$

$3x^2-9x-54=2x^2-4x-30$

$x^2-5x-24=0$, $(x+3)(x-8)=0$

$\therefore x=-3$ 또는 $x=8$ …… ㉠

이때 $B\neq0$에서 $x^2-2x-15\neq0$

$(x+3)(x-5)\neq0$

$\therefore x\neq-3$이고 $x\neq5$ …… ㉡

㉠, ㉡에서 $x=8$ 🖺 8

17 $2x^2+9xy-5y^2=0$에서

$(x+5y)(2x-y)=0$

$\therefore x=-5y$ 또는 $x=\dfrac{y}{2}$

그런데 $xy<0$이므로 $x=-5y$

$\therefore \dfrac{x^2-5y^2}{xy}=\dfrac{25y^2-5y^2}{-5y^2}=\dfrac{20y^2}{-5y^2}$

$=-4$ 🖺 ④

18 $ax+2y=4$의 그래프가 점 $(a+4, a^2)$을 지나므로

$a(a+4)+2a^2=4$, $3a^2+4a-4=0$

$(a+2)(3a-2)=0$ $\therefore a=-2$ 또는 $a=\dfrac{2}{3}$

이때 일차방정식 $ax+2y=4$, 즉 $y=-\dfrac{a}{2}x+2$의 그래프가 제4사분면을 지나지 않으려면

$(\text{기울기})=-\dfrac{a}{2}\geq0$, 즉 $a\leq0$이어야 하므로

$a=-2$ 🖺 -2

19 $\langle x\rangle^2-\langle x\rangle-6=0$에서 $(\langle x\rangle+2)(\langle x\rangle-3)=0$

$\therefore \langle x\rangle=-2$ 또는 $\langle x\rangle=3$

그런데 약수의 개수는 음수가 될 수 없으므로 $\langle x\rangle=3$

약수의 개수가 3개인 것은 소수의 제곱인 수이므로 30 이하의 자연수 중 주어진 조건을 만족시키는 x는 4, 9, 25의 3개이다.   🖺 ③

20 주어진 방정식이 x에 대한 이차방정식이므로

$a-1\neq 0$ $\quad \therefore a\neq 1$

$x=1$을 $(a-1)x^2-(a^2-1)x+2(a-1)=0$에 대입하면

$a-1-a^2+1+2a-2=0$

$a^2-3a+2=0$

$(a-1)(a-2)=0$

$\therefore a=1$ 또는 $a=2$

그런데 $a\neq 1$이므로 $a=2$

$a=2$를 $(a-1)x^2-(a^2-1)x+2(a-1)=0$에 대입하면

$x^2-3x+2=0$

$(x-1)(x-2)=0$

$\therefore x=1$ 또는 $x=2$

따라서 다른 한 근은 $x=2$이다. 🗒 $a=2,\ x=2$

21 $x^2+5k+1=8x$에서 $x^2-8x+5k+1=0$

이 이차방정식이 중근을 가지므로

$5k+1=\left(\dfrac{-8}{2}\right)^2=16$

$\therefore k=3$

$k=3$을 $x^2+kx+2=0$에 대입하면

$x^2+3x+2=0$, $(x+2)(x+1)=0$

$\therefore x=-2$ 또는 $x=-1$

$k=3$을 $3x^2+x-4k+2=0$에 대입하면

$3x^2+x-10=0$, $(x+2)(3x-5)=0$

$\therefore x=-2$ 또는 $x=\dfrac{5}{3}$

따라서 공통인 근은 $x=-2$이다. 🗒 $x=-2$

22 $16(x-3)^2=k$에서 $(x-3)^2=\dfrac{k}{16}$

$x-3=\pm\dfrac{\sqrt{k}}{4}$

$\therefore x=3\pm\dfrac{\sqrt{k}}{4}$

두 근의 곱이 5이므로

$\left(3+\dfrac{\sqrt{k}}{4}\right)\left(3-\dfrac{\sqrt{k}}{4}\right)=5$

$9-\dfrac{k}{16}=5$, $-\dfrac{k}{16}=-4$

$\therefore k=64$ 🗒 **64**

23 $(x+5)^2=3k$에서 $x+5=\pm\sqrt{3k}$

$\therefore x=-5\pm\sqrt{3k}$

이 해가 정수이려면 $k=3\times(\text{자연수})^2$의 꼴이어야 한다.

따라서 자연수 k의 값으로 알맞은 것은 ③ 3이다. 🗒 ③

24 $3x^2+9x+A=0$의 양변을 3으로 나누면

$x^2+3x+\dfrac{A}{3}=0$, $x^2+3x=-\dfrac{A}{3}$

양변에 $\left(\dfrac{3}{2}\right)^2$, 즉 $\dfrac{9}{4}$를 더하면

$x^2+3x+\dfrac{9}{4}=-\dfrac{A}{3}+\dfrac{9}{4}$

$\left(x+\dfrac{3}{2}\right)^2=\dfrac{-4A+27}{12}$

즉, $B=\dfrac{3}{2}$, $-4A+27=7$이므로

$A=5$, $B=\dfrac{3}{2}$

$\left(x+\dfrac{3}{2}\right)^2=\dfrac{7}{12}$에서

$x+\dfrac{3}{2}=\pm\sqrt{\dfrac{7}{12}}=\pm\dfrac{\sqrt{21}}{6}$

$\therefore x=\dfrac{-9\pm\sqrt{21}}{6}$ $\quad\therefore C=-9$

$\therefore A+2B+C=5+2\times\dfrac{3}{2}+(-9)=-1$ 🗒 **−1**

📋 **서술형 대비 문제** 본문 133~134쪽

1-1 13 **2**-1 -2 **3** -12 **4** 13

5 -3 **6** $x=\dfrac{6\pm\sqrt{21}}{5}$

이렇게 풀어요

1-1 **1단계** $x=-\dfrac{1}{2}$을 $2x^2+ax+2=0$에 대입하면

$2\times\left(-\dfrac{1}{2}\right)^2+a\times\left(-\dfrac{1}{2}\right)+2=0$

$\dfrac{5}{2}-\dfrac{1}{2}a=0$

$\therefore a=5$

2단계 $2x^2+ax+2=0$, 즉 $2x^2+5x+2=0$에서

$(x+2)(2x+1)=0$

$\therefore x=-2$ 또는 $x=-\dfrac{1}{2}$

따라서 다른 한 근은 $x=-2$이므로 $x=-2$를

$3x^2+2x+b=0$에 대입하면

$3\times(-2)^2+2\times(-2)+b=0$

$8+b=0$

$\therefore b=-8$

3단계 $\therefore a-b=5-(-8)=13$ 🗒 **13**

2-1

1단계 $x^2+(6-k)x+9-4k=0$이 중근을 가지므로

$$\left(\frac{6-k}{2}\right)^2=9-4k$$

$$\frac{36-12k+k^2}{4}=9-4k$$

$$36-12k+k^2=36-16k$$

$$k^2+4k=0,\ k(k+4)=0$$

$$\therefore k=0 \text{ 또는 } k=-4$$

그런데 $k\neq0$이므로 $k=-4$

2단계 $k=-4$를 $2x^2-(k-3)x+k=0$에 대입하면

$$2x^2+7x-4=0$$

$$(x+4)(2x-1)=0$$

$$\therefore x=-4 \text{ 또는 } x=\frac{1}{2}$$

3단계 따라서 두 근의 곱은

$$(-4)\times\frac{1}{2}=-2 \qquad \text{답} -2$$

3

1단계 $x=p$를 $x^2+3x-1=0$에 대입하면

$$p^2+3p-1=0$$

$$\therefore p^2+3p=1$$

2단계 $x=q$를 $x^2-5x-2=0$에 대입하면

$$q^2-5q-2=0$$

$$\therefore q^2-5q=2$$

3단계 $\therefore (2p^2+6p-5)(q^2-5q+2)$

$$=\{2(p^2+3p)-5\}(q^2-5q+2)$$

$$=(2\times1-5)\times(2+2)$$

$$=(-3)\times4=-12 \qquad \text{답} -12$$

단계	채점 요소	배점
❶	p에 대한 식의 값 구하기	2점
❷	q에 대한 식의 값 구하기	2점
❸	주어진 식의 값 구하기	3점

4

1단계 x의 계수와 상수항을 바꾸어 놓은 이차방정식은

$$x^2+2ax+a+2=0$$

$x=-1$을 $x^2+2ax+a+2=0$에 대입하면

$$(-1)^2+2a\times(-1)+a+2=0$$

$$3-a=0 \qquad \therefore a=3$$

2단계 따라서 처음 이차방정식은

$a=3$을 $x^2+(a+2)x+2a=0$에 대입하면

$$x^2+5x+6=0$$

3단계 $(x+3)(x+2)=0$

$$\therefore x=-3 \text{ 또는 } x=-2$$

$$\therefore \alpha^2+\beta^2=(-3)^2+(-2)^2=13 \qquad \text{답} 13$$

단계	채점 요소	배점
❶	a의 값 구하기	3점
❷	처음 이차방정식 구하기	2점
❸	$\alpha^2+\beta^2$의 값 구하기	3점

5

1단계 $x^2+2x-15=0$에서

$$(x+5)(x-3)=0$$

$$\therefore x=-5 \text{ 또는 } x=3$$

2단계 $x^2+3x-18=0$에서

$$(x+6)(x-3)=0$$

$$\therefore x=-6 \text{ 또는 } x=3$$

3단계 따라서 공통인 근은 $x=3$이다.

4단계 $x=3$을 $2x^2+mx-9=0$에 대입하면

$$2\times3^2+m\times3-9=0$$

$$9+3m=0$$

$$\therefore m=-3 \qquad \text{답} -3$$

단계	채점 요소	배점
❶	$x^2+2x-15=0$의 근 구하기	2점
❷	$x^2+3x-18=0$의 근 구하기	2점
❸	공통인 근 구하기	1점
❹	m의 값 구하기	2점

6

1단계 $5x(x-2)=2x-3$에서

$$5x^2-10x=2x-3$$

$$5x^2-12x+3=0$$

2단계 양변을 5로 나누면

$$x^2-\frac{12}{5}x+\frac{3}{5}=0$$

$$x^2-\frac{12}{5}x=-\frac{3}{5}$$

양변에 $\left(-\frac{6}{5}\right)^2$, 즉 $\frac{36}{25}$을 더하면

$$x^2-\frac{12}{5}x+\frac{36}{25}=-\frac{3}{5}+\frac{36}{25}$$

$$\left(x-\frac{6}{5}\right)^2=\frac{21}{25}$$

3단계 $x-\frac{6}{5}=\pm\frac{\sqrt{21}}{5}$

$$\therefore x=\frac{6\pm\sqrt{21}}{5} \qquad \text{답 } x=\frac{6\pm\sqrt{21}}{5}$$

단계	채점 요소	배점
❶	$ax^2+bx+c=0$의 꼴로 나타내기	1점
❷	$(x+p)^2=q$의 꼴로 나타내기	3점
❸	이차방정식의 해 구하기	2점

2 이차방정식의 활용

01 이차방정식의 근의 공식

본문 137쪽

개념원리 확인하기

01 (1) 풀이 참조 (2) 풀이 참조

  (3) $x=\dfrac{1\pm\sqrt{61}}{6}$ (4) $x=\dfrac{-4\pm\sqrt{30}}{2}$

02 (1) 2, 4, $1\pm\sqrt{5}$

  (2) 6, 6, 2, 3, 2, 2, 1, $-\dfrac{2}{3}$, $\dfrac{1}{2}$

  (3) 10, 8, 20, 2, 10, -2, 10

  (4) 4, 5, 1, 5, -1, 5, -1, 5, 2, 8

이렇게 풀어요

01 (1) $2x^2-7x+4=0 \Rightarrow a=2,\ b=-7,\ c=4$

$\therefore x=\dfrac{-(\boxed{-7})\pm\sqrt{(\boxed{-7})^2-4\times\boxed{2}\times\boxed{4}}}{2\times\boxed{2}}$

$=\boxed{\dfrac{7\pm\sqrt{17}}{4}}$

(2) $5x^2-6x-2=0 \Rightarrow a=5,\ b'=-3,\ c=-2$

$\therefore x=\dfrac{-(\boxed{-3})\pm\sqrt{(\boxed{-3})^2-\boxed{5}\times(\boxed{-2})}}{\boxed{5}}$

$=\boxed{\dfrac{3\pm\sqrt{19}}{5}}$

(3) $3x^2-x-5=0 \Rightarrow a=3,\ b=-1,\ c=-5$

$\therefore x=\dfrac{-(-1)\pm\sqrt{(-1)^2-4\times3\times(-5)}}{2\times3}$

$=\dfrac{1\pm\sqrt{61}}{6}$

(4) $2x^2+8x-7=0 \Rightarrow a=2,\ b'=4,\ c=-7$

$\therefore x=\dfrac{-4\pm\sqrt{4^2-2\times(-7)}}{2}$

$=\dfrac{-4\pm\sqrt{30}}{2}$

답 (1) 풀이 참조 (2) 풀이 참조

(3) $x=\dfrac{1\pm\sqrt{61}}{6}$ (4) $x=\dfrac{-4\pm\sqrt{30}}{2}$

02 답 (1) 2, 4, $1\pm\sqrt{5}$ (2) 6, 6, 2, 3, 2, 2, 1, $-\dfrac{2}{3}$, $\dfrac{1}{2}$

(3) 10, 8, 20, 2, 10, -2, 10

(4) 4, 5, 1, 5, -1, 5, -1, 5, 2, 8

핵심문제 익히기 확인문제

본문 138~139쪽

1 (1) $x=\dfrac{5\pm\sqrt{37}}{6}$ (2) $x=\dfrac{-7\pm\sqrt{97}}{8}$

  (3) $x=\dfrac{4\pm\sqrt{10}}{2}$ (4) $x=\dfrac{3\pm\sqrt{3}}{6}$

2 -1

3 (1) $x=\dfrac{-3\pm\sqrt{21}}{2}$ (2) $x=-4$ 또는 $x=\dfrac{5}{2}$

  (3) $x=\dfrac{5\pm\sqrt{65}}{20}$ (4) $x=\dfrac{-2\pm\sqrt{6}}{2}$

4 $x=2$

이렇게 풀어요

1 (1) 근의 공식에 $a=3,\ b=-5,\ c=-1$을 대입하면

$x=\dfrac{-(-5)\pm\sqrt{(-5)^2-4\times3\times(-1)}}{2\times3}$

$=\dfrac{5\pm\sqrt{37}}{6}$

(2) 근의 공식에 $a=4,\ b=7,\ c=-3$을 대입하면

$x=\dfrac{-7\pm\sqrt{7^2-4\times4\times(-3)}}{2\times4}=\dfrac{-7\pm\sqrt{97}}{8}$

(3) 근의 공식에 $a=2,\ b'=-4,\ c=3$을 대입하면

$x=\dfrac{-(-4)\pm\sqrt{(-4)^2-2\times3}}{2}=\dfrac{4\pm\sqrt{10}}{2}$

(4) 근의 공식에 $a=6,\ b'=-3,\ c=1$을 대입하면

$x=\dfrac{-(-3)\pm\sqrt{(-3)^2-6\times1}}{6}=\dfrac{3\pm\sqrt{3}}{6}$

답 (1) $x=\dfrac{5\pm\sqrt{37}}{6}$ (2) $x=\dfrac{-7\pm\sqrt{97}}{8}$

(3) $x=\dfrac{4\pm\sqrt{10}}{2}$ (4) $x=\dfrac{3\pm\sqrt{3}}{6}$

2 근의 공식에 $a=2,\ b=-3,\ c=k$를 대입하면

$x=\dfrac{-(-3)\pm\sqrt{(-3)^2-4\times2\times k}}{2\times2}=\dfrac{3\pm\sqrt{9-8k}}{4}$

따라서 $9-8k=17$이므로

$k=-1$ 답 -1

다른 풀이

$x=\dfrac{3\pm\sqrt{17}}{4}$에서 $4x=3\pm\sqrt{17}$, $4x-3=\pm\sqrt{17}$

양변을 제곱하면 $(4x-3)^2=17$

$16x^2-24x+9=17$, $16x^2-24x-8=0$

$\therefore 2x^2-3x-1=0$

$\therefore k=-1$

3 (1) $7x^2=3(x-2)^2$에서

$7x^2=3(x^2-4x+4)$

$4x^2+12x-12=0$

$x^2+3x-3=0$

$\therefore x=\dfrac{-3\pm\sqrt{3^2-4\times1\times(-3)}}{2\times1}$

$\qquad=\dfrac{-3\pm\sqrt{21}}{2}$

(2) 양변에 6을 곱하면

$2(x^2-2)+3(x-6)=-2$

$2x^2+3x-20=0$

$(x+4)(2x-5)=0$

$\therefore x=-4$ 또는 $x=\dfrac{5}{2}$

(3) 양변에 10을 곱하면

$10x^2-5x-1=0$

$\therefore x=\dfrac{-(-5)\pm\sqrt{(-5)^2-4\times10\times(-1)}}{2\times10}$

$\qquad=\dfrac{5\pm\sqrt{65}}{20}$

(4) 양변에 8을 곱하면

$2x(x+4)-4x=1$

$2x^2+4x-1=0$

$\therefore x=\dfrac{-2\pm\sqrt{2^2-2\times(-1)}}{2}$

$\qquad=\dfrac{-2\pm\sqrt{6}}{2}$

답 (1) $x=\dfrac{-3\pm\sqrt{21}}{2}$

(2) $x=-4$ 또는 $x=\dfrac{5}{2}$

(3) $x=\dfrac{5\pm\sqrt{65}}{20}$

(4) $x=\dfrac{-2\pm\sqrt{6}}{2}$

4 $x+3=A$로 놓으면

$3A^2-16A+5=0$

$(3A-1)(A-5)=0$

$\therefore A=\dfrac{1}{3}$ 또는 $A=5$

즉, $x+3=\dfrac{1}{3}$ 또는 $x+3=5$이므로

$x=-\dfrac{8}{3}$ 또는 $x=2$

따라서 양수인 근은 $x=2$이다.　　　　답 $x=2$

01 (1) $x=\dfrac{-1\pm\sqrt{5}}{2}$　(2) $x=1\pm\sqrt{3}$

(3) $x=\dfrac{-7\pm\sqrt{29}}{10}$　(4) $x=\dfrac{-2\pm\sqrt{2}}{3}$

(5) $x=\dfrac{-5\pm\sqrt{33}}{4}$　(6) $x=2\pm\sqrt{3}$

02 (1) $x=2\pm2\sqrt{3}$　(2) $x=\dfrac{-4\pm\sqrt{70}}{6}$

(3) $x=\dfrac{1\pm\sqrt{11}}{3}$　(4) $x=-\dfrac{1}{2}$ 또는 $x=\dfrac{5}{4}$

(5) $x=\dfrac{-5\pm\sqrt{29}}{4}$　(6) $x=\dfrac{4\pm\sqrt{46}}{3}$

03 (1) $x=\dfrac{6\pm\sqrt{31}}{5}$　(2) $x=\dfrac{1\pm\sqrt{41}}{10}$

(3) $x=\dfrac{-9\pm3\sqrt{13}}{2}$　(4) $x=\dfrac{5\pm\sqrt{37}}{3}$

04 (1) $x=\dfrac{3\pm\sqrt{5}}{4}$　(2) $x=-\dfrac{7}{5}$ 또는 $x=0$

이렇게 풀어요

01 (1) $x=\dfrac{-1\pm\sqrt{1^2-4\times1\times(-1)}}{2\times1}=\dfrac{-1\pm\sqrt{5}}{2}$

(2) $x=\dfrac{-(-1)\pm\sqrt{(-1)^2-1\times(-2)}}{1}=1\pm\sqrt{3}$

(3) $x=\dfrac{-7\pm\sqrt{7^2-4\times5\times1}}{2\times5}=\dfrac{-7\pm\sqrt{29}}{10}$

(4) $x=\dfrac{-6\pm\sqrt{6^2-9\times2}}{9}=\dfrac{-6\pm\sqrt{18}}{9}=\dfrac{-2\pm\sqrt{2}}{3}$

(5) $2x^2=1-5x$에서 $2x^2+5x-1=0$

$\therefore x=\dfrac{-5\pm\sqrt{5^2-4\times2\times(-1)}}{2\times2}=\dfrac{-5\pm\sqrt{33}}{4}$

(6) $x^2-4x=-1$에서 $x^2-4x+1=0$

$\therefore x=\dfrac{-(-2)\pm\sqrt{(-2)^2-1\times1}}{1}=2\pm\sqrt{3}$

답 (1) $x=\dfrac{-1\pm\sqrt{5}}{2}$　(2) $x=1\pm\sqrt{3}$

(3) $x=\dfrac{-7\pm\sqrt{29}}{10}$　(4) $x=\dfrac{-2\pm\sqrt{2}}{3}$

(5) $x=\dfrac{-5\pm\sqrt{33}}{4}$　(6) $x=2\pm\sqrt{3}$

02 (1) $(2x-3)(3x+1)=5(x-1)^2+7x$에서

$6x^2-7x-3=5(x^2-2x+1)+7x$

$x^2-4x-8=0$

$\therefore x=\dfrac{-(-2)\pm\sqrt{(-2)^2-1\times(-8)}}{1}$

$\qquad=2\pm\sqrt{12}=2\pm2\sqrt{3}$

(2) 양변에 12를 곱하면

$6x^2+8x-9=0$

$$\therefore x=\frac{-4\pm\sqrt{4^2-6\times(-9)}}{6}=\frac{-4\pm\sqrt{70}}{6}$$

(3) 양변에 12를 곱하면

$9x^2-6x=10,\ 9x^2-6x-10=0$

$$\therefore x=\frac{-(-3)\pm\sqrt{(-3)^2-9\times(-10)}}{9}$$

$$=\frac{3\pm\sqrt{99}}{9}=\frac{1\pm\sqrt{11}}{3}$$

(4) 양변에 6을 곱하면

$8x^2-6x-5=0,\ (2x+1)(4x-5)=0$

$$\therefore x=-\frac{1}{2}\ \text{또는}\ x=\frac{5}{4}$$

(5) 양변에 10을 곱하면

$4x^2+10x-1=0$

$$\therefore x=\frac{-5\pm\sqrt{5^2-4\times(-1)}}{4}=\frac{-5\pm\sqrt{29}}{4}$$

(6) 양변에 10을 곱하면

$3x^2-8x-10=0$

$$\therefore x=\frac{-(-4)\pm\sqrt{(-4)^2-3\times(-10)}}{3}$$

$$=\frac{4\pm\sqrt{46}}{3}$$

〖답〗 (1) $x=2\pm2\sqrt{3}$ (2) $x=\dfrac{-4\pm\sqrt{70}}{6}$

(3) $x=\dfrac{1\pm\sqrt{11}}{3}$ (4) $x=-\dfrac{1}{2}$ 또는 $x=\dfrac{5}{4}$

(5) $x=\dfrac{-5\pm\sqrt{29}}{4}$ (6) $x=\dfrac{4\pm\sqrt{46}}{3}$

03 (1) 양변에 10을 곱하면

$10(x-1)^2=4(x+2)$

$10x^2-20x+10=4x+8$

$10x^2-24x+2=0$

$5x^2-12x+1=0$

$$\therefore x=\frac{-(-6)\pm\sqrt{(-6)^2-5\times1}}{5}$$

$$=\frac{6\pm\sqrt{31}}{5}$$

(2) 양변에 10을 곱하면

$10x^2-2x-4=0$

$5x^2-x-2=0$

$$\therefore x=\frac{-(-1)\pm\sqrt{(-1)^2-4\times5\times(-2)}}{2\times5}$$

$$=\frac{1\pm\sqrt{41}}{10}$$

(3) 양변에 6을 곱하면

$x^2+9x=9$

$x^2+9x-9=0$

$$\therefore x=\frac{-9\pm\sqrt{9^2-4\times1\times(-9)}}{2\times1}$$

$$=\frac{-9\pm\sqrt{117}}{2}=\frac{-9\pm3\sqrt{13}}{2}$$

(4) 양변에 6을 곱하면

$3x^2-4(x+1)=6x$

$3x^2-10x-4=0$

$$\therefore x=\frac{-(-5)\pm\sqrt{(-5)^2-3\times(-4)}}{3}$$

$$=\frac{5\pm\sqrt{37}}{3}$$

〖답〗 (1) $x=\dfrac{6\pm\sqrt{31}}{5}$ (2) $x=\dfrac{1\pm\sqrt{41}}{10}$

(3) $x=\dfrac{-9\pm3\sqrt{13}}{2}$ (4) $x=\dfrac{5\pm\sqrt{37}}{3}$

04 (1) $x-2=A$로 놓으면

$4A^2+10A+5=0$

$$\therefore A=\frac{-5\pm\sqrt{5^2-4\times5}}{4}=\frac{-5\pm\sqrt{5}}{4}$$

즉, $x-2=\dfrac{-5\pm\sqrt{5}}{4}$ 이므로

$$x=\frac{3\pm\sqrt{5}}{4}$$

(2) $x+1=A$로 놓으면

$$\frac{1}{2}A^2-\frac{3}{10}A-\frac{1}{5}=0$$

양변에 10을 곱하면

$5A^2-3A-2=0$

$(5A+2)(A-1)=0$

$$\therefore A=-\frac{2}{5}\ \text{또는}\ A=1$$

즉, $x+1=-\dfrac{2}{5}$ 또는 $x+1=1$이므로

$$x=-\frac{7}{5}\ \text{또는}\ x=0$$

〖답〗 (1) $x=\dfrac{3\pm\sqrt{5}}{4}$ (2) $x=-\dfrac{7}{5}$ 또는 $x=0$

소단원 핵심문제　　　　본문 141쪽

01 ④ **02** ⑤ **03** $-\dfrac{1}{3}$ **04** 8

01 $x=\dfrac{-(-5)\pm\sqrt{(-5)^2-4\times2\times(-1)}}{2\times2}=\dfrac{5\pm\sqrt{33}}{4}$

따라서 $A=5$, $B=33$이므로

$A+B=5+33=38$

답 ④

02 ① $4x^2+x-1=1$에서 $4x^2+x-2=0$

$\therefore x=\dfrac{-1\pm\sqrt{1^2-4\times4\times(-2)}}{2\times4}=\dfrac{-1\pm\sqrt{33}}{8}$

② 괄호를 풀면

$x^2-3x-10=4x-12$, $x^2-7x+2=0$

$\therefore x=\dfrac{-(-7)\pm\sqrt{(-7)^2-4\times1\times2}}{2\times1}=\dfrac{7\pm\sqrt{41}}{2}$

③ 양변에 24를 곱하면

$8x^2-10x-3=0$, $(4x+1)(2x-3)=0$

$\therefore x=-\dfrac{1}{4}$ 또는 $x=\dfrac{3}{2}$

④ 양변에 100을 곱하면

$10x^2-40x+5=0$, $2x^2-8x+1=0$

$\therefore x=\dfrac{-(-4)\pm\sqrt{(-4)^2-2\times1}}{2}=\dfrac{4\pm\sqrt{14}}{2}$

⑤ 양변에 10을 곱하면 $3x^2=4x-1$

$3x^2-4x+1=0$, $(3x-1)(x-1)=0$

$\therefore x=\dfrac{1}{3}$ 또는 $x=1$

답 ⑤

03 $x+\dfrac{1}{2}=A$로 놓으면

$3A^2-2A-1=0$

$(3A+1)(A-1)=0$

$\therefore A=-\dfrac{1}{3}$ 또는 $A=1$

즉, $x+\dfrac{1}{2}=-\dfrac{1}{3}$ 또는 $x+\dfrac{1}{2}=1$이므로

$x=-\dfrac{5}{6}$ 또는 $x=\dfrac{1}{2}$

$\therefore p+q=\left(-\dfrac{5}{6}\right)+\dfrac{1}{2}=-\dfrac{1}{3}$

답 $-\dfrac{1}{3}$

04 $x-y=A$로 놓으면

$A(A-6)=16$

$A^2-6A-16=0$

$(A+2)(A-8)=0$

$\therefore A=-2$ 또는 $A=8$

그런데 $x>y$이므로 $x-y>0$

$\therefore x-y=8$

답 8

개념원리 확인하기

본문 143쪽

01 (1) 2개 (2) 21, 2개 (3) -16, 0개 (4) -3, 0개

(5) 0, 1개

02 (1) 2, 5, 7, 10 (2) 1, 4, 3, 4

(3) 3, 7, 2, 3, 27, 42 (4) 2, 5, 2, 20, 50

01 (1) $a=1$, $b=3$, $c=-4$이므로

$b^2-4ac=3^2-4\times1\times(-4)=25>0$

따라서 서로 다른 두 근을 갖는다.

$\therefore$ 2개

(2) $a=1$, $b=-5$, $c=1$이므로

$b^2-4ac=(-5)^2-4\times1\times1=21>0$

따라서 서로 다른 두 근을 갖는다.

$\therefore$ 2개

(3) $a=1$, $b=-8$, $c=20$이므로

$b^2-4ac=(-8)^2-4\times1\times20=-16<0$

따라서 근이 없다.

$\therefore$ 0개

(4) $a=1$, $b=5$, $c=7$이므로

$b^2-4ac=5^2-4\times1\times7=-3<0$

따라서 근이 없다.

$\therefore$ 0개

(5) $a=4$, $b=4$, $c=1$이므로

$b^2-4ac=4^2-4\times4\times1=0$

따라서 중근을 갖는다.

$\therefore$ 1개

답 (1) **2개** (2) **21, 2개** (3) -16, **0개**

(4) -3, **0개** (5) **0, 1개**

02 답 (1) **2, 5, 7, 10** (2) **1, 4, 3, 4**

(3) **3, 7, 2, 3, 27, 42**

(4) **2, 5, 2, 20, 50**

핵심문제 익히기 확인문제

본문 144~145쪽

1 ④	2 $k=15$, $x=-2$	3 $k<\dfrac{11}{4}$
4 ⑤	5 $2x^2-14x+24=0$	

1
① $(-3)^2-4\times1\times1=5>0$
∴ 서로 다른 두 근
② $(-4)^2-4\times1\times4=0$
∴ 중근
③ $(-2)^2-4\times\frac{1}{3}\times2=\frac{4}{3}>0$
∴ 서로 다른 두 근
④ $2^2-4\times5\times1=-16<0$
∴ 근이 없다.
⑤ $(-6)^2-4\times9\times1=0$
∴ 중근　　　　　　　　　目 ④

2
$8^2-4\times2\times(k-7)=0$이므로
$-8k+120=0$　∴ $k=15$
$k=15$를 $2x^2+8x+k-7=0$에 대입하면
$2x^2+8x+8=0$, $x^2+4x+4=0$
$(x+2)^2=0$　∴ $x=-2$
目 $k=15,\ x=-2$

3
$3^2-4\times1\times(5-k)<0$이므로
$4k-11<0$　∴ $k<\frac{11}{4}$　　目 $k<\frac{11}{4}$

4
$(-3)^2-4\times4\times(2k-5)>0$이므로
$-32k+89>0$
∴ $k<\frac{89}{32}$
따라서 k의 값이 아닌 것은 ⑤ 4이다.　目 ⑤

5
두 근이 1, 3이고 x^2의 계수가 1인 이차방정식은
$(x-1)(x-3)=0$　∴ $x^2-4x+3=0$
∴ $a=4,\ b=3$
즉, 두 근이 4, 3이고 x^2의 계수가 2인 이차방정식은
$2(x-4)(x-3)=0$, $2(x^2-7x+12)=0$
∴ $2x^2-14x+24=0$　目 $2x^2-14x+24=0$

소단원 핵심문제　본문 146쪽

01 ③	02 $x=\frac{1}{2}$ 또는 $x=1$	03 -1
04 8	05 $3x^2-15x+18=0$	

01
① $(-1)^2-4\times1\times3=-11<0$
이므로 근이 없다.
∴ 0개
② $(-6)^2-4\times1\times10=-4<0$
이므로 근이 없다.
∴ 0개
③ $3^2-4\times2\times(-5)=49>0$
이므로 서로 다른 두 근을 갖는다.
∴ 2개
④ $(-4)^2-4\times4\times3=-32<0$
이므로 근이 없다.
∴ 0개
⑤ $(-1)^2-4\times5\times5=-99<0$
이므로 근이 없다.
∴ 0개
따라서 서로 다른 근의 개수가 나머지 넷과 다른 하나는
③이다.　　　　　目 ③

02
$4^2-4\times4\times(-k)=0$이므로 $16k+16=0$
∴ $k=-1$
$k=-1$을 $(k-1)x^2+3x-1=0$에 대입하면
$-2x^2+3x-1=0$, $2x^2-3x+1=0$
$(2x-1)(x-1)=0$
∴ $x=\frac{1}{2}$ 또는 $x=1$　目 $x=\frac{1}{2}$ 또는 $x=1$

03
$(-3)^2-4\times4\times(-k)<0$이므로
$16k+9<0$　∴ $k<-\frac{9}{16}$
따라서 k의 값 중 가장 큰 정수는 -1이다.　目 -1

04
중근이 -1이고 x^2의 계수가 2인 이차방정식은
$2(x+1)^2=0$, $2(x^2+2x+1)=0$
∴ $2x^2+4x+2=0$
따라서 $a=4,\ b=2$이므로
$ab=4\times2=8$　目 8

05
$x^2-3x+2=0$, $(x-1)(x-2)=0$
∴ $x=1$ 또는 $x=2$
∴ $\alpha=1,\ \beta=2$ 또는 $\alpha=2,\ \beta=1$
따라서 두 근이 2, 3이고 x^2의 계수가 3인 이차방정식은
$3(x-2)(x-3)=0$, $3(x^2-5x+6)=0$
∴ $3x^2-15x+18=0$　目 $3x^2-15x+18=0$

개념원리 📐 확인하기   본문 148쪽

> **01** 210, 420, 21, 20, -21, 20, 20, 20
>
> **02** $x+1$, x, 11, 10, -11, 10, 10, 10, 11
>
> **03** (1) $(14-x)$ m   (2) $x(14-x)=48$ (3) 8 m

이렇게 풀어요

01 📋 210, 420, 21, 20, -21, 20, 20, 20

02 📋 $x+1$, x, 11, 10, -11, 10, 10, 10, 11

03 (1) 가로의 길이가 x m이므로 세로의 길이는

$$\frac{28-2x}{2}=14-x\,(\text{m})$$

(2) (직사각형의 넓이)$=$(가로의 길이)$\times$(세로의 길이)이므로

$$x(14-x)=48$$

(3) $x(14-x)=48$에서 $14x-x^2=48$

$x^2-14x+48=0$, $(x-6)(x-8)=0$

∴ $x=6$ 또는 $x=8$

그런데 가로의 길이가 세로의 길이보다 더 길므로 가로의 길이는 8 m이다.

📋 (1) $\mathbf{(14-x)}$ **m**   (2) $\mathbf{x(14-x)=48}$ (3) $\mathbf{8}$ **m**

핵심문제 익히기 🔍 확인문제   본문 149~152쪽

1 15명	**2** 11, 13	**3** 7개
4 (1) 2초 후 (2) 6초 후	**5** 20	**6** 3
7 3 cm	**8** 2	**9** 1 m **10** 10 cm

이렇게 풀어요

1 $\dfrac{n(n-1)}{2}=105$에서 $n(n-1)=210$

$n^2-n-210=0$, $(n+14)(n-15)=0$

∴ $n=-14$ 또는 $n=15$

그런데 $n>1$이므로 $n=15$

따라서 이 동호회의 회원 수는 15명이다.   📋 **15명**

2   연속하는 두 홀수를 x, $x+2$라 하면

$x(x+2)=143$에서

$x^2+2x-143=0$, $(x+13)(x-11)=0$

∴ $x=-13$ 또는 $x=11$

그런데 $x>0$이므로 $x=11$

따라서 구하는 두 수는 11, 13이다.   📋 **11, 13**

3   한 학생이 가지는 사탕의 개수를 x개라 하면 학생 수는 $(x+5)$명이므로 $x(x+5)=84$에서

$x^2+5x-84=0$, $(x+12)(x-7)=0$

∴ $x=-12$ 또는 $x=7$

그런데 $x>0$이므로 $x=7$

따라서 한 학생이 가지는 사탕의 개수는 7개이다.   📋 **7개**

4   (1) $20t-5t^2=20$에서 $-5t^2+20t-20=0$

$t^2-4t+4=0$, $(t-2)^2=0$

∴ $t=2$

따라서 공의 높이가 20 m가 되는 것은 공을 찬 지 2초 후이다.

(2) 물체가 지면에 떨어지는 것은 높이가 0 m일 때이므로

$30+25t-5t^2=0$에서

$t^2-5t-6=0$, $(t+1)(t-6)=0$

∴ $t=-1$ 또는 $t=6$

그런데 $t>0$이므로 $t=6$

따라서 물체가 지면에 떨어지는 것은 쏘아 올린 지 6초 후이다.

📋 (1) **2초 후**   (2) **6초 후**

5   가로와 세로의 길이의 비가 $10:3$이므로 가로, 세로의 길이를 각각 $10x$, $3x$라 하면

$10x \times 3x=120$에서 $30x^2=120$

$x^2-4=0$, $(x+2)(x-2)=0$

∴ $x=-2$ 또는 $x=2$

그런데 $x>0$이므로 $x=2$

따라서 가로의 길이는 $10 \times 2=20$ 📋 **20**

6 $(18-x)(15-x)=\dfrac{2}{3} \times (18 \times 15)$에서

$x^2-33x+270=180$, $x^2-33x+90=0$

$(x-3)(x-30)=0$

∴ $x=3$ 또는 $x=30$

그런데 $0<x<15$이므로 $x=3$ 📋 **3**

7 큰 정사각형의 한 변의 길이를 x cm라 하면 작은 정사각형의 한 변의 길이는 $(5-x)$ cm이므로

$x^2+(5-x)^2=13$에서

$2x^2-10x+12=0$

$x^2-5x+6=0$

$(x-2)(x-3)=0$

$\therefore x=2$ 또는 $x=3$

그런데 $2.5<x<5$이므로 $x=3$

따라서 큰 정사각형의 한 변의 길이는 3 cm이다.

📋 **3 cm**

8 (도로의 넓이)=(두 도로의 넓이의 합)
　　　　　　　－(두 도로가 겹쳐진 부분의 넓이)

이므로

$36=(x\times10)\times2-x^2$에서

$36=20x-x^2,\ x^2-20x+36=0$

$(x-2)(x-18)=0$

$\therefore x=2$ 또는 $x=18$

그런데 $0<x<10$이므로 $x=2$　　　📋 **2**

9 꽃밭의 폭을 x m라 하면

$(2x+5)(2x+3)-5\times3=20$에서

$4x^2+16x-20=0,\ x^2+4x-5=0$

$(x+5)(x-1)=0$

$\therefore x=-5$ 또는 $x=1$

그런데 $x>0$이므로 $x=1$

따라서 꽃밭의 폭은 1 m이다.　　　📋 **1 m**

10 처음 골판지의 가로의 길이를 x cm라 하면 세로의 길이는 $(x-3)$ cm이므로

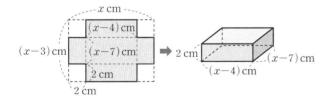

$(x-4)(x-7)\times2=36$에서

$2x^2-22x+20=0,\ x^2-11x+10=0$

$(x-1)(x-10)=0$

$\therefore x=1$ 또는 $x=10$

그런데 $x>7$이므로 $x=10$

따라서 처음 골판지의 가로의 길이는 10 cm이다.

📋 **10 cm**

본문 153쪽

소단원 📖 **핵심문제**		
01 12	**02** 32쪽, 33쪽	**03** 12명
04 8초 후	**05** 12초	

이렇게 풀어요

01 연속하는 두 짝수 중 큰 수를 x라 하면 작은 수는 $x-2$이므로

$(x-2)^2+x^2=244$에서

$2x^2-4x-240=0$

$x^2-2x-120=0$

$(x+10)(x-12)=0$

$\therefore x=-10$ 또는 $x=12$

그런데 $x>2$이므로 $x=12$

따라서 두 수 중에서 큰 수는 12이다.　　　📋 **12**

02 펼쳐진 두 페이지의 쪽수를 x쪽, $(x+1)$쪽이라 하면

$x(x+1)=1056$에서

$x^2+x-1056=0$

$(x+33)(x-32)=0$

$\therefore x=-33$ 또는 $x=32$

그런데 $x>0$이므로 $x=32$

따라서 펼쳐진 두 페이지의 쪽수는 32쪽, 33쪽이다.

📋 **32쪽, 33쪽**

03 학생 수를 x명이라 하면 한 학생에게 돌아가는 사과의 개수는 $(x-2)$개이므로

$x(x-2)=120$에서

$x^2-2x-120=0$

$(x+10)(x-12)=0$

$\therefore x=-10$ 또는 $x=12$

그런데 $x>2$이므로 $x=12$

따라서 학생 수는 12명이다.　　　📋 **12명**

04 물로켓이 지면에 떨어지는 것은 높이가 0 m일 때이므로

$40t-5t^2=0$에서

$t^2-8t=0,\ t(t-8)=0$

$\therefore t=0$ 또는 $t=8$

그런데 $t>0$이므로 $t=8$

따라서 물로켓이 지면에 떨어지는 것은 쏘아 올린 지 8초 후이다.　　　📋 **8초 후**

05 x초 후 직사각형의 가로, 세로의 길이는 각각

$(20-x)$ cm, $(16+2x)$ cm이므로

$(20-x)(16+2x)=20\times16$에서

$-2x^2+24x=0$, $x^2-12x=0$, $x(x-12)=0$

$\therefore x=0$ 또는 $x=12$

그런데 $0<x<20$이므로 $x=12$

따라서 처음 직사각형과 넓이가 같아지는 데 걸리는 시간
은 12초이다.   답 **12초**

중단원 마무리
본문 154~156쪽

01 ④	**02** ②	**03** ⑤	**04** ㄴ, ㄷ
05 ⑤	**06** $x^2+x-42=0$		**07** ③
08 ①	**09** 12 cm	**10** 5개	**11** ④
12 $(1, 2)$, $(3, 1)$		**13** $\dfrac{1}{12}$	**14** $-2\sqrt{3}$
15 ⑤	**16** 4		**17** $x=-14$ 또는 $x=2$
18 6일, 13일		**19** 26 cm	**20** 32 cm²

이렇게 풀어요

01 $x=\dfrac{-(-5)\pm\sqrt{(-5)^2-4\times2\times(-5)}}{2\times2}$

$\quad=\dfrac{5\pm\sqrt{65}}{4}$ 답 ④

02 $x=\dfrac{-(-4)\pm\sqrt{(-4)^2-3\times m}}{3}$

$\quad=\dfrac{4\pm\sqrt{16-3m}}{3}$

따라서 $16-3m=10$이므로 $m=2$ 답 ②

03 ① $3x(x+1)=x+3$에서 $3x^2+3x=x+3$

$\quad 3x^2+2x-3=0$

$\quad \therefore x=\dfrac{-1\pm\sqrt{1^2-3\times(-3)}}{3}$

$\qquad =\dfrac{-1\pm\sqrt{10}}{3}$

② $(x-2)(x-3)=x+22$에서 $x^2-5x+6=x+22$

$\quad x^2-6x-16=0$, $(x+2)(x-8)=0$

$\quad \therefore x=-2$ 또는 $x=8$

③ 양변에 3을 곱하면

$\quad x^2-3x-18=0$

$\quad (x+3)(x-6)=0$

$\quad \therefore x=-3$ 또는 $x=6$

④ 양변에 4를 곱하면

$\quad 3x^2-4x-2=0$

$\quad \therefore x=\dfrac{-(-2)\pm\sqrt{(-2)^2-3\times(-2)}}{3}$

$\qquad =\dfrac{2\pm\sqrt{10}}{3}$

⑤ 양변에 10을 곱하면

$\quad x^2+4x-6=0$

$\quad \therefore x=\dfrac{-2\pm\sqrt{2^2-1\times(-6)}}{1}$

$\qquad =-2\pm\sqrt{10}$

따라서 음수인 근의 절댓값이 가장 큰 것은 ⑤이다.   답 ⑤

04 ㄱ. $(-8)^2-4\times1\times13=12>0$

$\quad \therefore$ 서로 다른 두 근

ㄴ. $(-2)^2-4\times1\times2=-4<0$

$\quad \therefore$ 근이 없다.

ㄷ. $(-4)^2-4\times1\times5=-4<0$

$\quad \therefore$ 근이 없다.

ㄹ. $5^2-4\times1\times2=17>0$

$\quad \therefore$ 서로 다른 두 근

따라서 근이 없는 것은 ㄴ, ㄷ이다.   답 ㄴ, ㄷ

05 이차방정식 $x^2+8x+20-a=0$이 근을 가지려면

$8^2-4\times1\times(20-a)\geq0$

$64-80+4a\geq0$

$4a\geq16$

$\therefore a\geq4$ 답 ⑤

06 두 근이 $\dfrac{3}{2}$, 2이고 x^2의 계수가 2인 이차방정식은

$2\left(x-\dfrac{3}{2}\right)(x-2)=0$

$2\left(x^2-\dfrac{7}{2}x+3\right)=0$

$\therefore 2x^2-7x+6=0$

$\therefore p=-7$, $q=6$

따라서 -7, 6을 두 근으로 하고 x^2의 계수가 1인 이차방
정식은

$(x+7)(x-6)=0$

$\therefore x^2+x-42=0$ 답 $\boldsymbol{x^2+x-42=0}$

07 $\dfrac{n(n-1)}{2}=190$에서 $n(n-1)=380$

$n^2-n-380=0$, $(n+19)(n-20)=0$

$\therefore n=-19$ 또는 $n=20$

그런데 $n>1$이므로 $n=20$

따라서 학생 수는 20명이다. 답 ③

08 $25t-5t^2+70=90$에서

$-5t^2+25t-20=0$

$t^2-5t+4=0$, $(t-1)(t-4)=0$

$\therefore t=1$ 또는 $t=4$

따라서 공의 높이가 90 m가 되는 것은 공을 던진 지 1초
후 또는 4초 후이다. 답 ①

09 반죽의 반지름의 길이를 x cm만큼 늘였다고 하면 새로 만
든 반죽의 반지름의 길이는 $(9+x)$ cm이므로

$\pi(9+x)^2-\pi\times 9^2=63\pi$에서

$x^2+18x+81-81=63$

$x^2+18x-63=0$, $(x+21)(x-3)=0$

$\therefore x=-21$ 또는 $x=3$

그런데 $x>0$이므로 $x=3$

따라서 새로 만든 반죽의 반지름의 길이는

$9+3=12$(cm) 답 **12 cm**

10 양변에 12를 곱하면

$3x^2-24x+20=-7$

$3x^2-24x+27=0$, $x^2-8x+9=0$

$\therefore x=-(-4)\pm\sqrt{(-4)^2-1\times 9}=4\pm\sqrt{7}$

따라서 $a=4-\sqrt{7}$, $b=4+\sqrt{7}$이므로 a와 b 사이에 있는
정수는 2, 3, 4, 5, 6의 5개이다. 답 **5개**

11 양변에 6을 곱하면

$2x(x-3)=3(x+1)(x-2)+6a$

$2x^2-6x=3x^2-3x-6+6a$

$x^2+3x-6+6a=0$

$\therefore x=\dfrac{-3\pm\sqrt{3^2-4\times 1\times(-6+6a)}}{2\times 1}$

$\qquad =\dfrac{-3\pm\sqrt{33-24a}}{2}$

따라서 $-3=b$, $33-24a=21$이므로

$a=\dfrac{1}{2}$, $b=-3$

$\therefore 2a-b=2\times\dfrac{1}{2}-(-3)=4$ 답 ④

12 $x+2y=A$로 놓으면 $A(A+3)=40$

$A^2+3A-40=0$, $(A+8)(A-5)=0$

$\therefore A=-8$ 또는 $A=5$

그런데 x, y는 자연수이므로 $x+2y=5$

따라서 구하는 순서쌍 (x, y)는 $(1, 2)$, $(3, 1)$이다.

답 $(1, 2)$, $(3, 1)$

13 한 개의 주사위를 두 번 던질 때, 모든 경우의 수는

$6\times 6=36$

$ax^2-4x+b=0$이 중근을 가지려면

$(-4)^2-4\times a\times b=0$

$16-4ab=0$ $\therefore ab=4$

$ab=4$를 만족시키는 경우를 순서쌍 (a, b)로 나타내면

$(1, 4)$, $(2, 2)$, $(4, 1)$의 3가지이다.

따라서 구하는 확률은

$\dfrac{3}{36}=\dfrac{1}{12}$ 답 $\dfrac{1}{12}$

14 $3x^2-2x+k-1=0$이 서로 다른 두 근을 가지려면

$(-2)^2-4\times 3\times(k-1)>0$

$16-12k>0$ $\therefore k<\dfrac{4}{3}$ $\qquad$ …… ㉠

$x^2+kx+3=0$이 중근을 가지려면

$k^2-4\times 1\times 3=0$, $k^2=12$

$\therefore k=\pm 2\sqrt{3}$ $\qquad$ …… ㉡

㉠, ㉡에서 $k=-2\sqrt{3}$ 답 $-2\sqrt{3}$

15 $(3-2k)^2-4\times 1\times(k^2+1)<0$이므로

$-12k+5<0$ $\therefore k>\dfrac{5}{12}$

따라서 k의 값이 될 수 있는 것은 ⑤ $\dfrac{1}{2}$이다. 답 ⑤

16 두 근이 -1, b이고 x^2의 계수가 2인 이차방정식은

$2(x+1)(x-b)=0$에서 $2\{x^2+(-b+1)x-b\}=0$

$2x^2-2(b-1)x-2b=0$

즉, $-2(b-1)=3a$ $\qquad$ …… ㉠

$-2b=a-4$ $\qquad$ …… ㉡

㉠, ㉡을 연립하여 풀면

$a=-1$, $b=\dfrac{5}{2}$

$\therefore a+2b=(-1)+2\times\dfrac{5}{2}=4$ 답 **4**

17 서윤이는 x의 계수를 잘못 보았으므로 상수항은 바르게 보았다.

$(x+4)(x-7)=0$에서 $x^2-3x-28=0$

즉, 처음 이차방정식의 상수항은 -28이다.

또 현우는 상수항을 잘못 보았으므로 x의 계수는 바르게 보았다.

$(x+9)(x+3)=0$에서 $x^2+12x+27=0$

즉, 처음 이차방정식의 x의 계수는 12이다.

따라서 처음 이차방정식은 $x^2+12x-28=0$이므로

$(x+14)(x-2)=0$

$\therefore x=-14$ 또는 $x=2$ 🖩 $x=-14$ 또는 $x=2$

18 위아래로 이웃하는 두 날짜를 x일, $(x+7)$일이라 하면

$x^2+(x+7)^2=205$에서 $2x^2+14x-156=0$

$x^2+7x-78=0$, $(x+13)(x-6)=0$

$\therefore x=-13$ 또는 $x=6$

그런데 $x>0$이므로 $x=6$

따라서 구하는 날짜는 6일, 13일이다. 🖩 **6일, 13일**

19 타일의 짧은 변의 길이를 x cm라 하면 긴 변의 길이는

$\dfrac{1}{2}\times(4x-4)=2x-2\,(\text{cm})$

이때 종이의 넓이가 260 cm²이므로

$4x(2x-2+x)=260$, $12x^2-8x-260=0$

$3x^2-2x-65=0$, $(3x+13)(x-5)=0$

$\therefore x=-\dfrac{13}{3}$ 또는 $x=5$

그런데 $x>1$이므로 $x=5$

따라서 타일의 짧은 변의 길이가 5 cm, 긴 변의 길이가

$2\times5-2=8\,(\text{cm})$이므로 타일 1개의 둘레의 길이는

$2\times(5+8)=26\,(\text{cm})$ 🖩 **26 cm**

20 $\overline{BD}=x$ cm라 하면 $\overline{DC}=(12-x)$ cm

한편 $\triangle EDC$에서 $\angle C=45°$이므로 $\triangle EDC$는 직각이등변삼각형이다.

$\therefore \overline{ED}=\overline{DC}=(12-x)$ cm

이때 $\square BDEF=\overline{BD}\times\overline{ED}$이므로

$32=x\times(12-x)$

$x^2-12x+32=0$, $(x-4)(x-8)=0$

$\therefore x=4$ 또는 $x=8$

그런데 $\overline{BD}<\overline{DC}$이므로 $x=4$

$\therefore \overline{DC}=\overline{ED}=12-4=8\,(\text{cm})$

$\therefore \triangle EDC=\dfrac{1}{2}\times8\times8=32\,(\text{cm}^2)$ 🖩 **32 cm²**

본문 157~158쪽

서술형 대비 문제

1-1 $\dfrac{3}{2}$　　**2-1** 4 m　　**3** 22　　**4** 1

5 $3x^2-21x+30=0$　　**6** 14 cm

이렇게 풀어요

1-1 **1단계** 두 근이 $-\dfrac{1}{3}$, 2이고 x^2의 계수가 3인 이차방정식은

$3\left(x+\dfrac{1}{3}\right)(x-2)=0$

$3\left(x^2-\dfrac{5}{3}x-\dfrac{2}{3}\right)=0$

$\therefore 3x^2-5x-2=0$

$\therefore a=-5,\ b=-2$

2단계 $bx^2-ax-3=0$에서

$-2x^2+5x-3=0$

$2x^2-5x+3=0$

$(x-1)(2x-3)=0$

$\therefore x=1$ 또는 $x=\dfrac{3}{2}$

3단계 따라서 두 근의 곱은

$1\times\dfrac{3}{2}=\dfrac{3}{2}$ 🖩 $\dfrac{3}{2}$

2-1 **1단계** 산책로의 폭을 x m라 하면 산책로를 제외한 공원의 넓이는 가로, 세로의 길이가 각각 $(30-x)$ m, $(24-2x)$ m인 직사각형의 넓이와 같으므로

$(30-x)(24-2x)=416$

2단계 $2x^2-84x+304=0$, $x^2-42x+152=0$

$(x-4)(x-38)=0$

$\therefore x=4$ 또는 $x=38$

3단계 그런데 $0<x<12$이므로 $x=4$

따라서 산책로의 폭은 4 m이다. 🖩 **4 m**

3 **1단계** 양변에 10을 곱하면

$-x+5(x^2+1)=4-8x$, $5x^2+7x+1=0$

2단계 $\therefore x=\dfrac{-7\pm\sqrt{7^2-4\times5\times1}}{2\times5}=\dfrac{-7\pm\sqrt{29}}{10}$

3단계 따라서 $p=-7$, $q=29$이므로

$p+q=(-7)+29=22$ 🖩 **22**

단계	채점 요소	배점
❶	이차방정식 정리하기	2점
❷	이차방정식의 근 구하기	3점
❸	$p+q$의 값 구하기	2점

4 **1단계** 이차방정식 $Ax^2-2x+3=0$이 중근을 가지므로

$(-2)^2-4\times A\times 3=0$, $4-12A=0$ $\therefore A=\dfrac{1}{3}$

2단계 $A=\dfrac{1}{3}$을 $x^2-Ax+A-1=0$에 대입하면

$x^2-\dfrac{1}{3}x-\dfrac{2}{3}=0$

양변에 3을 곱하면 $3x^2-x-2=0$

$(3x+2)(x-1)=0$ $\therefore x=-\dfrac{2}{3}$ 또는 $x=1$

3단계 따라서 두 근 중 큰 근은 1이다.   **답 1**

단계	채점 요소	배점
❶	A의 값 구하기	3점
❷	$x^2-Ax+A-1=0$의 근 구하기	3점
❸	두 근 중 큰 근 구하기	1점

5 **1단계** $x=1$을 $x^2+kx-6=0$에 대입하면

$1^2+k\times 1-6=0$, $k-5=0$ $\therefore k=5$

2단계 5, 2를 두 근으로 하고 x^2의 계수가 3인 이차방정식은

$3(x-5)(x-2)=0$, $3(x^2-7x+10)=0$

$\therefore 3x^2-21x+30=0$ **답 $3x^2-21x+30=0$**

단계	채점 요소	배점
❶	k의 값 구하기	3점
❷	이차방정식 구하기	3점

6 **1단계** $\overline{AC}$, $\overline{CB}$, $\overline{AB}$를 지름
으로 하는 반원의 넓이
를 각각 S_1 cm^2,
S_2 cm^2, S cm^{2}라 하면
$S=S_1+S_2+21\pi$

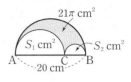

2단계 이때 $\overline{AC}=x$ cm라 하면 $\overline{CB}=(20-x)$ cm이므로

$\dfrac{1}{2}\times \pi \times 10^2$

$=\dfrac{1}{2}\times \pi \times \left(\dfrac{x}{2}\right)^2+\dfrac{1}{2}\times \pi \times \left(\dfrac{20-x}{2}\right)^2+21\pi$

3단계 $50\pi=\dfrac{x^2}{8}\pi+\dfrac{400-40x+x^2}{8}\pi+21\pi$

$400=x^2+400-40x+x^2+168$

$2x^2-40x+168=0$

$x^2-20x+84=0$

$(x-6)(x-14)=0$

$\therefore x=6$ 또는 $x=14$

4단계 그런데 $\overline{AC}>\overline{CB}$이므로

$\overline{AC}=14$ cm   **답 14 cm**

단계	채점 요소	배점
❶	세 반원의 넓이 사이의 관계 구하기	2점
❷	이차방정식 세우기	2점
❸	이차방정식의 해 구하기	3점
❹	$\overline{AC}$의 길이 구하기	1점

IV | 이차함수

1 이차함수와 그 그래프

01 이차함수 $y=ax^2$의 그래프

본문 164쪽

개념원리 확인하기

01 (1) ○ (2) × (3) × (4) ○ (5) ○ (6) ×

02 (1) 풀이 참조 (2) 풀이 참조

03 (1) ㄱ, ㄹ (2) ㄷ (3) ㄴ과 ㄹ

이렇게 풀어요

01 답 (1) ○ (2) × (3) × (4) ○ (5) ○ (6) ×

02 (1)

	그래프의 모양	꼭짓점의 좌표	축의 방정식
$y=2x^2$	\cup	$(0, 0)$	$x=0$
$y=-2x^2$	\cap	$(0, 0)$	$x=0$

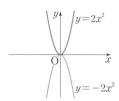

(2)

	그래프의 모양	꼭짓점의 좌표	축의 방정식
$y=-4x^2$	\cap	$(0, 0)$	$x=0$
$y=-\dfrac{1}{4}x^2$	\cap	$(0, 0)$	$x=0$

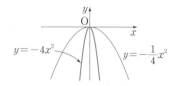

답 (1) 풀이 참조 (2) 풀이 참조

03 (1) 이차항의 계수가 양수이면 그래프가 아래로 볼록하므로 아래로 볼록한 것은 ㄱ, ㄹ이다.

(2) 이차항의 계수의 절댓값이 작을수록 그래프의 폭이 넓어지므로 폭이 가장 넓은 것은 ㄷ이다.

---

(3) 이차항의 계수의 절댓값이 같고 부호가 반대인 두 이차함수의 그래프는 x축에 서로 대칭이므로 x축에 서로 대칭인 것끼리 짝 지으면 ㄴ과 ㄹ이다.

답 (1) ㄱ, ㄹ (2) ㄷ (3) ㄴ과 ㄹ

핵심문제 익히기 확인문제

본문 165~168쪽

1 ㄱ, ㄷ	**2** ②, ⑤	**3** ⑤	**4** 1
5 ④, ⑤	**6** ㄹ, ㄱ, ㄷ, ㄴ, ㅁ		**7** $\dfrac{1}{4}$
8 -3	**9** 4		

이렇게 풀어요

1 ㄱ. $y=x^2(x+1)=x^3+x^2$
$\Rightarrow$ 이차함수가 아니다.

ㄴ. $y=2(x-3)^2+4$
$=2x^2-12x+22$
$\Rightarrow$ 이차함수

ㄷ. $y=3x^2-3(x-1)^2$
$=3x^2-3(x^2-2x+1)$
$=6x-3$
$\Rightarrow$ 일차함수

ㄹ. $y=x^2-(3x-x^2)=2x^2-3x$
$\Rightarrow$ 이차함수

ㅁ. $y=3x^2-(2x+1)^2$
$=3x^2-(4x^2+4x+1)$
$=-x^2-4x-1$
$\Rightarrow$ 이차함수

답 ㄱ, ㄷ

2 ① $y=3x$ $\Rightarrow$ 일차함수

② $y=\pi\times\left(\dfrac{1}{2}x\right)^2=\dfrac{1}{4}\pi x^2$ $\Rightarrow$ 이차함수

③ $y=60x$ $\Rightarrow$ 일차함수

④ $y=x\times x\times x=x^3$ $\Rightarrow$ 이차함수가 아니다.

⑤ $y=\pi x^2\times\dfrac{60}{360}=\dfrac{1}{6}\pi x^2$ $\Rightarrow$ 이차함수

답 ②, ⑤

3 $y=2x^2-x(ax+5)+8=2x^2-ax^2-5x+8$
$=(2-a)x^2-5x+8$
따라서 이차함수가 되려면 $2-a\neq0$, 즉 $a\neq2$이어야 한다.

답 ⑤

4 $f(-1)=2\times(-1)^2-a\times(-1)-2=a$

이때 $f(-1)=1$이므로 $a=1$
답 **1**

5 이차함수 $y=-\dfrac{1}{2}x^2$의 그래프는 오
른쪽 그림과 같다.

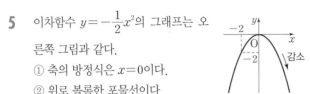

① 축의 방정식은 $x=0$이다.

② 위로 볼록한 포물선이다.

③ $x=-2$일 때 $y=-\dfrac{1}{2}\times(-2)^2=-2$이므로

점 $(-2,\ -2)$를 지난다.
답 **④, ⑤**

6 $|2|>|-1|>\left|-\dfrac{2}{3}\right|>\left|\dfrac{1}{2}\right|>\left|-\dfrac{1}{4}\right|$이므로 그래프의
폭이 좁은 것부터 차례로 나열하면

$y=2x^2,\ y=-x^2,\ y=-\dfrac{2}{3}x^2,\ y=\dfrac{1}{2}x^2,\ y=-\dfrac{1}{4}x^2$

따라서 ㄹ, ㄱ, ㄷ, ㄴ, ㅁ이다.
답 **ㄹ, ㄱ, ㄷ, ㄴ, ㅁ**

7 이차함수 $y=-\dfrac{1}{4}x^2$의 그래프와 x축에 대칭인 그래프는

$y=\dfrac{1}{4}x^2$의 그래프이고, 이 그래프가 점 $(-1,\ k)$를 지나

므로

$k=\dfrac{1}{4}\times(-1)^2=\dfrac{1}{4}$
답 **$\dfrac{1}{4}$**

8 이차함수 $y=ax^2$의 그래프가 점 $(6,\ -12)$를 지나므로

$-12=a\times6^2,\ -12=36a$

$\therefore a=-\dfrac{1}{3}$

즉, $y=-\dfrac{1}{3}x^2$의 그래프가 점 $(3,\ b)$를 지나므로

$b=-\dfrac{1}{3}\times3^2=-3$
답 **-3**

9 원점을 꼭짓점으로 하는 이차함수의 그래프이므로 이차함
수의 식을 $y=ax^2$으로 놓으면 이 그래프가 점 $(1,\ 1)$을
지나므로

$1=a\times1^2$　　$\therefore a=1$

즉, $y=x^2$의 그래프가 점 $(k,\ 16)$을 지나므로

$16=k^2$　　$\therefore k=\pm4$

그런데 k는 양수이므로

$k=4$
답 **4**

01 3개	**02** ⑤	**03** ④	**04** 9
05 12			

이렇게 풀어요

01 ㄱ. $y=x^2+4$ ➡ 이차함수

ㄴ. $y=1-2x^2$ ➡ 이차함수

ㄷ. $y=\dfrac{1}{2x^2}$ ➡ 이차함수가 아니다.

ㄹ. $y=x(x-7)^2=x(x^2-14x+49)=x^3-14x^2+49x$

➡ 이차함수가 아니다.

ㅁ. $y=\dfrac{x^2}{2}+3$ ➡ 이차함수

ㅂ. $y=x^2-(x+1)^2=x^2-(x^2+2x+1)=-2x-1$

➡ 일차함수

따라서 이차함수인 것은 ㄱ, ㄴ, ㅁ의 3개이다.
답 **3개**

02 ⑤ $a<0$, $x>0$일 때, x의 값이 증가하면 y의 값은 감소

한다.
답 **⑤**

03 $|5|>\left|\dfrac{1}{4}\right|>\left|\dfrac{1}{9}\right|$이므로 그래프의 폭이 좁은 것부터 차

례로 나열하면

$y=5x^2,\ y=\dfrac{1}{4}x^2,\ y=\dfrac{1}{9}x^2$

따라서 이차함수와 그 그래프를 짝 지으면

ㄴ－㈐, ㄱ－㈏, ㄷ－㈎
답 **④**

04 이차함수 $y=ax^2$의 그래프가 이차함수 $y=\dfrac{1}{4}x^2$의 그래

프와 x축에 서로 대칭이므로 $a=-\dfrac{1}{4}$

즉, $y=-\dfrac{1}{4}x^2$의 그래프가 점 $(6,\ b)$를 지나므로

$b=-\dfrac{1}{4}\times6^2=-9$

$\therefore 4ab=4\times\left(-\dfrac{1}{4}\right)\times(-9)=9$
답 **9**

05 원점을 꼭짓점으로 하는 포물선이므로 이차함수의 식을
$y=ax^2$으로 놓으면 이 그래프가 점 $(-2,\ 3)$을 지나므로

$3=a\times(-2)^2,\ 3=4a$　　$\therefore a=\dfrac{3}{4}$

즉, $y=\dfrac{3}{4}x^2$의 그래프가 점 $(4,\ k)$를 지나므로

$k=\dfrac{3}{4}\times4^2=12$
답 **12**

개념원리 📖 확인하기   본문 171쪽

01 풀이 참조

02 (1) ① $-2x^2$, y, 1 ② 0, 1 ③ $x=0$

    (2) ① $\frac{1}{5}x^2$, y, -2 ② 0, -2 ③ $x=0$

03 (1) $y=3x^2-1$, 그래프는 풀이 참조

    (2) $y=-x^2+5$, 그래프는 풀이 참조

---

1 (1) $y=-\frac{1}{2}x^2+1$, $(0, 1)$, $x=0$

    (2) $y=x^2-3$, $(0, -3)$, $x=0$

2 ④   **3** 1 **4** 3

이렇게 풀어요

01

x	$\cdots$	-3	-2	-1	0	1	2	3	$\cdots$
$y=x^2$	$\cdots$	9	4	1	0	1	4	9	$\cdots$
$y=x^2+3$	$\cdots$	12	7	4	3	4	7	12	$\cdots$

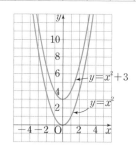

🔁 **풀이 참조**

02 🔁 (1) ① $-2x^2$, y, 1 ② 0, 1 ③ $x=0$

    (2) ① $\frac{1}{5}x^2$, y, -2 ② 0, -2 ③ $x=0$

03 (1) $y=3x^2$의 그래프를 y축의
방향으로 -1만큼 평행이
동한 그래프를 나타내는
이차함수의 식은
$y=3x^2-1$이고, 그 그래
프는 오른쪽 그림과 같다.

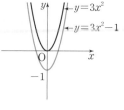

    (2) $y=-x^2$의 그래프를 y축
의 방향으로 5만큼 평행
이동한 그래프를 나타내
는 이차함수의 식은
$y=-x^2+5$이고, 그 그
래프는 오른쪽 그림과 같다.

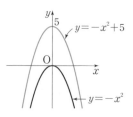

🔁 (1) $y=3x^2-1$, 그래프는 풀이 참조

    (2) $y=-x^2+5$, 그래프는 풀이 참조

이렇게 풀어요

1 (1) 이차함수 $y=-\frac{1}{2}x^2$의 그래프를 y축의 방향으로 1만
큼 평행이동한 그래프를 나타내는 이차함수의 식은
$$y=-\frac{1}{2}x^2+1$$
따라서 꼭짓점의 좌표는 $(0, 1)$, 축의 방정식은 $x=0$
이다.

    (2) 이차함수 $y=x^2$의 그래프를 y축의 방향으로 -3만큼
평행이동한 그래프를 나타내는 이차함수의 식은
$$y=x^2-3$$
따라서 꼭짓점의 좌표는 $(0, -3)$, 축의 방정식은
$x=0$이다.

🔁 (1) $y=-\frac{1}{2}x^2+1$, $(0, 1)$, $x=0$

    (2) $y=x^2-3$, $(0, -3)$, $x=0$

2 ④ 이차함수 $y=\frac{2}{3}x^2-1$의 그래프는
오른쪽 그림과 같다.
$x<0$일 때, x의 값이 증가하면 y의
값은 감소한다.   🔁 ④

3 $y=-x^2$의 그래프를 y축의 방향으로 5만큼 평행이동한
그래프를 나타내는 이차함수의 식은
$$y=-x^2+5$$
이 그래프가 점 $(2, k)$를 지나므로
$$k=-2^2+5=1$$ 🔁 1

4 꼭짓점의 좌표가 $(0, 1)$이므로 이차함수의 식을
$y=ax^2+1$로 놓으면 이 그래프가 점 $(4, 9)$를 지나므로
$$9=a\times4^2+1, 8=16a$$
$$\therefore a=\frac{1}{2}$$
즉, $y=\frac{1}{2}x^2+1$이므로 $x=2$일 때의 y의 값은
$$y=\frac{1}{2}\times2^2+1=3$$ 🔁 3

01 ⑤   **02** ㄴ, ㄹ   **03** ①   **04** -2

05 $y=\dfrac{3}{8}x^2+2$

이렇게 풀어요

01 이차함수 $y=\dfrac{2}{5}x^2$의 그래프를 y축의 방향으로 2만큼 평행이동한 그래프를 나타내는 이차함수의 식은

$y=\dfrac{2}{5}x^2+2$이다.   🖺 ⑤

02 ㄱ. 꼭짓점의 좌표는 $(0, -3)$이다.

ㄷ. $x=2$일 때 $y=\dfrac{1}{2}\times 2^2-3=-1$이므로

점 $(2, -1)$을 지난다.

ㅁ. $y=\dfrac{1}{2}x^2$의 그래프를 y축의 방향으로 -3만큼 평행이동한 것이다.   🖺 ㄴ, ㄹ

03 이차함수 $y=-5x^2+2$의 그래프는 오른쪽 그림과 같으므로 x의 값이 증가할 때 y의 값도 증가하는 x의 값의 범위는 $x<0$이다.   🖺 ①

04 $y=\dfrac{3}{4}x^2$의 그래프를 y축의 방향으로 k만큼 평행이동한 그래프를 나타내는 이차함수의 식은

$y=\dfrac{3}{4}x^2+k$

이 그래프가 점 $(2, 1)$을 지나므로

$1=\dfrac{3}{4}\times 2^2+k$

$1=3+k$

$\therefore k=-2$ 🖺 -2

05 꼭짓점의 좌표가 $(0, 2)$이므로 이차함수의 식을 $y=ax^2+2$로 놓으면 이 그래프가 점 $(4, 8)$을 지나므로

$8=a\times 4^2+2$

$6=16a$

$\therefore a=\dfrac{3}{8}$

따라서 구하는 이차함수의 식은 $y=\dfrac{3}{8}x^2+2$이다.

🖺 $y=\dfrac{3}{8}x^2+2$

---

03   이차함수 $y=a(x-p)^2$의 그래프

01 풀이 참조

02 (1) ① $3x^2$, x, 1 ② 1, 0 ③ $x=1$

     (2) ① $-\dfrac{1}{3}x^2$, x, -2 ② -2, 0 ③ $x=-2$

03 (1) $y=-\dfrac{1}{2}(x+1)^2$, 그래프는 풀이 참조

     (2) $y=3\left(x-\dfrac{1}{2}\right)^2$, 그래프는 풀이 참조

이렇게 풀어요

01

x	$\cdots$	-3	-2	-1	0	1	2	3	$\cdots$
$y=x^2$	$\cdots$	9	4	1	0	1	4	9	$\cdots$
$y=(x-2)^2$	$\cdots$	25	16	9	4	1	0	1	$\cdots$

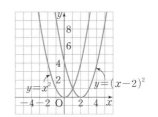

🖺 풀이 참조

02 🖺 (1) ① $3x^2$, x, 1 ② 1, 0 ③ $x=1$

     (2) ① $-\dfrac{1}{3}x^2$, x, -2 ② -2, 0 ③ $x=-2$

03 (1) $y=-\dfrac{1}{2}x^2$의 그래프를 x축의 방향으로 -1만큼 평행이동한 그래프를 나타내는 이차함수의 식은 $y=-\dfrac{1}{2}(x+1)^2$이고, 그 그래프는 오른쪽 그림과 같다.

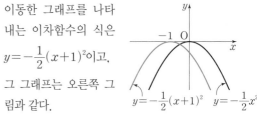

     (2) $y=3x^2$의 그래프를 x축의 방향으로 $\dfrac{1}{2}$만큼 평행이동한 그래프를 나타내는 이차함수의 식은 $y=3\left(x-\dfrac{1}{2}\right)^2$이고, 그 그래프는 오른쪽 그림과 같다.

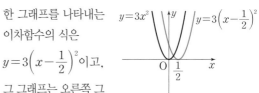

🖺 (1) $y=-\dfrac{1}{2}(x+1)^2$, 그래프는 풀이 참조

     (2) $y=3\left(x-\dfrac{1}{2}\right)^2$, 그래프는 풀이 참조

본문 177~178쪽

1 (1) $y=4(x-1)^2$, $(1, 0)$, $x=1$

　(2) $y=-\dfrac{2}{3}(x-2)^2$, $(2, 0)$, $x=2$

2 ⑤　　　3 ③, ⑤　　　4 ①

이렇게 풀어요

1 (1) $y=4x^2$의 그래프를 x축의 방향으로 1만큼 평행이동한 그래프를 나타내는 이차함수의 식은
$$y=4(x-1)^2$$
따라서 꼭짓점의 좌표는 $(1, 0)$, 축의 방정식은 $x=1$ 이다.

(2) $y=-\dfrac{2}{3}x^2$의 그래프를 x축의 방향으로 2만큼 평행이 동한 그래프를 나타내는 이차함수의 식은
$$y=-\dfrac{2}{3}(x-2)^2$$
따라서 꼭짓점의 좌표는 $(2, 0)$, 축의 방정식은 $x=2$ 이다.

답 (1) $y=4(x-1)^2$, $(1, 0)$, $x=1$
(2) $y=-\dfrac{2}{3}(x-2)^2$, $(2, 0)$, $x=2$

2 ③ $x=0$일 때 $y=-\dfrac{3}{4}\times(0-2)^2=-3$이므로 y축과의 교점의 좌표는 $(0, -3)$이다.

⑤ 이차함수 $y=-\dfrac{3}{4}(x-2)^2$의 그래프는 오른쪽 그림과 같으므로 x의 값이 증가할 때 y의 값도 증가하는 x의 값의 범위는 $x<2$이다.

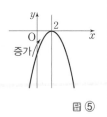

답 ⑤

3 이차함수 $y=2x^2$의 그래프를 x축의 방향으로 p만큼 평행 이동한 그래프를 나타내는 이차함수의 식은
$$y=2(x-p)^2$$
이 그래프가 점 $(2, 18)$을 지나므로
$$18=2(2-p)^2$$
$$18=8-8p+2p^2$$
$$p^2-4p-5=0$$
$$(p+1)(p-5)=0$$
$$\therefore p=-1 \text{ 또는 } p=5$$

답 ③, ⑤

4 주어진 그래프에서 꼭짓점의 좌표가 $(2, 0)$이므로 이차함수의 식을 $y=a(x-2)^2$으로 놓으면 이 그래프가 점 $(0, 2)$를 지나므로
$$2=a\times(0-2)^2$$
$$2=4a$$
$$\therefore a=\dfrac{1}{2}$$
즉, $y=\dfrac{1}{2}(x-2)^2$이다.

① $x=-2$일 때 $y=\dfrac{1}{2}\times(-2-2)^2=8$

② $x=-1$일 때 $y=\dfrac{1}{2}\times(-1-2)^2=\dfrac{9}{2}$

③ $x=1$일 때 $y=\dfrac{1}{2}\times(1-2)^2=\dfrac{1}{2}$

④ $x=3$일 때 $y=\dfrac{1}{2}\times(3-2)^2=\dfrac{1}{2}$

⑤ $x=4$일 때 $y=\dfrac{1}{2}\times(4-2)^2=2$

따라서 주어진 그래프 위에 있는 점의 좌표는
① $(-2, 8)$이다.

답 ①

본문 179쪽

01 ③　　　02 ④　　　03 ④　　　04 $\dfrac{14}{5}$

05 $y=-\dfrac{1}{2}(x+4)^2$

이렇게 풀어요

01 이차함수 $y=2(x-3)^2$의 그래프는 이차함수 $y=2x^2$의 그래프를 x축의 방향으로 3만큼 평행이동한 것이므로
$$a=3$$
꼭짓점의 좌표는 $(3, 0)$이므로
$$p=3, q=0$$
$$\therefore a-p+q=3-3+0=0$$

답 ③

02 이차함수 $y=\dfrac{1}{2}(x+2)^2$의 그래프에서 꼭짓점의 좌표는 $(-2, 0)$이고, x^2의 계수가 양수이므로 아래로 볼록한 포물선이다.
따라서 $y=\dfrac{1}{2}(x+2)^2$의 그래프로 알맞은 것은 ④이다.

답 ④

03 ② $x=0$일 때 $y=-(0+3)^2=-9$이므로 y축과의 교점의 좌표는 $(0, -9)$이다.

④ 이차함수 $y=-(x+3)^2$의 그래프는 오른쪽 그림과 같으므로 제3, 4사분면을 지난다.

답 ④

04 이차함수 $y=a(x-p)^2$의 그래프에서 축의 방정식이 $x=-3$이므로 $p=-3$

즉, $y=a(x+3)^2$의 그래프가 점 $(2, -1)$을 지나므로

$-1=a\times(2+3)^2$

$-1=25a$ ∴ $a=-\dfrac{1}{25}$

∴ $5a-p=5\times\left(-\dfrac{1}{25}\right)-(-3)$

$=-\dfrac{1}{5}+3=\dfrac{14}{5}$

답 $\dfrac{14}{5}$

05 꼭짓점의 좌표가 $(-4, 0)$이므로 이차함수의 식을 $y=a(x+4)^2$으로 놓으면 이 그래프가 점 $(-6, -2)$를 지나므로

$-2=a\times(-6+4)^2$

$-2=4a$ ∴ $a=-\dfrac{1}{2}$

따라서 구하는 이차함수의 식은 $y=-\dfrac{1}{2}(x+4)^2$이다.

답 $y=-\dfrac{1}{2}(x+4)^2$

---

04 이차함수 $y=a(x-p)^2+q$의 그래프

개념원리 ✓ 확인하기   본문 182쪽

01 (1) $y=2(x+5)^2+3$ (2) $-2, -5$ (3) $2, -4$

02 (1) $(1, -2)$, $x=1$, 그래프는 풀이 참조

  (2) $(-3, 4)$, $x=-3$, 그래프는 풀이 참조

03 $2, 2, 5, 5, 3, y=3(x+1)^2+2$

이렇게 풀어요

01 답 (1) $y=2(x+5)^2+3$ (2) $-2, -5$ (3) $2, -4$

---

02 (1) $y=3(x-1)^2-2$의 그래프는 오른쪽 그림과 같고, 꼭짓점의 좌표는 $(1, -2)$, 축의 방정식은 $x=1$이다.

(2) $y=-(x+3)^2+4$의 그래프는 오른쪽 그림과 같고, 꼭짓점의 좌표는 $(-3, 4)$, 축의 방정식은 $x=-3$이다.

답 (1) $(1, -2)$, $x=1$, 그래프는 풀이 참조

(2) $(-3, 4)$, $x=-3$, 그래프는 풀이 참조

03 답 $2, 2, 5, 5, 3, y=3(x+1)^2+2$

핵심문제 익히기 🔑 확인문제   본문 183~185쪽

1 (1) $y=-2(x-2)^2-5$, $(2, -5)$, $x=2$

(2) $y=\dfrac{1}{4}(x+1)^2+3$, $(-1, 3)$, $x=-1$

2 ④   **3** 11

4 (1) $a>0, p<0, q<0$ (2) $a<0, p>0, q<0$

5 -2 **6** $(3, -1)$ **7** 10

이렇게 풀어요

1 (1) $y=-2x^2$의 그래프를 x축의 방향으로 2만큼, y축의 방향으로 -5만큼 평행이동한 그래프를 나타내는 이차함수의 식은

$y=-2(x-2)^2-5$

따라서 꼭짓점의 좌표는 $(2, -5)$, 축의 방정식은 $x=2$이다.

(2) $y=\dfrac{1}{4}x^2$의 그래프를 x축의 방향으로 -1만큼, y축의 방향으로 3만큼 평행이동한 그래프를 나타내는 이차함수의 식은

$y=\dfrac{1}{4}(x+1)^2+3$

따라서 꼭짓점의 좌표는 $(-1, 3)$, 축의 방정식은 $x=-1$이다.

답 (1) $y=-2(x-2)^2-5$, $(2, -5)$, $x=2$

(2) $y=\dfrac{1}{4}(x+1)^2+3$, $(-1, 3)$, $x=-1$

2 ① 꼭짓점의 좌표는 $(3, -1)$이다.

② $x=0$일 때 $y=\frac{1}{2}\times(0-3)^2-1=\frac{7}{2}$이므로 y축과의

교점의 좌표는 $\left(0, \frac{7}{2}\right)$이다.

③ $y=\frac{1}{2}x^2$의 그래프를 평행이동한 것이다.

⑤ $y=\frac{1}{2}(x-3)^2-1$의 그래프는 오른 쪽 그림과 같으므로 x의 값이 증가 할 때 y의 값은 감소하는 x의 값의 범위는 $x<3$이다.

답 ④

3 꼭짓점의 좌표가 $(1, -1)$이므로 이차함수의 식을 $y=a(x-1)^2-1$로 놓으면 이 그래프가 점 $(0, 2)$를 지나므로

$2=a\times(0-1)^2-1$

$\therefore a=3$

즉, $y=3(x-1)^2-1$의 그래프가 점 $(3, k)$를 지나므로

$k=3\times(3-1)^2-1=11$

답 11

4 (1) 그래프가 아래로 볼록하므로 $a>0$

꼭짓점 (p, q)가 제3사분면 위에 있으므로

$p<0, q<0$

(2) 그래프가 위로 볼록하므로 $a<0$

꼭짓점 (p, q)가 제4사분면 위에 있으므로

$p>0, q<0$

답 (1) $a>0, p<0, q<0$ (2) $a<0, p>0, q<0$

5 이차함수 $y=2(x-4)^2+3$의 그래프를 x축의 방향으로 -3만큼, y축의 방향으로 -5만큼 평행이동한 그래프를 나타내는 이차함수의 식은

$y-(-5)=2\{x-(-3)-4\}^2+3$

$\therefore y=2(x-1)^2-2$

이 그래프가 점 $(1, k)$를 지나므로

$k=2\times(1-1)^2-2=-2$

답 -2

6 이차함수 $y=4(x+3)^2-1$의 그래프를 y축에 대칭이동 한 그래프를 나타내는 이차함수의 식은

$y=4(-x+3)^2-1$

$\therefore y=4(x-3)^2-1$

따라서 구하는 꼭짓점의 좌표는 $(3, -1)$이다.

답 $(3, -1)$

7 이차함수 $y=-3(x-1)^2+2$의 그래프를 x축에 대칭이 동한 그래프를 나타내는 이차함수의 식은

$-y=-3(x-1)^2+2$ $\therefore y=3(x-1)^2-2$

이 그래프를 x축의 방향으로 3만큼 평행이동한 그래프를 나타내는 이차함수의 식은

$y=3(x-3-1)^2-2$ $\therefore y=3(x-4)^2-2$

이 그래프가 점 $(2, k)$를 지나므로

$k=3\times(2-4)^2-2=10$

답 10

소단원 핵심문제   본문 186~187쪽

01 ②	**02** ㄴ, ㄷ, ㄹ	**03** -4
04 $y=3(x+1)^2+3$	**05** ④	**06** ②
07 12	**08** $x>5$	

이렇게 풀어요

01 이차함수 $y=\frac{1}{3}(x+2)^2-1$의 그래프는 아래로 볼록하고 꼭짓점의 좌표가 $(-2, -1)$인 포물선이다.

또 $x=0$일 때 $y=\frac{1}{3}\times(0+2)^2-1=\frac{1}{3}$이므로 y축과의

교점의 좌표는 $\left(0, \frac{1}{3}\right)$이다.

따라서 그래프로 알맞은 것은 ②이다.

답 ②

02 ㄱ. 직선 $x=-1$을 축으로 하는 위로 볼록한 포물선이다.

ㄴ. $\left|-\frac{1}{2}\right|=\left|\frac{1}{2}\right|$이므로 $y=\frac{1}{2}x^2$의 그래프와 폭이 같다.

ㄷ. $x=0$일 때 $y=-\frac{1}{2}\times(0+1)^2-2=-\frac{5}{2}$이므로 y축

과 점 $\left(0, -\frac{5}{2}\right)$에서 만난다.

ㄹ, ㅁ. $y=-\frac{1}{2}(x+1)^2-2$의 그래 프는 오른쪽 그림과 같으므로 $x>-1$일 때 x의 값이 증가하면 y의 값은 감소하고, 제3, 4사분면 을 지난다.

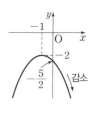

답 ㄴ, ㄷ, ㄹ

03 직선 $x=-3$을 축으로 하므로

$p=-3$ $\therefore y=a(x+3)^2+2$

이 그래프가 점 $(-2, 1)$을 지나므로

$1=a\times(-2+3)^2+2$, $1=a+2$ $\therefore a=-1$

$\therefore a+p=(-1)+(-3)=-4$

답 -4

04 꼭짓점의 좌표가 $(-1, 3)$이므로 이차함수의 식을
$y=a(x+1)^2+3$으로 놓으면 이 그래프가 점 $(0, 6)$을 지나므로
$6=a\times(0+1)^2+3$ $\therefore a=3$
따라서 구하는 이차함수의 식은 $y=3(x+1)^2+3$이다.
目 $y=3(x+1)^2+3$

05 $y=a(x-p)^2+q$의 그래프가 아래로 볼록하므로 $a>0$
이고, 꼭짓점 (p, q)가 제3사분면 위에 있으므로 $p<0$, $q<0$
즉, $y=p(x-a)^2+q$의 그래프에서 $p<0$이므로 위로 볼록하고, $a>0$, $q<0$이므로 꼭짓점 (a, q)는 제4사분면 위에 있다.
따라서 $y=p(x-a)^2+q$의 그래프로 알맞은 것은 ④이다.
目 ④

06 평행이동하여 $y=2(x-3)^2-5$의 그래프와 완전히 포갤 수 있으려면 x^2의 계수가 2이어야 한다.
目 ②

07 이차함수 $y=-3(x+2)^2+4$의 그래프를 x축의 방향으로 m만큼, y축의 방향으로 n만큼 평행이동한 그래프를 나타내는 이차함수의 식은
$y-n=-3(x-m+2)^2+4$
$\therefore y=-3(x-m+2)^2+4+n$
이 식이 $y=-3(x-2)^2-4$와 같으므로
$-m+2=-2$, $4+n=-4$
$\therefore m=4$, $n=-8$
$\therefore m-n=4-(-8)=12$
目 12

08 이차함수 $y=\dfrac{2}{3}(x-3)^2+4$의 그래프를 x축의 방향으로 2만큼 평행이동한 그래프를 나타내는 이차함수의 식은
$y=\dfrac{2}{3}(x-2-3)^2+4$ $\therefore y=\dfrac{2}{3}(x-5)^2+4$
이 그래프를 x축에 대칭이동한 그래프를 나타내는 이차함수의 식은
$-y=\dfrac{2}{3}(x-5)^2+4$ $\therefore y=-\dfrac{2}{3}(x-5)^2-4$
$y=-\dfrac{2}{3}(x-5)^2-4$의 그래프는 오른쪽 그림과 같으므로 x의 값이 증가할 때 y의 값은 감소하는 x의 값의 범위는 $x>5$이다.

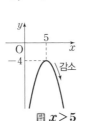

目 $x>5$

중단원 마무리   본문 188~191쪽

01 ②	**02** ㄷ, $y=6x^2$		**03** ④
04 20	**05** ④	**06** ㉣	**07** ⑤
08 ①	**09** ③	**10** ④	**11** ⑤
12 7	**13** ②	**14** a, c, d, b	**15** 3
16 $\dfrac{4}{3}$	**17** 9	**18** 9	**19** 27
20 ⑤	**21** ④	**22** $-\dfrac{5}{4}<a<0$	
23 ④	**24** 2	**25** -6	

이렇게 풀어요

01 ① $y=2x+3$ ⇨ 일차함수
② $y=x(x+4)-4x=x^2+4x-4x=x^2$
　⇨ 이차함수
③ $y=x(x+1)(x-1)=x(x^2-1)=x^3-x$
　⇨ 이차함수가 아니다.
④ $y=x^2-(x-2)(x+3)=x^2-(x^2+x-6)$
　$=-x+6$ ⇨ 일차함수
⑤ $y=(x+2)^2-(x-1)^2=x^2+4x+4-(x^2-2x+1)$
　$=6x+3$ ⇨ 일차함수
目 ②

02 ㄱ. $y=\dfrac{4}{3}\pi x^3$ ⇨ 이차함수가 아니다.
ㄴ. $y=80x$ ⇨ 일차함수
ㄷ. $y=6x^2$ ⇨ 이차함수
ㄹ. $y=4x$ ⇨ 일차함수
따라서 이차함수인 것은 ㄷ이고, 그 식은 $y=6x^2$이다.
目 ㄷ, $y=6x^2$

03 $y=3x^2-x(ax+1)-4=(3-a)x^2-x-4$
이 함수가 이차함수이려면 $3-a\neq0$, 즉 $a\neq3$이어야 하므로 a의 값이 될 수 없는 것은 ④ 3이다.
目 ④

04 $f(-2)=3\times(-2)^2-2\times(-2)+a=16+a$
이때 $f(-2)=15$이므로 $16+a=15$ $\therefore a=-1$
따라서 $f(x)=3x^2-2x-1$이므로
$f(3)=3\times3^2-2\times3-1=20$
目 20

05 $y=ax^2$의 그래프가 $y=\dfrac{1}{4}x^2$의 그래프보다 폭이 좁고
$y=x^2$의 그래프보다 폭이 넓으므로
$\dfrac{1}{4}<a<1$
目 ④

06 이차함수 $y=-ax^2+q$에서 $a>0$, 즉 $-a<0$이므로 그래프는 위로 볼록한 포물선이다.
또 꼭짓점의 좌표는 $(0,\ q)$이고, $q<0$이므로 $y=-ax^2+q$의 그래프로 알맞은 것은 ㉣이다. 답 ㉣

07 축이 y축이려면 이차함수가 $y=ax^2$ 또는 $y=ax^2+q$의 꼴이어야 한다.
⑤ $y=2(x-1)^2$의 그래프의 축은 직선 $x=1$이다.
답 ⑤

08 이차함수 $y=\frac{1}{3}(x+5)^2$의 그래프는 오른쪽 그림과 같으므로 x의 값이 증가할 때 y의 값은 감소하는 x의 값의 범위는 $x<-5$이다.

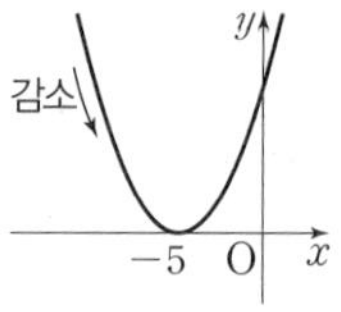

답 ①

09 각각의 이차함수의 그래프를 그려 보면 다음과 같다.

①
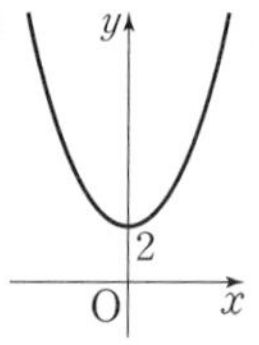

②
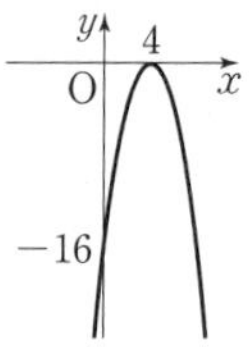

③
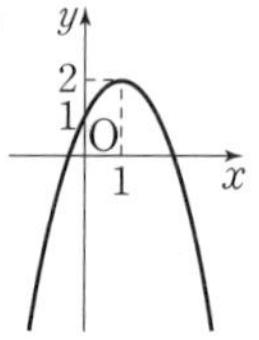

④
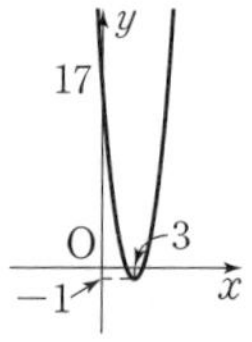

⑤
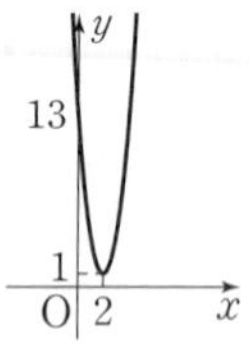

따라서 모든 사분면을 지나는 그래프는 ③이다. 답 ③

10 ① $-\frac{1}{4}<0$이므로 위로 볼록한 포물선이다.
② 꼭짓점의 좌표가 $(-2,\ -3)$이므로 제3사분면 위에 있다.
③ $x=0$일 때 $y=-\frac{1}{4}\times(0+2)^2-3=-4$이므로 y축과 만나는 점의 좌표는 $(0,\ -4)$이다.
④ 이차함수 $y=-\frac{1}{4}(x+2)^2-3$의 그래프는 오른쪽 그림과 같으므로 $x>-2$일 때, x의 값이 증가하면 y의 값은 감소한다.

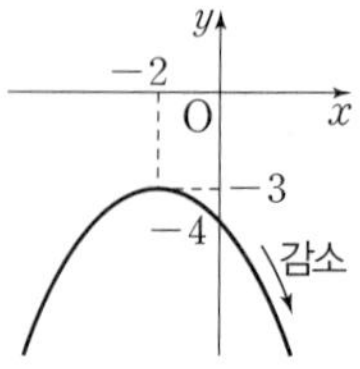

답 ④

11 그래프가 아래로 볼록하므로 $a>0$
꼭짓점 $(-p,\ q)$가 제4사분면 위에 있으므로
$-p>0,\ q<0$ $\quad\therefore p<0,\ q<0$
① $ap<0$ ② $aq<0$
③ $pq>0$ ④ $apq>0$
⑤ $-p>0$, $-q>0$이므로 $a \quad p-q>0$ 답 ⑤

12 $y=-2(x-3)^2+5$의 그래프를 x축의 방향으로 2만큼, y축의 방향으로 -1만큼 평행이동한 그래프를 나타내는 이차함수의 식은
$y-(-1)=-2(x-2-3)^2+5$
$\therefore y=-2(x-5)^2+4$
따라서 $a=-2,\ p=5,\ q=4$이므로
$a+p+q=(-2)+5+4=7$ 답 7

13 주어진 그래프의 꼭짓점의 좌표가 $(1,\ 0)$이므로 주어진 그래프를 나타내는 이차함수의 식을 $y=a(x-1)^2$으로 놓으면 이 그래프가 점 $\left(0,\ -\frac{1}{2}\right)$을 지나므로
$-\frac{1}{2}=a\times(0-1)^2$ $\quad\therefore a=-\frac{1}{2}$
$\therefore y=-\frac{1}{2}(x-1)^2$
따라서 이 그래프와 y축에 서로 대칭인 그래프를 나타내는 이차함수의 식은
$y=-\frac{1}{2}(-x-1)^2$ $\quad\therefore y=-\frac{1}{2}(x+1)^2$ 답 ②

다른 풀이
주어진 그래프와 y축에 서로 대칭인 그래프는 오른쪽 그림과 같다.

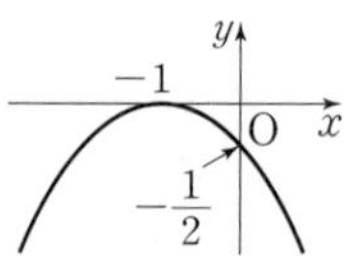

꼭짓점의 좌표가 $(-1,\ 0)$이므로 $y=a(x+1)^2$으로 놓으면 이 그래프가 점 $\left(0,\ -\frac{1}{2}\right)$을 지나므로
$-\frac{1}{2}=a\times(0+1)^2$ $\quad\therefore a=-\frac{1}{2}$
따라서 구하는 이차함수의 식은 $y=-\frac{1}{2}(x+1)^2$이다.

14 $y=ax^2$, $y=cx^2$의 그래프는 아래로 볼록하고, $y=bx^2$,
$y=dx^2$의 그래프는 위로 볼록하므로
$a>0$, $c>0$, $b<0$, $d<0$
또 $y=ax^2$, $y=bx^2$의 그래프가 $y=cx^2$, $y=dx^2$의 그래프
보다 폭이 좁으므로
$|a|>|c|$, $|b|>|d|$
$\therefore a>c>d>b$ 🗎 a, c, d, b

15 A$(a, 1)$, B$(b, 4)$라 하고 두 점의 좌표를 $y=x^2$에 각각
대입하면
$1=a^2$, $4=b^2$
이때 $a<0$, $b>0$이므로 $a=-1$, $b=2$
$\therefore$ A$(-1, 1)$, B$(2, 4)$
$x=-1$, $y=1$을 $y=mx+n$에 대입하면
$1=-m+n$ …… ㉠
$x=2$, $y=4$를 $y=mx+n$에 대입하면
$4=2m+n$ …… ㉡
㉠, ㉡을 연립하여 풀면 $m=1$, $n=2$
$\therefore m+n=1+2=3$ 🗎 **3**

16 점 D의 x좌표를 a $(a>0)$라 하면 D$\left(a, \dfrac{1}{2}a^2\right)$
그런데 이차함수 $y=\dfrac{1}{2}x^2$의 그래프는 y축에 대칭이므로
A$\left(-a, \dfrac{1}{2}a^2\right)$
또 $y=-x^2$에 $x=a$를 대입하면
$y=-a^2$ $\therefore$ C$(a, -a^2)$
□ABCD가 정사각형이므로 $\overline{AD}=\overline{CD}$에서
$a-(-a)=\dfrac{1}{2}a^2-(-a^2)$
$2a=\dfrac{3}{2}a^2$, $3a^2-4a=0$, $a(3a-4)=0$
$\therefore a=0$ 또는 $a=\dfrac{4}{3}$
그런데 $a>0$이므로 $a=\dfrac{4}{3}$ 🗎 $\dfrac{4}{3}$

17 주어진 그래프는 $y=-3x^2$의 그래프를 y축의 방향으로
-1만큼 평행이동한 것이므로
$f(x)=-3x^2-1$
따라서 $f(-1)=-3\times(-1)^2-1=-4$,
$f(2)=-3\times2^2-1=-13$이므로
$f(-1)-f(2)=(-4)-(-13)=9$ 🗎 **9**

18 두 이차함수 $y=\dfrac{1}{2}x^2+2$, $y=\dfrac{1}{2}x^2-1$의 x^2의 계수가 같
으므로 두 그래프의 폭은 같다.
즉, 오른쪽 그림에서 ㉠의
넓이와 ㉡의 넓이는 같으
므로 구하는 넓이는 평행
사변형 ABCD의 넓이와
같다.

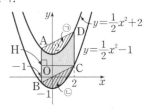

이때 A$\left(-1, \dfrac{5}{2}\right)$, B$\left(-1, -\dfrac{1}{2}\right)$이므로
$\overline{AB}=\dfrac{5}{2}-\left(-\dfrac{1}{2}\right)=3$
점 C에서 $\overline{AB}$에 내린 수선의 발을 H라 하면
$\overline{CH}=2-(-1)=3$
$\therefore$ (구하는 넓이)$=$□ABCD
$=\overline{AB}\times\overline{CH}$
$=3\times3=9$ 🗎 **9**

19 이차함수 $y=x^2+c$의 그래프의 꼭짓점의 좌표가
$(0, -9)$이므로 $c=-9$
이차함수 $y=a(x-b)^2$의 그래프의 꼭짓점의 좌표가
$(3, 0)$이므로 $b=3$
즉, 이차함수 $y=a(x-3)^2$의 그래프가 점 $(0, -9)$를
지나므로
$-9=a\times(0-3)^2$
$\therefore a=-1$
$\therefore abc=(-1)\times3\times(-9)=27$ 🗎 **27**

20 ㈎에서 꼭짓점의 좌표가 $(2, 0)$이므로 $y=a(x-2)^2$의
꼴이다.
㈏에서 $y=x^2$의 그래프보다 폭이 좁으므로 $|a|>1$
그런데 ㈐에서 제1, 2사분면을 지나지 않으므로
$a<0$ $\therefore a<-1$
따라서 주어진 조건을 모두 만족시키는 이차함수의 식은
⑤ $y=-4(x-2)^2$이다.   🗎 ⑤

21 직선 $x=-3$을 축으로 하고 꼭짓점의 y좌표가 -7이므로
$p=-3$, $q=-7$
$\therefore y=a(x+3)^2-7$
이 그래프가 점 $(0, 2)$를 지나므로
$2=a\times(0+3)^2-7$
$9=9a$ $\therefore a=1$
$\therefore a+p-q=1+(-3)-(-7)=5$ 🗎 ④

22 꼭짓점의 좌표가 $(2, 5)$이므로 모든 사분면을 지나기 위해서는 위로 볼록한 포물선이어야 한다.

∴ $a < 0$ ······ ㉠

또 $(y$축과의 교점의 y좌표$) > 0$이어야 하므로 $4a + 5 > 0$

∴ $a > -\dfrac{5}{4}$ ······ ㉡

㉠, ㉡에서 $-\dfrac{5}{4} < a < 0$ 답 $-\dfrac{5}{4} < a < 0$

23 일차함수 $y = ax + b$의 그래프가 오른쪽 아래로 향하므로 $a < 0$이고, y축과 만나는 점이 x축보다 아랫부분에 있으므로 $b < 0$이다.

즉, $y = a(x+b)^2$의 그래프에서 $a < 0$이므로 위로 볼록한 포물선이고, 꼭짓점의 좌표가 $(-b, 0)$이고 $-b > 0$이므로 꼭짓점은 x축의 양의 부분 위에 있다.

따라서 $y = a(x+b)^2$의 그래프로 알맞은 것은 ④이다.

답 ④

24 이차함수 $y = -2x^2 + 1$의 그래프를 x축의 방향으로 k만큼, y축의 방향으로 $k+1$만큼 평행이동한 그래프를 나타내는 이차함수의 식은

$y - (k+1) = -2(x-k)^2 + 1$

∴ $y = -2(x-k)^2 + k + 2$

이 그래프의 꼭짓점의 좌표는 $(k, k+2)$이고 이 점이 직선 $y = -2x + 8$ 위에 있으므로

$k + 2 = -2k + 8$, $3k = 6$ ∴ $k = 2$

답 2

25 이차함수 $y = a(x-3)^2$의 그래프와 x축에 대칭인 그래프를 나타내는 이차함수의 식은

$-y = a(x-3)^2$ ∴ $y = -a(x-3)^2$

이 그래프를 x축의 방향으로 -5만큼, y축의 방향으로 2만큼 평행이동한 그래프를 나타내는 이차함수의 식은

$y - 2 = -a(x+5-3)^2$ ∴ $y = -a(x+2)^2 + 2$

이 그래프가 점 $(-1, 8)$을 지나므로

$8 = -a \times (-1+2)^2 + 2$, $6 = -a$

∴ $a = -6$

답 -6

서술형 대비 문제   본문 192~193쪽

1-1 3	2-1 제 1, 2사분면	3 $(0, -2)$
4 3	5 -2	6 5

이렇게 풀어요

1-1 **1단계** 원점을 꼭짓점으로 하므로 이차함수의 식을 $y = ax^2$으로 놓으면 이 그래프가 점 $\left(\dfrac{1}{2}, 1\right)$을 지나므로

$1 = a \times \left(\dfrac{1}{2}\right)^2$ ∴ $a = 4$

∴ $y = 4x^2$

2단계 $y = 4x^2$의 그래프를 x축의 방향으로 1만큼, y축의 방향으로 p만큼 평행이동한 그래프를 나타내는 이함수의 식은

$y - p = 4(x-1)^2$

∴ $y = 4(x-1)^2 + p$

3단계 이 그래프가 점 $(2, 7)$을 지나므로

$7 = 4 \times (2-1)^2 + p$

∴ $p = 3$ 답 3

2-1 **1단계** 그래프가 위로 볼록하므로 $a < 0$

꼭짓점 $(-p, q)$가 제1사분면 위에 있으므로

$-p > 0$, $q > 0$ ∴ $p < 0$, $q > 0$

2단계 $y = -p(x-q)^2 - a$의 그래프에서 $-p > 0$이므로 아래로 볼록한 포물선이다.

또 $q > 0$, $-a > 0$이므로 꼭짓점 $(q, -a)$는 제1사분면 위에 있다.

따라서 이 그래프가 지나는 사분면은 제1, 2사분면이다.

답 제1, 2사분면

3 **1단계** 이차함수 $y = ax^2 + q$의 그래프가 두 점 $(1, -4)$, $(-2, -10)$을 지나므로

$-4 = a + q$ ······ ㉠

$-10 = 4a + q$ ······ ㉡

2단계 ㉡ - ㉠을 하면 $3a = -6$

∴ $a = -2$

$a = -2$를 ㉠에 대입하면

$-4 = -2 + q$

∴ $q = -2$

3단계 따라서 $y = -2x^2 - 2$이므로 꼭짓점의 좌표는 $(0, -2)$이다.

답 $(0, -2)$

단계	채점 요소	배점
❶	그래프가 지나는 점의 좌표를 대입하여 식 세우기	2점
❷	a, q의 값 구하기	3점
❸	꼭짓점의 좌표 구하기	2점

4 1단계 $y=ax^2$의 그래프를 x축의 방향으로 p만큼 평행이
동한 그래프를 나타내는 이차함수의 식은
$$y=a(x-p)^2$$
이 그래프의 축의 방정식이 $x=5$이므로
$$p=5$$
2단계 $y=a(x-5)^2$의 그래프가 점 $(2, 3)$을 지나므로
$$3=a\times(2-5)^2, \ 3=9a$$
$$\therefore a=\frac{1}{3}$$
3단계 $\therefore p-6a=5-6\times\frac{1}{3}=3$ 　　　답 **3**

단계	채점 요소	배점
❶	p의 값 구하기	3점
❷	a의 값 구하기	3점
❸	$p-6a$의 값 구하기	1점

5 1단계 꼭짓점의 좌표가 $(-3, 3)$이므로
$$-p=-3, q=3 \qquad \therefore p=3, q=3$$
2단계 $y=a(x+3)^2+3$의 그래프가 점 $(0, 1)$을 지나므로
$$1=a\times(0+3)^2+3, \ -2=9a$$
$$\therefore a=-\frac{2}{9}$$
3단계 $\therefore apq=\left(-\frac{2}{9}\right)\times3\times3=-2$ 　　답 **-2**

단계	채점 요소	배점
❶	p, q의 값 구하기	2점
❷	a의 값 구하기	3점
❸	apq의 값 구하기	1점

6 1단계 이차함수 $y=a(x-p)^2+q$의 그래프와 x축에 서
로 대칭인 그래프를 나타내는 이차함수의 식은
$$-y=a(x-p)^2+q$$
$$\therefore y=-a(x-p)^2-q$$
2단계 이 그래프의 꼭짓점의 좌표가 $(3, -5)$이므로
$$p=3, -q=-5 \qquad \therefore p=3, q=5$$
3단계 한편 $y=a(x-3)^2+5$의 그래프가 점 $(4, 2)$를 지
나므로
$$2=a\times(4-3)^2+5 \qquad \therefore a=-3$$
4단계 $\therefore a+p+q=(-3)+3+5=5$ 　　답 **5**

단계	채점 요소	배점
❶	x축에 대칭인 이차함수의 식 구하기	2점
❷	p, q의 값 구하기	2점
❸	a의 값 구하기	2점
❹	$a+p+q$의 값 구하기	1점

2 이차함수 $y=ax^2+bx+c$의 그래프

01 이차함수 $y=ax^2+bx+c$의 그래프 (1)

개념원리 | 확인하기　　　　본문 197쪽

01 (1) 풀이 참조　(2) 풀이 참조
02 (1) ① $(1, -1)$　② $x=1$　③ $(0, 2)$
　　　그래프는 풀이 참조
　　(2) ① $(-3, 2)$　② $x=-3$　③ $(0, -1)$
　　　그래프는 풀이 참조

이렇게 풀어요

01 (1) $y=2x^2-8x+3=2(x^2-4x)+3$
　　　$=2\{(x^2-4x+\boxed{4})-\boxed{4}\}+3$
　　　$=2(x^2-4x+\boxed{4})-\boxed{8}+3=2(x-\boxed{2})^2-\boxed{5}$
　① 꼭짓점의 좌표: $(\boxed{2}, \boxed{-5})$
　② y축과의 교점의 좌표: $(\boxed{0}, \boxed{3})$

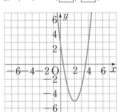

(2) $y=-\frac{1}{2}x^2+3x+1=\boxed{-\frac{1}{2}}(x^2-\boxed{6}x)+1$
　$=\boxed{-\frac{1}{2}}\{(x^2-\boxed{6}x+\boxed{9})-\boxed{9}\}+1$
　$=\boxed{-\frac{1}{2}}(x^2-\boxed{6}x+\boxed{9})+\boxed{\frac{9}{2}}+1$
　$=\boxed{-\frac{1}{2}}(x-\boxed{3})^2+\boxed{\frac{11}{2}}$
　① 꼭짓점의 좌표: $\left(\boxed{3}, \boxed{\frac{11}{2}}\right)$
　② y축과의 교점의 좌표: $(\boxed{0}, \boxed{1})$

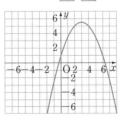

　　답 (1) 풀이 참조　(2) 풀이 참조

02
(1) $y=3x^2-6x+2$
$=3(x^2-2x)+2$
$=3\{(x^2-2x+1)-1\}+2$
$=3(x^2-2x+1)-3+2$
$=3(x-1)^2-1$

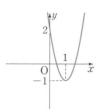

① 꼭짓점의 좌표: $(1, -1)$
② 축의 방정식: $x=1$
③ y축과의 교점의 좌표: $(0, 2)$

(2) $y=-\dfrac{1}{3}x^2-2x-1$
$=-\dfrac{1}{3}(x^2+6x)-1$
$=-\dfrac{1}{3}\{(x^2+6x+9)-9\}-1$
$=-\dfrac{1}{3}(x^2+6x+9)+3-1$
$=-\dfrac{1}{3}(x+3)^2+2$

① 꼭짓점의 좌표: $(-3, 2)$
② 축의 방정식: $x=-3$
③ y축과의 교점의 좌표: $(0, -1)$

답 (1) ① $(1, -1)$ ② $x=1$ ③ $(0, 2)$
그래프는 풀이 참조
(2) ① $(-3, 2)$ ② $x=-3$ ③ $(0, -1)$
그래프는 풀이 참조

핵심문제 익히기 🔑 **확인문제**   본문 198~200쪽

1 -2	2 $(1, 1)$	3 -2	4 ②
5 3	6 ⑤	7 27	

이렇게 풀어요

1 $y=2x^2+4x+1$
$=2\{(x^2+2x+1)-1\}+1$
$=2(x+1)^2-1$
따라서 $p=-1$, $q=-1$이므로
$p+q=(-1)+(-1)=-2$ **답** -2

2 $y=-3x^2+kx-2$의 그래프가 점 $(-1, -11)$을 지나므로
$-11=-3\times(-1)^2+k\times(-1)-2$
$-6=-k$
$\therefore k=6$
$\therefore y=-3x^2+6x-2$
$=-3\{(x^2-2x+1)-1\}-2$
$=-3(x-1)^2+1$
따라서 꼭짓점의 좌표는 $(1, 1)$이다.   **답** $(1, 1)$

3 $y=\dfrac{1}{2}x^2+ax+1$
$=\dfrac{1}{2}\{(x^2+2ax+a^2)-a^2\}+1$
$=\dfrac{1}{2}(x+a)^2-\dfrac{a^2}{2}+1$
따라서 축의 방정식이 $x=-a$이므로
$-a=2$
$\therefore a=-2$ **답** -2

4 $y=-x^2+6x-5$
$=-\{(x^2-6x+9)-9\}-5$
$=-(x-3)^2+4$

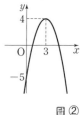

꼭짓점의 좌표는 $(3, 4)$, y축과의 교점의 좌표는 $(0, -5)$이고 위로 볼록하므로 $y=-x^2+6x-5$의 그래프는 오른쪽 그림과 같다.
따라서 주어진 이차함수의 그래프가 지나지 않는 사분면은 제2 사분면이다.   **답** ②

5 $y=-\dfrac{1}{2}x^2+ax-4$
$=-\dfrac{1}{2}\{(x^2-2ax+a^2)-a^2\}-4$
$=-\dfrac{1}{2}(x-a)^2+\dfrac{a^2}{2}-4$
이 그래프는 위로 볼록하고 축의 방정식이 $x=a$이므로 $x<a$일 때 x의 값이 증가하면 y의 값도 증가하고, $x>a$일 때 x의 값이 증가하면 y의 값은 감소한다.
$\therefore a=3$ **답** 3

6 $y=\dfrac{1}{2}x^2+3x+8$
$=\dfrac{1}{2}\{(x^2+6x+9)-9\}+8$
$=\dfrac{1}{2}(x+3)^2+\dfrac{7}{2}$

따라서 $y=\frac{1}{2}x^2+3x+8$의 그래프는 오른쪽 그림과 같다.

① y축과의 교점의 y좌표는 8이다.

② x축과 만나지 않는다.

③ 제1, 2사분면을 지난다.

④ $y=\frac{1}{2}x^2$의 그래프를 x축의 방향으로 -3만큼, y축의 방향으로 $\frac{7}{2}$만큼 평행이동한 것이다.　　답 ⑤

7　$y=2x^2-8x+4$
　　$=2\{(x^2-4x+4)-4\}+4$
　　$=2(x-2)^2-4$

이 그래프를 x축의 방향으로 a만큼, y축의 방향으로 b만큼 평행이동한 그래프를 나타내는 이차함수의 식은
$$y-b=2(x-a-2)^2-4$$
$$\therefore y=2(x-a-2)^2-4+b \quad\cdots\cdots\ ㉠$$
한편
$$y=2x^2-16x+3$$
$$=2\{(x^2-8x+16)-16\}+3$$
$$=2(x-4)^2-29 \quad\cdots\cdots\ ㉡$$
㉠, ㉡에서 $-a-2=-4$, $-4+b=-29$이므로
$$a=2, b=-25$$
$$\therefore a-b=2-(-25)=27 \qquad\text{답 } \mathbf{27}$$

소단원 🔢 **핵심문제**　　　　　　본문 201쪽

01 ②	**02** 3	**03** ②	**04** $x<-1$
05 -5			

이렇게 풀어요

01　$y=-\frac{3}{2}x^2-3x-\frac{7}{2}$
　　$=-\frac{3}{2}\{(x^2+2x+1)-1\}-\frac{7}{2}$
　　$=-\frac{3}{2}(x+1)^2-2$

따라서 꼭짓점의 좌표는 $(-1, -2)$이다.　　답 ②

02　$y=-\frac{1}{2}x^2+2x+k=-\frac{1}{2}\{(x^2-4x+4)-4\}+k$
　　$=-\frac{1}{2}(x-2)^2+2+k$

이때 꼭짓점의 좌표가 $(2, 2+k)$이므로
$$2=p, 2+k=3 \quad\therefore k=1, p=2$$
$$\therefore k+p=1+2=3 \qquad\text{답 } \mathbf{3}$$

03　$y=\frac{2}{3}x^2-4x+2=\frac{2}{3}\{(x^2-6x+9)-9\}+2$
　　$=\frac{2}{3}(x-3)^2-4$

따라서 꼭짓점의 좌표는 $(3, -4)$, y축과의 교점의 좌표는 $(0, 2)$이고 아래로 볼록하므로 주어진 이차함수의 그래프는 ②이다.　　답 ②

04　주어진 그래프가 점 $(1, 0)$을 지나므로
$$0=a\times1^2-2\times1+3 \quad\therefore a=-1$$
$$\therefore y=-x^2-2x+3=-\{(x^2+2x+1)-1\}+3$$
$$=-(x+1)^2+4$$

따라서 축의 방정식은 $x=-1$이고 그래프가 위로 볼록하므로 x의 값이 증가하면 y의 값도 증가하는 x의 값의 범위는 $x<-1$이다.　　답 $\boldsymbol{x<-1}$

05　$y=\frac{1}{3}x^2+2x-4=\frac{1}{3}\{(x^2+6x+9)-9\}-4$
　　$=\frac{1}{3}(x+3)^2-7$

이 그래프를 x축의 방향으로 3만큼, y축의 방향으로 -1만큼 평행이동한 그래프를 나타내는 이차함수의 식은
$$y-(-1)=\frac{1}{3}(x-3+3)^2-7 \quad\therefore y=\frac{1}{3}x^2-8$$

이 그래프가 점 $(3, n)$을 지나므로
$$n=\frac{1}{3}\times3^2-8=-5 \qquad\text{답 } \boldsymbol{-5}$$

02　**이차함수 $y=ax^2+bx+c$의 그래프** (2)

개념원리 📘 **확인하기**　　　　　　본문 204쪽

01 (1) 0, 2, 3, 0, -2, 3, -2, 0, 3, 0　(2) -6, 0, -6
02 (1) ① 아래, > 　② 오른, 다르다, < 　③ 위, >
　　(2) ① 위, < 　② 왼, 같다, < 　③ 아래, <

01 답 (1) $0, 2, 3, 0, -2, 3, -2, 0, 3, 0$ (2) $-6, 0, -6$

02 답 (1) ① 아래, $>$ ② 오른, 다르다, $<$ ③ 위, $>$
(2) ① 위, $<$ ② 왼, 같다, $<$ ③ 아래, $<$

핵심문제 익히기 🔑 **확인문제**

본문 205~207쪽

1 $(-14, 0)$	**2** 3	**3** $\dfrac{17}{8}$
4 $k<-4$	**5** 1	

6 (1) $a>0$, $b<0$, $c<0$ (2) $a<0$, $b<0$, $c<0$

7 ㄷ, ㄹ **8** 제4사분면

1 $y=ax^2-3x+7$에 $x=2$, $y=0$을 대입하면
$0=a\times2^2-3\times2+7$, $-1=4a$ $\quad\therefore a=-\dfrac{1}{4}$
$\therefore y=-\dfrac{1}{4}x^2-3x+7$
이 식에 $y=0$을 대입하면
$-\dfrac{1}{4}x^2-3x+7=0$, $x^2+12x-28=0$
$(x+14)(x-2)=0$ $\quad\therefore x=-14$ 또는 $x=2$
따라서 다른 한 점의 좌표는 $(-14, 0)$이다.

답 $(-14, 0)$

2 $y=-x^2+x+2$에 $y=0$을 대입하면
$-x^2+x+2=0$, $x^2-x-2=0$
$(x+1)(x-2)=0$ $\quad\therefore x=-1$ 또는 $x=2$
따라서 A$(-1, 0)$, B$(2, 0)$이므로
$\overline{AB}=2-(-1)=3$
또 $y=-x^2+x+2$에 $x=0$을 대입하면 $y=2$이므로
C$(0, 2)$
$\therefore \triangle ABC=\dfrac{1}{2}\times3\times2=3$

답 3

3 $y=2x^2+3x+a-1=2\left(x+\dfrac{3}{4}\right)^2+a-\dfrac{17}{8}$
이므로 꼭짓점의 좌표는 $\left(-\dfrac{3}{4}, a-\dfrac{17}{8}\right)$이다.
이 그래프가 x축에 접하려면 꼭짓점의 y좌표가 0이어야
하므로
$a-\dfrac{17}{8}=0$ $\quad\therefore a=\dfrac{17}{8}$

답 $\dfrac{17}{8}$

4 $y=2x^2-4x-k-2=2(x-1)^2-k-4$
이므로 꼭짓점의 좌표는 $(1, -k-4)$이다.
이 그래프는 아래로 볼록하므로 x축
과 만나지 않으려면 오른쪽 그림과
같이 꼭짓점의 y좌표가 0보다 커야
한다. 즉,
$-k-4>0$ $\quad\therefore k<-4$

답 $k<-4$

5 $y=\dfrac{1}{2}x^2+2x+k=\dfrac{1}{2}(x+2)^2+k-2$
이므로 꼭짓점의 좌표는 $(-2, k-2)$이다.
이 그래프는 아래로 볼록하므로 x축
과 서로 다른 두 점에서 만나려면 오
른쪽 그림과 같이 꼭짓점의 y좌표가
0보다 작아야 한다. 즉,
$k-2<0$ $\quad\therefore k<2$
따라서 자연수 k의 값은 1이다.

답 1

6 (1) 그래프가 아래로 볼록하므로 $a>0$
축이 y축의 오른쪽에 있으므로 a와 b의 부호는 다르다.
$\therefore b<0$
y축과의 교점이 x축의 아래쪽에 있으므로 $c<0$
(2) 그래프가 위로 볼록하므로 $a<0$
축이 y축의 왼쪽에 있으므로 a와 b의 부호는 같다.
$\therefore b<0$
y축과의 교점이 x축의 아래쪽에 있으므로 $c<0$

답 (1) $a>0, b<0, c<0$
(2) $a<0, b<0, c<0$

7 ㄱ. 그래프가 위로 볼록하므로 $a<0$이고, 축이 y축의 오
른쪽에 있으므로 a와 b의 부호는 다르다.
$\therefore b>0$
ㄴ. y축과의 교점이 x축의 위쪽에 있으므로 $c>0$
ㄷ. $x=1$을 대입하면
$y=a\times1^2+b\times1+c$
$=a+b+c$
$x=1$일 때의 y의 값이 0보다 크므로
$a+b+c>0$
ㄹ. $x=-1$을 대입하면
$y=a\times(-1)^2+b\times(-1)+c$
$=a-b+c$
$x=-1$일 때의 y의 값이 0보다 작으므로
$a-b+c<0$

답 ㄷ, ㄹ

8 이차함수 $y=ax^2+bx+c$에서 $a>0$이므로 그래프는 아래로 볼록하고 $b<0$에서 a와 b의 부호가 다르므로 그래프의 축은 y축의 오른쪽에 있다.

또 $c<0$이므로 그래프와 y축과의 교점은 x축의 아래쪽에 있다.

따라서 이차함수 $y=ax^2+bx+c$의 그래프는 오른쪽 그림과 같으므로 꼭짓점은 제4사분면 위에 있다.

🖹 **제4사분면**

본문 208쪽

소단원 🖹 핵심문제

01 2	**02** 12	**03** $k\leq10$
04 제2사분면		**05** 제4사분면

이렇게 풀어요

01 $y=x^2-6x+8$에 $y=0$을 대입하면
$x^2-6x+8=0$, $(x-2)(x-4)=0$
$\therefore x=2$ 또는 $x=4$
따라서 A$(2,0)$, B$(4,0)$ 또는 A$(4,0)$, B$(2,0)$이므로
$\overline{AB}=4-2=2$

🖹 **2**

02 $y=-\dfrac{1}{4}x^2+kx+3$의 그래프가 점 B$(-6,0)$을 지나므로
$0=-\dfrac{1}{4}\times(-6)^2+k\times(-6)+3$
$6=-6k$ $\therefore k=-1$
즉, $y=-\dfrac{1}{4}x^2-x+3=-\dfrac{1}{4}(x+2)^2+4$이므로
A$(-2,4)$
$\therefore \triangle ABO=\dfrac{1}{2}\times6\times4=12$

🖹 **12**

03 $y=x^2+6x-1+k=(x+3)^2+k-10$
이므로 꼭짓점의 좌표는 $(-3, k-10)$이다.
이 그래프는 아래로 볼록하므로 x축과 만나려면 오른쪽 그림과 같이 꼭짓점의 y좌표가 0보다 작거나 같아야 한다. 즉,
$k-10\leq0$ $\therefore k\leq10$

🖹 $k\leq10$

---

04 $a<0$이므로 그래프는 위로 볼록하고, a와 b의 부호가 다르므로 축은 y축의 오른쪽에 있고, $c<0$이므로 y축과의 교점은 x축의 아래쪽에 있다.

또 x축과 두 점에서 만난다.

따라서 $y=ax^2+bx+c$의 그래프는 오른쪽 그림과 같으므로 지나지 않는 사분면은 제2사분면이다.

🖹 **제2사분면**

05 주어진 그래프가 위로 볼록하므로 $a<0$
축이 y축의 왼쪽에 있으므로 a와 b의 부호는 같다.
$\therefore b<0$
y축과의 교점이 x축의 위쪽에 있으므로 $c>0$
즉, 이차함수 $y=cx^2+bx+a$에서 $c>0$이므로 그래프는 아래로 볼록하고, c와 b의 부호가 다르므로 그래프의 축은 y축의 오른쪽에 있고, $a<0$이므로 그래프와 y축과의 교점은 x축의 아래쪽에 있다.

따라서 이차함수 $y=cx^2+bx+a$의 그래프는 오른쪽 그림과 같으므로 꼭짓점은 제4사분면 위에 있다.

🖹 **제4사분면**

---

03 **이차함수의 식 구하기**

개념원리 🖹 확인하기

본문 210쪽

01 3, 11, 1, 3, 2, $2x^2+4x+5$
02 4, 4, 4, 2, 4, -2, 4, 4, -10, $4x^2-10x+4$
03 -3, 2, 12, 0, 0, -2, $-2x^2-2x+12$

이렇게 풀어요

01 🖹 3, 11, 1, 3, 2, $2x^2+4x+5$

02 🖹 4, 4, 4, 2, 4, -2, 4, 4, -10, $4x^2-10x+4$

03 🖹 -3, 2, 12, 0, 0, -2, $-2x^2-2x+12$

| 1 2 | 2 −6 | 3 $\left(\dfrac{1}{3}, \dfrac{2}{3}\right)$ | 4 3 |

| 01 ⑤ | 02 −10 | 03 $y=3x^2+3x-6$ |
| 04 $x=3$ | 05 1 | |

이렇게 풀어요

1 꼭짓점의 좌표가 $(-1, 2)$이므로 이차함수의 식을
$y=a(x+1)^2+2$로 놓으면 그래프가 점 $(1, 6)$을 지나므로
$6=a\times(1+1)^2+2,\ 4=4a$ $\therefore a=1$
따라서 $y=(x+1)^2+2=x^2+2x+3$이므로
$b=2, c=3$
$\therefore a-b+c=1-2+3=2$ 📖 **2**

2 직선 $x=2$를 축으로 하므로 이차함수의 식을
$y=a(x-2)^2+q$로 놓으면
그래프가 점 $(0, 6)$을 지나므로
$6=a\times(0-2)^2+q$ $\therefore 6=4a+q$ ······ ㉠
그래프가 점 $(-2, 0)$을 지나므로
$0=a\times(-2-2)^2+q$ $\therefore 0=16a+q$ ······ ㉡
㉠, ㉡을 연립하여 풀면 $a=-\dfrac{1}{2},\ q=8$
$\therefore y=-\dfrac{1}{2}(x-2)^2+8=-\dfrac{1}{2}x^2+2x+6$
따라서 $a=-\dfrac{1}{2},\ b=2,\ c=6$이므로
$abc=\left(-\dfrac{1}{2}\right)\times 2\times 6=-6$ 📖 **−6**

3 이차함수의 식을 $y=ax^2+bx+c$로 놓고
$x=0, y=1$을 대입하면 $1=c$
$x=1, y=2$를 대입하면 $2=a+b+1$ ······ ㉠
$x=-1, y=6$을 대입하면 $6=a-b+1$ ······ ㉡
㉠, ㉡을 연립하여 풀면 $a=3, b=-2$
즉, $y=3x^2-2x+1=3\left(x-\dfrac{1}{3}\right)^2+\dfrac{2}{3}$이므로 꼭짓점의
좌표는 $\left(\dfrac{1}{3}, \dfrac{2}{3}\right)$이다.   📖 $\left(\dfrac{1}{3}, \dfrac{2}{3}\right)$

4 x축과 두 점 $(-3, 0), (1, 0)$에서 만나므로 이차함수의
식을 $y=a(x+3)(x-1)$로 놓으면 그래프가 점 $(2, -5)$
를 지나므로
$-5=a\times(2+3)\times(2-1),\ -5=5a$ $\therefore a=-1$
$\therefore y=-(x+3)(x-1)=-x^2-2x+3$
이 식에 $x=0$을 대입하면 $y=3$이므로 이 이차함수의 그
래프가 y축과 만나는 점의 y좌표는 3이다.   📖 **3**

이렇게 풀어요

01 꼭짓점의 좌표가 $(-1, -2)$이므로 이차함수의 식을
$y=a(x+1)^2-2$로 놓으면 그래프가 점 $(0, 3)$을 지나므로
$3=a\times(0+1)^2-2$ $\therefore a=5$
따라서 구하는 이차함수의 식은
$y=5(x+1)^2-2=5x^2+10x+3$ 📖 ⑤

02 축의 방정식이 $x=-2$이므로 이차함수의 식을
$y=a(x+2)^2+q$로 놓으면
그래프가 점 $(0, 0)$을 지나므로
$0=a\times(0+2)^2+q$ $\therefore 0=4a+q$ ······ ㉠
그래프가 점 $(-3, 6)$을 지나므로
$6=a\times(-3+2)^2+q$ $\therefore 6=a+q$ ······ ㉡
㉠, ㉡을 연립하여 풀면 $a=-2, q=8$
$\therefore y=-2(x+2)^2+8=-2x^2-8x$
따라서 $a=-2, b=-8, c=0$이므로
$a+b+c=(-2)+(-8)+0=-10$ 📖 **−10**

03 이차함수 $y=3x^2$의 그래프와 모양과 폭이 같고 축의 방정
식이 $x=-\dfrac{1}{2}$이므로 이차함수의 식을
$y=3\left(x+\dfrac{1}{2}\right)^2+q$로 놓으면 그래프가 점 $(-1, -6)$을
지나므로
$-6=3\times\left(-1+\dfrac{1}{2}\right)^2+q$
$-6=\dfrac{3}{4}+q$ $\therefore q=-\dfrac{27}{4}$
$\therefore y=3\left(x+\dfrac{1}{2}\right)^2-\dfrac{27}{4}=3x^2+3x-6$
     📖 $y=3x^2+3x-6$

04 이차함수의 식을 $y=ax^2+bx+c$로 놓고
$x=0, y=3$을 대입하면 $3=c$
$x=-1, y=10$을 대입하면 $10=a-b+3$ ······ ㉠
$x=2, y=-5$를 대입하면 $-5=4a+2b+3$ ······ ㉡
㉠, ㉡을 연립하여 풀면 $a=1, b=-6$
즉, $y=x^2-6x+3=(x-3)^2-6$이므로 축의 방정식은
$x=3$이다.   📖 $x=3$

05 x축과 두 점 $(3, 0)$, $(5, 0)$에서 만나므로 이차함수의 식을 $y=a(x-3)(x-5)$로 놓으면 그래프가 점 $(2, 3)$을 지나므로
$3=a\times(2-3)\times(2-5)$, $3=3a$
$\therefore a=1$
$\therefore y=(x-3)(x-5)=x^2-8x+15$
이 그래프가 점 (k, k^2+7)을 지나므로
$k^2+7=k^2-8x+15$, $8k=8$
$\therefore k=1$ 　　　　　　　　　　　　　**답 1**

중단원 마무리　　　　　　　　　　본문 214~216쪽

01 ⑤	**02** 5	**03** ①	**04** 1
05 34	**06** ④	**07** 6	**08** ①
09 ⑤	**10** ①	**11** $(2, -1)$	**12** 23
13 $-\dfrac{1}{2}<k<0$	**14** ⑤	**15** -6	
16 12	**17** ①	**18** 6	**19** ④
20 ③	**21** $\dfrac{1}{72}$		

이렇게 풀어요

01 각 이차함수의 그래프의 축의 방정식을 구하면
① $y=3x^2-2 \Rightarrow x=0$
② $y=-2(x+1)^2 \Rightarrow x=-1$
③ $y=x^2-x-1=\left(x-\dfrac{1}{2}\right)^2-\dfrac{5}{4} \Rightarrow x=\dfrac{1}{2}$
④ $y=4x^2+16x+15=4(x+2)^2-1 \Rightarrow x=-2$
⑤ $y=\dfrac{1}{5}x^2+x+2=\dfrac{1}{5}\left(x+\dfrac{5}{2}\right)^2+\dfrac{3}{4} \Rightarrow x=-\dfrac{5}{2}$
따라서 축이 가장 왼쪽에 있는 것은 ⑤이다. 　　**답 ⑤**

02 $y=2x^2-4x=2(x-1)^2-2$이므로 꼭짓점의 좌표는 $(1, -2)$이다.
또 $y=-x^2+ax+b=-\left(x-\dfrac{a}{2}\right)^2+\dfrac{a^2}{4}+b$이므로 꼭짓점의 좌표는 $\left(\dfrac{a}{2}, \dfrac{a^2}{4}+b\right)$이다.
두 그래프의 꼭짓점이 일치하므로
$1=\dfrac{a}{2}$, $-2=\dfrac{a^2}{4}+b$
$\therefore a=2$, $b=-3$
$\therefore a-b=2-(-3)=5$ 　　　　　　　　**답 5**

03 그래프가 점 $(0, 2)$를 지나므로
$b=2$
그래프가 점 $(-4, 0)$을 지나므로
$0=-\dfrac{1}{4}\times(-4)^2+a\times(-4)+2$
$2=-4a$
$\therefore a=-\dfrac{1}{2}$
$\therefore y=-\dfrac{1}{4}x^2-\dfrac{1}{2}x+2=-\dfrac{1}{4}(x+1)^2+\dfrac{9}{4}$
따라서 꼭짓점의 좌표는 $\left(-1, \dfrac{9}{4}\right)$이다. 　　**답 ①**

04 $y=\dfrac{1}{2}x^2-px-2=\dfrac{1}{2}(x-p)^2-\dfrac{1}{2}p^2-2$
이 그래프는 아래로 볼록하고 축의 방정식이 $x=p$이므로
$x<p$일 때 x의 값이 증가하면 y의 값은 감소하고,
$x>p$일 때 x의 값이 증가하면 y의 값도 증가한다.
$\therefore p=1$ 　　　　　　　　　　　　　**답 1**

05 $y=3x^2+12x+8=3(x+2)^2-4$의 그래프를 x축의 방향으로 5만큼, y축의 방향으로 -10만큼 평행이동한 그래프를 나타내는 이차함수의 식은
$y-(-10)=3(x-5+2)^2-4$
$\therefore y=3(x-3)^2-14$
이 그래프가 점 $(-1, k)$를 지나므로
$k=3\times(-1-3)^2-14=34$ 　　　　　**답 34**

06 $y=2x^2+ax-6$에 $x=-1$, $y=0$을 대입하면
$0=2\times(-1)^2+a\times(-1)-6$, $4=-a$　$\therefore a=-4$
$\therefore y=2x^2-4x-6$
이 식에 $y=0$을 대입하면
$2x^2-4x-6=0$, $x^2-2x-3=0$
$(x+1)(x-3)=0$　　$\therefore x=-1$ 또는 $x=3$
따라서 다른 한 점의 좌표는 $(3, 0)$이다. 　　**답 ④**

07 $y=-\dfrac{3}{4}x^2+3x=-\dfrac{3}{4}(x-2)^2+3$이므로 꼭짓점의 좌표는 A$(2, 3)$이다.
$y=-\dfrac{3}{4}x^2+3x$에 $y=0$을 대입하면
$-\dfrac{3}{4}x^2+3x=0$, $x^2-4x=0$
$x(x-4)=0$　　$\therefore x=0$ 또는 $x=4$
따라서 B$(4, 0)$이므로
$\triangle\text{AOB}=\dfrac{1}{2}\times4\times3=6$ 　　　　　**답 6**

08 $y=-\dfrac{2}{3}x^2+4x+k$

$\quad =-\dfrac{2}{3}(x-3)^2+6+k$

이므로 꼭짓점의 좌표는 $(3,\ 6+k)$이다.

이 그래프가 x축에 접하려면 꼭짓점의 y좌표가 0이어야 하므로

$6+k=0$ $\quad\therefore k=-6$ 　　　　　　답 ①

09 ㄱ. 꼭짓점의 좌표가 $(1,\ -4)$이므로 이차함수의 식을 $y=a(x-1)^2-4$로 놓으면 그래프가 점 $(0,\ -3)$을 지나므로

$-3=a\times(0-1)^2-4$

$\therefore a=1$

$\therefore y=(x-1)^2-4=x^2-2x-3$

ㄷ. x^2의 계수가 같으므로 이차함수 $y=x^2$의 그래프를 평행이동하여 겹칠 수 있다.

ㄹ. 주어진 이차함수의 그래프는 오른쪽 그림과 같으므로 x축과 두 점에서 만난다.

답 ⑤

10 직선 $x=1$을 축으로 하므로 이차함수의 식을 $y=a(x-1)^2+q$로 놓으면

그래프가 점 $(3,\ 0)$을 지나므로

$0=a\times(3-1)^2+q$

$\therefore 0=4a+q$ 　　　　　　…… ㉠

그래프가 점 $(0,\ 3)$을 지나므로

$3=a\times(0-1)^2+q$

$\therefore 3-a+q$ 　　　　　　…… ㉡

㉠, ㉡을 연립하여 풀면 $a=-1$, $q=4$

$\therefore y=-(x-1)^2+4=-x^2+2x+3$

따라서 $a=-1$, $b=2$, $c=3$이므로

$abc=(-1)\times2\times3=-6$ 　　　　　　답 ①

11 이차함수의 식을 $f(x)=ax^2+bx+c$로 놓으면

$f(0)=3$이므로 $c=3$

$f(-1)=8$이므로 $a-b+3=8$ 　　…… ㉠

$f(1)=0$이므로 $a+b+3=0$ 　　…… ㉡

㉠, ㉡을 연립하여 풀면 $a=1$, $b=-4$

$\therefore f(x)=x^2-4x+3=(x-2)^2-1$

따라서 꼭짓점의 좌표는 $(2,\ -1)$이다. 　　답 $(2,\ -1)$

12 이차함수 $y=x^2-2ax+b$의 그래프가 점 $(3,\ 4)$를 지나므로

$4=3^2-2a\times3+b$

$\therefore b=6a-5$ 　　　　　　…… ㉠

한편 $y=x^2-2ax+b=(x-a)^2+b-a^2$에서 꼭짓점의 좌표가 $(a,\ b-a^2)$이고 직선 $y=2x-5$ 위에 있으므로

$b-a^2=2a-5$ 　　　　　　…… ㉡

㉠을 ㉡에 대입하면 $6a-5-a^2=2a-5$

$a^2-4a=0$, $a(a-4)=0$

$\therefore a=0$ 또는 $a=4$

그런데 $a>0$이므로 $a=4$

$a=4$를 ㉠에 대입하면 $b=6\times4-5=19$

$\therefore a+b=4+19=23$ 　　　　　　답 **23**

13 $y=x^2-6kx+9k^2+6k+3=(x-3k)^2+6k+3$이므로 꼭짓점의 좌표는 $(3k,\ 6k+3)$이다.

이때 꼭짓점이 제 2 사분면 위에 있으므로

$3k<0$, $6k+3>0$에서 $k<0$, $k>-\dfrac{1}{2}$

$\therefore -\dfrac{1}{2}<k<0$ 　　　　　答 $-\dfrac{1}{2}<k<0$

14 $y=-x^2+4x+c=-(x-2)^2+c+4$

이 그래프는 위로 볼록하므로 모든 사분면을 지나려면 오른쪽 그림과 같이 y축과의 교점의 y좌표가 0보다 커야 한다.

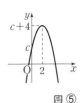

$\therefore c>0$ 　　　　　　답 ⑤

15 $y=\dfrac{1}{2}x^2-4x+5$의 그래프를 x축에 대칭이동한 그래프를 나타내는 이차함수의 식은

$-y=\dfrac{1}{2}x^2-4x+5$

$\therefore y=-\dfrac{1}{2}x^2+4x-5$

$\quad =-\dfrac{1}{2}(x-4)^2+3$

이 그래프를 x축의 방향으로 m만큼, y축의 방향으로 n만큼 평행이동한 그래프를 나타내는 이차함수의 식은

$y-n=-\dfrac{1}{2}(x-m-4)^2+3$

$\therefore y=-\dfrac{1}{2}(x-m-4)^2+3+n$

따라서 $-m-4=-1$, $3+n=6$이므로

$m=-3$, $n=3$

$\therefore m-n=(-3)-3=-6$ 　　　　答 -6

16 $y=2x^2+12x+15=2(x+3)^2-3$

$y=2x^2-4x-1=2(x-1)^2-3$

즉, $y=2x^2-4x-1$의 그래프는 $y=2x^2+12x+15$의 그래프를 x축의 방향으로 4만큼 평행이동한 것이므로 다음 그림에서 ㉠과 ㉡의 넓이는 같다.

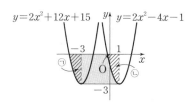

따라서 구하는 넓이는 직사각형의 넓이와 같으므로

$4 \times 3 = 12$ 　　　　　　　　　　　　　　**답 12**

17 $y=2x^2-4x+k=2(x-1)^2+k-2$에서 축의 방정식은 $x=1$이고 x축과 만나는 두 점 사이의 거리가 6이므로 x축과 만나는 두 점의 좌표는 $(-2,0)$, $(4,0)$이다.

따라서 $y=2x^2-4x+k$에 $x=-2$, $y=0$을 대입하면

$0=2 \times (-2)^2 - 4 \times (-2) + k$

$\therefore k=-16$ 　　　　　　　　　　　　　　**답 ①**

18 $y=-x^2+2x+8=-(x-1)^2+9$

이므로 $A(1,9)$

$y=-x^2+2x+8$에 $y=0$을 대입하면

$-x^2+2x+8=0$

$x^2-2x-8=0$, $(x+2)(x-4)=0$

$\therefore x=-2$ 또는 $x=4$

$\therefore B(4,0)$

$y=-x^2+2x+8$에 $x=0$을 대입하면 $y=8$

$\therefore C(0,8)$

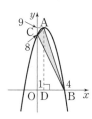

꼭짓점 A에서 x축에 내린 수선의 발을 D라 하면 $D(1,0)$

$\therefore \triangle ACB = (\square ACOD + \triangle ADB) - \triangle COB$

$= \left\{ \dfrac{1}{2} \times (8+9) \times 1 + \dfrac{1}{2} \times 3 \times 9 \right\} - \dfrac{1}{2} \times 4 \times 8$

$= \left(\dfrac{17}{2} + \dfrac{27}{2} \right) - 16 = 6$ 　　　　　　　**답 6**

19 주어진 그래프가 위로 볼록하므로 $a<0$

축이 y축의 오른쪽에 있으므로 a와 b의 부호는 다르다.

$\therefore b>0$

y축과의 교점이 x축의 위쪽에 있으므로 $c>0$

$\therefore ac<0$, $-bc<0$, $bc>0$

따라서 $y=acx^2-bcx+bc$의 그래프는 위로 볼록하며 축이 y축의 왼쪽에 있고 y축과의 교점이 x축의 위쪽에 있으므로 ④이다. 　　　　　　　　　　　**답 ④**

20 ① 그래프가 위로 볼록하므로 $a<0$

축이 y축의 오른쪽에 있으므로 a와 b의 부호는 다르다.

$\therefore b>0$

원점을 지나므로 $c=0$

② $a<0$, $b>0$, $c=0$이므로 $abc=0$

③ 그래프에서 $x=-1$일 때의 y의 값이 0보다 작으므로

$a-b+c<0$

④ 그래프에서 $x=1$일 때의 y의 값이 0보다 크므로

$a+b+c>0$

⑤ 그래프에서 $x=4$일 때의 y의 값이 0보다 작으므로

$16a+4b+c<0$ 　　　　　　　　　　　　　　**답 ③**

21 축의 방정식이 $x=1$이므로 이차함수의 식을

$y=a(x-1)^2+q$로 놓으면 그래프가 점 $(0,2)$를 지나므로

$2=a \times (0-1)^2 + q$

$\therefore q=-a+2$

즉, $y=a(x-1)^2-a+2=ax^2-2ax+2$

$\therefore b=2a$, $c=2$

이를 만족시키는 a, b, c의 순서쌍 (a,b,c)는 $(1,2,2)$, $(2,4,2)$, $(3,6,2)$

따라서 구하는 확률은 $\dfrac{3}{6 \times 6 \times 6} = \dfrac{1}{72}$ 　　　**답 $\dfrac{1}{72}$**

📋 서술형 대비 문제 　　　　　　　　　　본문 217~218쪽

1-1 64	2-1 -3	3 제1사분면	4 2
5 7	6 2		

이렇게 풀어요

1-1 **1단계** $y=x^2-2x-15$에 $y=0$을 대입하면

$x^2-2x-15=0$

$(x+3)(x-5)=0$

$\therefore x=-3$ 또는 $x=5$

$\therefore B(5,0)$

2단계 $y=x^2-2x-15=(x-1)^2-16$이므로

$C(1,-16)$

3단계 $\therefore \triangle ACB = \dfrac{1}{2} \times 8 \times 16 = 64$ 　　**답 64**

2-1 `1단계` 꼭짓점의 좌표가 $(3, -5)$이므로 이차함수의 식을 $y=a(x-3)^2-5$로 놓으면 그래프가 점 $(0, 1)$을 지나므로
$1=a\times(0-3)^2-5$, $6=9a$
$\therefore a=\dfrac{2}{3}$

`2단계` 따라서 $y=\dfrac{2}{3}(x-3)^2-5=\dfrac{2}{3}x^2-4x+1$이므로
$b=-4$, $c=1$

`3단계` $\therefore 3a+b-c=3\times\dfrac{2}{3}+(-4)-1=-3$

답 -3

3 `1단계` $y=ax+b$의 그래프가 y축과 만나는 점의 y좌표가 2이므로 $b=2$
즉, $y=ax+2$의 그래프가 점 $(1, 0)$을 지나므로
$0=a+2$ $\therefore a=-2$

`2단계` $y=-2x^2+2x+1=-2\left(x-\dfrac{1}{2}\right)^2+\dfrac{3}{2}$
이므로 꼭짓점의 좌표는 $\left(\dfrac{1}{2}, \dfrac{3}{2}\right)$이다.

`3단계` 따라서 꼭짓점은 제1사분면 위에 있다.

답 제1사분면

단계	채점 요소	배점
1	a, b의 값 구하기	3점
2	꼭짓점의 좌표 구하기	3점
3	꼭짓점의 위치 구하기	1점

4 `1단계` $y=2x^2-8x+3=2(x-2)^2-5$
이 그래프를 x축의 방향으로 -1만큼, y축의 방향으로 -8만큼 평행이동한 그래프를 나타내는 이차함수의 식은
$y-(-8)=2\{x-(-1)-2\}^2-5$
$\therefore y=2(x-1)^2-13$

`2단계` 그래프가 점 $(k, 19)$를 지나므로
$19=2(k-1)^2-13$, $2k^2-4k-30=0$
$k^2-2k-15=0$, $(k+3)(k-5)=0$
$\therefore k=-3$ 또는 $k=5$

`3단계` 따라서 모든 k의 값의 합은
$(-3)+5=2$

답 2

단계	채점 요소	배점
1	평행이동한 이차함수의 식 구하기	3점
2	k의 값 구하기	3점
3	모든 k의 값의 합 구하기	1점

5 `1단계` $y=-x^2+x+6$에 $y=0$을 대입하면
$-x^2+x+6=0$
$x^2-x-6=0$
$(x+2)(x-3)=0$
$\therefore x=-2$ 또는 $x=3$
$\therefore p+q=(-2)+3=1$

`2단계` 또 $y=-x^2+x+6$에 $x=0$을 대입하면
$y=6$
$\therefore r=6$

`3단계` $\therefore p+q+r=1+6=7$

답 7

단계	채점 요소	배점
1	$p+q$의 값 구하기	3점
2	r의 값 구하기	2점
3	$p+q+r$의 값 구하기	1점

6 `1단계` (가), (나)에서 축의 방정식이 $x=-1$이고 꼭짓점이 x축 위에 있으므로 이차함수의 식을 $y=a(x+1)^2$으로 놓으면

`2단계` (다)에서 점 $(1, -4)$를 지나므로
$-4=a\times(1+1)^2$
$\therefore a=-1$
즉, $y=-(x+1)^2=-x^2-2x-1$에서
$b=-2$, $c=-1$

`3단계` $\therefore a-2b+c=(-1)-2\times(-2)+(-1)=2$

답 2

단계	채점 요소	배점
1	이차함수의 식 세우기	3점
2	a, b, c의 값 구하기	3점
3	$a-2b+c$의 값 구하기	1점